Bosch Fachinformation Automobil

BOSCH Fachinformation Automobil enthält das Basiswissen des weltweit größten Automobilzulieferers aus erster Hand. Anwendungsbezogene Darstellungen sind das Kennzeichen dieser Buchreihe. Ganz auf den Bedarf an praxisnahem Hintergrundwissen zugeschnitten, findet der Auto-Fachmann ausführliche Angaben, die zum Verständnis moderner Fahrzeuge benötigt werden. Sie eignet sich damit hervorragend für den Alltag des Entwicklungsingenieurs, für die berufliche Weiterbildung, für Lehrgänge, zum Selbststudium oder zum Nachschlagen in der Werkstatt. Alle Informationen sind so gestaltet, dass sich auch ein Leser zurechtfindet, für den das Thema neu ist. Die bedarfsgerechte Angebotspalette beginnt beim Kraftfahrtechnischen Taschenbuch, das als handliches Nachschlagewerk den kompakten Einblick in die aktuelle Fahrzeugtechnik bietet. Einen umfassenden Einblick in größere, zusammenhängende Themengebiete bieten die ausführlichen Fachbücher im gebundenen Hardcover-Umschlag. Anschauliche Detailinformationen mit deutlich reduziertem Umfang werden, im flexiblen Einband, zu konkreten Aufgabenstellungen erklärt. Kleinere Lernhefte zu thematisch abgegrenzten Wissensgebieten stehen in den Lernordnern „Automobilelektronik lernen“ und „Motorsteuerung lernen“ bereit.

Konrad Reif
Herausgeber

Grundlagen Fahrzeug- und Motorentechnik im Überblick

Konventioneller Antrieb, Hybridantriebe, Bremsen, Elektrik und Elektronik

2., überarbeitete Auflage

Herausgeber

Prof. Dr.-Ing. Konrad Reif
Duale Hochschule Baden-Württemberg
Ravensburg, Campus Friedrichshafen
Friedrichshafen, Deutschland
reif@dhbw-ravensburg.de

Bosch Fachinformation Automobil
ISBN 978-3-658-04961-4 ISBN 978-3-658-04962-1 (eBook)
DOI 10.1007/978-3-658-04962-1

Die Deutsche Nationalbibliothek verzeichnet diese Publikation in der Deutschen Nationalbibliografie; detaillierte bibliografische Daten sind im Internet über http://dnb.d-nb.de abrufbar.

Springer Vieweg

Gedruckt auf säurefreiem und chlorfrei gebleichtem Papier.

Springer Vieweg ist Teil von Springer Nature
Die eingetragene Gesellschaft ist Springer Fachmedien Wiesbaden GmbH
Die Anschrift der Gesellschaft ist: Abraham-Lincoln-Strasse 46, 65189 Wiesbaden, Germany

Vorwort

Die Technik im Kraftfahrzeug hat sich in den letzten Jahrzehnten stetig weiterentwickelt. Der Einzelne, der beruflich mit dem Thema beschäftigt ist, muss immer mehr tun, um mit diesen Neuerungen Schritt zu halten. Mittlerweile spielen viele neue Themen der Wissenschaft und Technik in Kraftfahrzeugen eine große Rolle. Dies sind nicht nur neue Themen aus der klassischen Fahrzeug- und Motorentechnik, sondern auch aus der Elektronik und aus der Informationstechnik. Diese Themen sind zwar für sich in unterschiedlichen Publikationen gedruckt oder im Internet dokumentiert, also prinzipiell für jeden verfügbar; jedoch ist für jemanden, der sich neu in ein Thema einarbeiten will, die Fülle der Literatur häufig weder überblickbar noch in der dafür verfügbaren Zeit lesbar. Aufgrund der verschiedenen beruflichen Tätigkeiten in der Automobil- und Zulieferindustrie sind zudem unterschiedlich detaillierte Ausführungen gefragt.
Gerade heute ist es so wichtig wie früher: Wer die Entwicklung mit gestalten will, muss sich mit den grundlegenden wichtigen Themen gut auskennen. Hierbei sind nicht nur die Hochschulen mit den Studienangeboten und die Arbeitgeber mit Weiterbildungsmaßnahmen in der Pflicht. Der rasche Technologiewechsel zwingt zum lebenslangen Lernen, auch in Form des Selbststudiums.
Hier setzt die Schriftenreihe „Bosch Fachinformation Automobil“ an. Sie bietet eine umfassende und einheitliche Darstellung wichtiger Themen aus der Kraftfahrzeugtechnik in kompakter, verständlicher und praxisrelevanter Form. Dies ist dadurch möglich, dass die Inhalte von Ingenieuren der Bosch-Entwicklungsabteilungen sowie von Mitarbeitern aus weiteren Unternehmen verfasst wurden, die genau an den dargestellten Themen arbeiten. „Grundlagen Fahrzeug und Motorentechnik im Überblick“ ist als kompaktes Buch so gestaltet, dass sich auch ein Leser zurechtfindet, für den das Thema neu ist.
Das vorliegende Buch **„Grundlagen Fahrzeug- und Motorentechnik im Überblick“** enthält eine Zusammenstellung grundlegender Kapitel der Bücher „Dieselmotor-Management“, „Ottomotor-Management“, „Konventioneller Antriebsstrang und Hybridantriebe“, „Bremsen und Bremsregelsysteme“ sowie „Bosch Autoelektrik und Autoelektronik“ aus derselben Buchreihe.
Dabei werden Dieselmotoren, Ottomotoren, Getriebe und Hybridantriebe prinzipiell erklärt. Aber auch die Themen Fahrsicherheit, Bremssysteme, Energiebordnetze und Elektronik werden grundlegend behandelt. Für eine detailliertere Darstellung dieser Themen wird auf die oben genannten Bücher sowie auf das gebundene Buch „Grundlagen Fahrzeug- und Motorentechnik“ verwiesen.
Die hier vorliegende 2. Auflage enthält die völlig neu bearbeiteten Versionen der Kapitel „Grundlagen des Ottomotors“ und „Zündung“ aus der 4. Auflage des Buchs „Ottomotor-Management“.
Das Buch eignet sich besonders gut für Studenten natur- und ingenieurwissenschaftlicher Fachrichtungen, die Fahrzeugtechnik als Nebenfach gewählt haben sowie für Ingenieure, insbesondere auch Wirtschaftsingenieure, die sich in das Gebiet der Fahrzeugtechnik neu einarbeiten.

Friedrichshafen, im Oktober 2016 Konrad Reif

Inhaltsverzeichnis

Herausgeber

Prof. Dr.-Ing. Konrad Reif

Autoren und Mitwirkende

Dipl.-Ing. (FH) Hermann Grieshaber
Dipl.-Ing. Joachim Lackner,
Dr.-Ing. Herbert Schumacher.
(Einsatzgebiete der Dieselmotoren)

Dipl.-Ing. (FH) Hermann Grieshaber,
Dr.-Ing. Thorsten Raatz.
(Grundlagen des Dieselmotors)

Dipl.-Ing. (FH) Hermann Grieshaber,
Dipl.-Ing. Jens Olaf Stein.
(Grundlagen der Dieseleinspritzung)

Dr.-Ing. David Lejsek,
Dr.-Ing. Andreas Kufferath,
Dr.-Ing. André Kulzer,
Dr. Ing. h.c.F. Porsche AG,
Prof. Dr.-Ing. Konrad Reif,
Duale Hochschule
Baden-Württemberg.
(Grundlagen des Ottomotors)

Dipl.-Ing. Dieter Fornoff,
Dieter Graumann,
Dipl.-Ing. Thomas Laux,
Dipl.-Ing Thomas Müller,
Dipl.-Ing. Steffen Schumacher.
(Getriebe für Kraftfahrzeuge)

Dipl.-Ing. Walter Gollin,
Dipl.-Ing. (FH) Klaus Lerchenmüller,
Dr.-Ing. Grit Vogt,
Dipl.-Ing (FH) Markus Weimert,
Dipl.-Ing. Tim Skowronek
Prof. Dr.-Ing. Konrad Reif,
Duale Hochschule
Baden-Württemberg.
(Zündung)

Dipl.-Ing. Thomas Huber,
Dr.-Ing. Jan Lichtermann,
Prof. Dr.-Ing. Konrad Reif,
Duale Hochschule
Baden-Württemberg.
(Hybridantriebe)

Dipl.-Ing. Friedrich Kost.
(Fahrsicherheit im Kraftfahrzeug)

Dipl.-Ing. Friedrich Kost.
(Grundlagen der Fahrphysik)

Dipl.-Ing. Bernhard Kant,
Dipl.-Ing. (FH) Horst Bauer.
(Bremssysteme in Personenkraftwagen)

Dipl.-Ing. Clemens Schmucker,
Dipl.-Ing. Reinhard Meyer,
Dipl.-Ing. Markus Beck,
Dipl.-Ing. (FH) Bernd Moosmann,
Dipl.-Ing. Wolfgang Kircher,
Dipl.-Ing. Werner Hofmeister,
Dipl.-Ing. Andreas Simmel,
Dipl.-Ing. Ingo Koch,
Dr.-Ing. Wolfgang Pfaff.
(Energiebordnetze)

Dipl.-Ing. Bernhard Mencher,
Dipl.-Ing. (BA) Ferdinand Reiter,
Dipl.-Ing. Andreas Glaser,
Dipl.-Ing. Walter Gollin,
Dipl.-Ing. (FH) Klaus Lerchenmüller,
Dipl.-Ing. Felix Landhäußer,
Dipl.-Ing. Doris Boebel,
Automotive Lighting
Reutlingen GmbH,
Dr.-Ing. Michael Hamm,
Automotive Lighting
Reutlingen GmbH,
Dipl.-Ing. Tilman Spingler,
Automotive Lighting
Reutlingen GmbH,
Dr.-Ing. Frank Niewels,
Dipl.-Ing. Thomas Ehret,
Dr.-Ing. Gero Nenninger,
Prof. Dr.-Ing. Peter Knoll,
Dr. rer. nat. Alfred Kuttenberger.
(Elektrische und elektronische Systeme im Kfz)

Soweit nicht anders angegeben, handelt es sich um Mitarbeiter der Robert Bosch GmbH.

Einsatzgebiete der Dieselmotoren

Kein anderer Verbrennungsmotor wird so vielfältig eingesetzt wie der Dieselmotor [1]). Dies ist vor allem auf seinen hohen Wirkungsgrad und der damit verbundenen Wirtschaftlichkeit zurückzuführen.

Die wesentlichen Einsatzgebiete für Dieselmotoren sind:
- Stationärmotoren,
- Pkw und leichte Nkw,
- schwere Nkw,
- Bau- und Landmaschinen,
- Lokomotiven und
- Schiffe.

Dieselmotoren werden als Reihenmotoren und V-Motoren gebaut. Sie eignen sich grundsätzlich sehr gut für die Aufladung, da bei ihnen im Gegensatz zum Ottomotor kein Klopfen auftritt.

[1]) Benannt nach Rudolf Diesel (1858 bis 1913), der 1892 sein erstes Patent auf „Neue rationelle Wärmekraftmaschinen" anmeldete. Es erforderte jedoch noch viel Entwicklungsarbeit, bis 1897 der erste Dieselmotor bei MAN in Augsburg lief.

Eigenschaftskriterien

Folgende Merkmale und Eigenschaften sind für den Einsatz eines Dieselmotors von Bedeutung (Beispiele):
- Motorleistung,
- spezifische Leistung,
- Betriebssicherheit,
- Herstellungskosten,
- Wirtschaftlichkeit im Betrieb,
- Zuverlässigkeit,
- Umweltverträglichkeit,
- Komfort und
- Gefälligkeit (z. B. Motorraumdesign).

Je nach Anwendungsbereich ergeben sich für die Auslegung des Dieselmotors unterschiedlich Schwerpunkte.

Anwendungen

Stationärmotoren

Stationärmotoren (z. B. für Stromerzeuger) werden oft mit einer festen Drehzahl betrieben. Motor und Einspritzsystem können somit optimal auf diese Drehzahl abgestimmt werden. Ein Drehzahlregler verändert die Einspritzmenge entsprechend der geforderten Last. Für diese An-

1 Pkw-Dieselmotor mit Unit Injector Einspritzsystem (Beispiel)

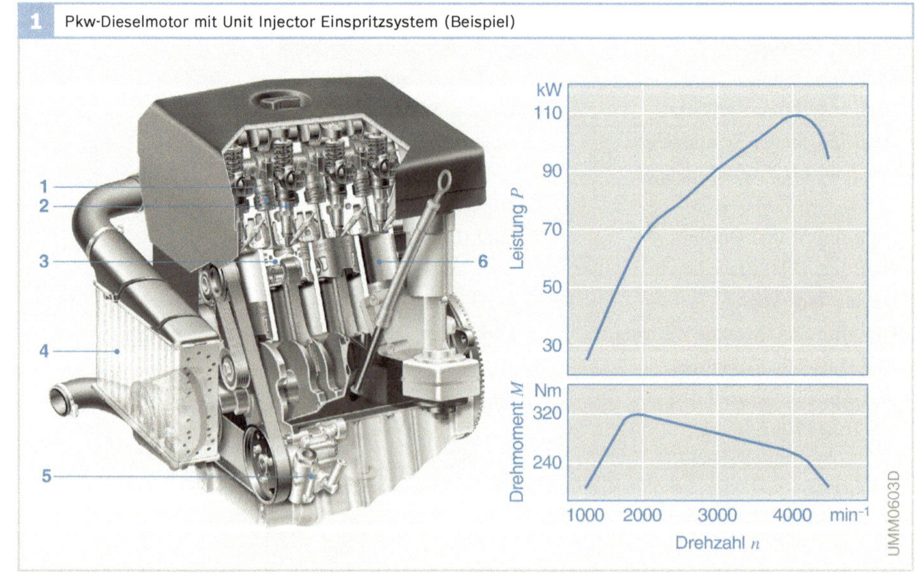

Bild 1
1 Ventiltrieb
2 Injektor
3 Kolben mit Bolzen und Pleuel
4 Ladeluftkühler
5 Kühlmittelpumpe
6 Zylinder

wendungen werden weiterhin auch Einspritzanlagen mit mechanischer Regelung eingesetzt.

Auch Pkw- und Nkw-Motoren können als Stationärmotoren eingesetzt werden. Die Regelung des Motors muss jedoch ggf. den veränderten Bedingungen angepasst sein.

Pkw und leichte Nkw

Besonders von Pkw-Motoren (Bild 1) wird ein hohes Maß an Durchzugskraft und Laufruhe erwartet. Auf diesem Gebiet wurden durch weiterentwickelte Motoren und neue Einspritzsysteme mit Elektronischer Dieselregelung (Electronic Diesel Control, EDC) große Fortschritte erzielt. Das Leistungs- und Drehmomentverhalten konnte auf diese Weise seit Beginn der 1990er- Jahre wesentlich verbessert werden. Deshalb hat der „Diesel" unter anderem auch den Einzug in die Pkw-Oberklasse geschafft.

In Pkw werden Schnellläufer mit Drehzahlen bis 5500 min^{-1} eingesetzt. Das Spektrum reicht vom 10-Zylinder mit 5000 cm^3 in Limousinen bis zum 3-Zylinder 800 cm^3-Motor in Kleinwagen.

Neue Pkw-Dieselmotoren werden in Europa nur noch mit Direkteinspritzung (DI, Direct Injection engine) entwickelt, da der Kraftstoffverbrauch bei DI-Motoren ca. 15...20 % geringer ist als bei Kammermotoren. Diese heute fast ausschließlich mit einem Abgasturbolader ausgerüsteten Motoren bieten deutlich höhere Drehmomente als vergleichbare Ottomotoren. Das im Fahrzeug maximal mögliche Drehmoment wird meist von den zur Verfügung stehenden Getrieben und nicht vom Motor bestimmt.

Die immer schärfer werdenden Abgasgrenzwerte und die gestiegenen Leistungsanforderungen erfordern Einspritzsysteme mit sehr hohen Einspritzdrücken. Die steigenden Anforderungen an das Abgasverhalten bilden auch zukünftig eine Herausforderung für die Entwickler von Dieselmotoren. Deshalb wird es in Zukunft besonders auf dem Gebiet der Abgasnachbehandlung zu weiteren Veränderungen kommen.

2 Nkw-Dieselmotor mit Common Rail System (Beispiel)

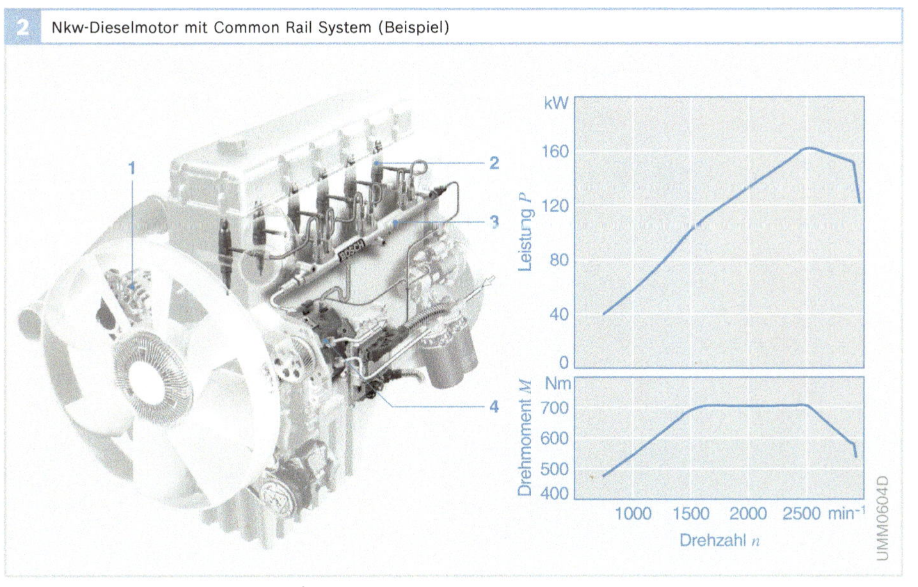

Bild 2
1 Generator
2 Injektor
3 Rail
4 Hochdruckpumpe

Schwere Nkw

Motoren für schwere Nkw (Bild 2) müssen vor allem wirtschaftlich sein. Deshalb sind in diesem Anwendungsbereich nur Dieselmotoren mit Direkteinspritzung (DI) zu finden. Der Drehzahlbereich dieser Mittelschnellläufer reicht bis ca. 3500 min^{-1}.

Auch die Abgasgrenzwerte für Nkw werden immer weiter herabgesetzt. Dies bedeutet hohe Anforderungen auch an das jeweilige Einspritzsystem und die Entwicklung von neuen Systemen zur Abgasnachbehandlung.

Bau- und Landmaschinen

Im Bereich der Bau- und Landmaschinen hat der Dieselmotor seinen klassischen Einsatzbereich. Bei der Auslegung dieser Motoren wird außer auf die Wirtschaftlichkeit besonders hoher Wert auf Robustheit, Zuverlässigkeit und Servicefreundlichkeit gelegt. Die maximale Leistungsausbeute und die Geräuschoptimierung haben einen geringeren Stellenwert als zum Beispiel bei Pkw-Motoren. Bei dieser Anwendung werden Motoren mit Leistungen ab ca. 3 kW bis hin zu Leistungen schwerer Nkw eingesetzt.

Bei Bau- und Landmaschinen kommen vielfach noch Einspritzsysteme mit mechanischer Regelung zum Einsatz. Im Gegensatz zu allen anderen Einsatzbereichen, in denen vorwiegend wassergekühlte Motoren verwendet werden, hat bei den Bau- und Landmaschinen die robuste und einfach realisierbare Luftkühlung noch große Bedeutung.

Lokomotiven

Lokomotivmotoren sind, ähnlich wie größere Schiffsdieselmotoren, besonders auf Dauerbetrieb ausgelegt. Außerdem müssen sie gegebenenfalls auch mit schlechteren Dieselkraftstoff-Qualitäten zurechtkommen. Ihre Baugröße umfasst den Bereich großer Nkw-Motoren bis zu mittleren Schiffsmotoren.

Schiffe

Die Anforderungen an Schiffsmotoren sind je nach Einsatzbereich sehr unterschiedlich. Es gibt ausgesprochene Hochleistungsmotoren für z. B. Marine- oder Sportboote. Für diese Anwendung werden 4-Takt-Mittelschnellläufer mit einem Drehzahlbereich zwischen 400...1500 min^{-1} und bis zu 24 Zylindern eingesetzt (Bild 3).

3 Schiffsdiesel mit Einzeleinspritzpumpen (Beispiel)

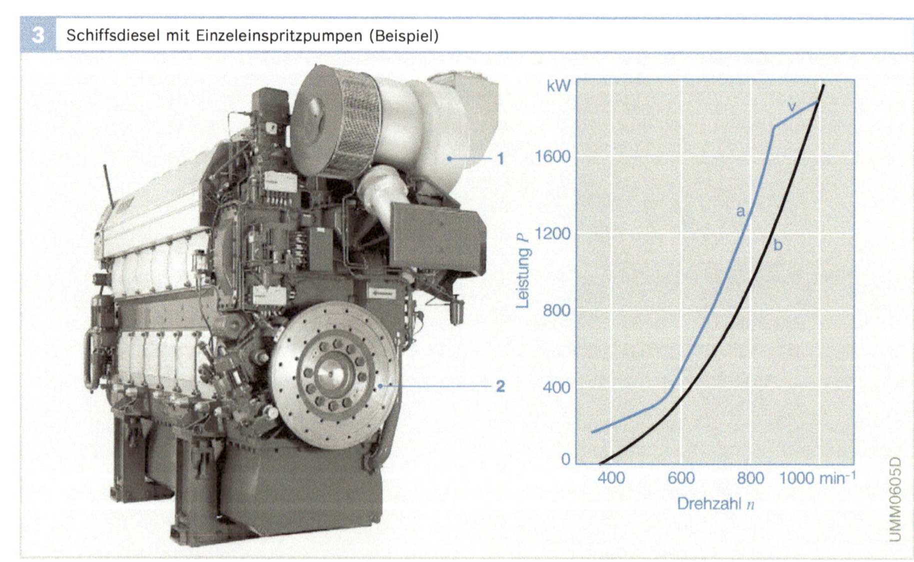

Bild 3
1 Lader
2 Schwungmasse

a Motorleistung
b Fahrwiderstandskurve
v Bereich der Volllastbegrenzung

Andererseits finden auf äußerste Wirtschaftlichkeit im Dauerbetrieb ausgelegte 2-Takt-Großmotoren Verwendung. Mit diesen Langsamläufern ($n < 300\ min^{-1}$) werden auch die höchsten mit Kolbenmotoren erreichbaren effektiven Wirkungsgrade von bis zu 55 % erreicht.

Großmotoren werden meist mit preiswertem Schweröl betrieben. Dazu ist eine aufwändige Kraftstoff-Aufbereitung an Bord erforderlich. Der Kraftstoff muss je nach Qualität auf bis zu 160 °C aufgeheizt werden. Erst dadurch wird seine Viskosität auf einen Wert gesenkt, der ein Filtern und Pumpen ermöglicht.

Für kleinere Schiffe werden oft Motoren eingesetzt, die eigentlich für schwere Nkw bestimmt sind. Damit steht ein wirtschaftlicher Antrieb mit niedrigen Entwicklungskosten zur Verfügung. Auch bei diesen Anwendungen muss die Regelung an das veränderte Einsatzprofil angepasst sein.

Mehr- oder Vielstoffmotoren

Für Sonderanwendungen (z. B. Einsatz in Gebieten mit sehr schlechter Infrastruktur und Militäranwendungen) wurden Dieselmotoren mit der Eignung für wechselweisen Betrieb mit Diesel-, Otto- und ähnlichen Kraftstoffen entwickelt. Sie haben zurzeit nahezu keine Bedeutung, da mit solchen Motoren die heutigen Anforderungen an das Emissions- und Leistungsverhalten nicht zu erfüllen sind.

Motorkenndaten

Tabelle 1 zeigt die wichtigsten Vergleichsdaten verschiedener Diesel- und Ottomotoren.

Bei Ottomotoren mit Benzin-Direkteinspritzung (BDE) liegt der Mitteldruck um ca. 10 % höher als bei den in der Tabelle angegebenen Motoren mit Saugrohreinspritzung. Der spezifische Kraftstoffverbrauch ist dabei um bis zu 25 % geringer. Das Verdichtungsverhältnis bei diesen Motoren geht bis $\varepsilon = 13$.

1 Vergleichsdaten für Diesel- und Ottomotoren

Einspritzsystem	Nenndrehzahl n_{Nenn} [min⁻¹]	Verdichtungsverhältnis ε	Mitteldruck [1] p_e [bar]	spezifische Leistung $p_{e,\,spez.}$ [kW/l]	Leistungsgewicht $m_{spez.}$ [kg/kW]	spez. Kraftstoffverbrauch [2] b_e [g/kWh]
Dieselmotoren						
IDI [3] Pkw Saugmotoren	3500...5000	20...24	7...9	20...35	5...3	320...240
IDI [3] Pkw mit Aufladung	3500...4500	20...24	9...12	30...45	4...2	290...240
DI [4] Pkw Saugmotoren	3500...4200	19...21	7...9	20...35	5...3	240...220
DI [4] Pkw mit Aufladung u. LLK [5]	3600...4400	16...20	8...22	30...60	4...2	210...195
DI [4] Nkw Saugmotoren	2000...3500	16...18	7...10	10...18	9...4	260...210
DI [4] Nkw mit Aufladung	2000...3200	15...18	15...20	15...25	8...3	230...205
DI [4] Nkw mit Aufladung u. LLK [5]	1800...2600	16...18	15...25	25...35	5...2	225...190
Bau- und Landmaschinen	1000...3600	16...20	7...23	6...28	10...1	280...190
Lokomotiven	750...1000	12...15	17...23	20...23	10...5	210...200
Schiffe (4-Takt)	400...1500	13...17	18...26	10...26	16...13	210...190
Schiffe (2-Takt)	50...250	6...8	14...18	3...8	32...16	180...160
Ottomotoren						
Pkw Saugmotoren	4500...7500	10...11	12...15	50...75	2...1	350...250
Pkw mit Aufladung	5000...7000	7...9	11...15	85...105	2...1	380...250
Nkw	2500...5000	7...9	8...10	20...30	6...3	380...270

Tabelle 1

1) Aus dem Mitteldruck p_e kann das mit folgender Formel spezifische Drehmoment $M_{spez.}$ [Nm] ermittelt werden:

$$M_{spez.} = \frac{25}{\pi \cdot p_e}$$

2) Bestverbrauch

3) IDI Indirect Injection (Kammermotoren)

4) DI Direct Injection (Direkteinspritzer)

5) Ladeluftkühlung

Grundlagen des Dieselmotors

Der Dieselmotor ist ein Selbstzündungsmotor mit innerer Gemischbildung. Die für die Verbrennung benötigte Luft wird im Brennraum hoch verdichtet. Dabei entstehen hohe Temperaturen, bei denen sich der eingespritzte Dieselkraftstoff selbst entzündet. Die im Dieselkraftstoff enthaltene chemische Energie wird vom Dieselmotor über Wärme in mechanische Arbeit umgesetzt.

Der Dieselmotor ist die Verbrennungskraftmaschine mit dem höchsten effektiven Wirkungsgrad (bei großen langsam laufenden Motoren mehr als 50 %). Der damit verbundene niedrige Kraftstoffverbrauch, die vergleichsweise schadstoffarmen Abgase und das vor allem durch Voreinspritzung verminderte Geräusch verhalfen dem Dieselmotor zu großer Verbreitung.

Der Dieselmotor eignet sich besonders für die Aufladung. Sie erhöht nicht nur die Leistungsausbeute und verbessert den Wirkungsgrad, sondern vermindert zudem die Schadstoffe im Abgas und das Verbrennungsgeräusch.

Zur Reduzierung der NO_X-Emission bei Pkw und Nkw wird ein Teil des Abgases in den Ansaugtrakt des Motors zurückgeleitet (Abgasrückführung). Um noch niedrigere NO_X-Emissionen zu erhalten, kann das zurückgeführte Abgas gekühlt werden.

Dieselmotoren können sowohl nach dem Zweitakt- als auch nach dem Viertakt-Prinzip arbeiten. Im Kraftfahrzeug kommen hauptsächlich Viertakt-Motoren zum Einsatz.

Arbeitsweise

Ein Dieselmotor enthält einen oder mehrere Zylinder. Angetrieben durch die Verbrennung des Luft-Kraftstoff-Gemischs führt ein Kolben (Bild 1, Pos. 3) je Zylinder (5) eine periodische Auf- und Abwärtsbewegung aus. Dieses Funktionsprinzip gab dem Motor den Namen „Hubkolbenmotor".

Die Pleuelstange (11) setzt diese Hubbewegungen der Kolben in eine Rotationsbewegung der Kurbelwelle (14) um. Eine Schwungmasse (15) an der Kurbelwelle hält die Bewegung aufrecht und vermindert die Drehungleichförmigkeit, die durch die Verbrennungen in den einzelnen Kolben entsteht. Die Kurbelwellendrehzahl wird auch Motordrehzahl genannt.

1 Vierzylinder-Dieselmotor ohne Hilfsaggregate (Schema)

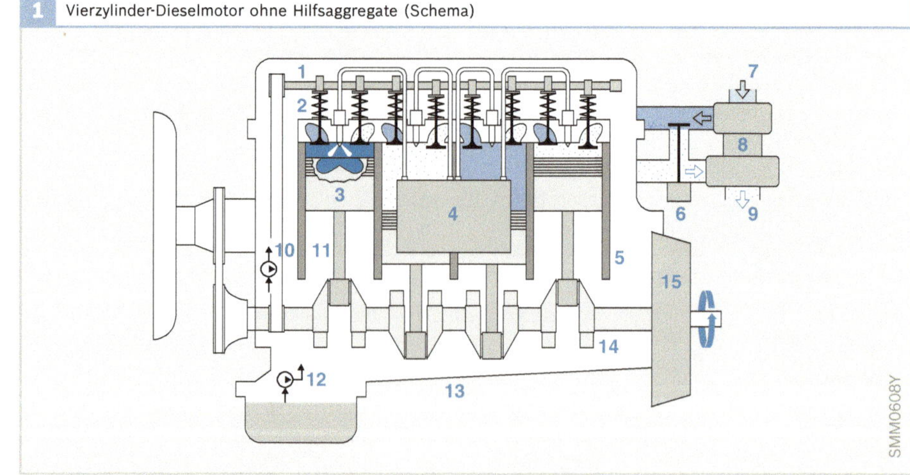

Bild 1
1 Nockenwelle
2 Ventile
3 Kolben
4 Einspritzsystem
5 Zylinder
6 Abgasrückführung
7 Ansaugrohr
8 Lader (hier Abgasturbolader)
9 Abgasrohr
10 Kühlsystem
11 Pleuelstange
12 Schmiersystem
13 Motorblock
14 Kurbelwelle
15 Schwungmasse

2 Arbeitsspiel eines Viertakt-Dieselmotors

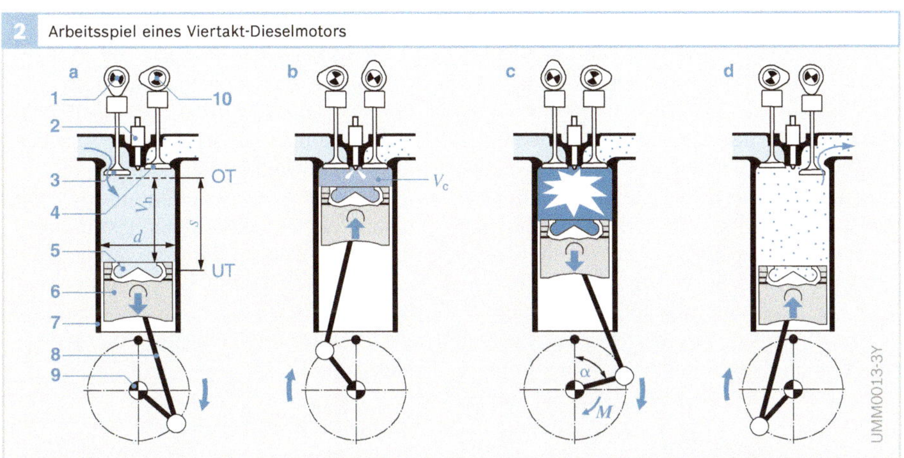

Bild 2
a Ansaugtakt
b Verdichtungstakt
c Arbeitstakt
d Ausstoßtakt

1 Einlassnockenwelle
2 Einspritzdüse
3 Einlassventil
4 Auslassventil
5 Brennraum
6 Kolben
7 Zylinderwand
8 Pleuelstange
9 Kurbelwelle
10 Auslassnockenwelle

α Kurbelwellenwinkel
d Bohrung
M Drehmoment
s Kolbenhub
V_c Kompressionsvolumen
V_h Hubvolumen (Hubraum)
OT oberer Totpunkt des Kolbens
UT unterer Totpunkt des Kolbens

Viertakt-Verfahren

Beim Viertakt-Dieselmotor (Bild 2) steuern Gaswechselventile den Gaswechsel von Frischluft und Abgas. Sie öffnen oder schließen die Ein- und Auslasskanäle zu den Zylindern. Je Ein- bzw. Auslasskanal können ein oder zwei Ventile eingebaut sein.

1. Takt: Ansaugtakt (a)

Ausgehend vom oberen Totpunkt (OT) bewegt sich der Kolben (6) abwärts und vergrößert das Volumen im Zylinder. Durch das geöffnete Einlassventil (3) strömt Luft ohne vorgeschaltete Drosselklappe in den Zylinder ein. Im unteren Totpunkt (UT) hat das Zylindervolumen seine maximale Größe erreicht (V_h+V_c).

2. Takt: Verdichtungstakt (b)

Die Gaswechselventile sind nun geschlossen. Der aufwärts gehende Kolben verdichtet (komprimiert) die im Zylinder eingeschlossene Luft entsprechend dem ausgeführten Verdichtungsverhältnis (von 6:1 bei Großmotoren bis 24:1 bei Pkw). Sie erwärmt sich dabei auf Temperaturen bis zu 900 °C. Gegen Ende des Verdichtungsvorgangs spritzt die Einspritzdüse (2) den Kraftstoff unter hohem Druck (derzeit bis zu 2200 bar) in die erhitzte Luft ein. Im oberen Totpunkt ist das minimale Volumen erreicht (Kompressionsvolumen V_c).

3. Takt: Arbeitstakt (c)

Nach Verstreichen des Zündverzugs (einige Grad Kurbelwellenwinkel) beginnt der Arbeitstakt. Der fein zerstäubte zündwillige Dieselkraftstoff entzündet sich selbst an der hoch verdichteten heißen Luft im Brennraum (5) und verbrennt. Dadurch erhitzt sich die Zylinderladung weiter und der Druck im Zylinder steigt nochmals an. Die durch die Verbrennung frei gewordene Energie ist im Wesentlichen durch die eingespritzte Kraftstoffmasse bestimmt (Qualitätsregelung). Der Druck treibt den Kolben nach unten, die chemische Energie wird in Bewegungsenergie umgewandelt. Ein Kurbeltrieb übersetzt die Bewegungsenergie des Kolbens in ein an der Kurbelwelle zur Verfügung stehendes Drehmoment.

4. Takt: Ausstoßtakt (d)

Bereits kurz vor dem unteren Totpunkt öffnet das Auslassventil (4). Die unter Druck stehenden heißen Gase strömen aus dem Zylinder. Der aufwärts gehende Kolben stößt die restlichen Abgase aus.

Nach jeweils zwei Kurbelwellenumdrehungen beginnt ein neues Arbeitsspiel mit dem Ansaugtakt.

Ventilsteuerzeiten

Die Nocken auf der Einlass- und Auslassnockenwelle öffnen und schließen die Gaswechselventile. Bei Motoren mit nur einer Nockenwelle überträgt ein Hebelmechanismus die Hubbewegung der Nocken auf die Gaswechselventile. Die Steuerzeiten geben die Schließ- und Öffnungszeiten der Ventile bezogen auf die Kurbelwellenstellung an (Bild 4). Sie werden deshalb in „Grad Kurbelwellenwinkel" angegeben.

Die Kurbelwelle treibt die Nockenwelle über einen Zahnriemen (bzw. eine Kette oder Zahnräder) an. Ein Arbeitsspiel umfasst beim Viertakt-Verfahren zwei Kurbelwellenumdrehungen. Die Nockenwellendrehzahl ist deshalb nur halb so groß wie die Kurbelwellendrehzahl. Das Untersetzungsverhältnis zwischen Kurbel- und Nockenwelle beträgt somit 2:1.

Beim Übergang zwischen Ausstoß- und Ansaugtakt sind über einen bestimmten Bereich Auslass- und Einlassventil gleichzeitig geöffnet. Durch diese Ventilüberschneidung wird das restliche Abgas ausgespült und gleichzeitig der Zylinder gekühlt.

3 Temperaturanstieg bei der Verdichtung

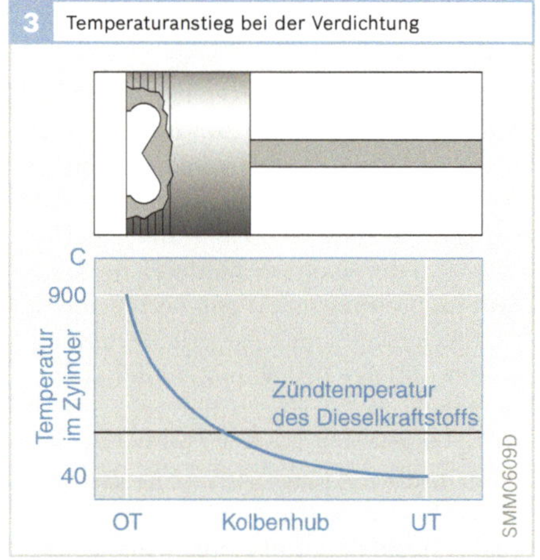

Bild 3
OT oberer Totpunkt des Kolbens
UT unterer Totpunkt des Kolbens

4 Ventilsteuerzeiten in Grad Kurbelwellenwinkel eines Viertakt-Dieselmotors

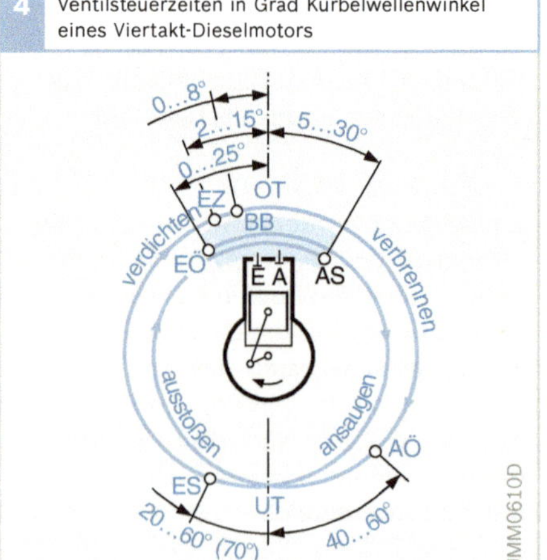

Bild 4
AÖ Auslass öffnet
AS Auslass schließt
BB Brennbeginn
EÖ Einlass öffnet
ES Einlass schließt
EZ Einspritzzeitpunkt
OT oberer Totpunkt des Kolbens
UT unterer Totpunkt des Kolbens
■ Ventilüberschneidung

Verdichtung (Kompression)

Aus dem Hubraum V_h und dem Kompressionsvolumen V_c eines Kolbens ergibt sich das Verdichtungsverhältnis ε:

$$\varepsilon = \frac{V_h + V_c}{V_c}$$

Die Verdichtung des Motors hat entscheidenden Einfluss auf

- das Kaltstartverhalten,
- das erzeugte Drehmoment,
- den Kraftstoffverbrauch,
- die Geräuschemissionen und
- die Schadstoffemissionen.

Das Verdichtungsverhältnis ε beträgt bei Dieselmotoren für Pkw und Nkw je nach Motorbauweise und Einspritzart ε = 16:1...24:1. Die Verdichtung liegt also höher als beim Ottomotor (ε = 7:1...13:1). Aufgrund der begrenzten Klopffestigkeit des Benzins würde sich bei diesem das Luft-Kraftstoff-Gemisch bei hohem Kompressionsdruck und der sich daraus ergebenden hohen Brennraumtemperatur selbstständig und unkontrolliert entzünden.

Die Luft wird im Dieselmotor auf 30...50 bar (Saugmotor) bzw. 70...150 bar (aufgeladener Motor) verdichtet. Dabei entstehen Temperaturen im Bereich von 700...900 °C (Bild 3). Die Zündtemperatur für die am leichtesten entflammbaren Komponenten im Dieselkraftstoff beträgt etwa 250 °C.

Drehmoment und Leistung

Drehmoment

Die Pleuelstange setzt die Hubbewegung des Kolbens in eine Rotationsbewegung der Kurbelwelle um. Die Kraft, mit der das expandierende Luft-Kraftstoff-Gemisch den Kolben nach unten treibt, wird so über den Hebelarm der Kurbelwelle in ein Drehmoment umgesetzt.

Das vom Motor abgegebene Drehmoment M hängt vom Mitteldruck p_e (mittlerer Kolben- bzw. Arbeitsdruck) ab. Es gilt:

$M = p_e \cdot V_H / (4 \cdot \pi)$

mit
V_H Hubraum des Motors und $\pi \approx 3{,}14$.

Der Mitteldruck erreicht bei aufgeladenen kleinen Dieselmotoren für Pkw Werte von 8...22 bar. Zum Vergleich: Ottomotoren erreichen Werte von 7...11 bar.

Das maximal erreichbare Drehmoment M_{max}, das der Motor liefern kann, ist durch die Konstruktion des Motors bestimmt (Größe des Hubraums, Aufladung usw.). Die Anpassung des Drehmoments an die Erfordernisse des Fahrbetriebs erfolgt im Wesentlichen durch die Veränderung der Luft- und Kraftstoffmasse sowie durch die Gemischbildung.

Das Drehmoment nimmt mit steigender Drehzahl n bis zum maximalen Drehmoment M_{max} zu (Bild 1). Mit höheren Drehzahlen fällt das Drehmoment wieder ab (maximal zulässige Motorbeanspruchung, gewünschtes Fahrverhalten, Getriebeauslegung).

Die Entwicklung in der Motortechnik zielt darauf ab, das maximale Drehmoment schon bei niedrigen Drehzahlen im Bereich von weniger als 2000 min^{-1} bereitzustellen, da in diesem Drehzahlbereich der Kraftstoffverbrauch am günstigsten ist und die Fahrbarkeit als angenehm empfunden wird (gutes Anfahrverhalten).

Leistung

Die vom Motor abgegebene Leistung P (erzeugte Arbeit pro Zeit) hängt vom Drehmoment M und der Motordrehzahl n ab. Die Motorleistung steigt mit der Drehzahl, bis sie bei der Nenndrehzahl n_{nenn} mit der Nennleistung P_{nenn} ihren Höchstwert erreicht. Es gilt der Zusammenhang:

$P = 2 \cdot \pi \cdot n \cdot M$

Bild 1a zeigt den Vergleich von Dieselmotoren der Baujahre 1968 und 1998 mit ihrem typischen Leistungsverlauf in Abhängigkeit von der Motordrehzahl.

Aufgrund der niedrigeren Maximaldrehzahlen haben Dieselmotoren eine geringere hubraumbezogenen Leistung als Ottomotoren. Moderne Dieselmotoren für Pkw erreichen Nenndrehzahlen von 3500...5000 min^{-1}.

1 Drehmoment- und Leistungsverlauf zweier Pkw-Dieselmotoren mit ca. 2,2 l Hubraum in Abhängigkeit von der Motordrehzahl (Beispiel)

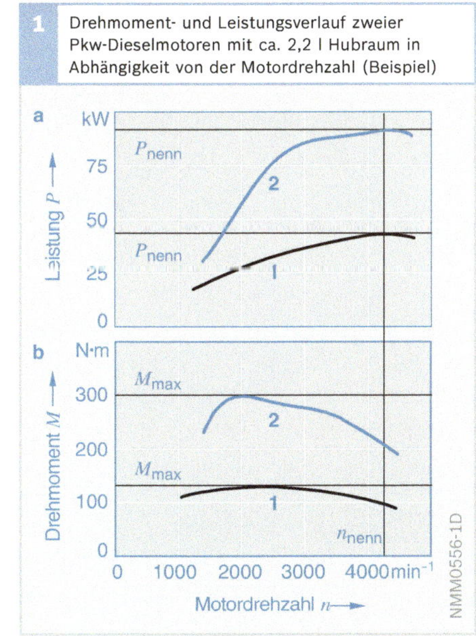

Bild 1
a Leistungsverlauf
b Drehmomentverlauf

1 Baujahr 1968
2 Baujahr 1998

M_{max} maximales Drehmoment
P_{nenn} Nennleistung
n_{nenn} Nenndrehzahl

Motorwirkungsgrad

Der Verbrennungsmotor verrichtet Arbeit durch Druck-Volumen-Änderungen eines Arbeitsgases (Zylinderfüllung).

Der effektive Wirkungsgrad des Motors ist das Verhältnis aus eingesetzter Energie (Kraftstoff) und nutzbarer Arbeit. Er ergibt sich aus dem thermischen Wirkungsgrad eines idealen Arbeitsprozesses (Seiliger-Prozess) und den Verlustanteilen des realen Prozesses.

Seiliger-Prozess

Der Seiliger-Prozess kann als thermodynamischer Vergleichsprozess für den Hubkolbenmotor herangezogen werden und beschreibt die unter Idealbedingungen theoretisch nutzbare Arbeit. Für diesen idealen Prozess werden folgende Vereinfachungen angenommen:

- ideales Gas als Arbeitsmedium
- Gas mit konstanter spezifischer Wärme,
- keine Strömungsverluste beim Gaswechsel.

1 Seiliger-Prozess für Dieselmotoren

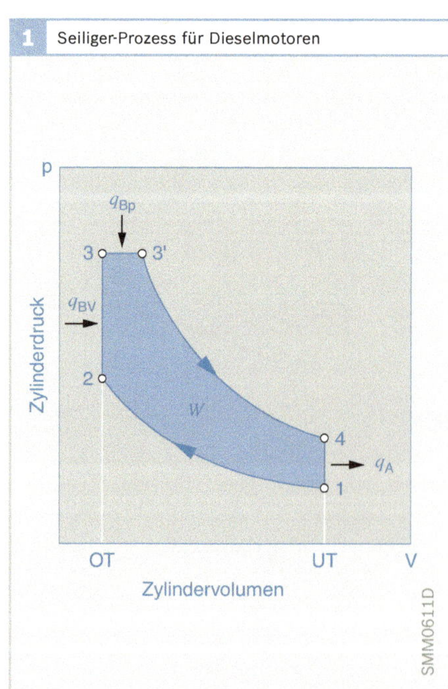

Bild 1
1-2 Isentrope Kompression
2-3 isochore Wärmezufuhr
3-3′ isobare Wärmezufuhr
3′-4 isentrope Expansion
4-1 isochore Wärmeabfuhr

OT oberer Totpunkt des Kolbens
UT unterer Totpunkt des Kolbens

q_A abfließende Wärmemenge beim Gaswechsel
q_{Bp} Verbrennungswärme bei konstantem Druck
q_{BV} Verbrennungswärme bei konstantem Volumen
W theoretische Arbeit

Der Zustand des Arbeitsgases kann durch die Angabe von Druck (p) und Volumen (V) beschrieben werden. Die Zustandsänderungen werden im p-V-Diagramm (Bild 1) dargestellt, wobei die eingeschlossene Fläche der Arbeit entspricht, die in einem Arbeitsspiel verrichtet wird.

Im Seiliger-Prozess laufen folgende Prozess-Schritte ab:

Isentrope Kompression (1-2)

Bei der isentropen Kompression (Verdichtung bei konstanter Entropie, d.h. ohne Wärmeaustausch) nimmt der Druck im Zylinder zu, während das Volumen abnimmt.

Isochore Wärmezufuhr (2-3)

Das Gemisch beginnt zu verbrennen. Die Wärmezufuhr (q_{BV}) erfolgt bei konstantem Volumen (isochor). Der Druck nimmt dabei zu.

Isobare Wärmezufuhr (3-3′)

Die weitere Wärmezufuhr (q_{Bp}) erfolgt bei konstantem Druck (isobar), während sich der Kolben abwärts bewegt und das Volumen zunimmt.

Isentrope Expansion (3′-4)

Der Kolben geht weiter zum unteren Totpunkt. Es findet kein Wärmeaustausch mehr statt. Der Druck nimmt ab, während das Volumen zunimmt.

Isochore Wärmeabfuhr (4-1)

Beim Gaswechsel wird die Restwärme ausgestoßen (q_A). Dies geschieht bei konstantem Volumen (unendlich schnell und vollständig). Damit ist der Ausgangszustand wieder erreicht und ein neuer Arbeitszyklus beginnt.

p-V-Diagramm des realen Prozesses

Um die beim realen Prozess geleistete Arbeit zu ermitteln, wird der Zylinderdruckverlauf gemessen und im p-V-Diagramm dargestellt (Bild 2). Die Fläche der oberen

2 Realer Prozess eines aufgeladenen Dieselmotors im p-V-Indikator-Diagramm (aufgenommen mit Drucksensor)

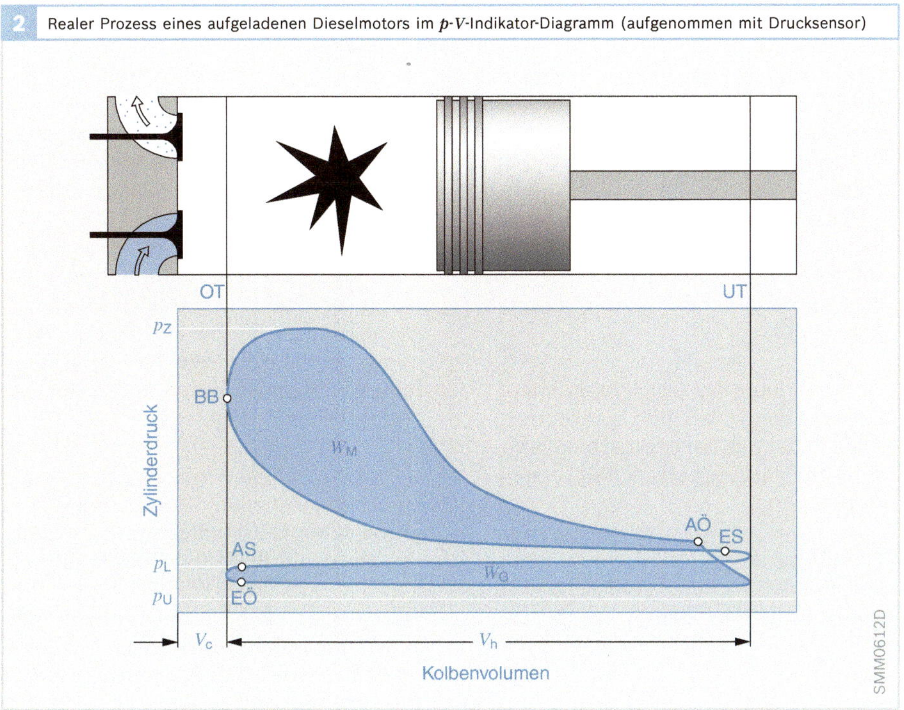

Bild 2
AÖ Auslass öffnet
AS Auslass schließt
BB Brennbeginn
EÖ Einlass öffnet
ES Einlass schließt
OT oberer Totpunkt des Kolbens
UT unterer Totpunkt des Kolbens

p_U Umgebungsdruck
p_L Ladedruck
p_Z maximaler Zylinderdruck
V_c Kompressionsvolumen
V_h Hubvolumen
W_M indizierte Arbeit
W_G Arbeit beim Gaswechsel (Lader)

3 Druckverlauf eines aufgeladenen Dieselmotors im Druck-Kurbelwellen-Diagramm (p-α-Diagramm)

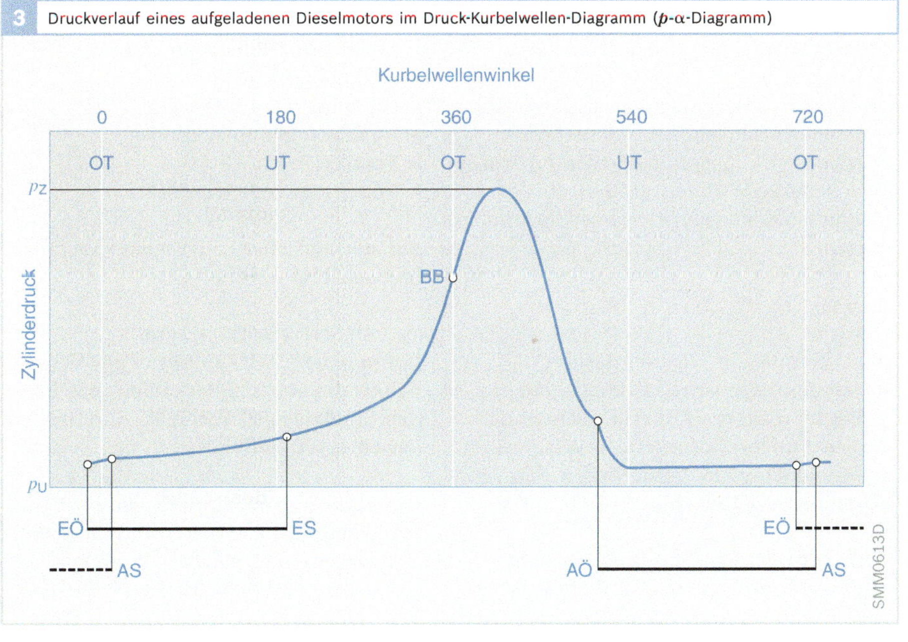

Bild 3
AÖ Auslass öffnet
AS Auslass schließt
BB Brennbeginn
EÖ Einlass öffnet
ES Einlass schließt
OT oberer Totpunkt des Kolbens
UT unterer Totpunkt des Kolbens

p_U Umgebungsdruck
p_L Ladedruck
p_Z maximaler Zylinderdruck

Kurve entspricht der am Zylinderkolben anstehenden Arbeit.

Hierzu muss bei Ladermotoren die Fläche des Gaswechsels (W_G) addiert werden, da die durch den Lader komprimierte Luft den Kolben in Richtung unteren Totpunkt drückt.

Die durch den Gaswechsel verursachten Verluste werden in vielen Betriebspunkten durch den Lader überkompensiert, sodass sich ein positiver Beitrag zur geleisteten Arbeit ergibt.

Die Darstellung des Drucks über dem Kurbelwellenwinkel (Bild 3, vorherige Seite) findet z. B. bei der thermodynamischen Druckverlaufsanalyse Verwendung.

Wirkungsgrad

Der effektive Wirkungsgrad des Dieselmotors ist definiert als:

$$\eta_e = \frac{W_e}{W_B}$$

W_e ist die an der Kurbelwelle effektiv verfügbare Arbeit.
W_B ist der Heizwert des zugeführten Brennstoffs.

Der effektive Wirkungsgrad η_e lässt sich darstellen als Produkt aus dem thermischen Wirkungsgrad des Idealprozesses und weiteren Wirkungsgraden, die den Einflüssen des realen Prozesses Rechnung tragen:

$$\eta_e = \eta_{th} \cdot \eta_g \cdot \eta_b \cdot \eta_m = \eta_i \cdot \eta_m$$

η_{th}: Thermischer Wirkungsgrad

η_{th} ist der thermische Wirkungsgrad des Seiliger-Prozesses. Er berücksichtigt die im Idealprozess auftretenden Wärmeverluste und hängt im Wesentlichen vom Verdichtungsverhältnis und von der Luftzahl ab.

Da der Dieselmotor gegenüber dem Ottomotor mit höherem Verdichtungsverhältnis und mit hohem Luftüberschuss betrieben wird, erreicht er einen höheren Wirkungsgrad.

η_g: Gütegrad

η_g gibt die im realen Hochdruck-Arbeitsprozess erzeugte Arbeit im Verhältnis zur theoretischen Arbeit des Seiliger-Prozesses an.

Die Abweichungen des realen vom idealen Prozess ergeben sich im Wesentlichen durch Verwenden eines realen Arbeitsgases, endliche Geschwindigkeit der Wärmezu- und -abfuhr, Lage der Wärmezufuhr, Wandwärmeverluste und Strömungsverluste beim Ladungswechsel.

η_b: Brennstoffumsetzungsgrad

η_b berücksichtigt die Verluste, die aufgrund der unvollständigen Verbrennung des Kraftstoffs im Zylinder auftreten.

η_m: Mechanischer Wirkungsgrad

η_m erfasst Reibungsverluste und Verluste durch den Antrieb der Nebenaggregate. Die Reib- und Antriebsverluste steigen mit der Motordrehzahl an. Die Reibungsverluste setzen sich bei Nenndrehzahl wie folgt zusammen:

- Kolben und Kolbenringe (ca. 50),
- Lager (ca. 20 %),
- Ölpumpe (ca. 10 %),
- Kühlmittelpumpe (ca. 5 %),
- Ventiltrieb (ca. 10 %),
- Einspritzpumpe (ca. 5 %).

Ein mechanischer Lader muss ebenfalls hinzugezählt werden.

η_i: Indizierter Wirkungsgrad

Der indizierte Wirkungsgrad gibt das Verhältnis der am Zylinderkolben anstehenden, „indizierten“ Arbeit W_i zum Heizwert des eingesetzten Kraftstoffs an.

Die effektiv an der Kurbelwelle zur Verfügung stehende Arbeit W_e ergibt sich aus der indizierten Arbeit durch Berücksichtigung der mechanischen Verluste:
$W_e = W_i \cdot \eta_m$.

Betriebszustände

Start

Das Starten eines Motors umfasst die Vorgänge: Anlassen, Zünden und Hochlaufen bis zum Selbstlauf.

Die im Verdichtungshub erhitzte Luft muss den eingespritzten Kraftstoff zünden (Brennbeginn). Die erforderliche Mindestzündtemperatur für Dieselkraftstoff beträgt ca. 250 °C.

Diese Temperatur muss auch unter ungünstigen Bedingungen erreicht werden. Niedrige Drehzahl, tiefe Außentemperaturen und ein kalter Motor führen zu verhältnismäßig niedriger Kompressions-Endtemperatur, denn:

- Je niedriger die Motordrehzahl, umso geringer ist der Enddruck der Kompression und dementsprechend auch die Endtemperatur (Bild 1). Die Ursache dafür sind Leckageverluste, die an den Kolbenringspalten zwischen Kolben und Zylinderwand auftreten, wegen anfänglich noch fehlender Wärmedehnung sowie des noch nicht ausgebildeten Ölfilms. Das Maximum der Kompressionstemperatur liegt wegen der Wärmeverluste während der Verdichtung um einige Grad vor OT (thermodynamischer Verlustwinkel, Bild 2).
- Bei kaltem Motor ergeben sich während des Verdichtungstakts größere Wärmeverluste über die Brennraumoberfläche. Bei Kammermotoren (IDI) sind diese Verluste wegen der größeren Oberfläche besonders hoch.
- Die Triebwerkreibung ist bei niederen Temperaturen aufgrund der höheren Motorölviskosität höher als bei Betriebstemperatur. Dadurch und auch wegen niedriger Batteriespannung werden nur relativ kleine Starterdrehzahlen erreicht.
- Bei Kälte ist die Starterdrehzahl wegen der absinkenden Batteriespannung besonders niedrig.

Um während der Startphase die Temperatur im Zylinder zu erhöhen, werden folgende Maßnahmen ergriffen:

1 Kompressionsenddruck und -endtemperatur in Abhängigkeit von der Motordrehzahl

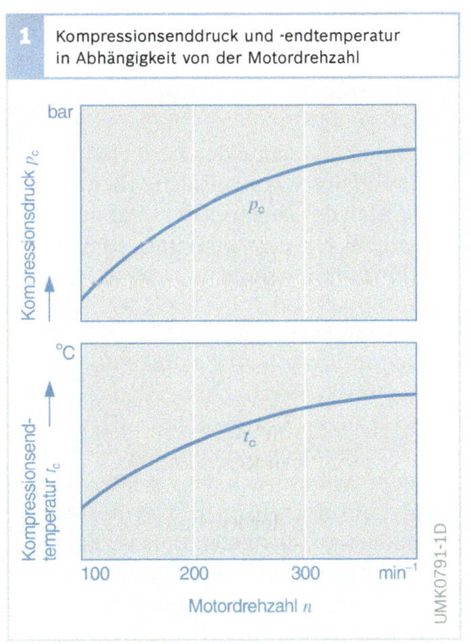

2 Kompressionstemperatur in Abhängigkeit vom Kurbelwellenwinkel

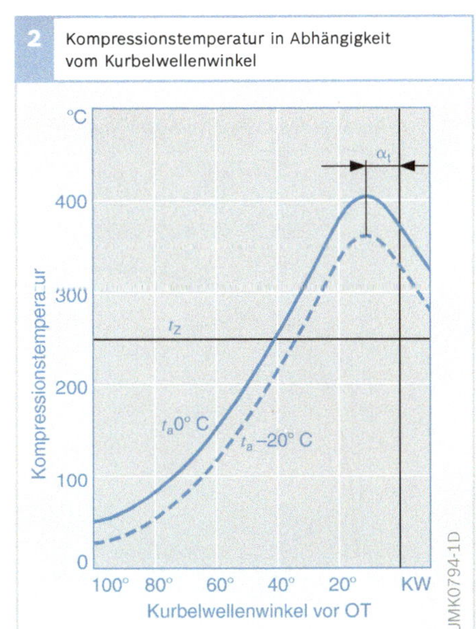

Bild 2
t_a Außentemperatur
t_Z Zündtemperatur des Dieselkraftstoffs
α_T thermodynamischer Verlustwinkel

$n \approx 200\ \text{min}^{-1}$

Kraftstoffaufheizung

Mit einer Filter- oder direkten Kraftstoffaufheizung (Bild 3) kann das Ausscheiden von Paraffin-Kristallen bei niedrigen Temperaturen (in der Startphase und bei niedrigen Außentemperaturen) vermieden werden.

3 Dieselheizer zur Kraftstofferwärmung

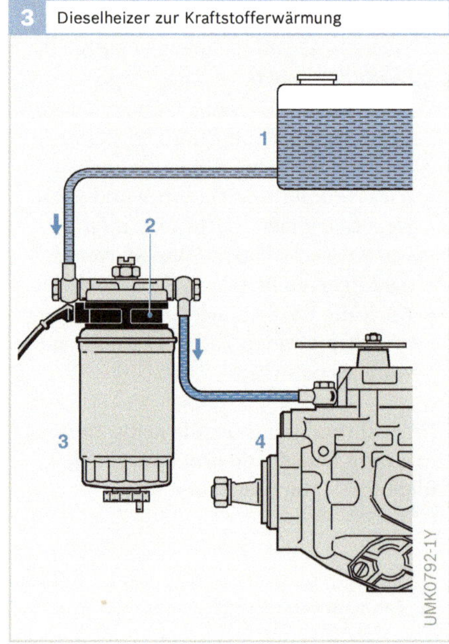

Bild 3
1 Kraftstoffbehälter
2 Dieselheizer
3 Kraftstofffilter
4 Einspritzpumpe

4 Temperaturverlauf zweier Glühstiftkerzen an ruhender Luft

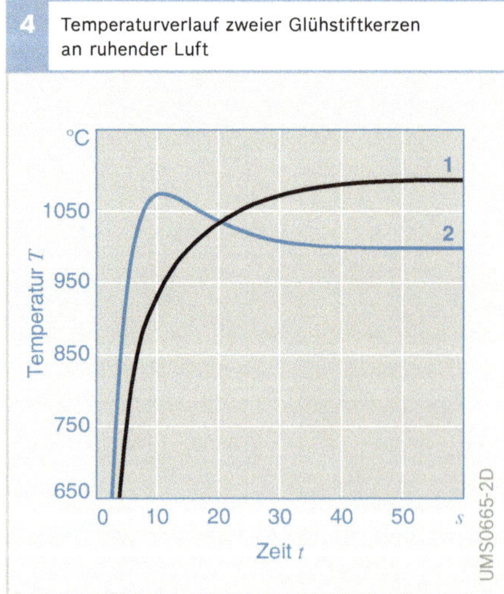

Bild 4
Regelwendelmaterial:
1 Nickel (herkömmliche Glühstiftkerze S-RSK)
2 CoFe-Legierung (Glühkerze der Generation GLP2)

Starthilfesysteme

Bei Direkteinspritzmotoren (DI) für Pkw und bei Kammermotoren (IDI) generell wird in der Startphase das Luft-Kraftstoff-Gemisch im Brennraum (bzw. in der Vor- oder Wirbelkammer) durch Glühstiftkerzen erwärmt. Bei Direkteinspritzmotoren für Nkw wird die Ansaugluft vorgewärmt. Beide Starthilfesysteme dienen der Verbesserung der Kraftstoffverdampfung und Gemischaufbereitung und somit dem sicheren Entflammen des Luft-Kraftstoff-Gemischs.

Glühkerzen neuerer Generation benötigen nur eine Vorglühdauer von wenigen Sekunden (Bild 4) und ermöglichen so einen schnellen Start. Die niedrigere Nachglühtemperatur erlaubt zudem längere Nachglühzeiten. Dies reduziert sowohl die Schadstoff- als auch die Geräuschemissionen in der Warmlaufphase des Motors.

Einspritzanpassung

Eine Maßnahme zur Startunterstützung ist die Zugabe einer Kraftstoff-Startmehrmenge zur Kompensation von Kondensations- und Leckverlusten des kalten Motors und zur Erhöhung des Motordrehmoments in der Hochlaufphase.

Die Frühverstellung des Einspritzbeginns während der Warmlaufphase dient zum Ausgleich des längeren Zündverzugs bei niedrigen Temperaturen und zur Sicherstellung der Zündung im Bereich des oberen Totpunkts, d.h. bei höchster Verdichtungsendtemperatur.

Der optimale Spritzbeginn muss mit enger Toleranz erreicht werden. Zu früh eingespritzter Kraftstoff hat aufgrund des noch zu geringen Zylinderinnendrucks (Kompressionsdruck) eine größere Eindringtiefe und schlägt sich an den kalten Zylinderwänden nieder. Dort verdampft er nur zum geringen Teil, da zu diesem Zeitpunkt die Ladungstemperatur noch niedrig ist.

Bei zu spät eingespritztem Kraftstoff erfolgt die Zündung erst im Expansionshub, und der Kolben wird nur noch wenig beschleunigt oder es kommt zu Verbrennungsaussetzern.

Nulllast

Nulllast bezeichnet alle Betriebszustände des Motors, bei denen der Motor nur seine innere Reibung überwindet. Er gibt kein Drehmoment ab. Die Fahrpedalstellung kann beliebig sein. Alle Drehzahlbereiche bis hin zur Abregeldrehzahl sind möglich.

Leerlauf

Leerlauf bezeichnet die unterste Nulllastdrehzahl. Das Fahrpedal ist dabei nicht betätigt. Der Motor gibt kein Drehmoment ab, er überwindet nur die innere Reibung. In einigen Quellen wird der gesamte Nulllastbereich als Leerlauf bezeichnet. Die obere Nulllastdrehzahl (Abregeldrehzahl) wird dann obere Leerlaufdrehzahl genannt.

Volllast

Bei Volllast ist das Fahrpedal ganz durchgetreten oder die Volllastmengenbegrenzung wird betriebspunktabhängig von der Motorsteuerung geregelt. Die maximal mögliche Kraftstoffmenge wird eingespritzt und der Motor gibt stationär sein maximal mögliches Drehmoment ab. Instationär (ladedruckbegrenzt) gibt der Motor das mit der zur Verfügung stehenden Luft maximal mögliche (niedrigere) Volllast-Drehmoment ab. Alle Drehzahlbereiche von der Leerlaufdrehzahl bis zur Nenndrehzahl sind möglich.

Teillast

Teillast umfasst alle Bereiche zwischen Nulllast und Volllast. Der Motor gibt ein Drehmoment zwischen Null und dem maximal möglichen Drehmoment ab.

Unterer Teillastbereich

In diesem Betriebsbereich sind die Verbrauchswerte im Vergleich zum Ottomotor besonders günstig. Das früher beanstandete „nageln" – besonders bei kaltem Motor – tritt bei Dieselmotoren mit Voreinspritzung praktisch nicht mehr auf.

Die Kompressions-Endtemperatur wird bei niedriger Drehzahl – wie im Abschnitt „Start" beschrieben – und kleiner Last geringer. Im Vergleich zur Volllast ist der Brennraum relativ kalt (auch bei betriebswarmem Motor), da die Energiezufuhr und damit die Temperaturen gering sind. Nach einem Kaltstart erfolgt die Aufheizung des Brennraums bei unterer Teillast nur langsam. Dies trifft insbesondere für Vor- und Wirbelkammermotoren zu, weil bei diesen die Wärmeverluste aufgrund der großen Oberfläche besonders hoch sind.

Bei kleiner Last und bei der Voreinspritzung werden nur wenige mm^3 Kraftstoff pro Einspritzung zugemessen. In diesem Fall werden besonders hohe Anforderungen an die Genauigkeit von Einspritzbeginn und Einspritzmenge gestellt. Ähnlich wie beim Start entsteht die benötigte Verbrennungstemperatur auch bei Leerlaufdrehzahl nur in einem kleinen Kolbenhubbereich bei OT. Der Spritzbeginn ist hierauf sehr genau abgestimmt.

Während der Zündverzugsphase darf nur wenig Kraftstoff eingespritzt werden, da zum Zündzeitpunkt die im Brennraum vorhandene Kraftstoffmenge über den plötzlichen Druckanstieg im Zylinder entscheidet. Je höher dieser ist, umso lauter wird das Verbrennungsgeräusch. Eine Voreinspritzung von ca. 1 mm^3 (für Pkw) macht den Zündverzug der Haupteinsprit-

5 Einspritzmenge in Abhängigkeit von der Drehzahl und der Fahrpedalstellung (Beispiel)

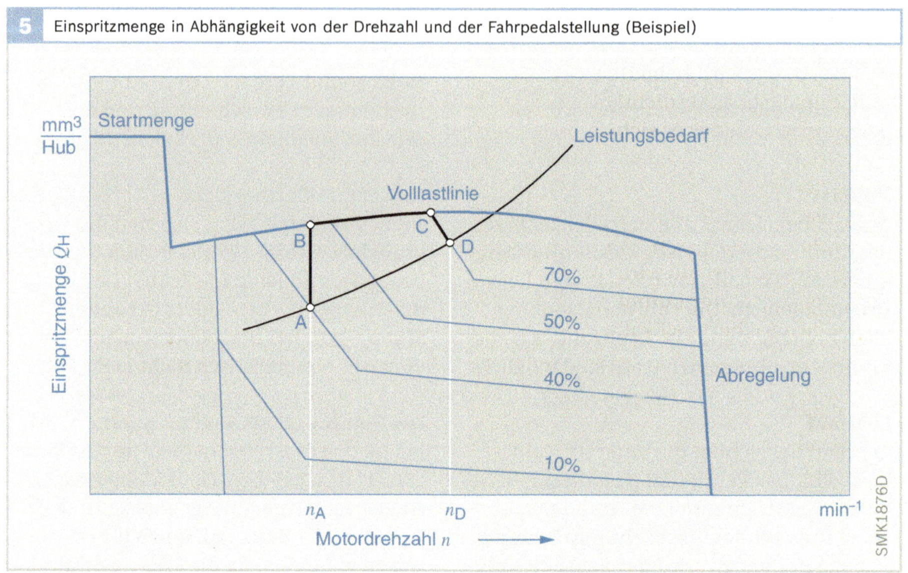

zung fast zu Null und verringert damit wesentlich das Verbrennungsgeräusch.

Schubbetrieb

Im Schubbetrieb wir der Motor von außen über den Triebstrang angetrieben (z. B. bei Bergabfahrt). Es wird kein Kraftstoff eingespritzt (Schubabschaltung).

Stationärer Betrieb

Das vom Motor abgegebene Drehmoment entspricht dem über die Fahrpedalstellung angeforderten Drehmoment. Die Drehzahl bleibt konstant.

Instationärer Betrieb

Das vom Motor abgegebene Drehmoment entspricht nicht dem geforderten Drehmoment. Die Drehzahl verändert sich.

Übergang zwischen den Betriebszuständen

Ändert sich die Last, die Motordrehzahl oder die Fahrpedalstellung, verändert der Motor seinen Betriebszustand (z. B. Motordrehzahl, Drehmoment).

Das Verhalten eines Motors kann mit Kennfeldern beschrieben werden. Das Kennfeld in Bild 5 zeigt an einem Beispiel, wie sich die Motordrehzahl ändert, wenn die Fahrpedalstellung von 40 % auf 70 % verändert wird. Ausgehend vom Betriebspunkt A wird über die Volllast (B-C) der neue Teillast-Betriebspunkt D erreicht. Dort sind der Leistungsbedarf und die vom Motor abgegebene Leistung gleich. Die Drehzahl erhöht sich dabei von n_A auf n_D.

Betriebsbedingungen

Der Kraftstoff wird beim Dieselmotor direkt in die hochverdichtete, heiße Luft eingespritzt, an der er sich selbst entzündet. Der Dieselmotor ist daher und wegen des heterogenen Luft-Kraftstoff-Gemischs - im Gegensatz zum Ottomotor - nicht an Zündgrenzen (d. h. bestimmte Luftzahlen λ) gebunden. Deshalb wird die Motorleistung bei konstanter Luftmenge im Motorzylinder nur über die Kraftstoffmenge geregelt.

Das Einspritzsystem muss die Dosierung des Kraftstoffs und die gleichmäßige Verteilung in der ganzen Ladung übernehmen - und dies bei allen Drehzahlen und Lasten sowie abhängig von Druck und Temperatur der Ansaugluft.

Jeder Betriebspunkt benötigt somit
- die richtige Kraftstoffmenge,
- zur richtigen Zeit,
- mit dem richtigen Druck,
- im richtigen zeitlichen Verlauf und
- an der richtigen Stelle des Brennraums.

Bei der Kraftstoffdosierung müssen zusätzlich zu den Forderungen für die optimale Gemischbildung auch Betriebsgrenzen berücksichtigt werden wie z. B.:
- Schadstoffgrenzen (z. B. Rauchgrenze),
- Verbrennungsspitzendruckgrenze,
- Abgastemperaturgrenze,
- Drehzahl- und Volllastgrenze
- fahrzeug- und gehäusespezifische Belastungsgrenzen und
- Höhen-/Ladedruckgrenzen.

Rauchgrenze

Der Gesetzgeber schreibt Grenzwerte u. a. für die Partikelemissionen und die Abgastrübung vor. Da die Gemischbildung zum großen Teil erst während der Verbrennung abläuft, kommt es zu örtlichen Überfettungen und damit zum Teil auch bei mittlerem Luftüberschuss zu einem Anstieg der Emission von Rußpartikeln. Das an der gesetzlich festgelegten Volllast-Rauchgrenze fahrbare Luft-Kraftstoff-Verhältnis ist ein Maß für die Güte der Luftausnutzung.

Verbrennungsdruckgrenze

Während des Zündvorgangs verbrennt der teilweise verdampfte und mit der Luft vermischte Kraftstoff bei hoher Verdichtung mit hoher Geschwindigkeit und einer hohen ersten Wärmefreisetzungsspitze.

1 Kraftstoff-Einspritzmenge in Abhängigkeit von Drehzahl und Last mit zusätzlicher Temperatur- und Atmosphärendruckkorrektur

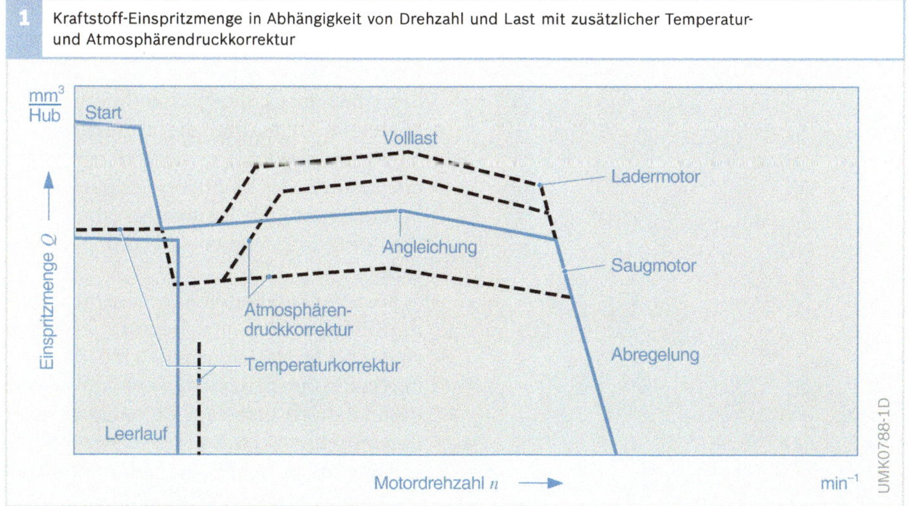

Man spricht daher von einer „harten“ Verbrennung. Dabei entstehen hohe Verbrennungsspitzendrücke, und die auftretenden Kräfte bewirken periodisch wechselnde Belastungen der Motorbauteile. Dimensionierung und Dauerhaltbarkeit der Motor- und Antriebsstrangkomponenten begrenzen somit den zulässigen Verbrennungsdruck und damit die Einspritzmenge. Dem schlagartigen Anstieg des Verbrennungsdrucks wird meist durch Voreinspritzung entgegengewirkt.

Abgastemperaturgrenze

Eine hohe thermische Beanspruchung der den heißen Brennraum umgebenden Motorbauteile, die Wärmefestigkeit der Auslassventile sowie der Abgasanlage und des Zylinderkopfs bestimmen die Abgastemperaturgrenze eines Dieselmotors.

Drehzahlgrenzen

Wegen des vorhandenen Luftüberschusses beim Dieselmotor hängt die Leistung bei konstanter Drehzahl im Wesentlichen von der Einspritzmenge ab. Wird dem Dieselmotor Kraftstoff zugeführt, ohne dass ein entsprechendes Drehmoment abgenommen wird, steigt die Motordrehzahl. Wird

2 Entwicklung von Dieselmotoren eines Mittelklasse-Pkw

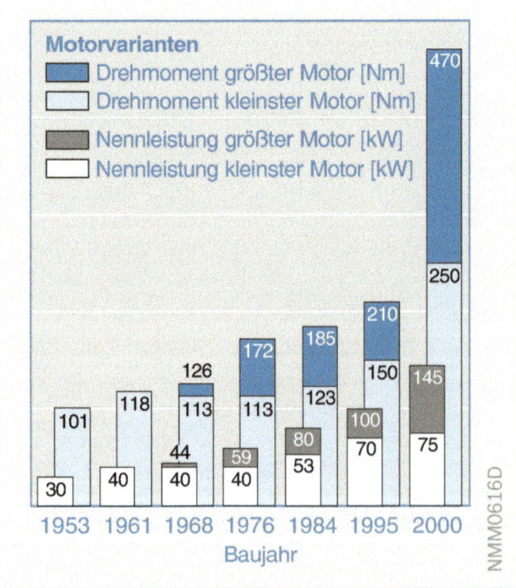

die Kraftstoffzufuhr vor dem Überschreiten einer kritischen Motordrehzahl nicht reduziert, „geht der Motor durch“, d. h., er kann sich selbst zerstören. Eine Drehzahlbegrenzung bzw. -regelung ist deshalb beim Dieselmotor zwingend erforderlich.

Beim Dieselmotor als Antrieb von Straßenfahrzeugen muss die Drehzahl über das Fahrpedal vom Fahrer frei wählbar sein. Bei Belastung des Motors oder Loslassen des Fahrpedals darf die Motordrehzahl nicht unter die Leerlaufgrenze bis zum Stillstand abfallen. Dazu wird ein Leerlauf- und Enddrehzahlregler eingesetzt. Der dazwischen liegende Drehzahlbereich wird über die Fahrpedalstellung geregelt.Vom Dieselmotor als Maschinenantrieb erwartet man, dass auch unabhängig von der Last eine bestimmte Drehzahl konstant gehalten wird bzw. in zulässigen Grenzen bleibt. Dazu werden Alldrehzahlregler eingesetzt, die über den gesamten Drehzahlbereich regeln.

Für den Betriebsbereich eines Motors lässt sich ein Kennfeld festlegen. Dieses Kennfeld (Bild 1, vorherige Seite) zeigt die Kraftstoffmenge in Abhängigkeit von Drehzahl und Last sowie die erforderlichen Temperatur- und Luftdruckkorrekturen.

Höhen-/Ladedruckgrenzen

Die Auslegung der Einspritzmengen erfolgt üblicherweise für Meereshöhe (NN). Wird der Motor in großen Höhen über NN betrieben, muss die Kraftstoffmenge entsprechend dem Abfall des Luftdrucks angepasst werden, um die Rauchgrenze einzuhalten. Als Richtwert gilt nach der barometrischen Höhenformel eine Luftdichteverringerung von 7 % pro 1000 m Höhe.

Bei aufgeladenen Motoren ist die Zylinderfüllung im dynamischen Betrieb oft geringer als im stationären Betrieb. Da die maximale Einspritzmenge auf den stationären Betrieb ausgelegt ist, muss sie im dynamischen Betrieb entsprechend der geringeren Luftmenge reduziert werden (ladedruckbegrenzte Volllast).

Einspritzsystem

Die Niederdruck-Kraftstoffversorgung fördert den Kraftstoff aus dem Tank und stellt ihn dem Einspritzsystem mit einem bestimmten Versorgungsdruck zur Verfügung. Die Einspritzpumpe erzeugt den für die Einspritzung erforderlichen Kraftstoffdruck. Der Kraftstoff gelangt bei den meisten Systemen über Hochdruckleitungen zur Einspritzdüse und wird mit einem düsenseitigen Druck von 200...2200 bar in den Brennraum eingespritzt.

Die vom Motor abgegebene Leistung, aber auch das Verbrennungsgeräusch und die Zusammensetzung des Abgases werden wesentlich beeinflusst durch die eingespritzte Kraftstoffmasse, den Einspritzzeitpunkt und den Einspritz- bzw. Verbrennungsverlauf.

Bis in die 1980er-Jahre wurde die Einspritzung, d. h. die Einspritzmenge und der Einspritzbeginn, bei Fahrzeugmotoren ausschließlich mechanisch geregelt. Dabei wird die Einspritzmenge über eine Steuerkante am Kolben oder über Schieber je nach Last und Drehzahl variiert. Der Spritzbeginn wird bei mechanischer Regelung über Fliehgewichtsregler oder hydraulisch über Drucksteuerung verstellt.

Heute hat sich – nicht nur im Fahrzeugbereich – die elektronische Regelung weitestgehend durchgesetzt. Die Elektronische Dieselregelung (EDC, Electronic Diesel Control) berücksichtigt bei der Berechnung der Einspritzung verschiedene Größen wie Motordrehzahl, Last, Temperatur, geografische Höhe usw. Die Regelung von Einspritzbeginn und -menge erfolgt über Magnetventile und ist wesentlich präziser als die mechanische Regelung.

Größenordnungen der Einspritzung

Ein Motor mit 75 kW (102 PS) Leistung und einem spezifischen Kraftstoffverbrauch von 200 g/kWh (Volllast) verbraucht 15 kg Kraftstoff pro Stunde. Bei einem Viertakt-Vierzylindermotor verteilt sich die Menge bei 2400 Umdrehungen pro Minute auf 288 000 Einspritzungen. Daraus ergibt sich pro Einspritzung ein Kraftstoffvolumen von ca. 60 mm^3. Im Vergleich dazu weist ein Regentropfen ein Volumen von ca. 30 mm^3 auf.

Noch größere Genauigkeit der Dosierung erfordern der Leerlauf mit ca. 5 mm^3 Kraftstoff pro Einspritzung und die Voreinspritzung mit nur 1 mm^3. Bereits kleinste Abweichungen wirken sich negativ auf die Laufruhe und auf die Geräusch- und Schadstoffemissionen aus.

Die exakte Dosierung muss das Einspritzsystem sowohl für einen Zylinder als auch für die gleichmäßige Verteilung des Kraftstoffs auf die einzelnen Zylinder eines Motors vornehmen. Die Elektronische Dieselregelung (EDC) passt die Einspritzmenge für jeden Zylinder an, um so einen besonders gleichmäßigen Motorlauf zu erzielen.

Brennräume

Die Form des Brennraums ist mit entscheidend für die Güte der Verbrennung und somit für die Leistung und das Abgasverhalten des Dieselmotors. Die Brennraumform kann bei geeigneter Gestaltung mithilfe der Kolbenbewegung Drall-, Quetsch- und Turbulenzströmungen erzeugen, die zur Verteilung des flüssigen Kraftstoffs oder des Luft-Kraftstoffdampf-Strahls im Brennraum genutzt werden.

Folgende Verfahren kommen zur Anwendung:

- ungeteilter Brennraum (Direct Injection Engine, DI, Direkteinspritzmotoren) und
- geteilter Brennraum (Indirect Injection Engine, IDI, Kammermotoren).

Der Anteil der DI-Motoren nimmt wegen ihres günstigeren Kraftstoffverbrauchs (bis zu 20 % Einsparung) immer mehr zu. Das härtere Verbrennungsgeräusch (vor allem bei der Beschleunigung) kann mit einer Voreinspritzung auf das niedrigere Geräuschniveau von Kammermotoren gebracht werden. Motoren mit geteilten Brennräumen kommen bei Neuentwicklungen kaum mehr in Betracht.

1 Direkteinspritzverfahren

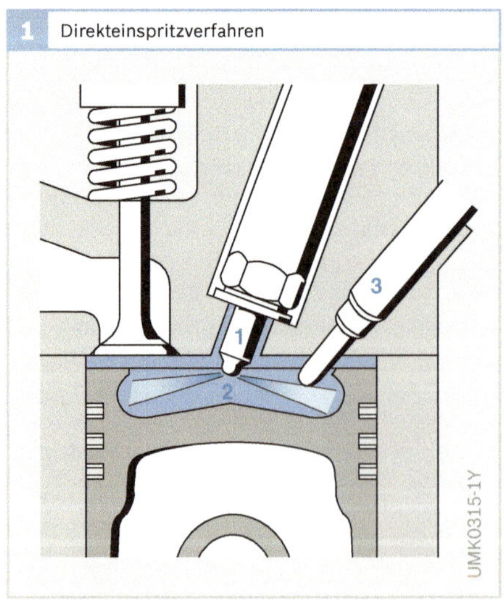

Bild 1
1 Mehrlochdüse
2 ω-Kolbenmulde
3 Glühstiftkerze

Ungeteilter Brennraum (Direkteinspritzverfahren)

Direkteinspritzmotoren (Bild 1) haben einen höheren Wirkungsgrad und arbeiten wirtschaftlicher als Kammermotoren. Sie kommen daher bei allen Nkw und bei den meisten neueren Pkw zum Einsatz.

Beim Direkteinspritzverfahren wird der Kraftstoff direkt in den im Kolben eingearbeiteten Brennraum (Kolbenmulde, 2) eingespritzt. Die Kraftstoffzerstäubung, -erwärmung, -verdampfung und die Vermischung mit der Luft müssen daher in einer kurzen zeitlichen Abfolge stehen. Dabei werden an die Kraftstoff- und an die Luftzuführung hohe Anforderungen gestellt.

Während des Ansaug- und Verdichtungstakts wird durch die besondere Form des Ansaugkanals im Zylinderkopf ein Luftwirbel im Zylinder erzeugt. Auch die Gestaltung des Brennraums trägt zur Luftbewegung am Ende des Verdichtungshubs (d. h. zu Beginn der Einspritzung) bei. Von den im Lauf der Entwicklung des Dieselmotors angewandten Brennraumformen findet gegenwärtig die ω-Kolbenmulde die breiteste Verwendung.

Neben einer guten Luftverwirbelung muss auch der Kraftstoff räumlich gleichmäßig verteilt zugeführt werden, um eine schnelle Vermischung zu erzielen. Beim Direkteinspritzverfahren kommt eine Mehrlochdüse zur Anwendung, deren Strahllage in Abstimmung mit der Brennraumauslegung optimiert ist. Der Einspritzdruck beim Direkteinspritzverfahren ist sehr hoch (bis zu 2200 bar).

In der Praxis gibt es bei der Direkteinspritzung zwei Methoden:

- Unterstützung der Gemischaufbereitung durch gezielte Luftbewegung und
- Beeinflussung der Gemischaufbereitung nahezu ausschließlich durch die Kraftstoffeinspritzung unter weitgehendem Verzicht auf eine Luftbewegung.

Im zweiten Fall ist keine Arbeit für die Luftverwirbelung aufzuwenden, was sich in geringerem Gaswechselverlust und besserer Füllung bemerkbar macht. Gleichzeitig aber bestehen erheblich höhere Anforderungen an die Einspritzausrüstung bezüglich Lage der Einspritzdüse, Anzahl der Düsenlöcher, Feinheit der Zerstäubung (abhängig vom Spritzlochdurchmesser) und Höhe des Einspritzdrucks, um die erforderliche kurze Einspritzdauer und eine gute Gemischbildung zu erreichen.

Geteilter Brennraum (indirekte Einspritzung)

Dieselmotoren mit geteiltem Brennraum (Kammermotoren) hatten lange Zeit Vorteile bei den Geräusch- und Schadstoffemissionen gegenüber den Motoren mit Direkteinspritzung. Sie wurden deshalb bei Pkw und leichten Nkw eingesetzt. Heute arbeiten Direkteinspritzmotoren jedoch durch den hohen Einspritzdruck, die elektronische Dieselregelung und die Voreinspritzung sparsamer als Kammermotoren und mit vergleichbaren Geräuschemissionen. Deshalb kommen Kammermotoren bei Fahrzeugneuentwicklungen nicht mehr zum Einsatz.

2 Vorkammerverfahren

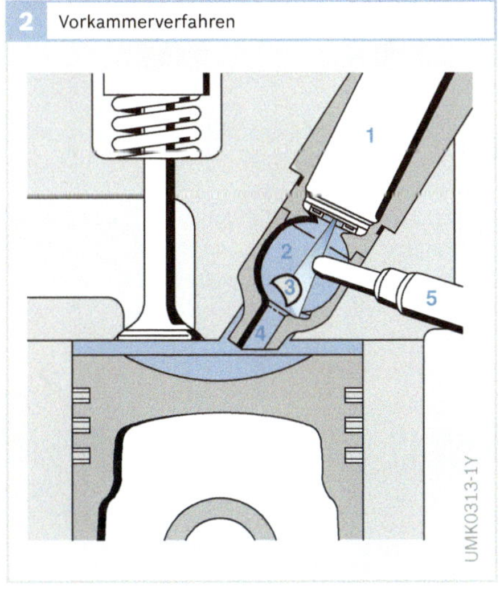

Bild 2
1 Einspritzdüse
2 Vorkammer
3 Prallfläche
4 Strahlkanal
5 Glühstiftkerze

Man unterscheidet zwei Verfahren mit geteiltem Brennraum:

- Vorkammerverfahren und
- Wirbelkammerverfahren.

Vorkammerverfahren

Beim Vorkammerverfahren wird der Kraftstoff in eine heiße, im Zylinderkopf angebrachte Vorkammer eingespritzt (Bild 2, Pos. 2). Die Einspritzung erfolgt dabei mit einer Zapfendüse (1) unter relativ niedrigem Druck (bis 450 bar). Eine speziell gestaltete Prallfläche (3) in der Kammermitte zerteilt den auftreffenden Strahl und vermischt ihn intensiv mit der Luft.

Die in der Vorkammer einsetzende Verbrennung treibt das teilverbrannte Luft-Kraftstoff-Gemisch durch den Strahlkanal (4) in den Hauptbrennraum. Hier findet während der weiteren Verbrennung eine intensive Vermischung mit der vorhandenen Luft statt. Das Volumenverhältnis zwischen Vorkammer und Hauptbrennraum beträgt etwa 1:2.

Der kurze Zündverzug [1)] und die abgestufte Energiefreisetzung führen zu einer weichen Verbrennung mit niedriger Geräuschentwicklung und Motorbelastung.

1) Zeit von Einspritzbeginn bis Zündbeginn

Eine geänderte Vorkammerform mit Verdampfungsmulde sowie eine geänderte Form und Lage der Prallfläche (Kugelstift) geben der Luft, die beim Komprimieren aus dem Zylinder in die Vorkammer strömt, einen vorgegebenen Drall. Der Kraftstoff wird unter einem Winkel von 5 Grad zur Vorkammerachse eingespritzt.

Um den Verbrennungsablauf nicht zu stören, sitzt die Glühstiftkerze (5) im „Abwind“ des Luftstroms. Ein gesteuertes Nachglühen bis zu 1 Minute nach dem Kaltstart (abhängig von der Kühlwassertemperatur) trägt zur Abgasverbesserung und Geräuschminderung in der Warmlaufphase bei.

Wirbelkammerverfahren

Bei diesem Verfahren wird die Verbrennung ebenfalls in einem Nebenraum (Wirbelkammer) eingeleitet, der ca. 60 % des Kompressionsvolumens umfasst. Die kugel- oder scheibenförmige Wirbelkammer ist über einen tangential einmündenden Schusskanal mit dem Zylinderraum verbunden (Bild 3, Pos. 2).

Während des Verdichtungstakts wird die über den Schusskanal eintretende Luft in eine Wirbelbewegung versetzt. Der Kraftstoff wird so eingespritzt, dass er den Wirbel senkrecht zu seiner Achse durchdringt und auf der gegenüberliegenden Kammerseite in einer heißen Wandzone auftrifft.

Mit Beginn der Verbrennung wird das Luft-Kraftstoff-Gemisch durch den Schusskanal in den Zylinderraum gedrückt und mit der dort noch vorhandenen restlichen Verbrennungsluft stark verwirbelt. Beim Wirbelkammerverfahren sind die Strömungsverluste zwischen dem Hauptbrennraum und der Nebenkammer geringer als beim Vorkammerverfahren, da der Überströmquerschnitt größer ist. Dies führt zu geringeren Drosselverlusten mit entsprechendem Vorteil für den inneren Wirkungsgrad und den Kraftstoffverbrauch. Das Verbrennungsgeräusch ist jedoch lauter als beim Vorkammerverfahren.

Es ist wichtig, dass die Gemischbildung möglichst vollständig in der Wirbelkammer erfolgt. Die Gestaltung der Wirbelkammer, die Anordnung und Gestalt des Düsenstrahls und auch die Lage der Glühkerze müssen sorgfältig auf den Motor abgestimmt sein, um bei allen Drehzahlen und Lastzuständen eine gute Gemischaufbereitung zu erzielen.

Eine weitere Forderung ist das schnelle Aufheizen der Wirbelkammer nach dem Kaltstart. Damit reduziert sich der Zündverzug und es entstehen geringere Verbrennungsgeräusche und beim Warmlauf keine unverbrannten Kohlenwasserstoffe (Blaurauch) im Abgas.

3 Wirbelkammerverfahren

Bild 3
1 Einspritzdüse
2 tangentialer Schusskanal
3 Glühstiftkerze

Beim Direkteinspritzverfahren mit Muldenwandanlagerung (M-Verfahren) für Nkw- und Stationärdieselmotoren sowie Vielstoffmotoren spritzt eine Einstrahldüse den Kraftstoff mit geringem Einspritzdruck gezielt auf die Wandung im Brennraum. Hier verdampft er und wird von der Luft abgetragen. So nutzt dieses Verfahren die Wärme der Muldenwand für die Verdampfung des Kraftstoffs. Bei richtiger Abstimmung der Luftbewegung im Brennraum lassen sich sehr homogene Luft-Kraftstoff-Gemische mit langer Brenndauer, geringem Druckanstieg und damit geräuscharmer Verbrennung erzielen. Wegen seines Verbrauchsnachteils gegenüber dem Luft verteilenden Direkteinspritzverfahren wird das M-Verfahren heute nicht mehr eingesetzt.

UMK0786-1Y

Diesel-Einspritz-Geschichte(n)

Ende 1922 begann bei Bosch die Entwicklung eines Einspritzsystems für Dieselmotoren. Die technischen Voraussetzungen waren günstig: Bosch verfügte über Erfahrungen mit Verbrennungsmotoren, die Fertigungstechnik war hoch entwickelt und vor allem konnten Kenntnisse, die man bei der Fertigung von Schmierpumpen gesammelt hatte, eingesetzt werden. Dennoch war dies für Bosch ein großes Wagnis, da es viele Aufgaben zu lösen gab.

1927 wurden die ersten Einspritzpumpen in Serie hergestellt. Die Präzision dieser Pumpen war damals einmalig. Sie waren klein, leicht und ermöglichten höhere Drehzahlen des Dieselmotors. Diese Reiheneinspritzpumpen wurden ab 1932 in Nkw und ab 1936 auch in Pkw eingesetzt. Die Entwicklung des Dieselmotors und der Einspritzanlagen ging seither unaufhörlich weiter.

Im Jahr 1962 gab die von Bosch entwickelte Verteilereinspritzpumpe mit automatischem Spritzversteller dem Dieselmotor neuen Auftrieb. Mehr als zwei Jahrzehnte später folgte die von Bosch in langer Forschungsarbeit zur Serienreife gebrachte elektronische Regelung der Dieseleinspritzung.

Die immer genauere Dosierung kleinster Kraftstoffmengen zum exakt richtigen Zeitpunkt und die Steigerung des Einspritzdrucks ist eine ständige Herausforderung für die Entwickler. Dies führte zu vielen neuen Innovationen bei den Einspritzsystemen (siehe Bild).

In Verbrauch und Ausnutzung des Kraftstoffs ist der Selbstzünder nach wie vor benchmark (d.h., er setzt den Maßstab).

Neue Einspritzsysteme halfen weiteres Potenzial zu heben. Zusätzlich wurden die Motoren ständig leistungsfähiger, während die Geräusch- und Schadstoffemissionen weiter abnahmen!

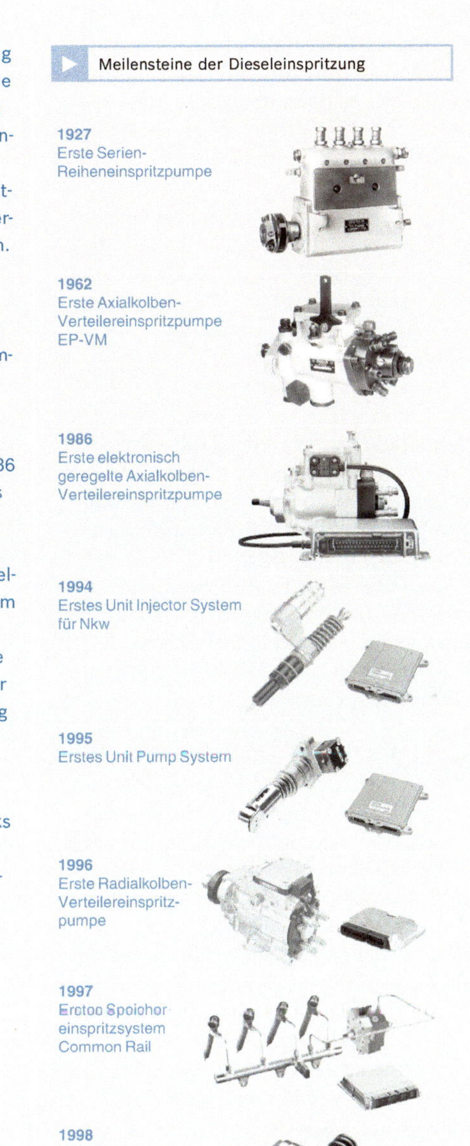

Grundlagen der Dieseleinspritzung

Die Verbrennungsvorgänge im Dieselmotor – und damit die Motorleistung, der Kraftstoffverbrauch, die Abgaszusammensetzung und das Verbrennungsgeräusch – hängen in entscheidendem Maße von der Aufbereitung des Luft-Kraftstoff-Gemischs ab.

Für die Qualität der Gemischbildung sind in erster Linie folgende Parameter der Kraftstoffeinspritzung ausschlaggebend:
- Einspritzbeginn,
- Einspritzverlauf und -dauer,
- Einspritzdruck,
- Anzahl der Einspritzungen.

Beim Dieselmotor werden die Abgas- und Geräuschemissionen zu einem wesentlichen Teil durch innermotorische Maßnahmen reduziert, d. h. durch Steuerung des Verbrennungsablaufs.

Bis in die 1980er-Jahre wurde bei Fahrzeugmotoren die Einspritzmenge und der Einspritzbeginn ausschließlich mechanisch geregelt. Die Einhaltung der aktuellen Abgasgrenzwerte erfordert jedoch eine sehr präzise und an den Betriebszustand des Motors angepasste Festlegung der Einspritzparameter für die Vor- und Haupteinspritzung wie Einspritzmenge, -druck und -beginn. Das ist nur mit einer elektronischen Regelung realisierbar, welche die Einspritzgrößen abhängig von Temperatur, Drehzahl, Last, geografischer Höhe usw. berechnet. Die Elektronische Dieselregelung (EDC) hat sich heute für Dieselfahrzeuge allgemein durchgesetzt.

Zukünftig strenger werdende Abgasnormen erfordern darüber hinaus beim Dieselmotor weitere Maßnahmen zur Schadstoffminderung. Durch sehr hohe Einspritzdrücke, wie sie derzeit beim Unit Injector System erreicht werden, und durch einen unabhängig vom Druckaufbau einstellbaren Einspritzverlauf, der beim Common Rail System realisiert ist, können die Emissionen unter Berücksichtigung des Verbrennungsgeräuschs weiter gesenkt werden.

Gemischverteilung

Luftzahl λ

Zur Kennzeichnung dafür, wie weit das tatsächlich vorhandene Luft-Kraftstoff-Gemisch vom stöchiometrischen [1] Massenverhältnis abweicht, wurde die Luftzahl λ (Lambda) eingeführt. Die Luftzahl gibt das Verhältnis von zugeführter Luftmasse zum Luftbedarf bei stöchiometrischer Verbrennung an:

$$\lambda = \frac{\textit{Masse Luft}}{\textit{Masse Kraftstoff} \cdot \textit{stöchiometrisches Verhältnis}}$$

λ = 1: Die zugeführte Luftmasse entspricht der theoretisch erforderlichen Luftmasse, die notwendig ist, um den gesamten Kraftstoff zu verbrennen.

λ < 1: Es herrscht Luftmangel und damit fettes Gemisch.

λ > 1: Es herrscht Luftüberschuss und damit mageres Gemisch.

Lambda-Werte beim Dieselmotor

Fette Gemischzonen sind für eine rußende Verbrennung verantwortlich. Damit nicht zu viele fette Gemischzonen entstehen, muss – im Gegensatz zum Ottomotor – insgesamt mit Luftüberschuss gefahren wer-

1 Ablauf einer Verbrennung in einem Direkteinspritzer-Versuchsmotor mit Mehrlochdüse

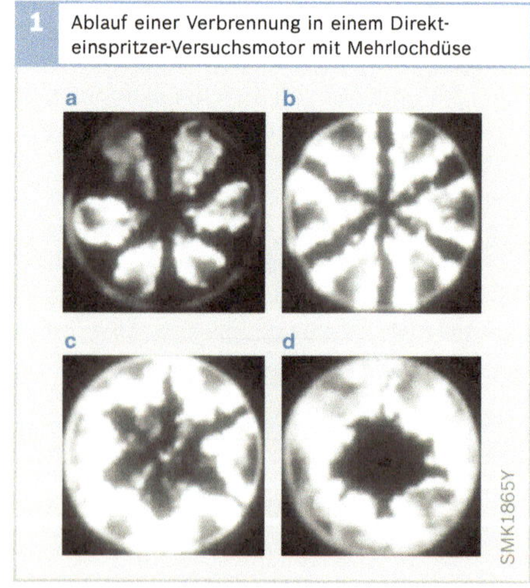

Bild 1
Bei „Glasmotoren" können die Einspritz- und Verbrennungsvorgänge durch Glaseinsätze und Spiegel beobachtet werden.

Die Zeiten sind nach Beginn des Verbrennungseigenleuchtens angegebenen
a 200 µs
b 400 µs
c 522 µs
d 1200 µs

[1] Das stöchiometrische Verhältnis beschreibt, wie viel kg Luft benötigt werden, um 1 kg Kraftstoff vollständig zu verbrennen (m_L / m_K). Es beträgt beim Dieselkraftstoff ca. 14,5.

den. Die Lambda-Werte von aufgeladenen Dieselmotoren liegen bei Volllast zwischen λ = 1,15 und λ = 2,0. Bei Leerlauf und Nulllast steigen die Werte auf λ >10. Diese Luftzahlen stellen das Verhältnis der gesamten Luft- und Kraftstoffmasse im Zylinder dar. Für die Selbstzündung und die Schadstoffbildung sind jedoch ganz wesentlich die lokalen Lambda-Werte verantwortlich, die räumlich stark schwanken.

Der Dieselmotor arbeitet mit heterogener innerer Gemischbildung und Selbstzündung. Eine vollständig homogene Vermischung des eingespritzten Kraftstoffs mit der Luft ist vor oder während der Verbrennung nicht möglich. Beim heterogenen Gemisch des Dieselmotors überdecken die lokalen Luftzahlen alle Werte von λ = 0 (reiner Kraftstoff) im Strahlkern nahe der Düsenmündung bis zu λ = ∞ (reine Luft) in der Strahlaußenzone. In der Tropfenrandzone (Dampfhülle) eines einzelnen flüssigen Tropfens treten lokal zündfähige Lambda-Werte von 0,3...1,5 auf (Bilder 2 und 3). Daraus lässt sich ableiten, dass durch gute Zerstäubung (viele kleine Tröpfchen), hohen Gesamtluftüberschuss und „dosierte“ Ladungsbewegung viele lokale Zonen mit mageren, zündfähigen Lambda-Werten entstehen. Dies bewirkt, dass bei der Verbrennung weniger Ruß entsteht, sodass die AGR-Verträglichkeit zunimmt, wodurch sich die NO_X-Emissionen reduzieren lassen.

Die gute Zerstäubung wird durch hohe Einspritzdrücke erreicht: Sie liegen derzeit bei maximal 2200 bar beim UIS, Common Rail Systeme arbeiten mit maximal 1800 bar Einspritzdruck. Dadurch entsteht eine hohe Relativgeschwindigkeit zwischen dem Kraftstoffstrahl und der Luft im Zylinder, die so den Kraftstoffstrahl „zerreißt“.

Mit Rücksicht auf ein geringes Motorgewicht und die Kosten des Motors soll möglichst viel Leistung aus einem vorgegebenen Hubraum gewonnen werden.
Bei hoher Last muss der Motor dafür mit möglichst geringem Luftüberschuss laufen. Mangelnder Luftüberschuss erhöht allerdings insbesondere die Ruß-Emissionen. Um sie zu begrenzen, muss die Kraftstoffmenge bei der verfügbaren Luftmenge und abhängig von der Drehzahl des Motors genau dosiert werden.

Niederer Luftdruck (z. B. in großer Höhe) erfordert ebenfalls ein Anpassen der Kraftstoffmenge an das geringere Luftangebot.

2 Verlauf des Luft-Kraftstoff-Verhältnisses am ruhenden Einzeltropfen

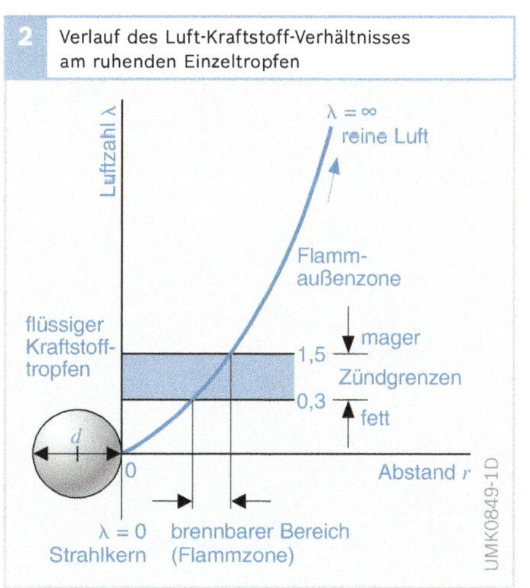

3 Verlauf des Luft-Kraftstoff-Verhältnisses am bewegten Einzeltropfen

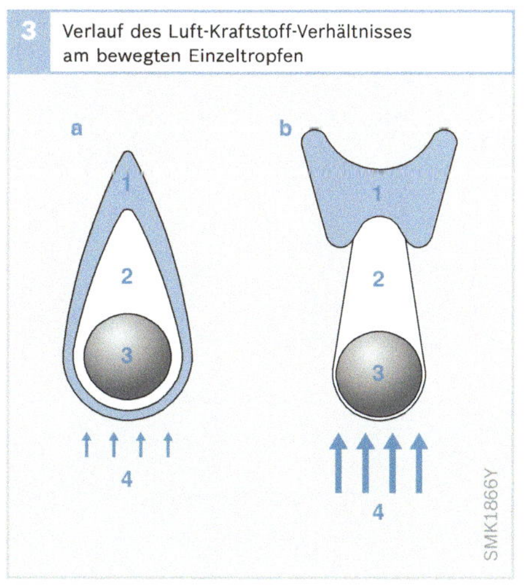

Bild 2
d Tröpfchendurchmesser (ca. 2...20 µm)

Bild 3
a Niedrige Anströmgeschwindigkeit
b hohe Anströmgeschwindigkeit

1 Flammzone
2 Dampfzone
3 Kraftstofftropfen
4 Luftstrom

Parameter der Einspritzung

Einspritz- und Förderbeginn

Einspritzbeginn

Der Beginn der Kraftstoffeinspritzung in den Brennraum beeinflusst wesentlich den Beginn der Verbrennung des Luft-Kraftstoff-Gemischs und damit die Emissionen, den Kraftstoffverbrauch und das Verbrennungsgeräusch. Deshalb kommt dem Einspritzbeginn, auch Spritzbeginn genannt, für das optimale Motorverhalten große Bedeutung zu.

Der Einspritzbeginn gibt den Kurbelwellenwinkel in Bezug auf den oberen Totpunkt (OT) des Motorkolbens an, bei dem die Einspritzdüse öffnet und den Kraftstoff in den Brennraum des Motors einspritzt. Die momentane Lage des Kolbens zum oberen Totpunkt des Kolbens beeinflusst die Bewegung der Luft im Brennraum sowie deren Dichte und Temperatur. Demnach hängt die Mischungsqualität des Gemischs aus Luft und Kraftstoff auch vom Einspritzbeginn ab. Der Einspritzbeginn nimmt somit Einfluss auf Emissionen wie Ruß, Stickoxide (NO_X), unverbrannte Kohlenwasserstoffe (HC) und Kohlenmonoxid (CO).

Die Sollwerte für den Einspritzbeginn sind je nach Motorlast, Drehzahl und Motortemperatur verschieden. Die optimalen Werte werden für jeden Motor ermittelt, wobei die Auswirkungen auf Kraftstoffverbrauch, Schadstoff- und Geräuschemissionen berücksichtigt werden. Die so ermittelten Werte werden in einem Spritzbeginnkennfeld gespeichert (Bild 4). Über das Kennfeld wird die lastabhängige Spritzbeginnverstellung geregelt.

Common Rail Systeme bieten gegenüber nockengesteuerten Systemen zusätzliche Freiheitsgrade bei der Wahl der Anzahl und des Zeitpunkts der Einspritzungen und des Einspritzdrucks. Dies ergibt sich daraus, dass der Kraftstoffdruck von einer separaten Hochdruckpumpe aufgebaut

4 Spritzbeginnkennfeld in Abhängigkeit von Drehzahl und Last für einen Pkw-Motor bei Kaltstart und Betriebstemperatur (Beispiel)

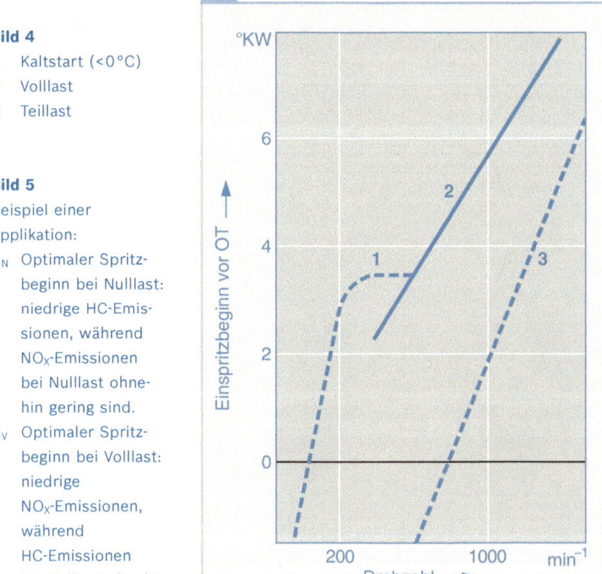
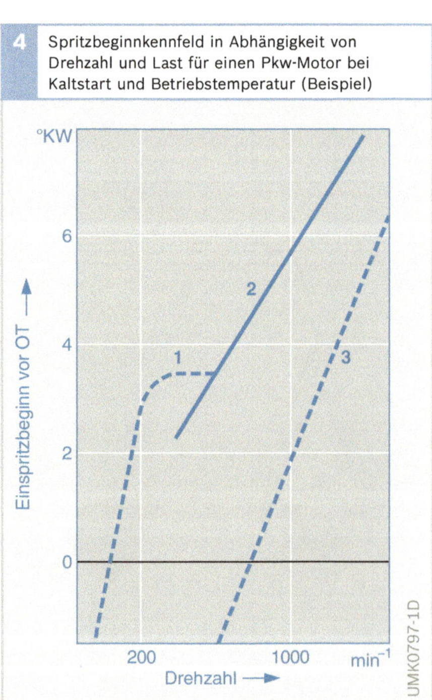

Bild 4
1 Kaltstart (<0 °C)
2 Volllast
3 Teillast

5 Streubänder der NO_X- und HC-Emissionen in Abhängigkeit vom Spritzbeginn bei einem Nkw ohne Abgasrückführung

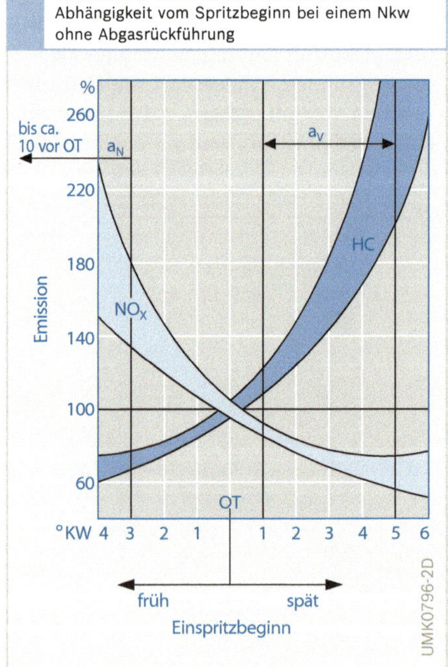

Bild 5
Beispiel einer Applikation:
α_N Optimaler Spritzbeginn bei Nulllast: niedrige HC-Emissionen, während NO_X-Emissionen bei Nulllast ohnehin gering sind.
α_V Optimaler Spritzbeginn bei Volllast: niedrige NO_X-Emissionen, während HC-Emissionen bei Volllast ohnehin gering sind.

und mittels Motorsteuerung optimal an jeden Betriebspunkt angepasst wird und die Einspritzung über ein Magnetventil oder Piezoelement gesteuert wird.

Richtwerte für den Spritzbeginn
Im Kennfeld des Dieselmotors liegen die für einen niedrigen Kraftstoffverbrauch optimalen Brennbeginne zwischen ca. 0...8 °KW (Grad Kurbelwellenwinkel) vor OT. Daraus und aus den Grenzwerten für die Abgasemissionen ergeben sich folgende Spritzbeginne:

Pkw-Direkteinspritzmotoren:
- Nulllast: 2 °KW vor OT bis 4 °KW nach OT
- Teillast: 6 °KW vor OT bis 4 °KW nach OT
- Volllast: 6...15 °KW vor OT

Nkw-Direkteinspritzmotoren
(ohne Abgasrückführung):
- Nulllast: 4...12 °KW vor OT
- Volllast: 3...6 °KW vor OT bis 2 °KW nach OT

Bei kaltem Motor liegt der Einspritzbeginn für Pkw- und Nkw-Motoren 3...10 °KW früher. Die Brenndauer bei Volllast beträgt 40...60 °KW.

Früher Einspritzbeginn
Die höchste Kompressionstemperatur (Kompressions-Endtemperatur) stellt sich kurz vor dem oberen Totpunkt des Kolbens (OT) ein. Wird die Verbrennung weit vor OT eingeleitet, steigt der Verbrennungsdruck steil an und wirkt als bremsende Kraft gegen die Kolbenbewegung. Die dabei abgegebene Wärmemenge verschlechtert den Wirkungsgrad des Motors und erhöht somit den Kraftstoffverbrauch. Der steile Anstieg des Verbrennungsdrucks hat außerdem ein lautes Verbrennungsgeräusch zur Folge.

Ein zeitlich vorverlegter Verbrennungsbeginn erhöht die Temperatur im Brennraum. Deshalb steigen die NO_X-Emissionen und verringert sich der HC-Ausstoß (Bild 5).

Die Minimierung von Blau- und Weißrauch erfordert bei kaltem Motor frühe Spritzbeginne und/oder eine Voreinspritzung.

Später Einspritzbeginn
Ein später Spritzbeginn bei geringer Last kann zu einer unvollständigen Verbrennung und so zur Emission unvollständig verbrannter Kohlenwasserstoffe (HC) und Kohlenmonoxid (CO) führen, da die Temperatur im Brennraum bereits wieder sinkt (Bild 5).

Die zum Teil gegenläufigen Abhängigkeiten („Trade-offs") von spezifischem Kraftstoffverbrauch und HC-Emission auf der einen sowie Ruß- (Schwarzrauch) und NO_X-Emission auf der anderen Seite verlangen bei der Anpassung der Spritzbeginne an den jeweiligen Motor Kompromisse und enge Toleranzen.

Förderbeginn

Neben dem Spritzbeginn wird oft auch der Förderbeginn betrachtet. Er bezieht sich auf den Beginn der Kraftstoffmengenförderung durch die Einspritzpumpe.

Der Förderbeginn spielt bei älteren Einspritzsystemen eine Rolle, da hier die Reihen- oder Verteilereinspritzpumpe dem Motor zugeordnet werden muss. Die zeitliche Abstimmung zwischen Pumpe und Motor erfolgt bei Förderbeginn, da dieser einfacher zu bestimmen ist als der tatsächliche Spritzbeginn. Dieses Vorgehen ist möglich, weil zwischen Förderbeginn und Spritzbeginn eine definierte Beziehung besteht (Spritzverzug[1])).

Der Spritzverzug ergibt sich aus der Laufzeit der Druckwelle von der Hochdruckpumpe bis zur Einspritzdüse und hängt somit von der Leitungslänge ab. Bei verschiedenen Drehzahlen resultiert ein unterschiedlicher Spritzverzug in °KW. Der Motor hat bei höheren Drehzahlen auch einen auf die Kurbelwellenstellung bezogenen (°KW) größeren Zündverzug[2]). Beides muss kompensiert werden, weshalb bei einem Einspritzsystem eine von der Drehzahl, der Last und der Motortemperatur abhän-

1) Zeit oder überstrichener Kurbelwellenwinkel (°KW) von Förderbeginn bis Einspritzbeginn

2) Zeit oder überstrichener Kurbelwellenwinkel (°KW) von Einspritzbeginn bis Zündbeginn

gige mechanische oder elektronische Verstellung des Förder- bzw. Spritzbeginns vorhanden sein muss.

Einspritzmenge

Die benötigte Kraftstoffmasse m_e für einen Motorzylinder pro Arbeitstakt berechnet sich nach folgender Formel:

$$m_e = \frac{P \cdot b_e \cdot 33{,}33}{n \cdot z} \text{ [mg/Hub]}$$

P Motorleistung in kW
b_e spezifischer Kraftstoffverbrauch des Motors in g/kWh
n Motordrehzahl in min^{-1}
z Anzahl der Motorzylinder

Das entsprechende Kraftstoffvolumen (Einspritzmenge) Q_H in mm^3/Hub bzw. mm^3/Einspritzzyklus ist dann:

$$Q_H = \frac{P \cdot b_e \cdot 1000}{30 \cdot n \cdot z \cdot \rho} \text{ [mm}^3\text{/Hub]}$$

Die Kraftstoffdichte ρ in g/cm^3 ist temperaturabhängig.

Die vom Motor abgegebene Leistung ist bei angenommenem konstantem Wirkungsgrad ($\eta \sim 1/b_e$) direkt proportional zur Einspritzmenge.

Die vom Einspritzsystem eingespritzte Kraftstoffmasse hängt von folgenden Größen ab:

- Zumessquerschnitt der Einspritzdüse,
- Dauer der Einspritzung,
- Differenzdruckverlauf zwischen dem Einspritzdruck und dem Druck im Brennraum des Motors sowie
- Dichte des Kraftstoffs.

Dieselkraftstoff ist kompressibel, d. h., er wird bei hohen Drücken verdichtet. Dies erhöht die Einspritzmenge; durch die Abweichung der Sollmenge im Kennfeld zur Istmenge werden die Leistung und der Schadstoffausstoß beeinflusst. Durch präzise arbeitende Einspritzsysteme mit elektronischer Dieselregelung kann dieser Einfluss kompensiert und die erforderliche Einspritzmenge sehr genau zugemessen werden.

Einspritzdauer

Eine Hauptgröße des Einspritzverlaufs ist die Einspritzdauer, während der die Einspritzdüse geöffnet ist und Kraftstoff in den Brennraum eingespritzt wird. Sie wird in Grad Kurbelwellen- bzw. Nockenwellenwinkel (°KW bzw. °NW) oder in Millisekunden angegeben. Die verschiedenen Diesel-Verbrennungsverfahren erfordern jeweils eine unterschiedliche Einspritzdauer (ungefähre Angaben bei Nennleistung):

- Pkw-Direkteinspritzmotoren ca. 32...38 °KW,
- Pkw-Kammermotoren 35...40 °KW und
- Nkw-Direkteinspritzmotoren 25...36 °KW.

Ein während der Einspritzdauer überstrichener Kurbelwellenwinkel von 30 °KW entspricht 15 °NW. Dies ergibt bei einer Einspritzpumpendrehzahl[3]) von 2000 min^{-1} eine Einspritzdauer von 1,25 ms.

[3]) Sie entspricht der halben Motordrehzahl bei Viertaktmotoren

Um den Kraftstoffverbrauch und die Emission gering zu halten, muss die Einspritzdauer abhängig vom Betriebspunkt festgelegt und auf den Einspritzbeginn abgestimmt sein (Bilder 6 und 9).

Einspritzverlauf

Der Einspritzverlauf beschreibt den zeitlichen Verlauf des Kraftstoffmassenstroms, der während der Einspritzdauer in den Brennraum eingespritzt wird.

Einspritzverlauf bei nockengesteuerten Einspritzsystemen

Bei nockengesteuerten Einspritzsystemen wird der Druck während des Einspritzvorgangs durch einen Pumpenkolben kontinuierlich aufgebaut. Dabei hat die Kolbengeschwindigkeit direkten Einfluss auf die Fördergeschwindigkeit und somit auf den Einspritzdruck.

Bei kantengesteuerten Verteiler- und Reiheneinspritzpumpen lässt sich keine

6 Spezifischer Kraftstoffverbrauch b_e in g/kWh in Abhängigkeit von Einspritzbeginn und Einspritzdauer

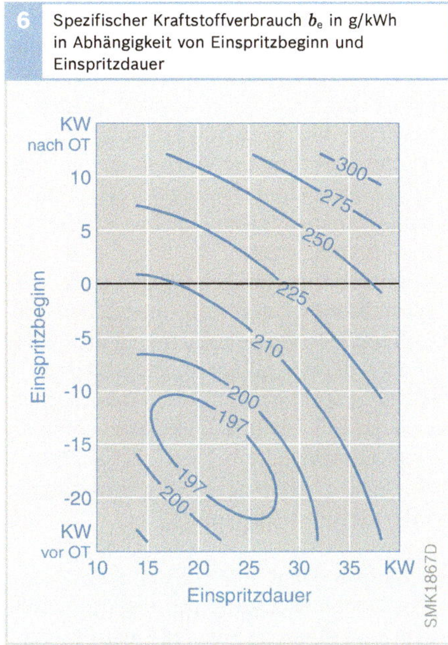

7 Spezifische Stickoxidemissionen (NO_X) in g/kWh in Abhängigkeit von Einspritzbeginn und Einspritzdauer

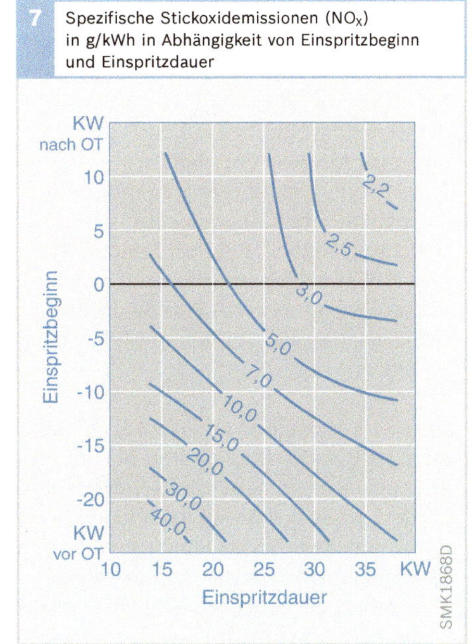

8 Spezifische Emissionen unverbrannter Kohlenwasserstoffe (HC) in g/kWh in Abhängigkeit von Einspritzbeginn und Einspritzdauer

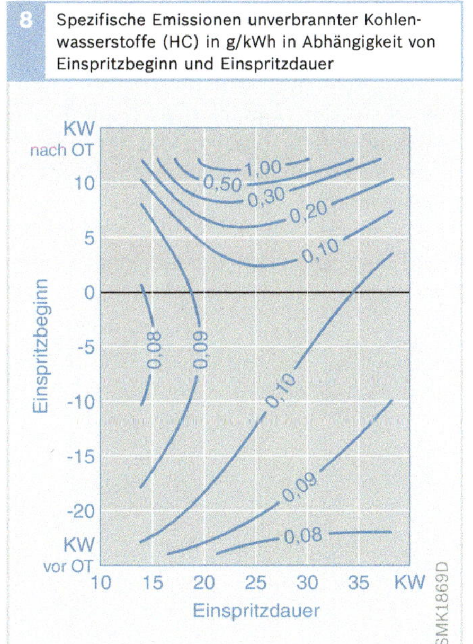

9 Spezifische Rußemissionen in g/kWh in Abhängigkeit von Einspritzbeginn und Einspritzdauer

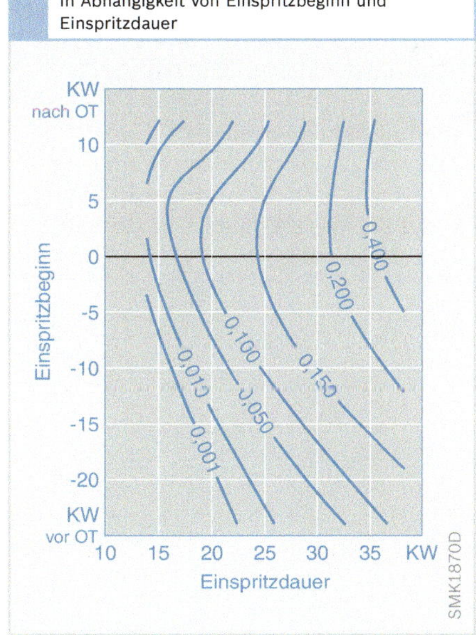

Bilder 6 bis 9
Motor: Sechszylinder-Nkw-Dieselmotor mit Common Rail Einspritzsystem.
Betriebspunkt: n = 1400 min^{-1}, 50 % Volllast.

Die Variation der Einspritzdauer erfolgt in diesem Beispiel durch Veränderung des Einspritzdrucks derart, dass sich je Einspritzvorgang eine konstante Einspritzmenge ergibt.

Voreinspritzung realisieren. Zweifederdüsenhalter bieten hier jedoch die Möglichkeit, zu Beginn der Einspritzung die Einspritzrate zu verringern, um eine Verbesserung im Hinblick auf das Verbrennungsgeräusch zu erzielen.

Bei magnetventilgesteuerten Verteilereinspritzpumpen ist auch eine Voreinspritzung möglich. Bei Unit Injector Systemen (UIS) für Pkw ist eine mechanisch-hydraulisch gesteuerte Voreinspritzung realisiert, die aber zeitlich nur begrenzt gesteuert werden kann.

Die Druckerzeugung und die Bereitstellung der Einspritzmenge sind bei nockengesteuerten Systemen durch Nocken und Förderkolben gekoppelt. Dies hat folgende Konsequenzen für das Einspritzverhalten:

- Der Einspritzdruck steigt mit zunehmender Drehzahl und, bis zum Erreichen des Maximaldrucks, mit der Einspritzmenge (Bild 10),
- zu Beginn der Einspritzung steigt der Einspritzdruck an, fällt aber vor dem Ende der Einspritzung (ab Förderende) wieder bis auf den Düsenschließdruck ab.

Die Folgen hiervon sind:

- Kleine Einspritzmengen werden mit geringeren Drücken eingespritzt und
- der Einspritzverlauf ist annähernd dreieckförmig.

Dieser dreieckförmige Verlauf ist in der Teillast und im unteren Drehzahlbereich für die Verbrennung günstig, da ein weicher Druckanstieg und damit eine leise Verbrennung erreicht wird; ungünstig ist dieser Verlauf bei Volllast, da hier ein möglichst rechteckförmiger Verlauf mit hohen Einspritzraten eine bessere Luftausnutzung erzielt.

Bei Kammermotoren (Vorkammer- oder Wirbelkammermotoren) werden Drosselzapfendüsen verwendet, die einen einzigen Kraftstoffstrahl erzeugen und den Einspritzverlauf formen. Diese Einspritzdüsen steuern den Ausflussquerschnitt abhängig vom Düsennadelhub. Dies führt auch zu einem weichen Druckanstieg und somit zu einer „leisen Verbrennung".

Einspritzverlauf bei Common Rail

Eine Hochdruckpumpe erzeugt den Raildruck unabhängig von der Einspritzung. Der Einspritzdruck ist während des Einspritzvorgangs näherungsweise konstant (Bild 11). Die eingespritzte Kraftstoffmenge ist bei gegebenem Druck proportional zur Einschaltzeit des Ventils im Injektor und unabhängig von der Motor- bzw. der Pumpendrehzahl (zeitgesteuerte Einspritzung).

Hieraus resultiert ein nahezu rechteckiger Einspritzverlauf, der aufgrund kurzer Spritzdauern und nahezu konstant hoher

10 Einspritzdruckverlauf der konventionellen Einspritzung

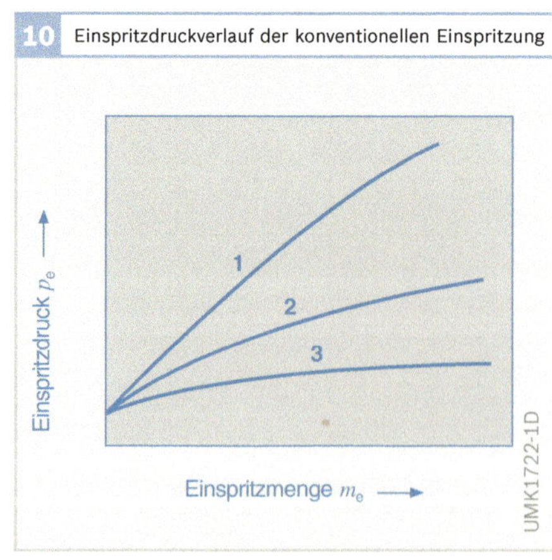

11 Einspritzverlauf beim Common Rail Einspritzsystem

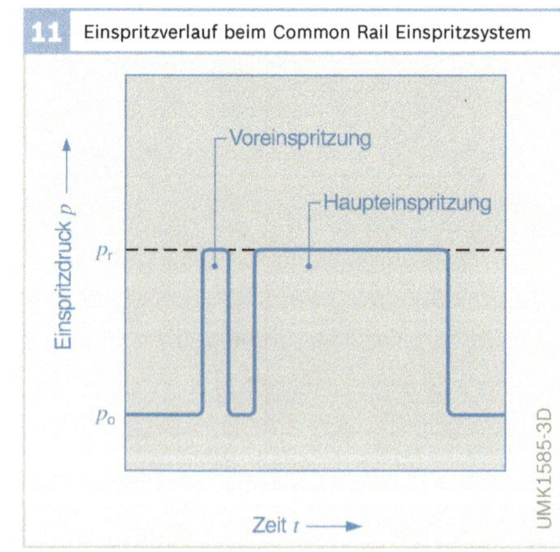

Bild 10
1 Hohe Motordrehzahlen
2 mittlere Motordrehzahlen
3 niedrige Motordrehzahlen

Bild 11
p_r Raildruck
p_o Düsenöffnungsdruck

Strahlgeschwindigkeiten die Luftausnutzung bei Volllast intensiviert und somit höhere spezifische Leistungen zulässt.

Hinsichtlich des Verbrennungsgeräusches ist dies eher ungünstig, da durch die hohe Einspritzrate zu Beginn der Einspritzung eine große Menge Kraftstoff während des Zündverzugs eingespritzt wird und zu einem hohen Druckanstieg während der vorgemischten Verbrennung führt. Aufgrund der Möglichkeit, bis zu zwei Voreinspritzungen abzusetzen, kann der Brennraum jedoch vorkonditioniert werden, wodurch der Zündverzug verkürzt wird und so niedrigste Geräuschwerte realisiert werden können.

Da das Steuergerät die Injektoren ansteuert, können Einspritzbeginn, Einspritzdauer und Einspritzdruck für die verschiedenen Betriebspunkte des Motors bei der Motorapplikation frei festgelegt werden. Sie werden mittels der Elektronischen Dieselregelung (EDC) gesteuert. Über einen Injektormengenabgleich (IMA) gleicht die EDC dabei Mengenstreuungen der einzelnen Injektoren aus.

Moderne Piezo Common Rail Einspritzsysteme erlauben mehrere Vor- und Nacheinspritzungen, wobei bis zu fünf Einspritzvorgänge während eines Arbeitstaktes möglich sind.

Einspritzfunktionen

Je nach Motorapplikation werden folgende Einspritzfunktionen gefordert (Bild 12):

- *Voreinspritzung* (1) zur Verminderung des Verbrennungsgeräusches und der NO_X-Emissionen, besonders bei DI-Motoren,
- *ansteigender Druckverlauf* während der Haupteinspritzung (3) zur Verminderung der NO_X-Emissionen beim Betrieb ohne Abgasrückführung,
- *„bootförmiger" Druckverlauf* (4) während der Haupteinspritzung zur Verminderung der NO_X- und Rußemissionen beim Betrieb ohne Abgasrückführung,
- *konstant hoher Druck* während der Haupteinspritzung (3, 7) zur Verminderung der Rußemissionen beim Betrieb mit Abgasrückführung,
- *frühe Nacheinspritzung* (8) zur Verminderung der Rußemissionen,

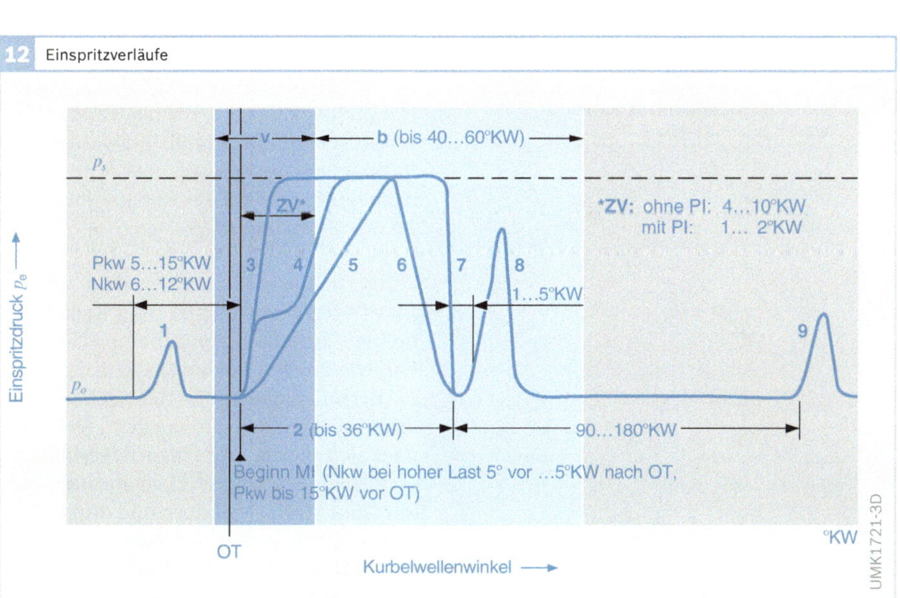

Bild 12
Anpassungen für niedrige NO_X-Werte erfordern bei Hochlast Spritzbeginne um OT. Der Förderbeginn liegt deutlich vor dem Spritzbeginn, der Spritzverzug ist abhängig vom Einspritzsystem.

1 Voreinspritzung
2 Haupteinspritzung
3 steiler Druckanstieg (Common Rail)
4 „bootförmiger" Druckanstieg (UPS mit zweistufig öffnender Magnetventilnadel CCRS). Mit Zweifeder-Düsenhaltern kann ein bootförmiger Verlauf des Düsennadelhubs (nicht Druckverlauf!) erzielt werden.
5 ansteigender Druckverlauf (konventionelle Einspritzung)
6 flacher Druckabfall (Reihen- und Verteilereinspritzpumpen)
7 steiler Druckabfall (UIS, UPS, für Common Rail etwas flacher)
8 frühe Nacheinspritzung
9 späte Nacheinspritzung

p_s Spitzendruck
p_o Düsenöffnungsdruck
b Brenndauer der Haupteinspritzung
v Brenndauer der Voreinspritzung
ZV Zündverzug der Haupteinspritzung

- *späte Nacheinspritzung* (9) zur Regeneration nachgeschalteter Abgasnachbehandlungssysteme.

Voreinspritzung

Durch die Verbrennung einer geringen Kraftstoffmenge (ca. 1 mg) während der Kompressionsphase wird das Druck- und Temperaturniveau im Zylinder zum Zeitpunkt der Haupteinspritzung erhöht (Bild 13). Hierdurch verkürzt sich der Zündverzug der Haupteinspritzung. Dies wirkt sich günstig auf das Verbrennungsgeräusch aus, da der Kraftstoffanteil der vorgemischten Verbrennung abnimmt. Gleichzeitig nimmt die diffusiv verbrannte Kraftstoffmenge zu. Dadurch und wegen des angehobenen Temperaturniveaus im Zylinder nehmen die Ruß- und NO_X-Emissionen zu.

Andererseits sind die höheren Brennraumtemperaturen vor allem beim Kaltstart und im unteren Lastbereich günstig, um die Verbrennung zu stabilisieren und damit die HC- und CO-Emissionen zu senken.

Durch eine Anpassung des zeitlichen Abstandes zwischen Vor- und Haupteinspritzung und Dosierung der Voreinspritzmenge lässt sich betriebspunktabhängig ein günstiger Kompromiss zwischen Verbrennungsgeräusch und NO_X-Emissionen einstellen.

13 Einfluss der Voreinspritzung auf den Verbrennungsdruckverlauf

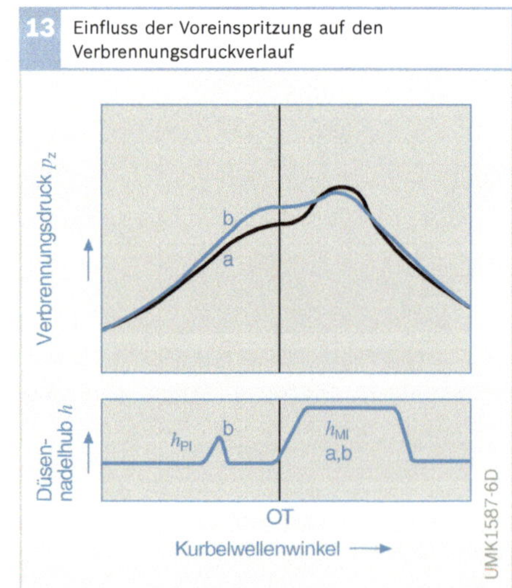

Bild 13
a Ohne Voreinspritzung
b mit Voreinspritzung

h_{PI} Nadelhub bei der Voreinspritzung
h_{MI} Nadelhub bei der Haupteinspritzung

Späte Nacheinspritzung

Bei der späten Nacheinspritzung wird der Kraftstoff nicht verbrannt, sondern durch die Restwärme im Abgas verdampft. Die Nacheinspritzung folgt der Haupteinspritzung während des Expansions- oder Ausstoßtaktes bis 200 °KW nach OT. Sie bringt eine genau dosierte Menge Kraftstoff in das Abgas ein. Dieses Abgas-Kraftstoff-Gemisch wird im Ausstoßtakt über die Auslassventile zur Abgasanlage geführt.

Die späte Nacheinspritzung dient im Wesentlichen zur Bereitstellung von Kohlenwasserstoffen, die durch Oxidation an einem Oxidationskatalysator ebenfalls eine Erhöhung der Abgastemperatur bewirken. Diese Maßnahme wird zur Regeneration nachgeschalteter Abgasnachbehandlungssysteme wie Partikelfilter oder NO_X-Speicherkatalysatoren eingesetzt.

Da die späte Nacheinspritzung zu einer Verdünnung des Motoröls durch den Dieselkraftstoff führen kann, muss sie mit dem Motorhersteller abgestimmt sein.

Frühe Nacheinspritzung

Beim Common Rail System kann eine Nacheinspritzung unmittelbar nach der Haupteinspritzung in die noch andauernde Verbrennung realisiert werden. Rußpartikel werden auf diese Weise nachverbrannt und der Rußausstoß um 20...70 % verringert.

Zeitverhalten im Einspritzsystem

Bild 14 stellt am Beispiel einer Radialkolben-Verteilereinspritzpumpe (VP44) dar, wie der Nocken am Nockenring die Förderung einleitet und der Kraftstoff schließlich an der Düse austritt. Es zeigt, dass sich Druck- und Einspritzverlauf vom Hochdruckraum (Elementraum) bis zur Düse stark verändern und durch die einspritzbestimmenden Bauteile (Nocken, Element, Druckventil, Leitung und Düse) beeinflusst werden. Deshalb ist eine genaue Abstimmung des Einspritzsystems auf den Motor notwendig.

Bei allen Einspritzsystemen, bei denen der Druck durch einen Pumpenkolben aufgebaut wird (Reiheneinspritzpumpen, Unit Injector und Unit Pump) ist das Verhalten ähnlich.

Schadvolumen bei konventionellen Einspritzsystemen

Der Begriff Schadvolumen bezeichnet das hochdruckseitige Volumen des Einspritzsystems. Dies setzt sich aus dem Hochdruckbereich der Einspritzpumpe, den Kraftstoffleitungen und dem Volumen der Düsenhalterkombination zusammen. Das Schadvolumen wird bei jeder Einspritzung „aufgepumpt" und am Ende wieder entspannt. Dadurch entstehen Kompressionsverluste und der Einspritzverlauf wird verschleppt. Im „fadenförmigen" Volumen der Leitung wird der Kraftstoff dabei durch die dynamischen Vorgänge der Druckwelle komprimiert.

Je größer das Schadvolumen ist, desto schlechter ist der hydraulische Wirkungsgrad des Einspritzsystems. Ziel bei der Entwicklung eines Einspritzsystems ist es daher, das Schadvolumen so klein wie möglich zu halten. Beim Unit Injector System ist das Schadvolumen am kleinsten.

Um eine einheitliche Regelung für den Motor zu gewährleisten, müssen die Schadvolumina für alle Zylinder gleich groß sein.

Einspritzdruck

Beim Einspritzen wird die Druckenergie im Kraftstoff in Strömungsenergie umgesetzt. Ein hoher Kraftstoffdruck führt zu einer hohen Austrittgeschwindigkeit des Kraftstoffs am Ausgang der Einspritzdüse. Die Zerstäubung erfolgt über den Impulsaustausch des turbulenten Einspritzstrahls mit der Luft im Brennraum. Der Dieselkraftstoff wird deshalb umso feiner zerstäubt, je höher die Relativgeschwindigkeit zwischen Kraftstoff und Luft und je höher die Dichte der Luft im Brennraum ist. Durch

14 Kette der Einflussgrößen vom Nockenhub zum Einspritzverlauf in Abhängigkeit vom Nockenwellenwinkel

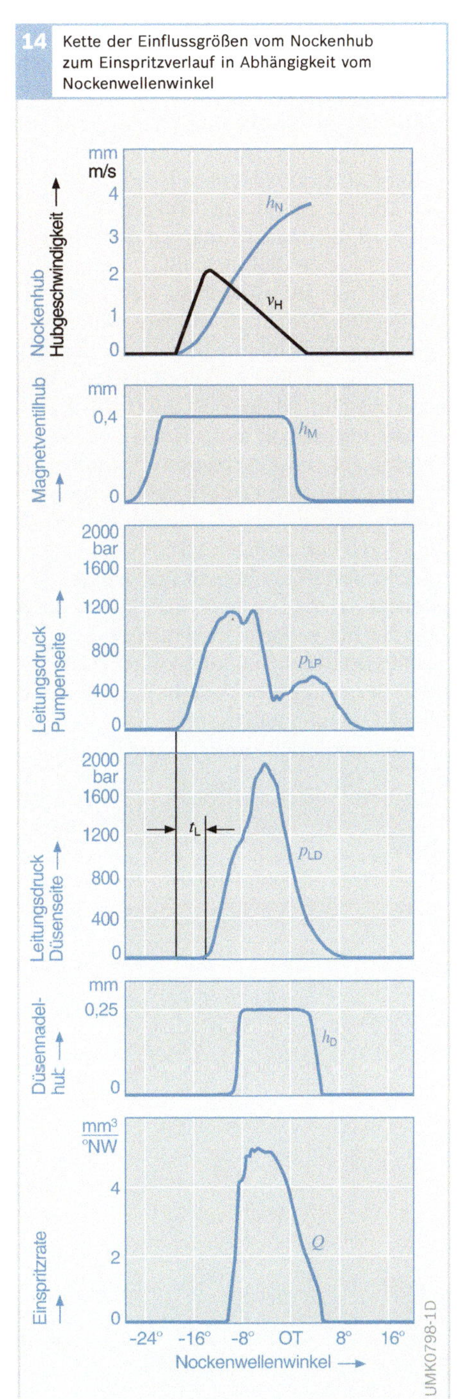

Bild 14
Beispiel einer Radialkolben-Verteilereinspritzpumpe (VP-44) bei Volllast ohne Voreinspritzung

t_L Laufzeit des Kraftstoffs in der Leitung

eine auf die reflektierte Druckwelle abgestimmte Länge der Hochdruck-Kraftstoffleitung kann der Einspritzdruck an der Düse höher sein als in der Einspritzpumpe.

Motoren mit Direkteinspritzung (DI)

Bei Dieselmotoren mit direkter Einspritzung ist die Geschwindigkeit der Luft im Brennraum verhältnismäßig gering, da sie sich nur aufgrund ihrer Massenträgheit bewegt (d.h., die Luft will ihre Eintrittsgeschwindigkeit beibehalten, es entsteht ein Drall). Die Kolbenbewegung verstärkt den Drall im Zylinder, da die Quetschströmung die Luft in die Kolbenmulde und so auf einen geringeren Durchmesser zwingt. Insgesamt ist die Luftbewegung aber geringer als bei Kammermotoren.

Wegen der geringen Luftbewegung muss der Kraftstoff mit hohem Druck eingespritzt werden. Systeme für Pkw erzeugen derzeit bei Volllast Spitzendrücke von 1000...2050 bar und für Nkw 1000...2200 bar. Der Spitzendruck steht jedoch - außer beim Common Rail System - nur im oberen Drehzahlbereich zur Verfügung.

15 Einfluss des Einspritzdrucks und des Spritzbeginns auf Kraftstoffverbrauch, Ruß- und Stickoxidemissionen

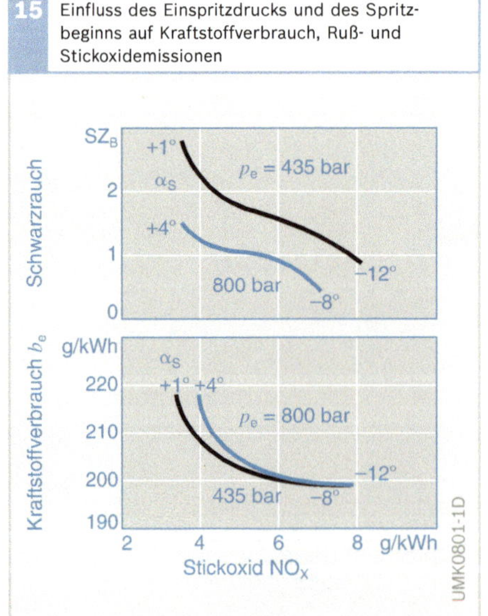

Bild 15
Direkteinspritzmotor, Motordrehzahl 1200 min⁻¹, Mitteldruck 16,2 bar

p_e Einspritzdruck
α_S Spritzbeginn nach OT
SZ_B Schwärzungszahl

Für einen günstigen Drehmomentverlauf bei gleichzeitig raucharmem Betrieb (d.h. bei geringen Partikelemissionen) ist ein verhältnismäßig hoher, an das Brennverfahren angepasster Einspritzdruck bei niedrigen Volllastdrehzahlen entscheidend. Da bei niedrigen Drehzahlen die Luftdichte im Zylinder verhältnismäßig gering ist, muss der Einspritzdruck so weit begrenzt werden, dass ein Kraftstoffwandauftrag vermieden wird. Ab etwa 2000 min^{-1} ist der maximale Ladedruck verfügbar, sodass der Einspritzdruck auf den maximalen Wert angehoben werden kann.

Um einen günstigen Motorwirkungsgrad zu erzielen, muss die Einspritzung innerhalb eines bestimmten, drehzahlabhängigen Winkelfensters um OT herum erfolgen. Bei hohen Drehzahlen (Nennleistung) sind daher hohe Einspritzdrücke erforderlich, um die Einspritzdauer zu verkürzen.

Motoren mit indirekter Einspritzung (IDI)

Bei Dieselmotoren mit geteiltem Brennraum treibt der ansteigende Verbrennungsdruck die Ladung aus der Vor- oder Wirbelkammer (Nebenbrennraum) in den Hauptbrennraum. Dieses Verfahren arbeitet mit hohen Luftgeschwindigkeiten im Nebenbrennraum und im Verbindungskanal zwischen Neben- und Hauptbrennraum.

Düsen- und Düsenhalter-Ausführung

Nachspritzer

Besonders ungünstig auf die Abgasqualität wirken sich ungewollte „Nachspritzer" aus. Beim Nachspritzen öffnet die Einspritzdüse nach dem Schließen noch einmal kurz und spritzt zu einem späten Zeitpunkt der Verbrennung schlecht aufbereiteten Kraftstoff ab. Dieser Kraftstoff verbrennt unvollständig oder gar nicht und strömt als unverbrannter Kohlenwasserstoff in den Auspuff. Schnell schließende Düsenhalterkombinationen mit ausreichend hohem Schließdruck und niedrigem Standdruck in der Leitung verhindern diesen Effekt.

Restvolumen

Ähnlich wie das Nachspritzen wirkt sich das Restvolumen in der Einspritzdüse stromabwärts des Dichtsitzes aus. Der in einem solchen Volumen gespeicherte Kraftstoff tritt nach dem Abschluss der Verbrennung in den Brennraum aus und strömt ebenfalls teilweise in den Auspuff. Auch dieser Kraftstoff erhöht die Emission der unverbrannten Kohlenwasserstoffe (Bild 16). Sitzlochdüsen, bei denen die Spritzlöcher in den Dichtsitz gebohrt sind, weisen das kleinste Restvolumen auf.

Einspritzrichtung

Motoren mit Direkteinspritzung (DI)

Dieselmotoren mit direkter Einspritzung arbeiten im Allgemeinen mit möglichst zentral angeordneten Lochdüsen mit 4 bis 10 Spritzlöchern (meist 6 bis 8 Löcher). Die Einspritzrichtung ist sehr genau an den Brennraum angepasst. Abweichungen in der Größenordnung von 2 Grad von der optimalen Einspritzrichtung führen zu einer messbaren Erhöhung der Rußemissionen und des Kraftstoffverbrauchs.

Motoren mit indirekter Einspritzung (IDI)

Kammermotoren arbeiten mit Zapfendüsen mit nur einem Einspritzstrahl. Die Düse spritzt in die Vor- bzw. Wirbelkammer so ein, dass die Glühstiftkerze vom Einspritzstrahl tangiert wird. Die Strahlrichtung ist genau auf den Brennraum abgestimmt. Abweichungen davon führen zu einer schlechteren Ausnutzung der Verbrennungsluft und damit zu einem Anstieg von Ruß- und Kohlenwasserstoffemission.

16 Einfluss der Düsenausführung auf die Kohlenwasserstoffemission

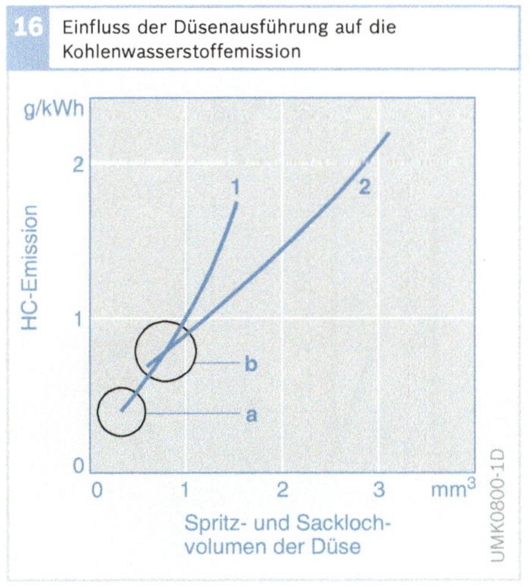

17 Düsenkuppen

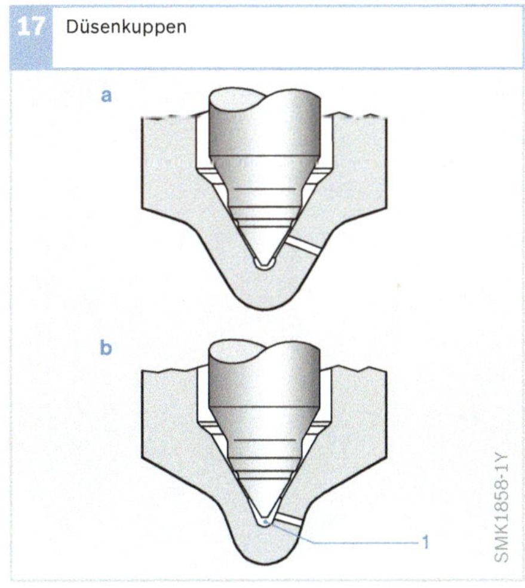

Bild 16
- a Sitzlochdüse
- b Düse mit Mikrosackloch
- 1 Motor mit 1 *l*/Zylinder
- 2 Motor mit 2 *l*/Zylinder

Bild 17
- a Sitzlochdüse
- b Düse mit Mikrosackloch
- 1 Restvolumen

Grundlagen des Ottomotors

Der Ottomotor ist eine Verbrennungskraftmaschine mit Fremdzündung, die ein Luft-Kraftstoff-Gemisch verbrennt und damit die im Kraftstoff gebundene chemische Energie freisetzt und in mechanische Arbeit umwandelt. Hierbei wurde in der Vergangenheit das brennfähige Arbeitsgemisch durch einen Vergaser im Saugrohr gebildet. Die Emissionsgesetzgebung bewirkte die Entwicklung der Saugrohreinspritzung (SRE), welche die Gemischbildung übernahm. Weitere Steigerungen von Wirkungsgrad und Leistung erfolgten durch die Einführung der Benzin-Direkteinspritzung (BDE). Bei dieser Technologie wird der Kraftstoff zum richtigen Zeitpunkt in den Zylinder eingespritzt, sodass die Gemischbildung im Brennraum erfolgt.

Arbeitsweise

Im Arbeitszylinder eines Ottomotors wird periodisch Luft oder Luft-Kraftstoff-Gemisch angesaugt und verdichtet. Anschließend wird die Entzündung und Verbrennung des Gemisches eingeleitet, um durch die Expansion des Arbeitsmediums (bei einer Kolbenmaschine) den Kolben zu bewegen. Aufgrund der periodischen, linearen Kolbenbewegung stellt der Ottomotor einen Hubkolbenmotor dar. Das Pleuel setzt dabei die Hubbewegung des Kolbens in eine Rotationsbewegung der Kurbelwelle um (Bild 1).

Viertakt-Verfahren

Die meisten in Kraftfahrzeugen eingesetzten Verbrennungsmotoren arbeiten nach dem Viertakt-Prinzip (Bild 1). Bei diesem Verfahren steuern Gaswechselventile den Ladungswechsel. Sie öffnen und schließen die Ein- und Auslasskanäle des Zylinders und steuern so die Zufuhr von Frischluft oder -gemisch und das Ausstoßen der Abgase.

Das verbrennungsmotorische Arbeitsspiel stellt sich aus dem Ladungswechsel (Ausschiebetakt und Ansaugtakt), Verdichtung,

1 Das Arbeitsspiel des Viertakt-Ottomotors (am Beispiel eines Motors mit Saugrohreinspritzung und getrennter Ein- und Auslassnockenwelle)

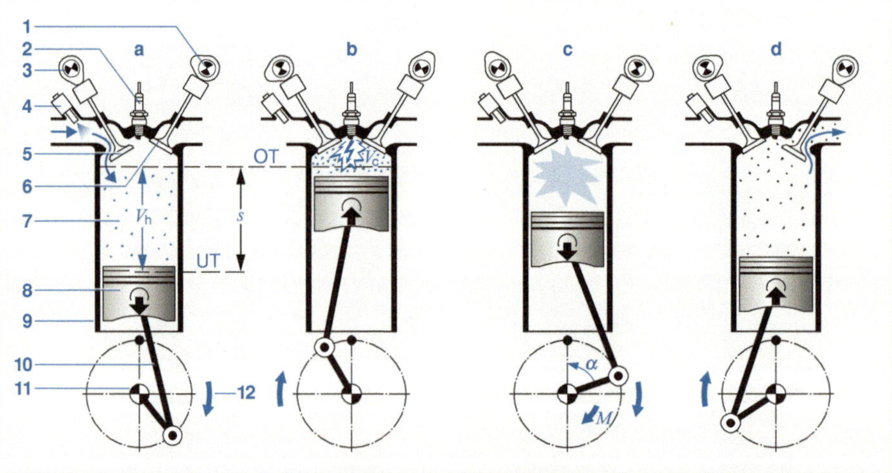

Bild 1
- a Ansaugtakt
- b Verdichtungstakt
- c Arbeitstakt
- d Ausstoßtakt

- 1 Auslassnockenwelle
- 2 Zündkerze
- 3 Einlassnockenwelle
- 4 Einspritzventil
- 5 Einlassventil
- 6 Auslassventil
- 7 Brennraum
- 8 Kolben
- 9 Zylinder
- 10 Pleuelstange
- 11 Kurbelwelle
- 12 Drehrichtung
- M Drehmoment
- α Kurbelwinkel
- s Kolbenhub
- V_h Hubvolumen
- V_c Kompressionsvolumen

Verbrennung und Expansion zusammen. Nach der Expansion im Arbeitstakt öffnen die Auslassventile kurz vor Erreichen des unteren Totpunkts, um die unter Druck stehenden heißen Abgase aus dem Zylinder strömen zu lassen. Der sich nach dem Durchschreiten des unteren Totpunkts aufwärts zum oberen Totpunkt bewegende Kolben stößt die restlichen Abgase aus.

Danach bewegt sich der Kolben vom oberen Totpunkt (OT) abwärts in Richtung unteren Totpunkt (UT). Dadurch strömt Luft (bei der Benzin-Direkteinspritzung) bzw. Luft-Kraftstoffgemisch (bei Saugrohreinspritzung) über die geöffneten Einlassventile in den Brennraum. Über eine externe Abgasrückführung kann der im Saugrohr befindlichen Luft ein Anteil an Abgas zugemischt werden. Das Ansaugen der Frischladung wird maßgeblich von der Gestalt der Ventilhubkurven der Gaswechselventile, der Phasenstellung der Nockenwellen und dem Saugrohrdruck bestimmt.

Nach Schließen der Einlassventile wird die Verdichtung eingeleitet. Der Kolben bewegt sich in Richtung des oberen Totpunkts (OT) und reduziert somit das Brennraumvolumen. Bei homogener Betriebsart befindet sich das Luft-Kraftstoff-Gemisch bereits zum Ende des Ansaugtaktes im Brennraum und wird verdichtet. Bei der geschichteten Betriebsart, nur möglich bei Benzin-Direkteinspritzung, wird erst gegen Ende des Verdichtungstaktes der Kraftstoff eingespritzt und somit lediglich die Frischladung (Luft und Restgas) komprimiert. Bereits vor Erreichen des oberen Totpunkts leitet die Zündkerze zu einem gegebenen Zeitpunkt (durch Fremdzündung) die Verbrennung ein. Um den höchstmöglichen Wirkungsgrad zu erreichen, sollte die Verbrennung kurz nach dem oberen Totpunkt abgelaufen sein. Die im Kraftstoff chemisch gebundene Energie wird durch die Verbrennung freigesetzt und erhöht den Druck und die Temperatur der Brennraumladung, was den Kolben abwärts treibt. Nach zwei Kurbelwellenumdrehungen beginnt ein neues Arbeitsspiel.

Arbeitsprozess: Ladungswechsel und Verbrennung

Der Ladungswechsel wird üblicherweise durch Nockenwellen gesteuert, welche die Ein- und Auslassventile öffnen und schließen. Dabei werden bei der Auslegung der Steuerzeiten (Bild 2) die Druckschwingungen in den Saugkanälen zum besseren Füllen und Entleeren des Brennraums berücksichtigt. Die Kurbelwelle treibt die Nockenwelle über einen Zahnriemen, eine Kette oder Zahnräder an. Da ein durch die Nockenwellen zu steuerndes Viertakt-Arbeitsspiel zwei Kurbelwellenumdrehungen andauert, dreht sich die Nockenwelle nur halb so schnell wie die Kurbelwelle.

Ein wichtiger Auslegungsparameter für den Hochdruckprozess und die Verbrennung beim Ottomotor ist das Verdichtungsverhältnis ε, welches durch das Hubvolumen V_h und Kompressionsvolumen V_c folgendermaßen definiert ist:

$$\varepsilon = \frac{V_h + V_c}{V_c}. \quad (1)$$

Dieses hat einen entscheidenden Einfluss auf den idealen thermischen Wirkungsgrad η_{th}, da für diesen gilt:

$$\eta_{th} = 1 - \frac{1}{\varepsilon^{\kappa-1}}, \quad (2)$$

wobei κ der Adiabatenexponent ist [4]. Des Weiteren hat das Verdichtungsverhältnis Einfluss auf das maximale Drehmoment, die maximale Leistung, die Klopfneigung und die Schadstoffemissionen. Typische Werte beim Ottomotor in Abhängigkeit der Füllungssteuerung (Saugmotor, aufgeladener Motor) und der Einspritzart (Saugrohreinspritzung, Direkteinspritzung) liegen bei ca. 8 bis 13. Beim Dieselmotor liegen die Werte zwischen 14 und 22. Das Hauptsteuerelement der Verbrennung ist das Zündsignal, welches elektronisch in Abhängigkeit vom Betriebspunkt gesteuert werden kann.

Unterschiedliche Brennverfahren können auf Basis des ottomotorischen Prinzips dargestellt werden. Bei der Fremdzündung sind homogene Brennverfahren mit oder ohne Variabilitäten im Ventiltrieb (von Phase und Hub) möglich. Mit variablem Ventiltrieb wird eine Reduktion von Ladungswechselverlusten und Vorteile im Verdichtungs- und Arbeitstakt erzielt. Dies erfolgt durch erhöhte Verdünnung der Zylinderladung mit Abgas, welches mittels interner (oder auch externer) Rückführung in die Brennkammer gelangt. Diese Vorteile werden noch weiter durch das geschichtete Brennverfahren ausgenutzt. Ähnliche Potentiale kann die so genannte homogene Selbstzündung beim Ottomotor erreichen, aber mit erhöhtem Regelungsaufwand, da die Verbrennung durch reaktionskinetisch relevante Bedingungen (thermischer Zustand, Zusammensetzung) und nicht durch einen direkt steuerbaren Zündfunken initiiert wird. Hierfür werden Steuerelemente wie die Ventilsteuerung und die Benzin-Direkteinspritzung herangezogen.

Darüber hinaus werden Ottomotoren je nach Zufuhr der Frischladung in Saugmotoren- und aufgeladene Motoren unterschieden. Bei letzteren wird die maximale Luftdichte, welche zur Erreichung des maximalen Drehmomentes benötigt wird, z. B. durch eine Strömungsmaschine erhöht.

2 Steuerung im Ladungswechsel

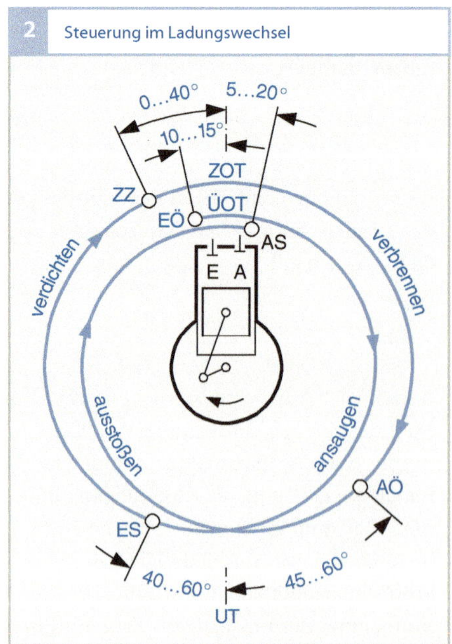

Bild 2
Im Ventilsteuerzeiten-Diagramm sind die Öffnungs- und Schließzeiten der Ein- und Auslassventile aufgetragen.
E Einlassventil
EÖ Einlassventil öffnet
ES Einlassventil schließt
A Auslassventil
AÖ Auslassventil öffnet
AS Auslassventil schließt
OT oberer Totpunkt
ÜOT Überschneidungs-OT
ZOT Zünd-OT
UT unterer Totpunkt
ZZ Zündzeitpunkt

Luftverhältnis und Abgasemissionen

Setzt man die pro Arbeitsspiel angesaugte Luftmenge m_L ins Verhältnis zur pro Arbeitsspiel eingespritzten Kraftstoffmasse m_K, so erhält man mit m_L/m_K eine Größe zur Unterscheidung von Luftüberschuss (großes m_L/m_K) und Luftmangel (kleines m_L/m_K). Der genau passende Wert von m_L/m_K für eine stöchiometrische Verbrennung hängt jedoch vom verwendeten Kraftstoff ab. Um eine kraftstoffunabhängige Größe zu erhalten, berechnet man das Luftverhältnis λ als Quotient aus der aktuellen pro Arbeitsspiel angesaugten Luftmasse m_L und der für eine stöchiometrische Verbrennung des Kraftstoffs erforderliche Luftmasse m_{Ls}, also

$$\lambda = \frac{m_L}{m_{Ls}}. \qquad (3)$$

Für eine sichere Entflammung homogener Gemische muss das Luftverhältnis in engen Grenzen eingehalten werden. Des Weiteren nimmt die Flammengeschwindigkeit stark mit dem Luftverhältnis ab, so dass Ottomotoren mit homogener Gemischbildung nur in einem Bereich von $0{,}8 < \lambda < 1{,}4$ betrieben werden können, wobei der beste Wirkungs-

3 Leistung und Verbrauch in Abhängigkeit des Luftverhältnisses

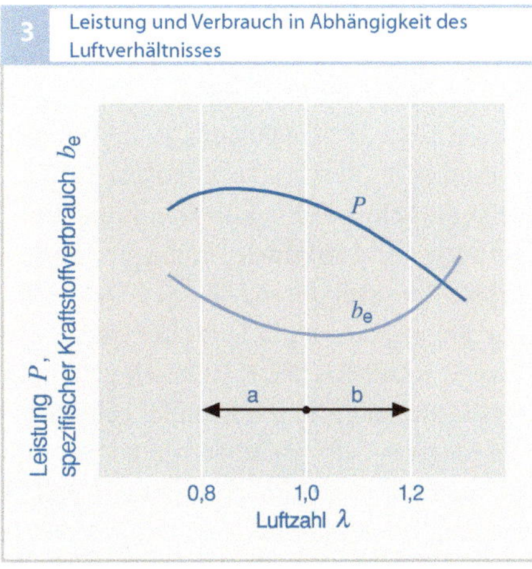

4 Emissionen in Abhängigkeit des Luftverhältnisses

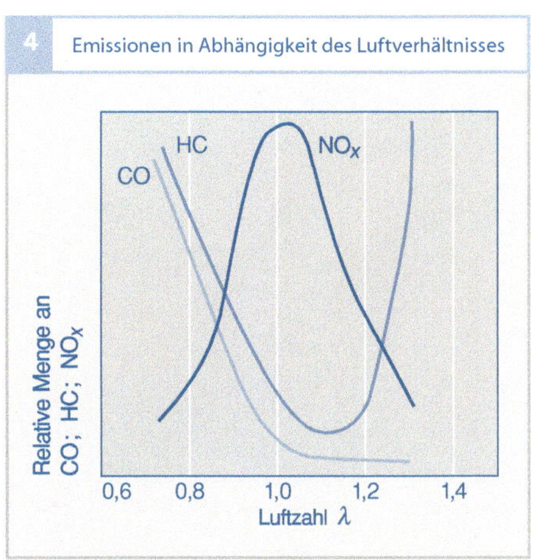

Bild 3
a fettes Gemisch (Luftmangel)
b mageres Gemisch (Luftüberschuss)

grad im homogen mageren Bereich liegt ($1{,}3 < \lambda < 1{,}4$). Für das Erreichen der maximalen Last liegt andererseits das Luftverhältnis im fetten Bereich ($0{,}9 < \lambda < 0{,}95$), welches die beste Homogenisierung und Sauerstoffoxidation erlaubt, und dadurch die schnellste Verbrennung ermöglicht (Bild 3).

Wird der Emissionsausstoß in Abhängigkeit des Luft-Kraftstoff-Verhältnisses betrachtet (Bild 4), so ist erkennbar, dass im fetten Bereich hohe Rückstände an HC und CO verbleiben. Im mageren Bereich sind HC-Rückstände aus der langsameren Verbrennung und der erhöhten Verdünnung erkennbar, sowie ein hoher NO_x-Anteil, der sein Maximum bei $1 < \lambda < 1{,}05$ erreicht. Zur Erfüllung der Emissionsgesetzgebung beim Ottomotor wird ein Dreiwegekatalysator eingesetzt, welcher die HC- und CO-Emissionen oxidiert und die NO_x-Emissionen reduziert. Hierfür ist ein Luft-Kraftstoff-Verhältnis von $\lambda \approx 1$ notwendig, das durch eine entsprechende Gemischregelung eingestellt wird.

Weitere Vorteile können aus dem Hochdruckprozess im mageren Bereich ($\lambda > 1$) nur mit einem geschichteten Brennverfahren gewonnen werden. Hierbei werden weiterhin HC- und CO-Emissionen im Dreiwegekatalysator oxidiert. Die NO_x-Emissionen müssen über einen gesonderten NO_x-Speicherkatalysator gespeichert und nachträglich durch Fett-Phasen reduziert oder über einen kontinuierlich reduzierenden Katalysator mittels zusätzlichem Reduktionsmittel (durch selektive katalytische Reduktion) konvertiert werden.

Gemischbildung

Ein Ottomotor kann eine äußere (mit Saugrohreinspritzung) oder eine innere Gemischbildung (mit Direkteinspritzung) aufweisen (Bild 5). Bei Motoren mit Saugrohreinspritzung liegt das Luft-Kraftstoff-Gemisch im gesamten Brennraum homogen verteilt mit dem gleichen Luftverhältnis λ vor (Bild 5a). Dabei erfolgt üblicherweise die Einspritzung ins Saugrohr oder in den Einlasskanal schon vor dem Öffnen der Einlassventile.

Neben der Gemischhomogenisierung muss das Gemischbildungssystem geringe Abweichungen von Zylinder zu Zylinder sowie von Arbeitsspiel zu Arbeitsspiel garantieren. Bei Motoren mit Direkteinspritzung sind sowohl eine homogene als auch eine heterogene Betriebsart möglich. Beim homogenen Betrieb wird eine saughubsynchrone Einspritzung durchgeführt, um eine

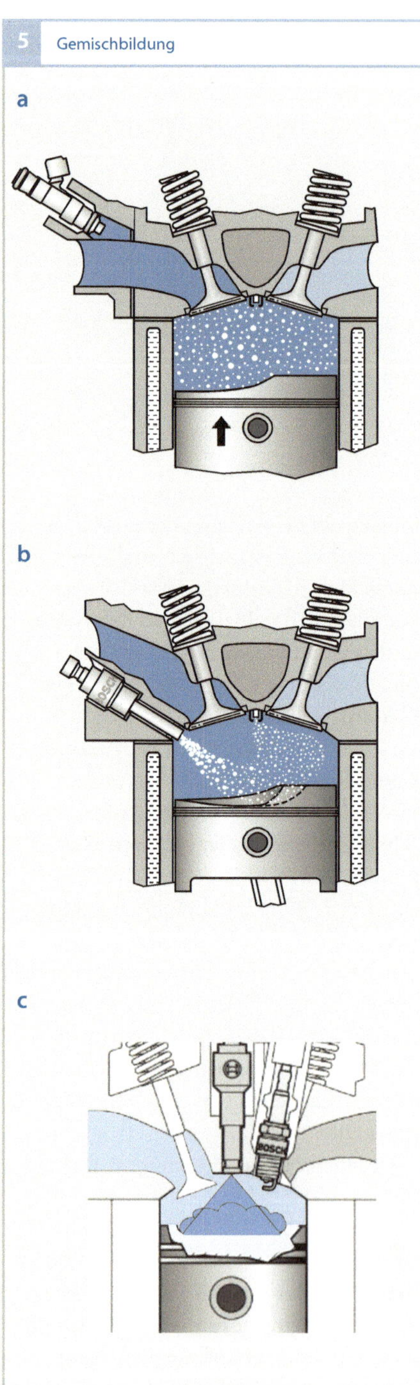

Bild 5
- a homogene Gemischverteilung (mit Saugrohreinspritzung)
- b Schichtladung, wand- und luftgeführtes Brennverfahren
- c Schichtladung, strahlgeführtes Brennverfahren

Die homogene Gemischverteilung kann sowohl mit der Saugrohreinspritzung (Bildteil a) als auch mit der Direkteinspritzung (Bildteil c) realisiert werden.

möglichst schnelle Homogenisierung zu erreichen. Beim heterogenen Schichtbetrieb befindet sich eine brennfähige Gemischwolke mit $\lambda \approx 1$ als Schichtladung zum Zündzeitpunkt im Bereich der Zündkerze. Bild 5 zeigt die Schichtladung für wand- und luftgeführte (Bild 5b) sowie für das strahlgeführte Brennverfahren (Bild 5c). Der restliche Brennraum ist mit Luft oder einem sehr mageren Luft-Kraftstoff-Gemisch gefüllt, was über den gesamten Zylinder gemittelt ein mageres Luftverhältnis ergibt. Der Ottomotor kann dann ungedrosselt betrieben werden. Infolge der Innenkühlung durch die direkte Einspritzung können solche Motoren höher verdichten. Die Entdrosselung und das höhere Verdichtungsverhältnis führen zu höheren Wirkungsgraden.

Zündung und Entflammung

Das Zündsystem einschließlich der Zündkerze entzündet das Gemisch durch eine Funkenentladung zu einem vorgegebenen Zeitpunkt. Die Entflammung muss auch bei instationären Betriebszuständen hinsichtlich wechselnder Strömungseigenschaften und lokaler Zusammensetzung gewährleistet werden. Durch die Anordnung der Zündkerze kann die sichere Entflammung insbesondere bei geschichteter Ladung oder im mageren Bereich optimiert werden.

Die notwendige Zündenergie ist grundsätzlich vom Luft-Kraftstoff-Verhältnis abhängig. Im stöchiometrischen Bereich wird die geringste Zündenergie benötigt, dagegen erfordern fette und magere Gemische eine deutlich höhere Energie für eine sichere Entflammung. Der sich einstellende Zündspannungsbedarf ist hauptsächlich von der im Brennraum herrschenden Gasdichte abhängig und steigt nahezu linear mit ihr an. Der Energieeintrag des durch den Zündfunken entflammten Gemisches muss ausreichend groß sein, um die angrenzenden Bereiche entflammen zu können und somit eine

Flammenausbreitung zu ermöglichen.

Der Zündwinkelbereich liegt in der Teillast bei einem Kurbelwinkel von ca. 50 bis 40 ° vor ZOT (vgl. Bild 2) und bei Saugmotoren in der Volllast bei ca. 20 bis 10 ° vor ZOT. Bei aufgeladenen Motoren im Volllastbetrieb liegt der Zündwinkel wegen erhöhter Klopfneigung bei ca. 10 ° vor ZOT bis 10 ° nach ZOT. Üblicherweise werden im Motorsteuergerät die positiven Zündwinkel als Winkel vor ZOT definiert.

Zylinderfüllung

Eine wichtige Phase des Arbeitspiels wird von der Verbrennung gebildet. Für den Verbrennungsvorgang im Zylinder ist ein Luft-Kraftstoff-Gemisch erforderlich. Das Gasgemisch, das sich nach dem Schließen der Einlassventile im Zylinder befindet, wird als Zylinderfüllung bezeichnet. Sie besteht aus der zugeführten Frischladung (Luft und gegebenenfalls Kraftstoff) und dem Restgas (Bild 6).

Bestandteile

Die Frischladung besteht aus Luft, und bei Ottomotoren mit Saugrohreinspritzung (SRE) dem dampfförmigen oder flüssigen Kraftstoff. Bei Ottomotoren mit Benzindirekteinspritzung (BDE) wird der für das Arbeitsspiel benötigte Kraftstoff direkt in den Zylinder eingespritzt, entweder während des Ansaugtaktes für das homogene Verfahren oder – bei einer Schichtladung – im Verlauf der Kompression.

Der wesentliche Anteil an Frischluft wird über die Drosselklappe angesaugt. Zusätzliches Frischgas kann über das Kraftstoffverdunstungs-Rückhaltesystem angesaugt werden. Die nach dem Schließen der Einlassventile im Zylinder befindliche Luftmasse ist eine entscheidende Größe für die während der Verbrennung am Kolben verrichtete Arbeit und damit für das vom Motor abgegebene Drehmoment. Maßnahmen zur Steigerung des maximalen Drehmomentes und der maximalen Leistung des Motors bedingen eine Erhöhung der maximal möglichen Füllung. Die theoretische Maximalfüllung ist durch den Hubraum, die Ladungswechselaggregate und ihre Variabilität begrenzt. Bei aufgeladenen Motoren markiert der erzielbare Ladedruck zusätzlich die Drehmomentausbeute.

6 Zylinderfüllung im Ottomotor

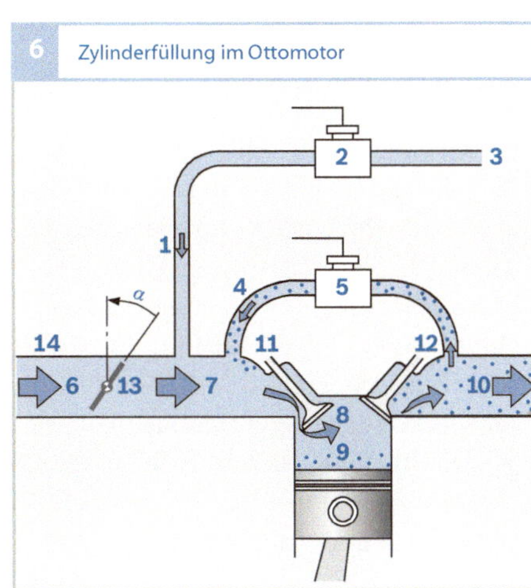

Bild 6
1 Luft- und Kraftstoffdämpfe (aus Kraftstoffverdunstungs-Rückhaltesystem)
2 Regenerierventil mit variablem Ventilöffnungsquerschnitt
3 Verbindung zum Kraftstoffverdunstungs-Rückhaltesystem
4 rückgeführtes Abgas
5 Abgasrückführventil (AGR-Ventil) mit variablem Ventilöffnungsquerschnitt
6 Luftmassenstrom (mit Umgebungsdruck p_u)
7 Luftmassenstrom (mit Saugrohrdruck p_s)
8 Frischgasfüllung (mit Brennraumdruck p_B)
9 Restgasfüllung (mit Brennraumdruck p_B)
10 Abgas (mit Abgasgegendruck p_A)
11 Einlassventil
12 Auslassventil
13 Drosselklappe
14 Ansaugrohr
α Drosselklappenwinkel

Aufgrund des Totvolumens verbleibt stets zu einem kleinen Teil Restgas aus dem letzten Arbeitszyklus (internes Restgas) im Brennraum. Das Restgas besteht aus Inertgas und bei Verbrennung mit Luftüberschuss (Magerbetrieb) aus unverbrannter Luft. Wichtig für die Prozessführung ist der Anteil des Inertgases am Restgas, da dieses keinen Sauerstoff mehr enthält und an der Verbrennung des folgenden Arbeitsspiels nicht teilnimmt.

Ladungswechsel

Der Austausch der verbrauchten Zylinderfüllung gegen Frischgas wird Ladungswechsel genannt. Er wird durch das Öffnen und das Schließen der Einlass- und Auslassventile im Zusammenspiel mit der Kolbenbewegung gesteuert. Die Form und die Lage der Nocken auf der Nockenwelle bestimmen den Verlauf der Ventilerhebung und beeinflussen dadurch die Zylinderfüllung. Die Zeitpunkte des Öffnens und des Schließens der Ventile werden Ventil-Steuerzeiten genannt. Die charakteristischen Größen des Ladungswechsels werden durch Auslass-Öffnen (AÖ), Einlass-Öffnen (EÖ), Auslass-Schließen (AS), Einlass-Schließen (ES) sowie durch den maximalen Ventilhub gekennzeichnet. Realisiert werden Ottomotoren sowohl mit festen als auch mit variablem Steuerzeiten und Ventilhüben.

Die Qualität des Ladungswechsels wird mit den Größen Luftaufwand, Liefergrad und Fanggrad beschrieben. Zur Definition dieser Kennzahlen wird die Frischladung herangezogen. Bei Systemen mit Saugrohreinspritzung entspricht diese dem frisch eintretenden Luft-Kraftstoff-Gemisch, bei Ottomotoren mit Benzindirekteinspritzung und Einspritzung in den Verdichtungstakt (nach ES) wird die Frischladung lediglich durch die angesaugte Luftmasse bestimmt. Der Luftaufwand beschreibt die gesamte während des Ladungswechsels durchgesetzte Frischladung bezogen auf die durch das Hubvolumen maximal mögliche Zylinderladung. Im Luftaufwand kann somit zusätzlich jene Masse an Frischladung enthalten sein, welche während einer Ventilüberschneidung direkt in den Abgastrakt überströmt. Der Liefergrad hingegen stellt das Verhältnis der im Zylinder tatsächlich verbliebenen Frischladung nach Einlass-Schließen zur theoretisch maximal möglichen Ladung dar. Der Fangrad, definiert als das Verhältnis von Liefergrad zum Luftaufwand, gibt den Anteil der durchgesetzten Frischladung an, welcher nach Abschluss des Ladungswechsels im Zylinder eingeschlossen wird. Zusätzlich ist als weitere wichtige Größe für die Beschreibung der Zylinderladung der Restgasanteil als das Verhältnis aus der sich zum Einlassschluss im Zylinder befindlichen Restgasmasse zur gesamt eingeschlossenen Masse an Zylinderladung definiert.

Um im Ladungswechsel das Abgas durch das Frischgas zu ersetzen, ist ein Arbeitsaufwand notwendig. Dieser wird als Ladungswechsel- oder auch Pumpverlust bezeichnet. Die Ladungswechselverluste verbrauchen einen Teil der umgewandelten mechanischen Energie und senken daher den effektiven Wirkungsgrad des Motors. In der Ansaugphase, also während der Abwärtsbewegung des Kolbens, ist im gedrosselten Betrieb der Saugrohrdruck kleiner als der Umgebungsdruck und insbesondere kleiner als der Druck im Kurbelgehäuse (Kolbenrückraum). Zum Ausgleich dieser Druckdifferenz wird Energie benötigt (Drosselverluste). Insbesondere bei hohen Drehzahlen und Lasten (im entdrosselten Betrieb) tritt beim Ausstoßen des verbrannten Gases während der Aufwärtsbewegung des Kolbens ein Staudruck im Brennraum auf, was wiederum zu zusätzlichen Energieverlusten führt, welche Ausschiebeverluste genannt werden.

Steuerung der Luftfüllung

Der Motor saugt die Luft über den Luftfilter und den Ansaugtrakt an (Bilder 7 und 8), wobei die Drosselklappe aufgrund ihrer Verstellbarkeit für eine dosierte Luftzufuhr sorgt und somit das wichtigste Stellglied für den Betrieb des Ottomotors darstellt. Im weiteren Verlauf des Ansaugtraktes erfährt der angesaugte Luftstrom die Beimischung von Kraftstoffdampf aus dem Kraftstoffverdunstungs-Rückhaltesystem sowie von rückgeführtem Abgas (AGR). Mit diesem kann zur Entdrosselung des Arbeitsprozesses – und damit einer Wirkungsgradsteigerung im Teillastbereich – der Anteil des Restgases an der Zylinderfüllung erhöht werden. Die äußere Abgasrückführung führt das ausgestoßene Restgas vom Abgassystem zurück in den Saugkanal. Dabei kann ein zusätzlich installierter AGR-Kühler das rückgeführte Abgas vor dem Eintritt in das Saugrohr auf ein niedrigeres Temperaturniveau kühlen und damit die Dichte der Frischladung erhöhen. Zur Dosierung der äußeren Abgasrückführung wird ein Stellventil verwendet.

Der Restgasanteil der Zylinderladung kann jedoch im großen Maße ebenfalls durch die Menge der im Zylinder verbleibenden Restgasmasse geändert werden. Zu deren Steuerung können Variabilitäten im Ventiltrieb eingesetzt werden. Zu nennen sind hier insbesondere Phasensteller der Nockenwellen, durch deren Anwendung die Steuerzeiten im breiten Bereich beeinflusst werden können und dadurch das Einbehalten einer gewünschten Restgasmasse ermöglichen. Durch eine Ventilüberschneidung kann beispielsweise der Restgasanteil für das folgende Arbeitsspiel wesentlich beeinflusst werden. Während der Ventilüberschneidung sind Ein- und Auslassventil gleichzeitig geöffnet, d.h., das Einlassventil öffnet, bevor das Auslassventil schließt. Ist in der Überschneidungsphase der Druck im Saugrohr niedriger als im Abgastrakt, so tritt eine Rückströmung des Restgases in das Saugrohr auf. Da das so ins Saugrohr gelangte Restgas nach dem Auslass-Schließen wieder angesaugt wird, führt dies zu einer Erhöhung des Restgasgehalts.

Der Einsatz von variablen Ventiltrieben ermöglicht darüber hinaus eine Vielzahl an Verfahren, mit welchen sich die spezifische Leistung und der Wirkungsgrad des Ottomotors weiter steigern lassen. So ermöglicht eine verstellbare Einlassnockenwelle beispielsweise die Anpassung der Steuerzeit für die Einlassventile an die sich mit der Drehzahl veränderliche Gasdynamik des Saugtraktes, um in Volllastbetrieb die optimale Füllung der Zylinder zu ermöglichen. Zur Wirkungsgradsteigerung im gedrosselten Betrieb bei Teillast ist zudem die Anwendung vom späten oder frühen Schließen der Einlassventile möglich. Beim Atkinson-Verfahren wird durch spätes Schließen der Einlassventile ein Teil der angesaugten Ladung wieder aus dem Zylinder in das Saugrohr verdrängt. Um die Ladungsmasse der Standardsteuerzeit im Zylinder einzuschließen, wird der Motor weiter entdrosselt und damit der Wirkungsgrad erhöht. Aufgrund der langen Öffnungsdauer der Einlassventile beim Atkinson-Verfahren können insbesondere bei Saugmotoren zudem gasdynamische Effekte ausgenutzt werden.

Das Miller-Verfahren hingegen beschreibt ein frühes Schließen der Einlassventile. Dadurch wird die im Zylinder eingeschlossene Ladung im Fortgang der Abwärtsbewegung des Kolbens (Saugtakt) expandiert. Verglichen mit der Standard-Steuerzeit erfolgt die darauf folgende Kompression auf einem niedrigeren Druck- und Temperaturniveau. Um das gleiche Moment zu erzeugen und hierfür die gleiche Masse an Frischladung im Zylinder einzuschließen, muss der Arbeitsprozess (wie auch beim Atkinson-Verfahren) entdrosselt werden, was den Wirkungsgrad erhöht. Aufgrund der weitgehenden Bremsung der Ladungsbewegung während der Expansion vor dem Verdichtungstakt wird allerdings die Verbrennung verlangsamt und das theoretische Wirkungsgradpotential daher zum großen Teil wieder kompensiert. Da beide Verfahren die Temperatur der Zylinderladung während der Kompression senken, können sie insbesondere bei aufgeladenen Ottomotoren an der Volllast ebenfalls zur Senkung der Klopfneigung und damit zur Steigerung der spezifischen Leistung verwendet werden.

Die Anwendung variabler Ventihubverfahren ermöglicht durch die Darstellung von Teilhüben der Einlassventile ebenfalls eine

7 Strukturbild eines Ottomotors mit Saugrohreinspritzung ohne Aufladung einschließlich Komponenten für die elektronische Steuerung und Regelung

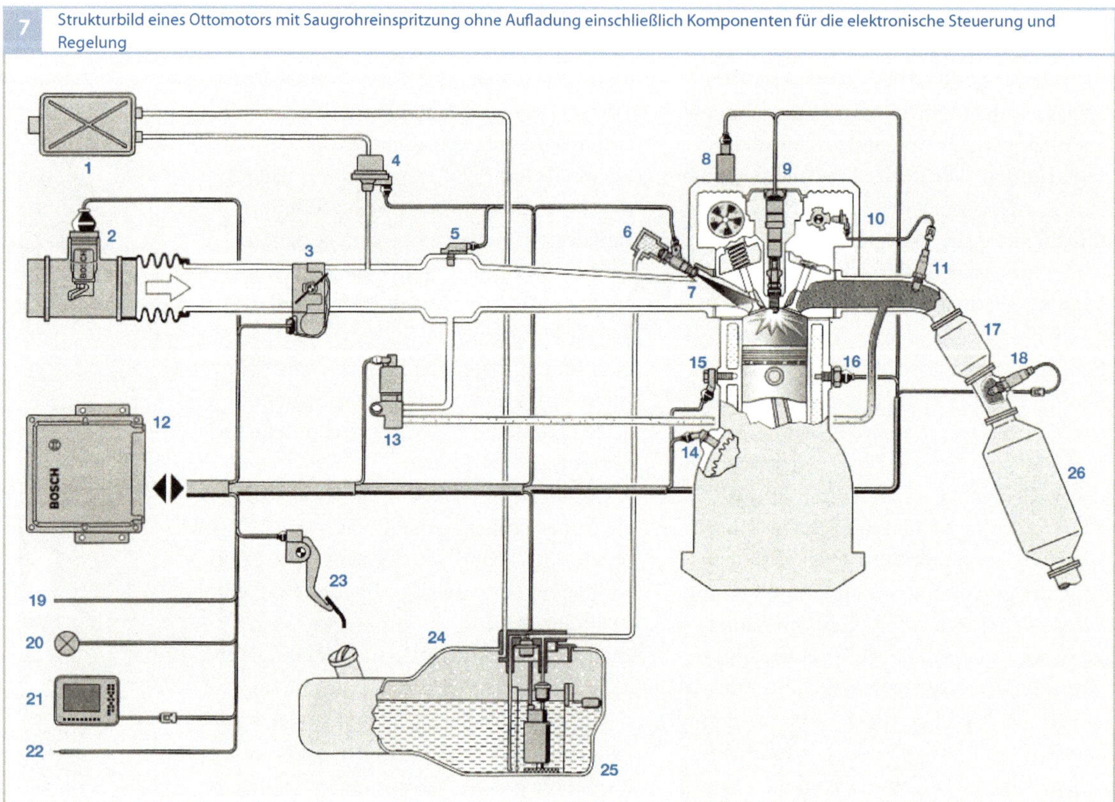

Bild 7

1 Aktivkohlebehälter
2 Heißfilm-Luftmassenmesser (HFM) mit integriertem Temperatursensor
3 Drosselvorrichtung (EGAS)
4 Tankentlüftungsventil
5 Saugrohrdrucksensor
6 Kraftstoffverteilerstück
7 Einspritzventil
8 Aktoren und Sensoren für variable Nockenwellensteuerung
9 Zündkerze mit aufgesteckter Zündspule
10 Nockenwellen-Phasensensor
11 λ-Sonde vor dem Vorkatalysator
12 Motorsteuergerät
13 Abgasrückführventil
14 Drehzahlsensor
15 Klopfsensor
16 Motortemperatursensor
17 Vorkatalysator (Dreiwegekatalysator)
18 λ-Sonde nach dem Vorkatalysator
19 CAN-Schnittstelle
20 Motorkontrollleuchte
21 Diagnoseschnittstelle
22 Schnittstelle zur Wegfahrsperre
23 Fahrpedalmodul mit Pedalwegsensor
24 Kraftstoffbehälter
25 Tankeinbaueinheit mit Elektrokraftstoffpumpe, Kraftstofffilter und Kraftstoffregler
26 Hauptkatalysator (Dreiwegekatalysator)

Der in Bild 7 dargestellte Systemumfang bezüglich der On-Board-Diagnose entspricht den Anforderungen der EOBD.

Entdrosselung des Motors an der Drosselklappe und damit eine Wirkungsgradsteigerung. Zudem kann durch unterschiedliche Hubverläufe der Einlassventile eines Zylinders die Ladungsbewegung deutlich erhöht werden, was insbesondere im Bereich niedriger Lasten die Verbrennung deutlich stabilisiert und damit die Anwendung hoher Restgasraten erleichtert. Eine weitere Möglichkeit zur Steuerung der Ladungsbewegung bilden Ladungsbewegungsklappen, welche durch ihre Stellung im Saugkanal des Zylinderkopfs die Strömungsbewegung beeinflussen. Allerdings ergibt sich hier aufgrund der höheren Strömungsverluste auch eine Steigerung der Ladungswechselarbeit.

Insgesamt lassen sich durch die Anwen-

8 Strukturbild eines aufgeladenen Ottomotors mit Direkteinspritzung einschließlich Komponenten für die elektronische Steuerung und Regelung

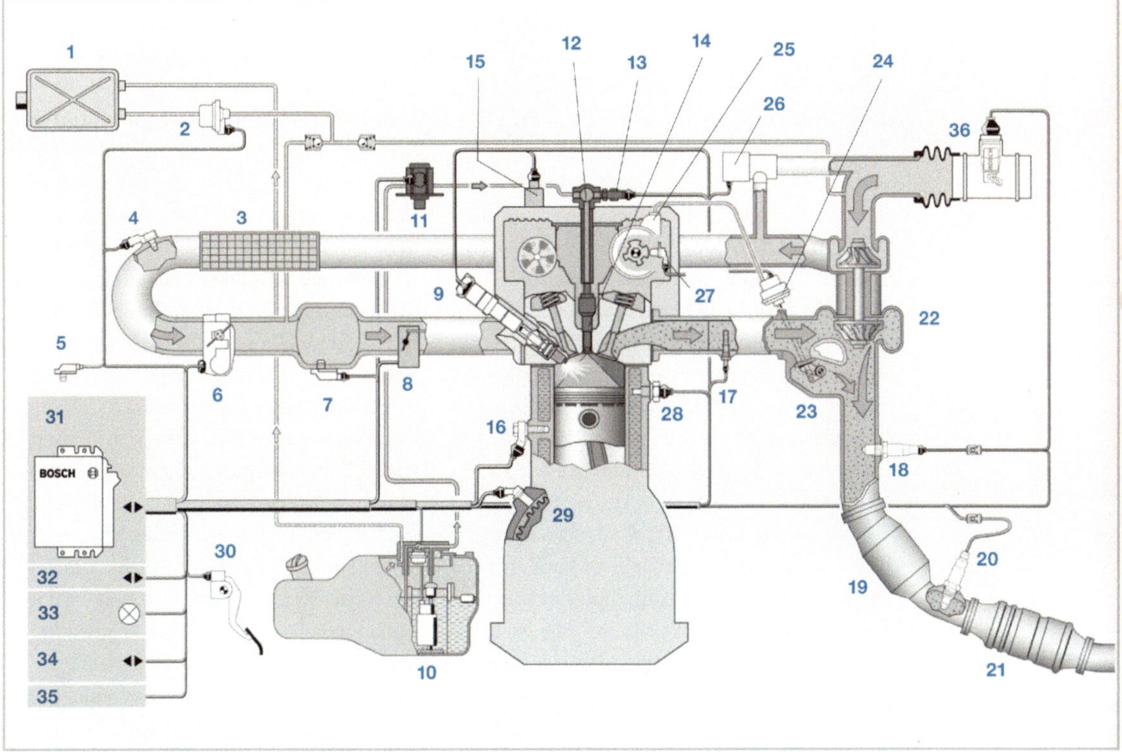

dung variabler Ventiltriebe, welche eine Kombination aus Steuerzeit- und Ventilhubverstellung bis hin zu voll-variablen Systemen umfassen, beträchtliche Steigerungen der spezifischen Leistung sowie des Wirkungsgrades erreichen. Auch die Anwendung eines geschichteten Brennverfahrens erlaubt aufgrund des hohen Luftüberschusses einen weitgehend ungedrosselten Betrieb, welcher insbesondere in der Teillast des Ottomotors zur einer erheblichen Steigerung des effektiven Wirkungsgrades führt.

Das bei homogener, stöchiometrischer Gemischverteilung erreichbare Drehmoment ist proportional zu der Frischgasfüllung. Daher kann das maximale Drehmoment lediglich durch die Verdichtung der

Bild 8

1 Aktivkohlebehälter
2 Tankentlüftungsventil
3 Heißfilm-Luftmassenmesser
4 kombinierter Ladedruck- und Ansauglufttemperatursensor
5 Umgebungsdrucksensor
6 Drosselvorrichtung (EGAS)
7 Saugrohrdurcksensor
8 Ladungsbewegungsklappe
9 Zündspule mit Zündkerze
10 Kraftstofffördermodul mit Elektrokraftstoffpumpe
11 Hochdruckpumpe
12 Kraftstoff-Verteilerrohr
13 Hochdrucksensor
14 Hochdruck-Einspritzventil
15 Nockenwellenversteller
16 Klopfsensor
17 Abgastemperatursensor
18 λ-Sonde
19 Vorkatalysator
20 λ-Sonde
21 Hauptkatalysator
22 Abgasturbolader
23 Waste-Gate
24 Waste-Gate-Steller
25 Vakuumpumpe
26 Schub-Umluftventil
27 Nockenwellen-Phasensensor
28 Motortemperatursensor
29 Drehzahlsensor
30 Fahrpedalmodul
31 Motorsteuergerät
32 CAN-Schnittstelle
33 Motorkontrollleuchte
34 Diagnoseschnittstelle
35 Schnittstelle zur Wegfahrsperre

Luft vor Eintritt in den Zylinder (Aufladung) gesteigert werden. Mit der Aufladung kann der Liefergrad, bezogen auf Normbedingungen, auf Werte größer als eins erhöht werden. Eine Aufladung kann bereits allein durch Nutzung gasdynamischer Effekte im Saugrohr erzielt werden (gasdynamische Aufladung). Der Aufladungsgrad hängt von der Gestaltung des Saugrohrs sowie vom Betriebspunkt des Motors ab, im Wesentlichen von der Drehzahl, aber auch von der Füllung. Mit der Möglichkeit, die Saugrohrgeometrie während des Fahrbetriebs beispielsweise durch eine variable Saugrohrlänge zu ändern, kann die gasdynamische Aufladung in einem weiten Betriebsbereich für eine Steigerung der maximalen Füllung herangezogen werden.

Eine weitere Erhöhung der Luftdichte erzielen mechanisch angetriebene Verdichter bei der mechanischen Aufladung, welche von der Kurbelwelle des Motors angetrieben werden. Die komprimierte Luft wird dabei durch das Ansaugsystem, welches dann zugunsten eines schnellen Ansprechverhaltens des Motors mit kleinem Sammlervolumen und kurzen Saugrohrlängen ausgeführt wird, in die Zylinder gepumpt.

Bei der Abgasturboaufladung wird im Unterschied zur mechanischen Aufladung der Verdichter des Abgasturboladers nicht von der Kurbelwelle angetrieben, sondern von einer Abgasturbine, welche sich im Abgastrakt befindet und die Enthalpie des Abgases ausnutzt. Die Enthalpie des Abgases kann zusätzlich erhöht werden, in dem durch die Anwendung einer Ventilüberschneidung ein Teil der Frischladung durch die Zylinder gespült (Scavenging) und damit der Massenstrom an der Abgasturbine erhöht wird. Zusätzlich sorgt eine hohe Spülrate für niedrige Restgasanteile. Da bei Motoren mit Abgasturboaufladung im unteren Drehzahlbereich an der Volllast ein positives Druckgefälle über dem Zylinder gut eingestellt werden kann, erhöht dieses Verfahren wesentlich das maximale Drehmoment in diesem Betriebsbereich (Low-End-Torque).

Füllungserfassung und Gemischregelung

Beim Ottomotor wird die zugeführte Kraftstoffmenge in Abhängigkeit der angesaugten Luftmasse eingestellt. Dies ist nötig, weil sich nach einer Änderung des Drosselklappenwinkels die Luftfüllung erst allmählich ändert, während die Kraftstoffmenge arbeitsspielindividuell variiert werden kann. In der Motorsteuerung muss daher für jedes Arbeitsspiel je nach der Betriebsart (Homogen, Homogen-mager, Schichtbetrieb) die aktuell vorhandene Luftmasse bestimmt werden (durch Füllungserfassung). Es gibt grundsätzlich drei Verfahren, mit welchen dies erfolgen kann. Das erste Verfahren arbeitet folgendermaßen: Über ein Kennfeld wird in Abhängigkeit von Drosselklappenwinkel α und Drehzahl n der Volumenstrom bestimmt, der über geeignete Korrekturen in einem Luftmassenstrom umgerechnet wird. Die auf diesem Prinzip arbeitenden Systeme heißen α-n-Systeme.

Beim zweiten Verfahren wird über ein Modell (Drosselklappenmodell) aus der Temperatur vor der Drosselklappe, dem Druck vor und nach der Drosselklappe sowie der Drosselklappenstellung (Winkel α) der Luftmassenstrom berechnet. Als Erweiterung dieses Modells kann zusätzlich aus der Motordrehzahl n, dem Druck p im Saugrohr (vor dem Einlassventil), der Temperatur im Einlasskanal und weiteren Einflüssen (Nockenwellen- und Ventilhubverstellung, Saugrohrumschaltung, Position der Ladungsbewegungsklappe) die vom Zylinder angesaugte Frischluft berechnet werden. Nach diesem Prinzip arbeitende Systeme werden p-n-Systeme genannt. Je nach Komplexität des Motors, insbesondere die Variabilitäten des Ventiltriebs betreffend, können hierfür aufwendige Modelle notwendig sein. Das dritte Verfahren besteht darin, dass ein Heißfilm-Luftmassenmesser (HFM) direkt den in das Saugrohr einströmenden Luftmassenstrom misst. Weil mittels eines Heißfilm-Luftmassenmessers oder eines Drosselklappenmodells nur der in das Saugrohr einfließende Massenstrom bestimmt werden kann, liefern diese beiden Systeme nur im stationären Motorbetrieb einen gültigen Wert für die Zylinderfüllung. Ein stationärer Betrieb setzt die Annahme eines konstanten Saugrohrdrucks voraus, so dass die dem Saugrohr zufließenden und den Motor verlassenden Luftmassenströme identisch sind. Die Anwendung sowohl des Heißfilm-Luftmassenmessers als auch des Drosselklappenmodells liefert bei einem plötzlichen Lastwechsel (d. h. bei einer plötzlichen Änderung des Drosselklappenwinkels) eine augenblickliche Änderung des dem Saugrohr zufließenden Massenstroms, während sich der in den Zylinder eintretende Massenstrom und damit die Zylinderfüllung erst ändern, wenn sich der Saugrohrdruck erhöht oder erniedrigt hat. Daher muss für die richtige Abbildung transienter Vorgänge entweder das p-n-System verwendet oder eine zusätzliche Modellierung des Speicherverhaltens im Saugrohr (Saugrohrmodell) erfolgen.

Kraftstoffe

Für den ottomotorischen Betrieb werden Kraftstoffe benötigt, welche aufgrund ihrer Zusammensetzung eine niedrige Neigung zur Selbstzündung (hohe Klopffestigkeit) aufweisen. Andernfalls kann die während der Kompression nach einer Selbstzündung erfolgte, schlagartige Umsetzung der Zylinderladung zu mechanischen Schäden des Ottomotors bis hin zu seinem Totalausfall führen. Die Klopffestigkeit eines Ottokraftstoffes wird durch die Oktanzahl beschrieben. Die Höhe der Oktanzahl bestimmt die

Tabelle 1 Eigenschaftswerte flüssiger Kraftstoffe. Die Viskosität bei 20 °C liegt für Benzin bei etwa 0,6 mm²/s, für Methanol bei etwa 0,75 mm²/s

Stoff	Dichte in kg/l	Hauptbestandteile in Gewichtsprozent	Siedetemperatur in °C	Spezifische Verdampfungswärme in kJ/kg	Spezifischer Heizwert in MJ/kg	Zündtemperatur in °C	Luftbedarf, stöchiometrisch in kg/kg	Zündgrenze untere (in Volumenprozent Gas in Luft)	Zündgrenze obere (in Volumenprozent Gas in Luft)
Ottokraftstoff									
Normal	0,720...0,775	86 C, 14 H	25...210	380...500	41,2...41,9	≈ 300	14,8	≈ 0,6	≈ 8
Super	0,720...0,775	86 C, 14 H	25...210	–	40,1...41,6	≈ 400	14,7	–	–
Flugbenzin	0,720	85 C, 15 H	40...180	–	43,5	≈ 500	–	≈ 0,7	≈ 8
Kerosin	0,77...0,83	87 C, 13 H	170...260	–	43	≈ 250	14,5	≈ 0,6	≈ 7,5
Dieselkraftstoff	0,820...0,845	86 C, 14 H	180...360	≈ 250	42,9...43,1	≈ 250	14,5	≈ 0,6	≈ 7,5
Ethanol C_2H_5OH	0,79	52 C, 13 H, 35 O	78	904	26,8	420	9	3,5	15
Methanol CH_3OH	0,79	38 C, 12 H, 50 O	65	1 110	19,7	450	6,4	5,5	26
Rapsöl	0,92	78 C, 12 H, 10 O	–	–	38	≈ 300	12,4	–	–
Rapsölmethylester (Biodiesel)	0,88	77 C, 12 H, 11 O	320...360	–	36,5	283	12,8	–	–

Stoff	Dichte bei 0 °C und 1 013 mbar in kg/m³	Hauptbestandteile in Gewichtsprozent	Siedetemperatur bei 1 013 mbar in °C	Spezifischer Heizwert		Zündtemperatur in °C	Luftbedarf, stöchiometrisch in kg/kg	Zündgrenze	
				Kraftstoff in MJ/kg	Luft-Kraftstoff-Gemisch in MJ/m³			untere	obere
								in Volumenprozent Gas in Luft	
Flüssiggas (Autogas)	2,25	C_3H_8, C_4H_{10}	-30	46,1	3,39	≈ 400	15,5	1,5	15
Erdgas H (Nordsee)	0,83	87 CH_4, 8 C_2H_6, 2 C_3H_8, 2 CO_2, 1 N_2	−162 (CH_4)	46,7	-	584	16,1	4,0	15,8
Erdgas H (Russland)	0,73	98 CH_4, 1 C_2H_6, 1 N_2	−162 (CH_4)	49,1	3,4	619	16,9	4,3	16,2
Erdgas L	0,83	83 CH_4, 4 C_2H_6, 1 C_3H_8, 2 CO_2, 10 N_2	−162 (CH_4)	40,3	3,3	≈ 600	14,0	4,6	16,0

Tabelle 2
Eigenschaftswerte gasförmiger Kraftstoffe. Das als Flüssiggas bezeichnete Gasgemisch ist bei 0 °C und 1 013 mbar gasförmig; in flüssiger Form hat es eine Dichte von 0,54 kg/l.

spezifische Leistung des Ottomotors. An der Volllast wird aufgrund der Gefahr von Motorschäden die Lage der Verbrennung durch das Motorsteuergerät über einen Zündwinkeleingriff (durch die Klopfregelung) so eingestellt, dass – durch Senkung der Verbrennungstemperatur durch eine späte Lage der Verbrennung – keine Selbstzündung der Frischladung erfolgt. Dies begrenzt jedoch das nutzbare Drehmoment des Motors. Je höher die verwendete Oktanzahl ist, desto höher fällt, bei einer entsprechenden Bedatung des Motorsteuergeräts, die spezifische Leistung aus.

In den Tabellen 1 und 2 sind die Stoffwerte der wichtigsten Kraftstoffe zusammengefasst. Verwendung findet meist Benzin, welches durch Destillation aus Rohöl gewonnen und zur Steigerung der Klopffestigkeit mit geeigneten Komponenten versetzt wird. So wird bei Benzinkraftstoffen in Deutschland zwischen Super und Super-Plus unterschieden, einige Anbieter haben ihre Super-Plus-Kraftstoffe durch 100-Oktan-Benzine ersetzt. Seit Januar 2011 enthält der Super-Kraftstoff bis zu 10 Volumenprozent Ethanol (E10), alle anderen Sorten sind mit max. 5 Volumenprozent Ethanol (E5) versetzt. Die Abkürzung E10 bezeichnet dabei einen Ottokraftstoff mit einem Anteil von 90 Volumenprozent Benzin und 10 Volumenprozent Ethanol. Die ottomotorische Verwendung von reinen Alkoholen (Methanol M100, Ethanol E100) ist bei Verwendung geeigneter Kraftstoffsysteme und speziell adaptierter Motoren möglich, da aufgrund des höheren Sauerstoffgehalts ihre Oktanzahl die des Benzins übersteigt.

Auch der Betrieb mit gasförmigen Kraftstoffen ist beim Ottomotor möglich. Verwendung findet als serienmäßige Ausstattung (in bivalenten Systemen mit Benzin- und Gasbetrieb) in Europa meist Erdgas (Compressed Natural Gas CNG), welches hauptsächlich aus Methan besteht. Aufgrund des höheren Wasserstoff-Kohlenstoff-Verhältnisses entsteht bei der Verbrennung von Erdgas weniger CO_2 und mehr Wasser als bei Verbrennung von Benzin. Ein auf Erdgas eingestellter Ottomotor erzeugt bereits ohne weitere Optimierung ca. 25 % weniger CO_2-Emissionen als beim Einsatz von Benzin. Durch die sehr hohe Oktanzahl (ROZ 130) eignet sich der mit Erdgas betriebene Ottomotor ideal zur Aufladung und lässt zudem eine Erhöhung des Verdichtungsverhältnisses zu. Durch den monovalenten Gaseinsatz in Verbindung mit einer Hubraumverkleinerung (Downsizing) kann der effektive Wirkungsgrad des Ottomotors erhöht und seine CO_2-Emission gegenüber dem konventionellen Benzin-Betrieb maßgeblich verringert werden.

Häufig, insbesondere in Anlagen zur Nachrüstung, wird Flüssiggas (Liquid Petroleum Gas LPG), auch Autogas genannt, eingesetzt. Das verflüssigte Gasgemisch besteht aus Propan und Butan. Die Oktanzahl von Flüssiggas liegt mit ROZ 120 deutlich über dem Niveau von Super-Kraftstoffen, bei seiner Verbrennung entstehen ca. 10 % weniger CO_2-Emissionen als im Benzinbetrieb.

Auch die ottomotorische Verbrennung von reinem Wasserstoff ist möglich. Aufgrund des Fehlens an Kohlenstoff entsteht bei der Verbrennung von Wasserstoff kein Kohlendioxid, als „CO_2-frei“ darf dieser Kraftstoff dennoch nicht gelten, wenn bei seiner Herstellung CO_2 anfällt. Aufgrund seiner sehr hohen Zündwilligkeit ermöglicht der Betrieb mit Wasserstoff eine starke Abmagerung und damit eine Steigerung des effektiven Wirkungsgrades des Ottomotors.

9 Hemisphärische Flammenausbreitung im Brennraum bei der turbulenten vorgemischten Verbrennung

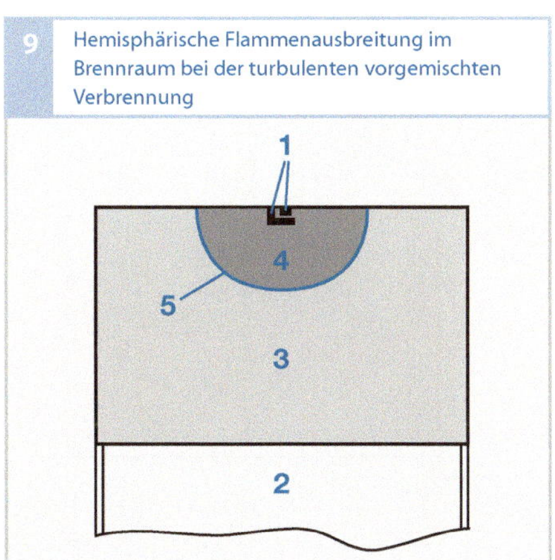

Bild 9
1 Elektroden der Zündkerze
2 Kolben
3 Gemisch mit λ_g
4 Verbranntes Gas mit $\lambda_v \approx \lambda_g$
5 Flammenfront

λ bezeichnet die Luftzahl.

Verbrennung

Turbulente vorgemischte Verbrennung

Das homogene Brennverfahren stellt die Referenz bei der ottomotorischen Verbrennung dar. Dabei wird ein stöchiometrisches, homogenes Gemisch während der Verdichtungsphase durch einen Zündfunken entflammt. Der daraus entstehende Flammkern geht in eine turbulente, vorgemischte Verbrennung mit sich nahezu hemisphärisch (halbkugelförmig) ausbreitender Flammenfront über (Bild 9).

Hierzu wird eine zunächst laminare Flammenfront, deren Fortschrittgeschwindigkeit von Druck, Temperatur und Zusammensetzung des Unverbrannten abhängt, durch viele kleine, turbulente Wirbel zerklüftet. Dadurch vergrößert sich die Flammenoberfläche deutlich. Das wiederum erlaubt einen erhöhten Frischladungseintrag in die Reaktionszone und somit eine deutliche Erhöhung der Flammenfortschrittsgeschwindigkeit. Hieraus ist ersichtlich, dass die Turbulenz der Zylinderladung einen sehr relevanten Faktor zur Verbrennungsoptimierung darstellt.

10 Hemisphärische Flammenausbreitung im Brennraum bei der turbulenten vorgemischten teildiffusiven Verbrennung

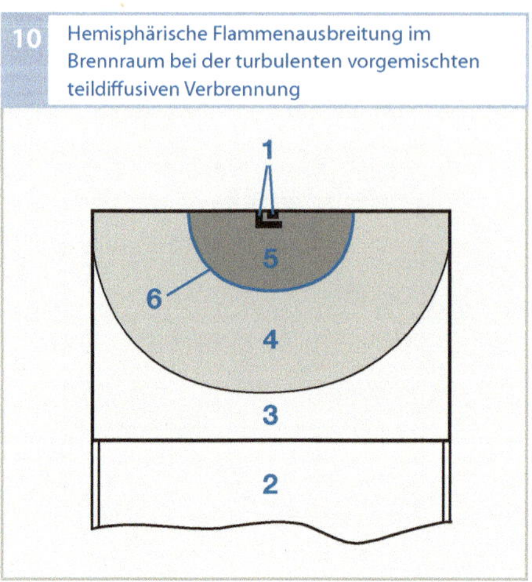

Bild 10
1 Elektroden der Zündkerze
2 Kolben
3 Luft (und Restgas) mit $\lambda \rightarrow \infty$
4 Gemisch mit $\lambda_g \approx 1$
5 Verbranntes Gas mit $\lambda_v \approx 1$
6 Flammenfront

Über den gesamten Brennraum gemittelt ergibt sich eine Luftzahl über eins.

Turbulente vorgemischte teildiffusive Verbrennung

Zur Senkung des Kraftstoffverbrauchs und somit der CO_2-Emission ist das Verfahren der geschichteten Fremdzündung beim Ottomotor, auch Schichtbetrieb genannt, ein vielversprechender Ansatz.

Bei der geschichteten Fremdzündung wird im Extremfall lediglich die Frischluft verdichtet und erst in Nähe des oberen Totpunkts der Kraftstoff eingespritzt sowie zeitnah von der Zündkerze gezündet. Dabei entsteht eine geschichtete Ladung, welche idealerweise in der Nähe der Zündkerze ein Luft-Kraftstoff-Verhältnis von $\lambda \approx 1$ besitzt, um die optimalen Bedingungen für die Entflammung und Verbrennung zu ermöglichen (Bild 10). In der Realität jedoch ergeben sich aufgrund der stochastischen Art der Zylinderinnenströmung sowohl fette als auch magere Gemisch-Zonen in der Nähe der Zündkerze. Dies erfordert eine höhere geometrische Genauigkeit in der Abstimmung der idealen Injektor- und Zündkerzenposition, um die Entflammungsrobustheit sicher zu stellen.

Nach erfolgter Zündung stellt sich eine überwiegend turbulente, vorgemischte Verbrennung ein, und zwar dort, wo der Kraftstoff schon verdampft innerhalb eines Luft-Kraftstoff-Gemisches vorliegt. Des Weiteren verläuft die Umsetzung eines Teils des Kraftstoffs an der Luft-Kraftstoff-Grenze verdampfender Tropfen als diffusive Verbrennung. Ein weiterer wichtiger Effekt liegt beim Verbrennungsende. Hierbei erreicht die Flamme sehr magere Bereiche, die früher ins Quenching führen, d.h. in den Zustand, bei welchem die thermodynamischen Bedingungen wie Temperatur und Gemischqualität nicht mehr ausreichen, die Flamme weiter fortschreiten zu lassen. Hieraus können sich erhöhte HC- und CO-Emissionen ergeben. Die NO_x-Bildung ist für dieses entdrosselte und verdünnte Brennverfahren im Vergleich zur homogenen stöchiometrischen Verbrennung relativ gering. Der Dreiwegekatalysator ist jedoch wegen des mageren Abgases nicht in der Lage, selbst die geringe NO_x-Emission zu reduzieren. Dies macht eine spezifische Nachbehandlung der Abgase erforderlich, z.B. durch den Einsatz eines NO_x-Speicherkatalysators oder durch die Anwendung der selektiven katalytischen Reduktion unter Verwendung eines geeigneten Reduktionsmittels.

Homogene Selbstzündung

Vor dem Hintergrund einer verschärften Abgasgesetzgebung bei gleichzeitiger Forderung nach geringem Kraftstoffverbrauch ist das Verfahren der homogenen Selbstzündung beim Ottomotor, auch HCCI (Homogeneous Charge Compression Ignition) genannt, eine weitere interessante Alternative. Bei diesem Brennverfahren wird ein stark mit Luft oder Abgas verdünntes Kraftstoffdampf-Luft-Gemisch im Zylinder bis zur Selbstzündung verdichtet. Die Verbrennung erfolgt als Volumenreaktion ohne Ausbildung einer turbulenten Flammenfront oder einer Diffusionsverbrennung (Bild 11).

Die thermodynamische Analyse des Arbeitsprozesses verdeutlicht die Vorteile des HCCI-Verfahrens gegenüber der Anwendung anderer ottomotorischer Brennverfahren mit konventioneller Fremdzündung: Die Entdrosselung (hoher Massenanteil, der am thermodynamischen Prozess teilnimmt und drastische Reduktion der Ladungswechselverluste), kalorische Vorteile bedingt durch die Niedrigtemperatur-Umsetzung und die schnelle Wärmefreisetzung führen zu einer Annäherung an den idealen Gleichraumprozess und somit zur Steigerung des thermischen Wirkungsgrades. Da die Selbstzündung und die Verbrennung an unterschiedlichen Orten im Brennraum gleichzeitig beginnen, ist die Flammenausbreitung im Gegensatz zum fremdgezündeten Betrieb nicht von lokalen Randbedingungen abhängig, so dass geringere Zyklusschwankungen auftreten.

Die kontrollierte Selbstzündung bietet die Möglichkeit, den Wirkungsgrad des Arbeitsprozesses unter Beibehaltung des klassischen Dreiwegekatalysators ohne zusätzliche Abgasnachbehandlung zu steigern. Die überwiegend magere Niedrigtemperatur-Wärmefreisetzung bedingt einen sehr niedrigen NO_x-Ausstoß bei ähnlichen HC-Emissionen und reduzierter CO-Bildung im Vergleich zum konventionellen fremdgezündeten Betrieb.

11 Volumenreaktion im Brennraum bei der homogenen Selbstzündung

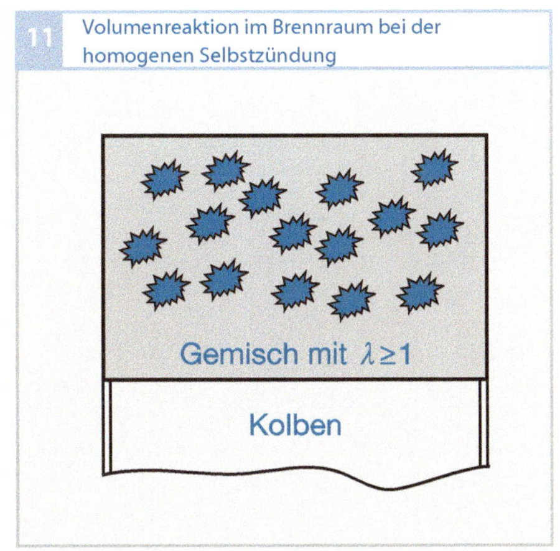

Irreguläre Verbrennung

Unter irregulärer Verbrennung beim Ottomotor versteht man Phänomene wie die klopfende Verbrennung, Glühzündung oder andere Vorentflammungserscheinungen. Eine klopfende Verbrennung äußert sich im Allgemeinen durch ein deutlich hörbares, metallisches Geräusch (Klingeln, Klopfen). Die schädigende Wirkung eines dauerhaften Klopfens kann zum völligen Ausfall des Motors führen. In heutigen Serienmotoren dient eine Klopfregelung dazu, den Motor bei Volllast gefahrlos an der Klopfgrenze zu betreiben. Hierzu wird die klopfende Verbrennung durch einen Sensor detektiert und der Zündwinkel vom Steuergerät entsprechend angepasst. Durch die Anwendung der Klopfregelung ergeben sich weitere Vorteile, insbesondere die Reduktion des Kraftstoffverbrauchs, die Erhöhung des Drehmoments sowie die Darstellung des Motorbetriebs in einem vergrößerten Oktanzahlbereich. Eine Klopfregelung ist allerdings nur dann anwendbar, wenn das Klopfen ein reproduzierbares und wiederkehrendes Phänomen ist.

Der Unterschied zwischen einer regulären und einer klopfenden Verbrennung ist in (Bild 12) dargestellt. Aus dieser wird deutlich, dass der Zylinderdruck bereits vor Klopfbeginn infolge hochfrequenter Druckwellen, welche durch den Brennraum pulsieren, im Vergleich zum nicht klopfenden Arbeitsspiel deutlich ansteigt. Bereits die frühe Phase der klopfenden Verbrennung zeichnet sich also gegenüber dem mittleren Arbeitsspiel (in Bild 12 als reguläre Verbrennung gekennzeichnet) durch einen schnelleren Massenumsatz aus. Beim Klopfen kommt es

12 Druckverläufe von Verbrennungen (Mitteldruck 20 bar, Drehzahl 2 000 min^{-1})

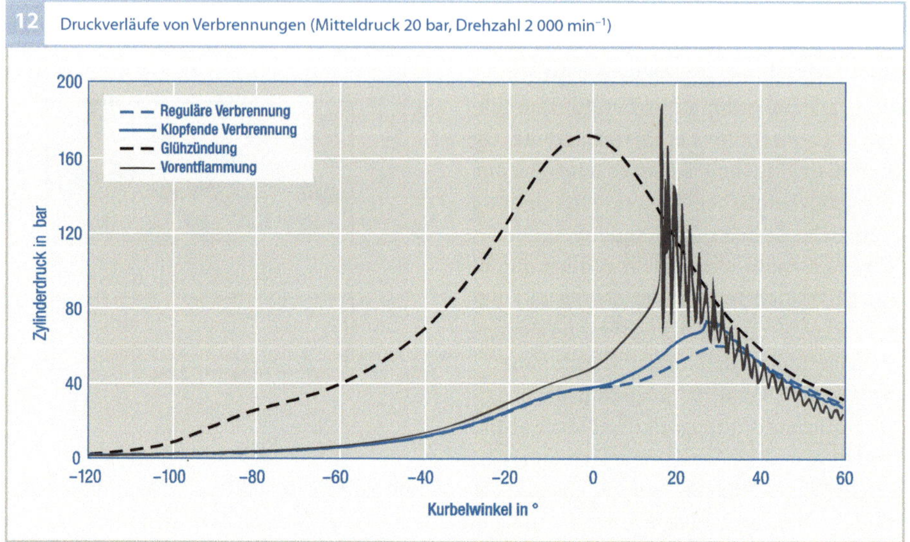

Bild 12
Der Kurbelwinkel ist auf den oberen Totpunkt in der Kompressionsphase (ZOT) bezogen.

zur Selbstzündung in den noch nicht von der Flamme erfassten Endgaszonen. Die stehenden Wellen, die anschließend durch den Brennraum fortschreiten, verursachen das hörbare, klingelnde Geräusch. Im Motorbetrieb wird das Eintreten von Klopfen durch eine Spätverstellung des Zündwinkels vermieden. Dies führt, je nach resultierender Schwerpunktslage der Verbrennung, zu einem nicht unerheblichen Wirkungsgradverlust.

Die Glühzündung führt gewöhnlich zu einer sehr hohen mechanischen Belastung des Motors. Die Entflammung des Frischgemischs erfolgt hierbei teilweise deutlich vor dem regulären Auslösen des Zündfunkens. Häufig kommt es zu einem sogenannten Run-on, wobei nach starkem Klopfen der Zeitpunkt der Entzündung mit jedem weiteren Arbeitsspiel früher erfolgt. Dabei wird ein Großteil des Frischgemisches bereits deutlich vor dem oberen Totpunkt in der Kompressionsphase umgesetzt (Bild 12). Druck und Temperatur im Brennraum steigen dabei aufgrund der noch ablaufenden Kompression stark an. Hat sich die Glühzündung erst eingestellt, kommt es im Gegensatz zur klopfenden Verbrennung zu keinem wahrnehmbaren Geräusch, da die pulsierenden Druckwellen im Brennraum ausbleiben. Solch eine extrem frühe Glühzündung führt meistens zum sofortigen Ausfall des Motors. Bevorzugte Stellen, an denen eine Oberflächenzündung beginnen kann, sind überhitzte Ventile oder Zündkerzen, glühende Verbrennungsrückstände oder sehr heiße Stellen im Brennraum wie beispielsweise Kanten von Kolbenmulden. Eine Oberflächenzündung kann durch entsprechende Auslegung der Kühlkanäle im Bereich des Zylinderkopfs und der Laufbuchse in den meisten Fällen vermieden werden.

Eine Vorentflammung zeichnet sich durch eine unkontrollierte und sporadisch auftretende Selbstentflammung aus, welche vor allem bei kleinen Drehzahlen und hohen Lasten auftritt. Der Zeitpunkt der Selbstentflammung kann dabei von deutlich vor bis zum Zeitpunkt der Zündeinleitung selbst variieren. Betroffen von diesem Phänomen sind generell hoch aufgeladene Motoren mit hohen Mitteldrücken im unteren Drehzahlbereich (Low-End-Torque). Hier entfällt bis heute die Möglichkeit zur effektiven Regelung, die dem Auftreten der Vorentflammung entgegenwirken könnte, da die Ereignisse meist einzeln auftreten und nur selten unmittelbar in mehreren Arbeitsspielen aufeinander folgen. Als Reaktion wird bei Serienmotoren nach heutigem Stand zunächst der Ladedruck reduziert. Tritt weiterhin ein Vorentflammungsereignis auf, wird als letzte Maßnahme die Einspritzung ausgeblendet. Die Folge einer Vorentflammung ist eine schlagartige Umsetzung der verbliebenen Zylinderladung mit extremen Druckgradienten und sehr hohen Spitzendrücken, die teilweise 300 bar erreichen. Im Allgemeinen führt ein Vorentflammungsereignis daraufhin immer zu extremem Klopfen und gleicht vom Ablauf her einer Verbrennung, wie sie sich bei extrem früher Zündeinleitung (Überzündung) darstellt. Die Ursache hierfür ist noch nicht vollends geklärt. Vielmehr existieren auch hier mehrere Erklärungsversuche. Die Direkteinspritzung spielt hier eine relevante Rolle, da zündwillige Tropfen und zündwilliger Kraftstoffdampf in den Brennraum gelangen können. Unter anderem stehen Ablagerungen (Partikel, Ruß usw.) im Verdacht, da sie sich von der Brennraumwand lösen und als Initiator in Betracht kommen. Ein weiterer Erklärungsversuch geht davon aus, dass Fremdmedien (z. B. Öl) in den Brennraum gelangen, welche eine kürzere Zündverzugszeit aufweisen als übliche Kohlenwasserstoff-Bestandteile im Ottokraftstoff und damit das Reaktionsniveau entsprechend herabsetzen. Die Vielfalt des Phänomens ist stark motorabhängig und lässt sich kaum auf eine allgemeine Ursache zurückführen.

Drehmoment, Leistung und Verbrauch

Drehmomente am Antriebsstrang

Die von einem Ottomotor abgegebene Leistung P wird durch das verfügbare Kupplungsmoment M_k und die Motordrehzahl n bestimmt. Das an der Kupplung verfügbare Moment (Bild 13) ergibt sich aus dem durch den Verbrennungsprozess erzeugten Drehmoment, abzüglich der Ladungswechselverluste, der Reibung und dem Anteil zum Betrieb der Nebenaggregate. Das Antriebsmoment ergibt sich aus dem Kupplungsmoment abzüglich der an der Kupplung und im Getriebe auftretenden Verluste.

Das aus dem Verbrennungsprozess erzeugte Drehmoment wird im Arbeitstakt (Verbrennung und Expansion) erzeugt und ist bei Ottomotoren hauptsächlich abhängig von:

- der Luftmasse, die nach dem Schließen der Einlassventile für die Verbrennung zur Verfügung steht – bei homogenen Brennverfahren ist die Luft die Führungsgröße,
- die Kraftstoffmasse im Zylinder – bei geschichteten Brennverfahren ist die Kraftstoffmasse die Führungsgröße,
- dem Zündzeitpunkt, zu welchem der Zündfunke die Entflammung und Verbrennung des Luft-Kraftstoff-Gemisches einleitet.

Definition von Kenngrößen

Das instationäre innere Drehmoment M_i im Verbrennungsmotor ergibt sich aus dem Produkt von resultierender tangentialer Kraft F_T und Hebelarm r an der Kurbelwelle:

$$M_i = F_T r. \quad (4)$$

Die am Kurbelradius r wirkende Tangentialkraft F_T (Bild 14) resultiert aus der Kolbenkraft des Zylinders F_z, dem Kurbelwinkel φ und dem Pleuelschwenkwinkel β zu:

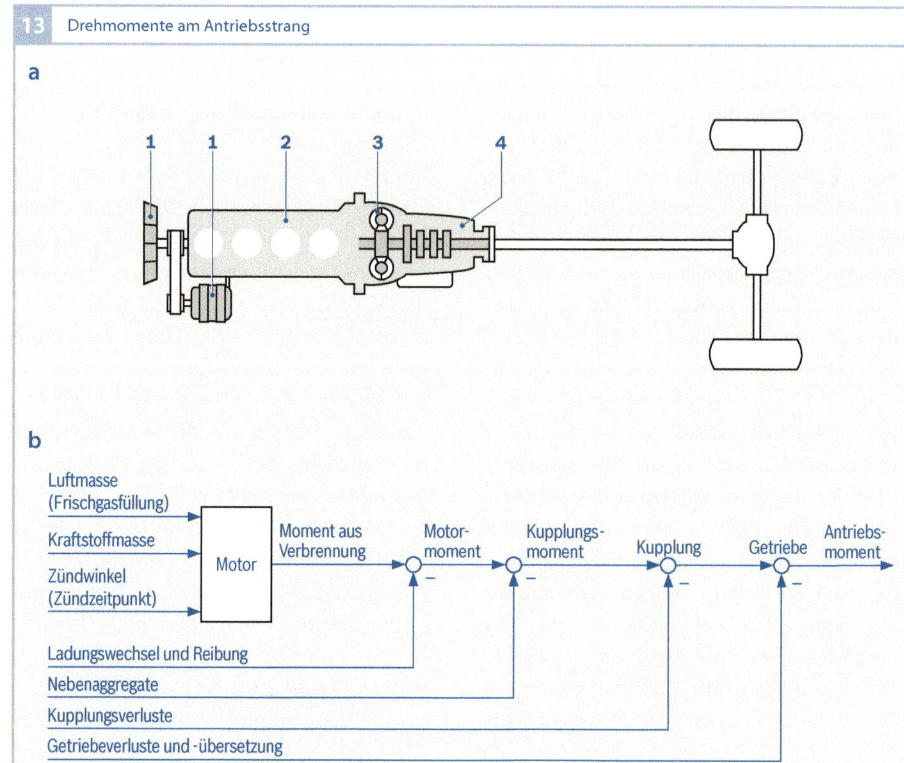

Bild 13
a schematische Anordnung der Komponenten
b Drehmomente am Antriebsstrang

1 Nebenaggregate (Generator, Klimakompressor usw.)
2 Motor
3 Kupplung
4 Getriebe

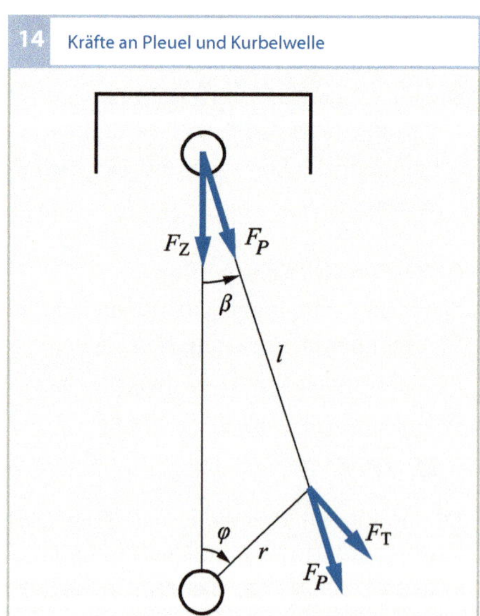

Bild 14
l Pleuellänge
r Kurbelradius
φ Kurbelwinkel
β Pleuelschwenkwinkel
F_Z Kolbenkraft
F_P Pleuelstangenkraft
F_T Tagentialkraft

$$F_T = F_z \frac{\sin(\varphi+\beta)}{\cos\beta}. \quad (5)$$

Mit

$$r \sin\varphi = l \sin\beta \quad (6)$$

und der Einführung des Schubstangenverhältnisses λ_l

$$\lambda_l = \frac{r}{l} \quad (7)$$

ergibt sich für die Tangentialkraft:

$$F_T = F_z \left(\sin\varphi + \lambda_l \frac{\sin\varphi\cos\varphi}{\sqrt{1-\lambda_l^2 \sin^2\varphi}} \right). \quad (8)$$

Die Kolbenkraft F_z ist ihrerseits bestimmt durch das Produkt aus der lichten Kolbenfläche A, die sich aus dem Kolbenradius r_K zu

$$A_K = r_K^2 \pi \tag{9}$$

ergibt und dem Differenzdruck am Kolben, welcher durch den Brennraumdruck p_Z und dem Druck p_K im Kurbelgehäuse gegeben ist:

$$F_Z = A_K (p_Z - p_K) = r_K^2 \pi (p_Z - p_K). \tag{10}$$

Für das instationäre innere Drehmoment M_i ergibt sich schließlich in Abhängigkeit der Stellung der Kurbelwelle:

$$M_i = r_K^2 \pi (p_Z - p_K) \left(\sin\varphi + \lambda_l \frac{\sin\varphi \cos\varphi}{\sqrt{1 - \lambda_l^2 \sin^2\varphi}} \right) r. \tag{11}$$

Für die Hubfunktion s, welche die Bewegung des Kolbens bei einem nicht geschränktem Kurbeltrieb beschreibt, folgt aus der Beziehung

$$s = r(1 - \cos\varphi) + l(1 - \cos\beta) \tag{12}$$

der Ausdruck:

$$s = \left(1 + \frac{1}{\lambda_l} - \cos\varphi - \sqrt{\frac{1}{\lambda_l^2} - \sin^2\varphi} \right) r. \tag{13}$$

Damit ist die augenblickliche Stellung des Kolbens durch den Kurbelwinkel φ, durch den Kurbelradius r und durch das Schubstangenverhältnis λ_l beschrieben. Das momentane Zylindervolumen V ergibt sich aus der Summe von Kompressionsendvolumen V_K und dem Volumen, welches sich über die Kolbenbewegung s mit der lichten Kolbenfläche A_K ergibt:

$$V = V_K + A_K s = V_K + r_K^2 \pi \left(1 + \frac{1}{\lambda_l} - \cos\varphi - \sqrt{\frac{1}{\lambda_l^2} - \sin^2\varphi} \right) r. \tag{14}$$

15 Typische Leistungs- und Drehmomentkurven eines Ottomotors mit vier Zylindern

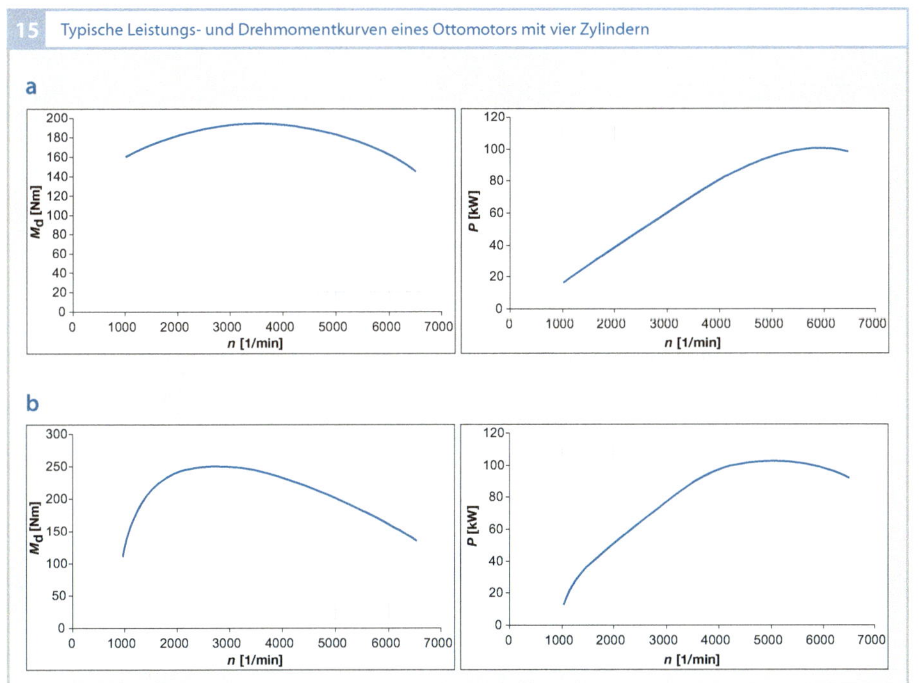

Bild 15
a 1,9 *l* Hubraum ohne Aufladung
b 1,4 *l* Hubraum mit Aufladung
n Drehzahl
M_d Drehmoment
P Leistung

16 Verbrauchskennfeld eines Ottomotors ohne Aufladung

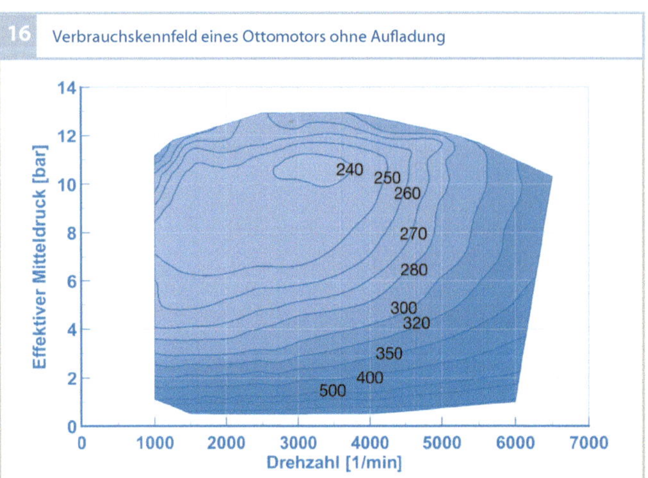

Bild 16
Die Zahlen geben den Wert für b_e in g/kWh an.

17 Verbrauchskennfeld eines aufgeladenen Ottomotors

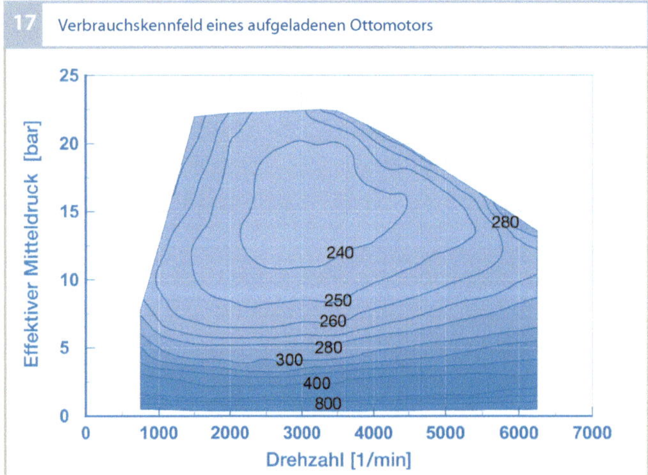

Bild 17
Die Zahlen geben den spezifischen Kraftstoffverbrauch b_e in g/kWh an.

Das am Kurbeltrieb erzeugte Drehmoment kann in Abhängigkeit des Fahrerwunsches durch Einstellen von Qualität und Quantität des Luft-Kraftstoff-Gemisches sowie des Zündwinkels geregelt werden. Das maximal erreichbare Drehmoment wird durch die maximale Füllung und die Konstruktion des Kurbeltriebs und Zylinderkopfes begrenzt.

Das effektive Drehmoment an der Kurbelwelle M_d entspricht der inneren technischen Arbeit abzüglich aller Reibungs- und Aggregateverluste. Üblicherweise erfolgt die Auslegung des maximalen Drehmomentes für niedrige Drehzahlen ($n \approx 2\,000\ \text{min}^{-1}$), da in diesem Bereich der höchste Wirkungsgrad des Motors erreicht wird.

Die innere technische Arbeit W_i kann direkt aus dem Druck im Zylinder und der Volumenänderung während eines Arbeitsspiels in Abhängigkeit der Taktzahl n_T berechnet werden:

$$W_i = \int_{0^\circ}^{\varphi_T} p \frac{dV}{d\varphi} d\varphi, \tag{15}$$

wobei

$$\varphi_T = n_T \cdot 180^\circ \tag{16}$$

beträgt.

Unter Verwendung des an der Kurbelwelle des Motors abgegebenen Drehmomentes M_d und der Taktzahl n_T ergibt sich für die effektive Arbeit:

$$W_e = 2\pi \frac{n_T}{2} M_d. \tag{17}$$

Die auftretenden Verluste durch Reibung und Nebenaggregate können als Differenz zwischen der inneren Arbeit W_i und der effektiven Nutzarbeit W_e als Reibarbeit W_R angegeben werden:

$$W_R = W_i - W_e. \tag{18}$$

Eine Drehmomentgröße, die das Vergleichen der Last unterschiedlicher Motoren erlaubt, ist die spezifische effektive Arbeit w_e, welche die effektive Arbeit W_e auf das Hubvolumen des Motors bezieht:

$$w_e = \frac{W_e}{V_H}. \tag{19}$$

Da es sich bei dieser Größe um den Quotienten aus Arbeit und Volumen handelt, wird diese oft als effektiver Mitteldruck p_{me} bezeichnet.

Die effektiv vom Motor abgegebene Leistung P resultiert aus dem erreichten Drehmoment M_d und der Motordrehzahl n zu:

$$P = 2\pi M_d n. \tag{20}$$

Die Motorleistung steigt bis zur Nenndrehzahl. Bei höheren Drehzahlen nimmt die Leistung wieder ab, da in diesem Bereich das Drehmoment stark abfällt.

Verläufe

Typische Leistungs- und Drehmomentkurven je eines Motors ohne und mit Aufladung, beide mit einer Leistung von 100 kW, werden in Bild 15 dargestellt.

Spezifischer Kraftstoffverbrauch

Der spezifische Kraftstoffverbrauch b_e stellt den Zusammenhang zwischen dem Kraftstoffaufwand und der abgegebenen Leistung des Motors dar. Er entspricht damit der Kraftstoffmenge pro erbrachte Arbeitseinheit und wird in g/kWh angegeben. Die Bilder 16 und 17 zeigen typische Werte des spezifischen Kraftstoffverbrauchs im homogenen, fremdgezündeten Betriebskennfeld eines Ottomotors ohne und mit Aufladung.

Zündung

Der Ottomotor ist ein Verbrennungsmotor mit Fremdzündung. Die Zündung hat die Aufgabe, das verdichtete Luft-Kraftstoff-Gemisch im richtigen Zeitpunkt zu entflammen. Eine sichere Zündung ist Voraussetzung für den einwandfreien Betrieb des Motors. Dazu muss das Zündsystem auf die Anforderungen des Motors ausgelegt sein. Unter den zahlreichen unterschiedlichen Lösungsansätzen für ein Zündsystem haben sich bisher weltweit nur zwei Zündsysteme in größerem Umfang verbreitet. Das sind einerseits die Magnetzündung und andererseits die Batteriezündung. Beiden gemeinsam ist die Erzeugung eines elektrischen Funkens zwischen den Elektroden einer Zündkerze im Brennraum zur Entflammung des Luft-Kraftstoff-Gemisches.

Magnetzündung

In den Anfangszeiten des Automobils stand mit dem Niederspannungsmagnetzünder von Bosch eine erste für damalige Verhältnisse zuverlässige Zündanlage zur Verfügung. Der Funke (Abreißfunke) entstand, indem ein Stromfluss durch Abreißkontakte im Brennraum unterbrochen wurde. Aus der Niederspannungsmagnetzündung mit Abreißgestänge wurde schließlich die Hochspannungsmagnetzündung entwickelt, die auch für Motoren mit höheren Drehzahlen geeignet war. Gleichzeitig mit der Hochspannungsmagnetzündung wurde 1902 auch die Zündkerze eingeführt, die die mechanisch gesteuerten Abreißkontakte ersetzte.

Das Prinzip des Hochspannungsmagnetzünders wird bis heute verwendet. Bei den Magnetzündern neuerer Bauart unterscheidet man Ausführungen mit feststehendem Magnet und umlaufendem Anker und Ausführungen mit feststehendem Anker und umlaufendem Magnet. In beiden Fällen wird Bewegungsenergie durch magnetische Induktion in elektrische Energie in einer Primärwicklung umgesetzt, die durch eine Sekundärwicklung in eine hohe Spannung transformiert wird. Im Zündzeitpunkt wird der Zündfunke durch Unterbrechung des Stroms in der Primärwicklung ausgelöst. Für den Einsatz bei Motoren mit mehreren Zylindern kann ein mechanischer Zündverteiler mit umlaufendem Verteilerfinger in den Magnetzünder integriert werden.

Da ein Magnetzünder keine Spannungsversorgung benötigt, wird er überall dort eingesetzt, wo überhaupt kein Bordnetz vorhanden ist oder kein belastbares Bordnetz zur Verfügung steht. Bei Arbeitsgeräten wie z. B. Rasenmäher oder Kettensäge und bei Zweirädern werden Magnetzünder oft in Verbindung mit einer kapazitiven Zwischenspeicherung der Zündenergie eingesetzt.

Batteriezündung

Mit der Elektrifizierung des Kraftfahrzeugs (für Licht und Starter) stand schon früh eine Spannungsversorgung zur Verfügung. Dies führte zur Entwicklung der kostengünstigen Spulenzündung (SZ) mit einer Batterie als Spannungsquelle und einer Zündspule als Energiespeicher. Der Spulenstrom wurde über einen Unterbrecherkontakt mit festem Schließwinkel geschaltet, weshalb der Spulenstrom mit steigender Drehzahl stetig sank. Die Zündwinkel wurden über der Drehzahl mit einem Fliehkraftsteller und über der Last mit einer Unterdruckdose verstellt. Die Verteilung der Hochspannung von der Zündspule zu den einzelnen Zylindern erfolgte mechanisch durch einen Zündverteiler.

Transistorzündung

Im Laufe der Weiterentwicklung wurde zunächst der Spulenstrom durch einen Leistungstransistor geschaltet. Damit wurden Zündauslegungen mit höheren Strömen und höheren Energien möglich. Der Unterbrecherkontakt diente dabei als Steuerelement für ein Zündschaltgerät und wurde nur noch mit dem niedrigen Steuerstrom belastet. Dadurch wurden der Kontaktabbrand und die damit einhergehenden Zündzeitpunktverschiebungen reduziert. In weiteren Entwicklungsschritten wurde der Unterbrecherkontakt durch Hall- oder Induktionsgeber ersetzt. Das Zündschaltgerät der Transistorzündung (TZ) enthielt bereits einfache analog gesteuerte Funktionalitäten wie eine Primärstrombegrenzung und eine Schließwinkelregelung, wodurch der Nennwert des Primärstroms in einem weiten Drehzahlbereich eingehalten werden konnte.

Elektronische Zündung

Den nächsten Entwicklungsschritt bildete die elektronische Zündung (EZ), bei der die Zündwinkel über Drehzahl und Last in einem Kennfeld eines Zündsteuergeräts gespeichert waren. Neben der besseren Reproduzierbarkeit der Zündwinkel war es auch möglich, weitere Eingangsgrößen wie z. B. die Motortemperatur für die Zündwinkelbestimmung zu berücksichtigen. Nach und nach wurde die Zündauslösung mit Hallgebern im Zündverteiler durch Auslösesysteme an der Kurbelwelle abgelöst, was durch den Entfall des Antriebsspiels der Zündverteiler zu einer höheren Zündwinkelgenauigkeit führte.

Vollelektronische Zündung

Im letzten Entwicklungsschritt der eigenständigen Zündsteuergeräte ist mit der vollelektronischen Zündung (VZ) auch noch der mechanische Zündverteiler entfallen. Bei der verteilerlosen Zündung sind Systeme mit einer Zündspule pro Zylinder am häufigsten verbreitet. Unter bestimmten Randbedingungen können auch Systeme mit jeweils einer Zweifunkenzündspule für ein Zylinderpaar eingesetzt werden. Seit 1998 werden nur noch Motorsteuerungen eingesetzt, die eine vollelektronische Zündung beinhalten.

Tabelle 1 zeigt die Entwicklung der induktiven Zündsysteme. Dabei werden mechanische Funktionen sukzessive durch elektrische und elektronische Funktionen ersetzt.

1 Entwicklung der induktiven Zündsysteme

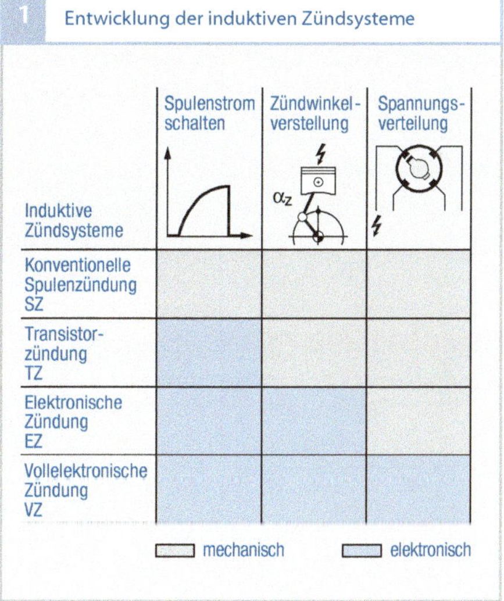

Induktive Zündsysteme	Spulenstrom schalten	Zündwinkelverstellung	Spannungsverteilung
Konventionelle Spulenzündung SZ			
Transistorzündung TZ			
Elektronische Zündung EZ			
Vollelektronische Zündung VZ			

Tab. 1

Induktive Zündanlage

Die Zündung des Luft-Kraftstoff-Gemischs im Ottomotor erfolgt bei der Spulenzündung durch einen Funken zwischen den Elektroden einer Zündkerze. Die in dem Funken umgesetzte Energie der Zündspule entzündet ein kleines Volumen des verdichteten Luft-Kraftstoff-Gemischs. Die von diesem Flammkern ausgehende Flammenfront bewirkt die Entflammung des Luft-Kraftstoff-Gemisches im gesamten Brennraum. Die induktive Zündanlage erzeugt für jeden Arbeitstakt die für den Funkenüberschlag notwendige Hochspannung und die für die Entflammung notwendige Brenndauer des Funkens.

Aufbau

Eine typische verteilerlose Spulenzündung hat für jeden Zylinder einen eigenen Zündkreis (Bild 1). Die wichtigsten Komponenten sind:

- Zündspule
  Die Zündspule ist die zentrale Komponente der induktiven Zündung. Sie besteht aus einer Primärwicklung mit einer niedrigen Windungszahl und einer Sekundärwicklung mit einer hohen Windungszahl. Das Verhältnis der Windungszahlen von Sekundärwicklung und Primärwicklung bezeichnet man als Übersetzungsverhältnis. Beide Wicklungen sind über einen gemeinsamen Magnetkreis miteinander gekoppelt. Die Zündspule erzeugt die Zündhochspannung und liefert die Energie für die Brenndauer des Funkens an der Zündkerze.
- Zündungsendstufe
  Die Zündungsendstufe steuert die Zündspule und hat die Hauptfunktion eines elektrischen Leistungsschalters. Zusammen mit der Primärwicklung der Zündspule und der Batterie bildet sie den Primärkreis der Spulenzündung. Die Zündungsendstufe ist entweder im Motorsteuergerät oder in der Zündspule integriert.
- Zündkerze
  Die Zündkerze ist die physikalische Schnittstelle zwischen Brennraum und Umgebung. Zusammen mit der Sekundärwicklung der Zündspule bildet sie den Sekundärkreis der Zündanlage. Die Zündkerze setzt die Energie der Zündspule in einer Funkenentladung im Brennraum um.

1 Zündkreis mit Einzelfunkenspulen

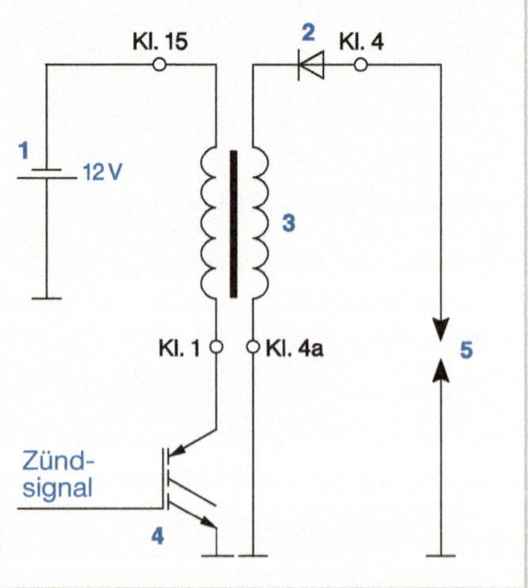

Bild 1
1 Batterie
2 Diode zur Unterdrückung der Einschaltspannung
3 Zündspule mit Eisenkern, Primär- und Sekundärwicklung
4 Zündungsendstufe (alternativ im Steuergerät oder in der Zündspule integriert
5 Zündkerze
Kl. 1, Kl. 4, Kl. 4a, Kl. 15 Klemmenbezeichnungen

Die notwendigen Verbindungs- und Entstörmittel werden an dieser Stelle als gegeben vorausgesetzt und nicht gesondert betrachtet.

Aufgabe und Arbeitsweise

Aufgabe der Zündung ist die Einleitung der Verbrennung des verdichteten Luft-Kraftstoff-Gemischs im Brennraum mit einem Funken. Zur Erzeugung eines Funkens wird zunächst elektrische Energie aus dem Bordnetz in der Zündspule zwischengespeichert. In einem nächsten Schritt wird die Energie im Zündzeitpunkt auf die Sekundärkapazität

C_2 (Bild 2) umgeladen. Die dabei entstehende Hochspannung löst den Funkenüberschlag an der Zündkerze aus. Anschließend wird die noch verbleibende Energie während der Brenndauer des Funkens entladen.

Energiespeicherung

Sobald die Zündungsendstufe einschaltet, wird der Primärkreis geschlossen und der Primärstrom beginnt zu fließen. Dabei wird in der Primärwicklung ein Magnetfeld aufgebaut, in dem Energie gespeichert wird. Die Höhe der gespeicherten Energie wird von der Primärinduktivität L_1 und der Höhe des Primärstroms i_1 entsprechend

$$E_1 = \frac{1}{2} L_1 i_1^2$$

bestimmt. Die Primärinduktivität hängt von der Windungszahl der Primärwicklung ab. Durch einen Eisenkreis zur Führung des magnetischen Flusses wird die wirksame Induktivität erhöht. Der Eisenkreis wird für einen bestimmten Primärstrom, den Nennstrom dimensioniert. Bei höheren Strömen steigt die gespeicherte Energie durch die magnetische Sättigung des Eisenkreises nur noch geringfügig. Daher sollte der Nennwert des Primärstroms möglichst nicht überschritten werden. Die Dauer, während der die Endstufe eingeschaltet ist und der Primärstrom fließt, nennt man Schließzeit.

Schließzeit und Primärstrom

Neben der Auslegung der Zündspule hat die Versorgungsspannung einen großen Einfluss auf den Primärstromverlauf (Bild 3). Um auch bei wechselnder Versorgungsspannung einerseits ausreichend Zündenergie bereitzustellen und andererseits die Zündungskomponenten nicht zu überlasten, muss die Batteriespannung bei der Bestimmung der Schließzeit berücksichtigt werden. Bei einem Batteriespannungsbereich von 6–16 V sind alle vorkommenden Fälle vom Kaltstart mit geschwächter Batterie bis hin zur Starthilfe mit externer Versorgung abgedeckt. Ziel der Schließzeitbestimmung ist die Einhaltung des Nennstroms. Dies ist bei niedrigen Batteriespannungen dann nicht sichergestellt, wenn der maximal mögliche Strom durch den Gesamtwiderstand des Primärkreises unterhalb des Nennstroms begrenzt wird. In diesem Fall nimmt man für die Schließzeit einen sinnvollen Ersatzwert, z. B. die Ladezeit, bei der 90 % bis 95 % des Stromendwerts erreicht werden. Die Zündanlage muss so ausgelegt sein, dass die Funktion auch bei reduzierter Batteriespannung gewährleistet ist und ein Kaltstart erfolgen kann.

Da die Widerstände der Zuleitungen in der gleichen Größenordnung liegen wie der Widerstand der Primärwicklung, sollte bei den Zuleitungen auf ausreichende Querschnitte geachtet werden, um unnötige Leistungsverluste zu vermeiden. Ebenso ist darauf zu achten, dass die Zuleitungen zu den einzelnen Zylindern nur geringe Unterschiede bezüglich Länge und Widerstand aufweisen.

Bei Einsatztemperaturen der Zündspulen zwischen –30 °C und über 100 °C verändern

2 Elektrisches Ersatzbild einer Spulenzündung

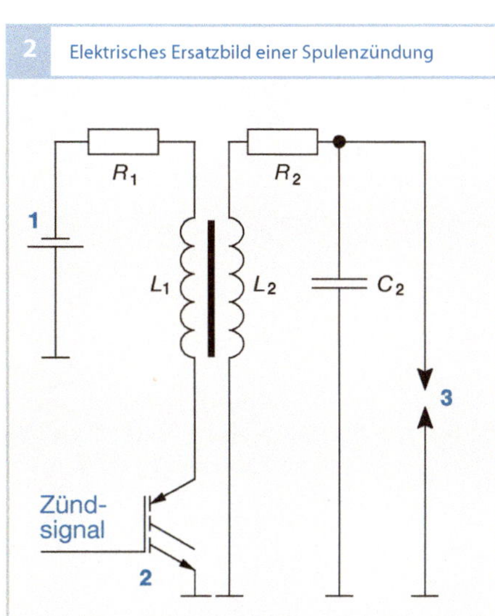

Bild 2
1 Batterie
2 Zündungsendstufe
3 Zündkerze
R_1 Widerstand der Primärseite (Spule und Kabel)
L_1 Primärinduktivität der Zündspule
R_2 Widerstand der Sekundärseite (Spule und Kabel)
L_2 Sekundärinduktivität der Zündspule
C_2 Kapazität der Sekundärseite (Zündspule, Kabel, Zündkerze)

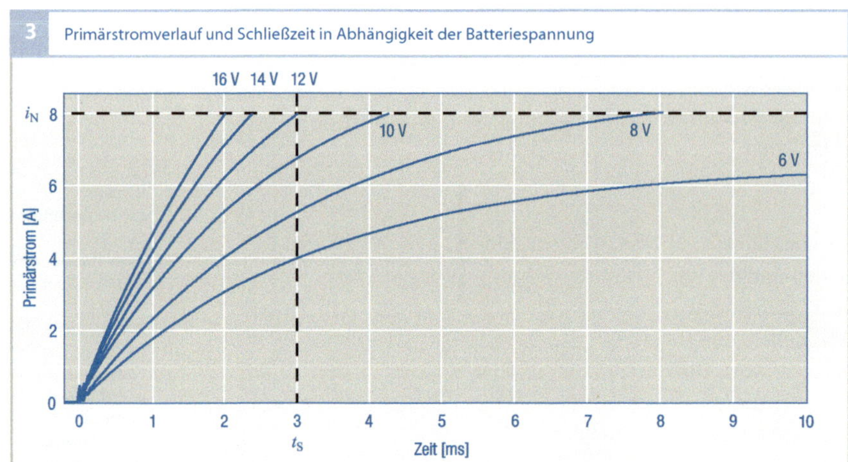

Bild 3
i_N Nennstrom
t_S Schließzeit

Magnetkreis miteinander gekoppelt sind, wird in beiden Wicklungen eine Spannung induziert. Die Höhe der Spannungen hängt nach dem Induktionsgesetz von der Windungszahl und der Änderungsgeschwindigkeit des magnetischen Flusses ab. In der Sekundärwicklung mit der hohen Windungszahl entsteht so die hohe Sekundärspannung. Solange kein Funkenüberschlag erfolgt, steigt die Hochspannung mit einer Anstiegsrate von ca. 1 kV/µs bis auf die Leerlaufspannung der Zündspule an, um dann stark gedämpft auszuschwingen (Bild 4).

Die maximale Sekundärspannung wird im Labor ohne Zündkerze an einer definierten kapazitiven Last gemessen und als Hochspannungs- oder Sekundärspannungsangebot bezeichnet. Die Lastkapazität entspricht dabei der Belastung durch die Zündkerze und der Hochspannungsverbindung zur Zündkerze.

sich die Spulenwiderstände durch den Temperaturgang der Kupferwicklungen so stark, dass die Auswirkungen auf den Primärstrom berücksichtigt werden sollten. Da die Spulentemperatur nicht direkt verfügbar ist, kann mit Ersatzgrößen wie Kühlmittel- oder Öltemperatur zumindest bei betriebswarmem Motor und betriebswarmer Zündspule eine sinnvolle Korrektur der Schließzeit erreicht werden.

Durch den Betrieb erwärmen sich Zündspule und Zündungsendstufe, die Verlustleistung steigt mit der Drehzahl. Bei hohen Drehzahlen und besonders bei gleichzeitig hohen Umgebungstemperaturen kann es notwendig werden, die Primärströme zum Schutz der Zündungskomponenten durch eine kürzere Schließzeit zu begrenzen.

Erzeugung der Hochspannung

Das durch den Primärstrom erzeugte Magnetfeld in der Primärwicklung verursacht einen magnetischen Fluss, der bis auf einen kleinen Anteil, den Streufluss, im Magnetkreis der Zündspule geführt wird. Im Zündzeitpunkt wird der Strom durch die Primärwicklung unterbrochen, was eine rasche Flussänderung zur Folge hat. Da Primär- und Sekundärwicklung über den gemeinsamen

Zündspannung

Die Hochspannung, bei der der Funke an den Elektroden der Zündkerze durchbricht, wird als Zündspannung bezeichnet. Die Zündspannung hängt einerseits von der Zündkerze insbesondere vom Elektrodenabstand ab, andererseits von den Bedingungen im Brennraum, insbesondere von der Luft-Kraftstoff-Gemischdichte zum Zündzeitpunkt. Die maximale Zündspannung über alle Betriebspunkte bezeichnet man als Zündspannungsbedarf des Motors. Abhängig vom Elektrodenabstand, dem Verschleißzustand der Zündkerzenelektroden sowie vom Brennverfahren können Zündspannungen bis deutlich über 30 kV auftreten.

Einschaltspannung

Bereits beim Einschalten des Primärstroms wird in der Sekundärwicklung eine unerwünschte Spannung von 1–2 kV induziert, deren Polarität der Zündspannung entgegengerichtet ist. Der Einschaltzeitpunkt liegt abhängig von der Motordrehzahl und der Ladezeit der Zündspule deutlich vor dem Zündzeitpunkt. Ein Funkenüberschlag an der Zündkerze muss vermieden werden. Dies kann z. B. mit einer Diode im Sekundärkreis der Zündanlage erreicht werden. Eine solche Diode heißt Diode zur Einschaltfunkenunterdrückung oder EFU-Diode.

Funkenentladung

Sobald die Zündspannung U_z an der Zündkerze überschritten wird, entsteht der Zündfunke (**Bild 5**). Die nachfolgende Funkenentladung kann in drei Phasen eingeteilt werden, den Durchbruch, die Bogenphase und die Glimmphase [2]. Die ersten beiden Phasen sind Entladungen sehr kurzer Dauer mit hohen Strömen, die aus den Entladungen der Kapazitäten C_2 (**Bild 2**) von Zündkerze und Zündkreis resultieren und einen Teil der Spulenenergie umsetzen. In der anschließenden Glimmphase wird die noch verbleibende Energie während der Funkendauer t_F umgesetzt (**Bild 5**). Der Funkenstrom beginnt dabei mit dem Anfangsfunkenstrom i_F und fällt dann stetig. An den Elektroden der Zündkerze liegt während der Glimmphase die Brennspannung U_F an. Sie liegt im Bereich von wenigen hundert Volt bis deutlich über 1 kV. Die Brennspannung hängt von der Länge des Funkenplasmas ab und wird wesentlich vom Elektrodenabstand der Zündkerze und der Auslenkung des Funkens durch Luft-Kraftstoff-Gemischbewegung bestimmt. Unterhalb eines bestimmten Funkenstroms erlischt der Funke und die Spannung an der Zündkerze schwingt gedämpft aus.

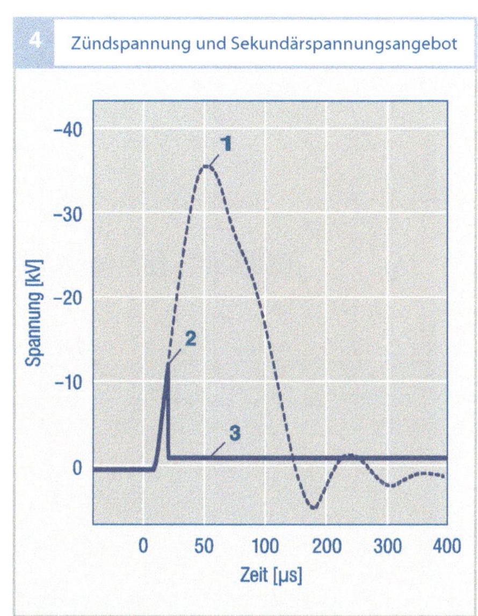

Bild 4
1 Sekundärspannungsangebot (bei einem Aussetzer)
2 Zündspannung (für einen Funken)
3 Brennspannung

Funkenenergie

Als Funkenenergie wird üblicherweise die Energie der Glimmentladung bezeichnet. Sie ist das Integral aus dem Produkt von Brennspannung und Funkenstrom über der Funkendauer. Vereinfacht kann der Zusammenhang nach **Bild 5** durch

$$E_F = \frac{1}{2} U_F \, i_F \, t_F$$

beschrieben werden. Bei genauerer Betrachtung gilt die zuvor beschriebene Bestimmung der Funkenenergie aber nur für sehr niedrige Zündspannungen [1].

Energiebilanz

Bei höheren Zündspannungen können die zuvor beschriebenen kapazitiven Entladungen (Durchbruch- und Bogenphase) nicht mehr vernachlässigt werden. Die notwendige Energie zum Aufladen der Kapazitäten auf der Sekundärseite steigt quadratisch mit der Zündspannung entsprechend (siehe auch **Bild 2**)

$$E_Z = \frac{1}{2} C_2 \, U_Z^2 \, .$$

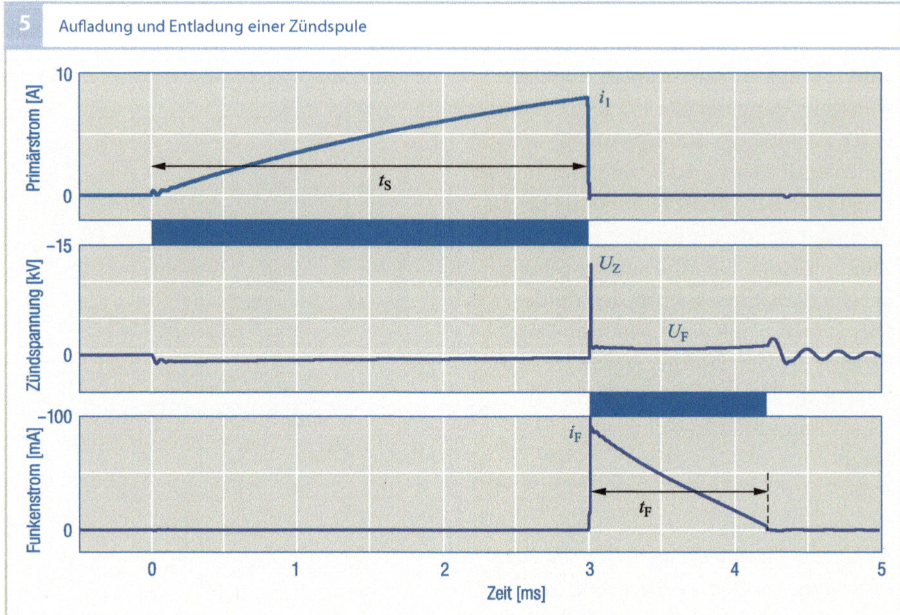

Bild 5
i_1 Abschaltstrom
t_S Schließzeit
U_Z Zündspannung
U_F Brennspannung
i_F Funkenanfangsstrom
t_F Funkendauer

Im Funkenüberschlag wird diese Energie als kapazitive Entladung im sogenannten Funkenkopf freigesetzt. Zusammen mit der Energie der induktiven Nachentladung erhält man die gesamte auf der Hochspannungsseite umgesetzten Energie. Stellt man die beiden Energieanteile über der Zündspannung dar, sieht man, dass der Energieanteil der kapazitiven Entladung mit steigender Zündspannung steigt und der Energieanteil der induktiven Nachentladung fällt. Die induktive Nachentladung erfolgt während der Funkendauer t_F durch den Funkenstrom im Sekundärkreis, der mit einem Anfangsfunkenstrom i_F beginnt und dann stetig sinkt. Mit geringer werdendem Energieanteil der induktiven Nachentladung sinken sowohl der Anfangsfunkenstrom als auch die Funkendauer. Wenn man von der induktiven Nachentladung die ohmschen Verluste abzieht, erhält man die Energie der Glimmentladung (**Bild 6**).

Energieverluste

Nach dem Funkenüberschlag wird ein Teil der verbleibenden Energie der induktiven Nachentladung in den Widerständen des Sekundärkreises der Zündanlage in Wärme umgesetzt. Die größten Verluste treten bei niedrigen Zündspannungen und damit hohen Anfangsfunkenströmen und langen Funkendauern auf (**Bild 6**).

Bereits vor dem Funkenüberschlag können Nebenschlusswiderstände den Aufbau der Hochspannung behindern. Nebenschlüsse können durch Verschmutzung und Feuchte der Hochspannungsverbindungen, vor allem aber durch leitfähige Ablagerungen und Ruß an der Isolatorspitze der Zündkerze im Brennraum verursacht werden. Die Höhe der Nebenschlussverluste steigt mit dem Zündspannungsbedarf. Je höher die an der Zündkerze anliegende Spannung, desto größer sind die über die Nebenschlusswiderstände abfließenden Ströme.

6 Energiebilanz einer Zündung ohne Berücksichtigung von Nebenschluss- und Endstufenverlusten

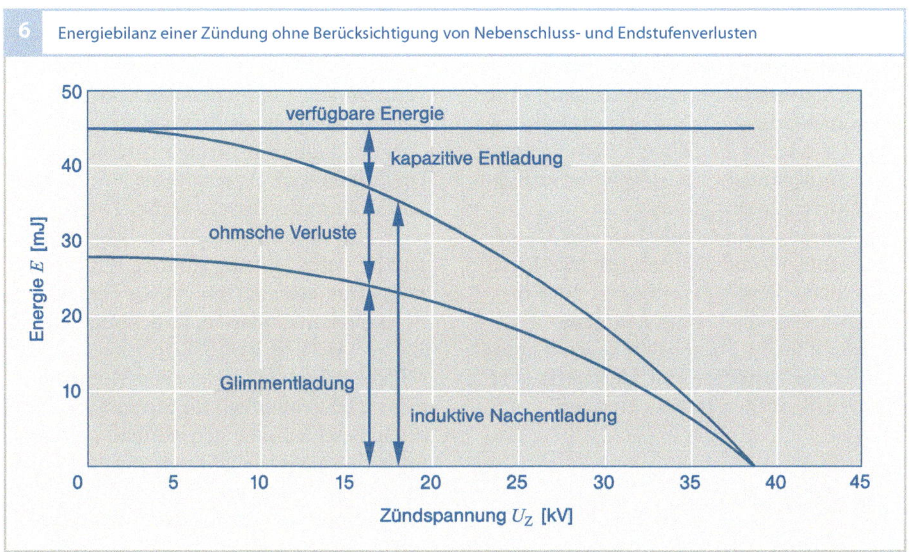

Luft-Kraftstoff-Gemischentflammung und Zündenergiebedarf

Zum Zündzeitpunkt entsteht der Funke an der Zündkerze. Der Zündzeitpunkt wird von der Motorsteuerung in Abhängigkeit von dem Brennverfahren, der Betriebsart und dem Betriebspunkt angefordert und an dieser Stelle nicht weiter vertieft.

Der elektrische Funke entflammt das Luft-Kraftstoff-Gemisch zwischen den Elektroden der Zündkerze durch ein Hochtemperaturplasma. Der entstehende Flammkern entwickelt sich bei zündfähigen Luft-Kraftstoff-Gemischen an der Zündkerze, und bei ausreichender Energiezufuhr durch die Zündanlage zu einer sich selbstständig ausbreitenden Flammenfront. Größere Funkenlängen begünstigen die Flammkernbildung. Durch einen größeren Elektrodenabstand oder eine Auslenkung des Funkens durch Luft-Kraftstoff-Gemischbewegung erhöht sich aber auch der Zündenergiebedarf. Bei zu starker Auslenkung kann ein Funkenabriss erfolgen und ein Nachzünden notwendig sein. In solchen Fällen bietet eine induktive Zündanlage den Systemvorteil, dass ein Nachzünden ohne zusätzlichen Steuerungseingriff automatisch erfolgt, solange ausreichend Energie im Zündsystem gespeichert ist.

Die gesamte Energie muss den maximalen Zündspannungsbedarf decken, die notwendige Funkendauer bei hoher Zündspannung bereitstellen und gegebenenfalls eine Anzahl an Folgefunken zünden. Einfache Motoren mit Saugrohreinspritzung benötigen Zündenergien zwischen 30 und 50 mJ, aufgeladene Motoren bis deutlich über 100 mJ.

Literatur

[1] Deutsches Institut für Normung e. V., Berlin 1997. DIN/ISO 6518-2, Zündanlagen, Teil 2: Prüfung der elektrischen Leistungsfähigkeit.

[2] Maly, R., Herden, W., Saggau, B., Wagner, E., Vogel, M., Bauer, G., Bloss, W. H.: Die drei Phasen einer elektrischen Zündung und ihre Auswirkungen auf die Entflammungseinleitung. 5. Statusseminar „Kraftfahrzeug- und Straßenverkehrstechnik" des BMFT, 27.–29. Sept. 1977, Bad Alexandersbad.

Getriebe für Kraftfahrzeuge

Jeder Antriebsmotor eines Kraftfahrzeugs arbeitet in einem bestimmten Drehzahlbereich, begrenzt durch die Leerlauf- und Maximaldrehzahl. Leistung und Drehmoment werden nicht gleichmäßig angeboten, und die Maximalwerte stehen nur in Teilbereichen zur Verfügung.
Die Getriebe wandeln deshalb das Motordrehmoment und die Motordrehzahl entsprechend dem Zugkraftbedarf des Fahrzeugs, sodass die Leistung annähernd konstant bleibt. Sie ermöglichen außerdem die für die Vorwärts- und Rückwärtsfahrt unterschiedlichen Drehrichtungen.

1 Verbrennungsmotor, Kennlinien für Drehmoment und Leistung

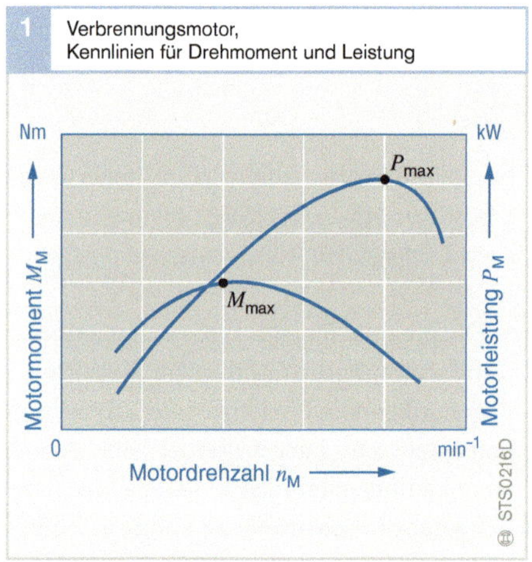

Getriebe im Triebstrang

Verbrennungsmotoren haben keinen konstanten Drehmoment- und Leistungsverlauf über den ihnen zur Verfügung stehenden Drehzahlbereich (Leerlauf- bis Höchstdrehzahl). Der optimale „elastische" Drehzahlbereich liegt zwischen höchstem Drehmoment und höchster Leistung (Bild 1). Ein Fahrzeug kann daher auch nicht aus dem Motorstillstand heraus starten. Es benötigt dazu ein Anfahrelement (z. B. Kupplung).

Das zur Verfügung stehende Motormoment reicht außerdem für Steigungen und starke Beschleunigungen nicht aus. Dazu muss eine passende Übersetzung zur Anpassung von Zugkraft und Drehmoment und zur Optimierung des Kraftstoffverbrauchs zur Verfügung stehen.

Des Weiteren haben Motoren nur eine Laufrichtung, sodass sie eine Umschaltung für Vorwärts- und Rückwärtsfahrt benötigen.

Wie Bild 2 zeigt, befindet sich das Getriebe in zentraler Position des Antriebsstrangs und beeinflusst damit auch maßgeblich dessen Effektivität.

Auch bei einer Betrachtung der anfallenden Verluste im Antriebsstrang stellt sich heraus, dass nach dem Motor das Getriebe die meisten Optimierungsmöglichkeiten bietet (Bild 3).

2 Triebstrang (Übersicht)

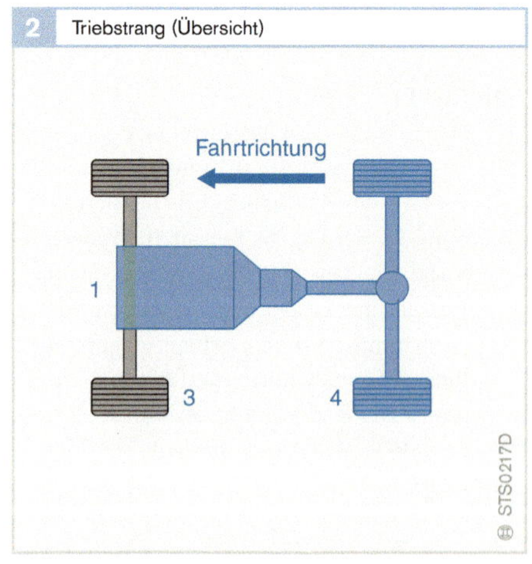

Bild 2
1 Motor
2 Getriebe
3 Vorderachse
4 Hinterachse mit Ausgleichsgetriebe (Abtrieb)

3 Energiebilanz im Triebstrang (Quelle: Opel)

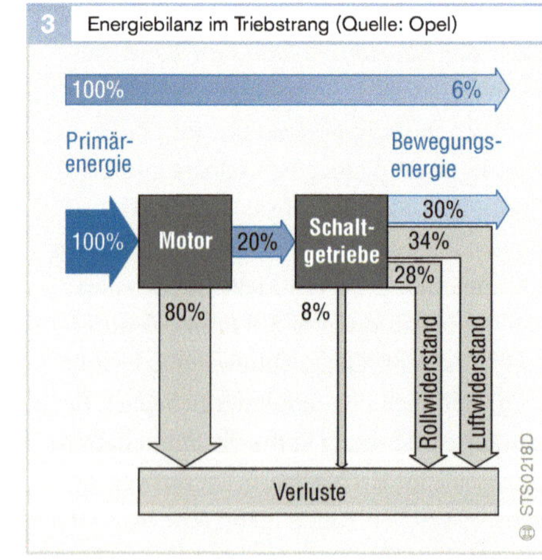

Getriebegeschichte(n) 1

Benz-Patent-Motorwagen 1886 mit Riemen- und Kettenantrieb

Als Daimler, Maybach und Benz ihre ersten Straßenfahrzeuge zum Laufen brachten, hatten Pioniere der Antriebstechnik die dafür notwendigen Maschinenelemente zur Kraftübertragung bereits beachtlich entwickelt. Dabei spielten Namen wie z. B. Leonardo da Vinci, Dürer, Galileo, Hooke, Bernoulli, Euler, Grashof und Bach eine wichtige Rolle.

Eine Kraftübertragung im Automobil muss die Funktionen des Anfahrens sowie der Drehzahl- und Drehmomentwandlung für das Vorwärts- und Rückwärtsfahren gewährleisten. Dafür sind Stellglieder und Schaltelemente erforderlich, die in den Leistungsfluss eingreifen und die Wandlung vornehmen.

Der erste fahrbereite Benz-Patent-Motorwagen stand im Jahr 1886 auf den Rädern. Es war das *erste Dreiradfahrzeug,* das in seiner Gesamtheit speziell für den motorisierten Straßenverkehr konzipiert war. Es verfügte wohl über einen Gang, aber über keine Anfahrkupplung. Und um überhaupt zum Laufen zu kommen, musste der Wagen angeschoben oder mit dem Schwungrad von Hand angeworfen werden.

Ein Einzylinder-Viertaktmotor mit einem Hubraum von 984 cm³ und einer Leistung von 0,88 PS (0,65 kW) diente als Antriebsaggregat dieses Dreiradfahrzeugs von Benz.

Um die Antriebskraft seines Motors auf die Straße zu bringen, benutzte Benz folgende Maschinenelemente:

Das Ende der Kurbelwelle des Motors trug das Schwungrad, das für einen gleichmäßigeren Lauf des Motors sorgte und mit dem der Motor auch angeworfen werden konnte. Da der Motor liegend über der Hinterachse angeordnet war, lenkte ein rechtwinklig angeordnetes Kegelradgetriebe die Kraftübertragung auf kleinem Raum zu einem Riementrieb um, der die Drehzahl geringfügig auf eine Zwischenwelle untersetzte. Die weitere Untersetzung zur Antriebsachse übernahm schließlich ein Kettentrieb.

Der Riemen- und Kettenantrieb aus den Anfängen des Automobils wurde allmählich vom Zahnradgetriebe abgelöst. Aber er erlebt in unseren Tagen mit dem stufenlosen Umschlingungsgetriebe (CVT) eine neue Anwendung. Das CVT-Getriebe besteht aus einem Variator mit zwei Kegelscheiben und einem flexiblen Stahlgliederband. Sobald der Druck des Getriebeöls die beweglichen Kegelscheibenhälften verschiebt, ändert sich die Lage des Stahlgliederbandes zwischen den beiden Kegelscheiben und damit auch die Übersetzung. Diese Technik ermöglicht eine kontinuierliche Verstellung des Übersetzungsverhältnisses ohne Unterbrechung der Kraftübertragung sowie den Betrieb des Motors in seinem günstigsten Leistungsbereich.

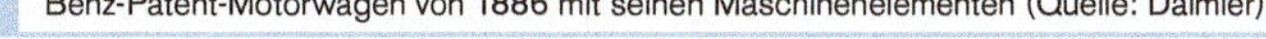

Benz-Patent-Motorwagen von 1886 mit seinen Maschinenelementen (Quelle: Daimler)

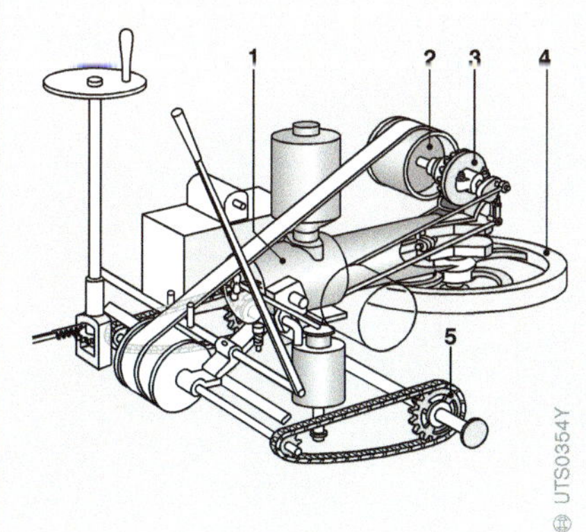

(Quelle: DaimlerChrysler Classic)

1 Motor
2 Riementrieb zur Zwischenwelle
3 Kegelradgetriebe
4 Kurbelwelle mit Schwungrad
5 Kettentrieb zur Antriebsachse

Anforderungen an Getriebe

Jedes Kraftfahrzeug stellt ganz bestimmte Anforderungen an sein Getriebe. Dementsprechend unterscheiden sich die jeweiligen Getriebeausführungen in ihrem Aufbau und den damit verbundenen Eigenschaften voneinander. Die Zielrichtungen bzw. Schwerpunkte bei der Entwicklung von Getrieben lassen sich gliedern in

- Komfort,
- Kraftstoffverbrauch,
- Fahrbarkeit,
- Bauraum und
- Herstellungskosten.

Komfort

Wichtige Anforderungen an den Komfort sind neben einem ruckfreien Gangwechsel ohne Drehzahlsprünge auch komfortable Schaltungen unabhängig von Motorlast und Betriebsbedingungen sowie ein niedriges Geräuschniveau. Außerdem soll über die gesamte Lebensdauer kein Komfortverlust auftreten.

Kraftstoffverbrauch

Folgende Merkmale eines Getriebes sind Voraussetzung für einen möglichst geringen Kraftstoffverbrauch:

- Hohe Spreizung des Übersetzungsbereichs,
- hoher mechanischer Wirkungsgrad,
- „intelligente" Schaltstrategie,
- geringe Leistung für Steuerung,
- geringes Gewicht sowie
- stand-by control, Wandlerkupplung, geringe Planschverluste (Widerstand des Getriebeöls beim Durchziehen der Zahnräder) usw.

Fahrbarkeit

Folgende Getriebefunktionen gewährleisten eine gute Fahrbarkeit:

- An die jeweilige Fahrsituation angepasste Schaltpunkte,
- Erkennen des Fahrertyps,
- hohes Beschleunigungsvermögen,
- Motorbremswirkung bei Bergabfahrt,
- Unterdrücken des Gangwechsels bei schneller Kurvenfahrt und
- Erkennen von winterlichen Straßenbedingungen.

Bauraum

Je nach Ausführung des Antriebs gibt es unterschiedliche Vorgaben für den verfügbaren Bauraum:

So soll das Getriebe für den Heckantrieb einen möglichst geringen Durchmesser und für den Frontantrieb eine möglichst geringe Baulänge aufweisen. Zudem gibt es genau definierte Vorgaben zum Erfüllen der Anforderungen bei einem „Crash-Test".

Herstellungskosten

Die Voraussetzungen für möglichst geringe Herstellungskosten sind:

- Produktion in hohen Stückzahlen,
- einfacher Aufbau der Steuerung und automatisierbare Montage.

1 Handschaltgetriebe (Schnitt, Quelle: DaimlerChrysler)

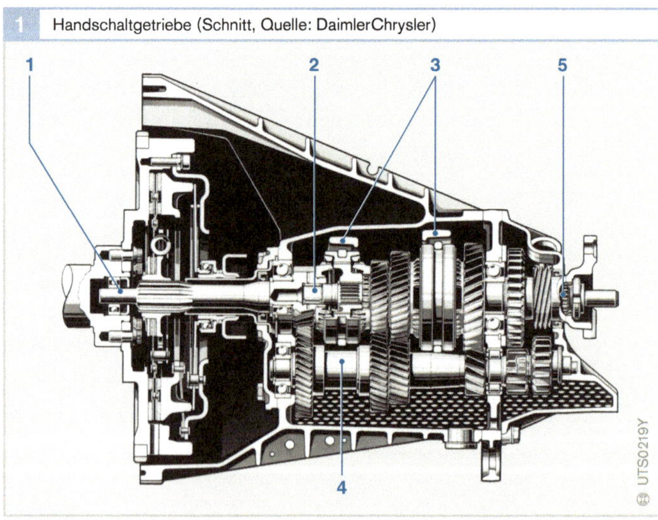

Bild 1
1 Antriebswelle
2 Hauptwelle
3 Schaltelemente
4 Vorgelegewelle
5 Abtriebswelle

Handschaltgetriebe

Anwendung

Handschaltgetriebe sind die einfachsten und für den Autofahrer (Endkunden) preiswertesten Getriebe. Sie bestimmen deshalb in Europa immer noch den Markt.

Wegen steigender Motorleistungen und höherer Fahrzeuggewichte bei gleichzeitig sinkenden c_W-Werten lösten seit Beginn der 1980er-Jahre 5-Gang-Handschaltgetriebe die bis dahin dominierenden 4-Gang-Handschaltgetriebe ab. Nun ist das 6-Gang-Getriebe nahezu schon Standard.

Diese Maßnahme ermöglichte einerseits ein sicheres Anfahren und eine gute Beschleunigung und andererseits niedrigere Motordrehzahlen bei höheren Geschwindigkeiten und damit einen geringeren Kraftstoffverbrauch.

Aufbau

Der Aufbau eines Handschaltgetriebes (Bilder 1 und 2) gliedert sich in

- Einscheiben-Trockenkupplung als Anfahrelement und zur Kraftflussunterbrechung bei Gangwechseln,
- Zahnräder, gelagert auf zwei Wellen,
- formschlüssige Kupplungen als Schaltelemente, betätigt über Sperrsynchronisierung.

Eigenschaften

Die wesentlichen Eigenschaften des Handschaltgetriebes sind:

- hoher Wirkungsgrad,
- kompakte, leichte Bauweise,
- kostengünstige Herstellung,
- keine komfortable Bedienung (Kupplungspedal, manuelle Gangwechsel),
- vom Fahrer abhängige Schaltstrategie,
- Zugkraftunterbrechung beim Schaltvorgang.

2 Kraftflussverlauf beim Standardantrieb (5-Gang-Getriebe)

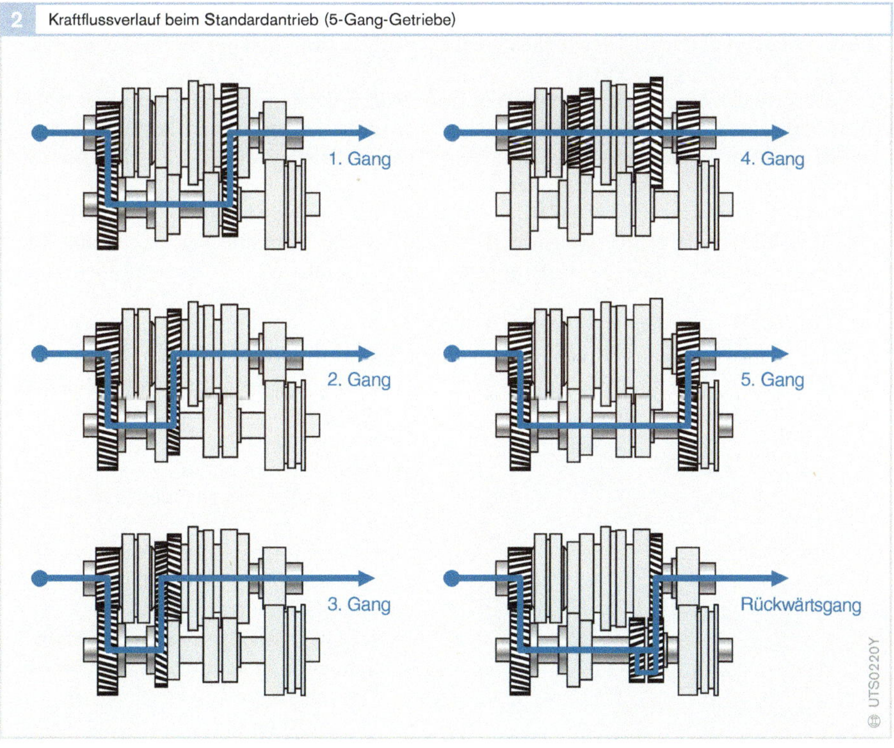

Automatisierte Schaltgetriebe (AST)

Anwendung

Automatisierte Schaltgetriebe (engl.: Automated Shift Transmission [AST] oder auch - Automated Manual Transmission [AMT]) tragen zur Vereinfachung der Getriebebedienung und zur Erhöhung der Wirtschaftlichkeit bei. Sie stellen eine „Add on"-Lösung normaler Handschaltgetriebe dar. Die zuvor manuellen Schaltvorgänge erfolgen nun pneumatisch, hydraulisch oder elektrisch. Bosch favorisiert die nachfolgend beschriebene elektrische Lösung (Bild 1).

Aufbau und Arbeitsweise

Der Realisierung des AST dient ein Elektronisches Kupplungsmanagement (EKM), ergänzt um zwei Stellmotoren (Wähl- und Schaltmotor) für das Wählen und Schalten. Die dafür notwendigen elektrischen Steuersignale können dabei je nach System direkt von einem vom Fahrer betätigten Schalthebel oder von einer zwischengeschalteten Elektroniksteuerung ausgehen.

Mit den elektromotorischen Stellern des AST-Konzepts lässt sich ohne großen Aufwand eine Automatisierung und damit verbunden eine Komfortsteigerung erreichen. Wesentliches Argument für die Getriebehersteller ist hierbei die Weiterverwendung bereits bestehender Fertigungseinrichtungen.

1 Automatisierte Schaltgetriebe als „Add-On"-Lösung für Handschaltgetriebe

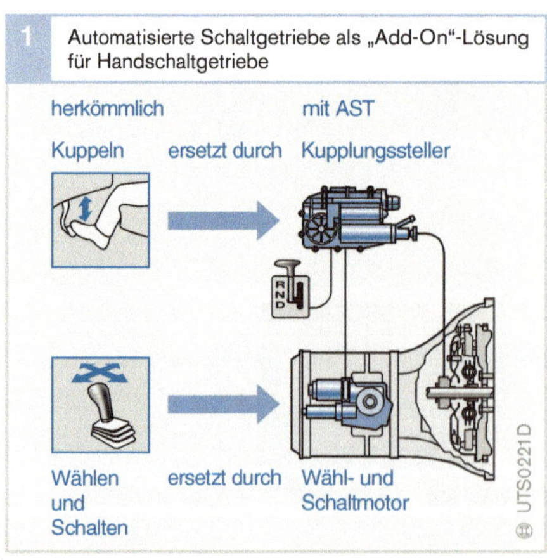

Beim einfachsten System ersetzt eine Fernschaltung lediglich das mechanische Gestänge. Der Schalthebel (Tipphebel oder Schalter mit H-Schaltschema) gibt nur noch elektrische Signale ab. Anfahrvorgang und Kuppeln erfolgen wie beim Handschaltgetriebe, teilweise gekoppelt mit einer Schaltempfehlung.

Bei vollautomatischen Systemen sind Getriebe und Anfahrelement automatisiert. Ein Hebel- oder Tastschalter bildet das Bedienelement für den Fahrer. Mit einer Manuell-Stellung bzw. mit +/–-Tasten kann der Fahrer die Automatik überspielen. Um ein vielgängiges Getriebe automatisch zu steuern, bedarf es einer komplexen Schaltstrategie, die auch den aktuellen Fahrwiderstand berücksichtigt (bestimmt durch Beladung und Straßenprofil).

Zur Unterstützung des Synchronisationsvorgangs bei der Zugkraftunterbrechung während des Schaltens nimmt eine elektronische Motorregelung (je nach Schaltungsart) automatisch kurzzeitig Gas weg.

Folgende Merkmale charakterisieren den Aufbau automatisierter Schaltgetriebe:
- Pinzipieller Aufbau wie bei Handschaltgetrieben,
- Betätigung von Kupplung und Gangwechsel durch Steller (pneumatisch, hydraulisch oder elektromotorisch) und
- elektronische Steuerung.

Eigenschaften

Die wesentlichen Eigenschaften des automatisierten Schaltgetriebes sind:
- Kompakter Aufbau,
- hoher Wirkungsgrad,
- Anpassung an vorhandene Getriebe möglich,
- kostengünstiger als Stufenautomaten oder stufenlose CVT-Getriebe,
- vereinfachte Bedienung,
- geeignete Schaltstrategien, um einen optimalen Kraftstoffverbrauch bzw. beste Verbrauchswerte zu erzielen und
- Zugkraftunterbrechung beim Schalten.

Serienbeispiele für AST

AST elektromotorisch
Opel Corsa (Easytronic, Bild 2a), Ford Fiesta (Dunashift).

AST mit elektromechanischem Schaltwalzengetriebe
Smart.

AST elektrohydraulisch
DaimlerChrysler Sprinter (Sequentronic, Bild 2b), BMW-M mit SMG2, Toyota MR2, Ford Transit. VW Lupo, Ferrari, Alfa, BMW 325i/330i.

2 Serienbeispiele für AST (Quellen: Opel, DaimlerChrysler)

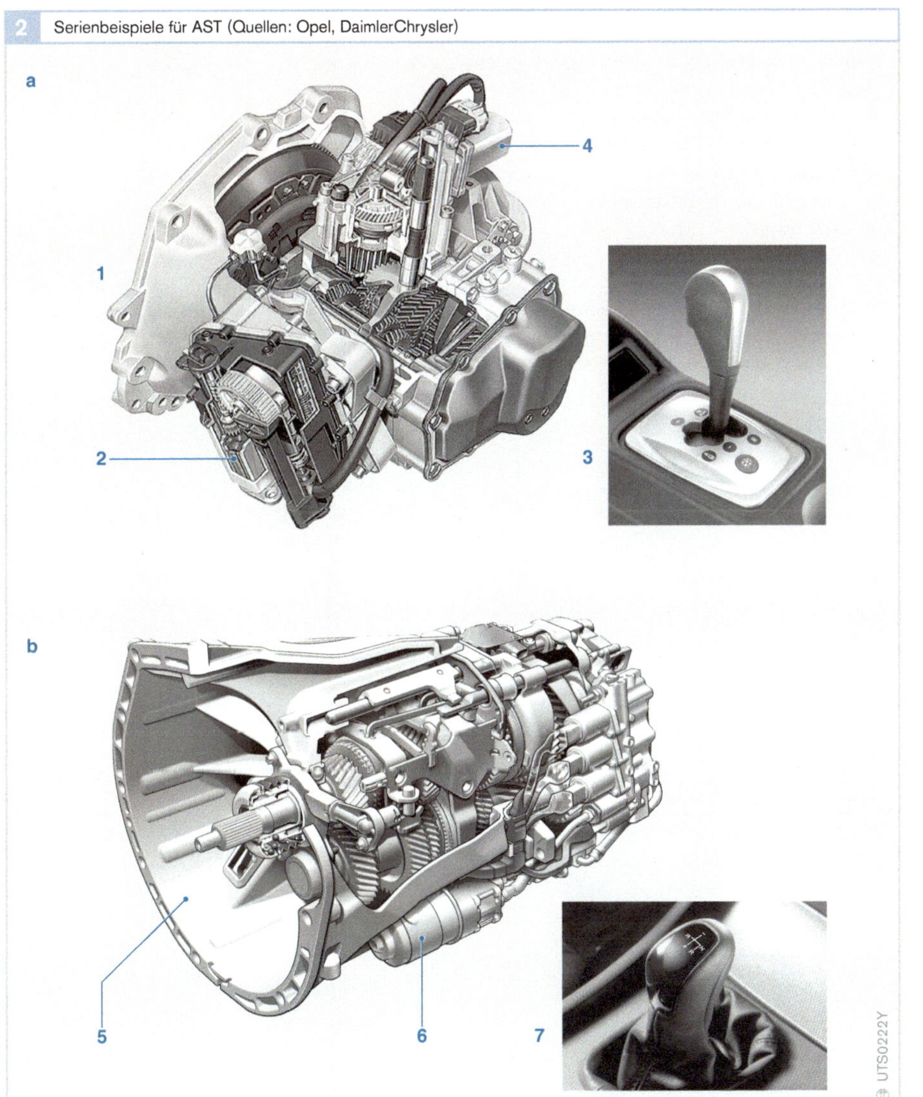

Bild 2
- a Easytronic (Opel Corsa)
- b Sequentronic (DaimlerChrysler)
- 1 Quergetriebe
- 2 Kupplungssteller mit integriertem Steuergerät
- 3 Tipphebel
- 4 Schalt-/Wählmotor
- 5 Längsgetriebe
- 6 Schalt-/Wählmotor
- 7 Schalthebel

AST-Komponenten

Die Komponenten eines AST müssen hohen Beanspruchungen bezüglich Temperatur, Dichtheit, Laufzeit und Vibration standhalten. Die Tabelle 1 führt die wichtigsten Anforderungen auf.

Kupplungssteller

Der Kupplungssteller (Bilder 4 und 5) mit integriertem Steuergerät (Bild 3) dient zur Ansteuerung der Kupplung. Ebenso beinhaltet die Elektronik die gesamte AST-Funktion. Der Kupplungssteller besteht aus

- integriertem Steuergerät,
- Gehäuse mit Kühlfunktion,
- Gleichstrommotor,
- schrägverzahntem Getriebezahnrad,
- Stößel und
- Rückstellfeder.

Tabelle 1: Anforderungen an die AST-Komponenten

Anforderung	
Temperatur	105 °C dauernd 125 °C kurzzeitig Wicklung und Kommutierungssystem
Dichtheit	Dampfstrahl Schwallwasser Getriebeöl
Lebensdauer	1 Million Schaltzyklen
Vibrationen	7...20 *g* Sinus Ankerlagerung Elektrische / Elektronische Bauelemente Elektronik-Leiterplatte

Bild 3: Integriertes Steuergerät (Ansicht)

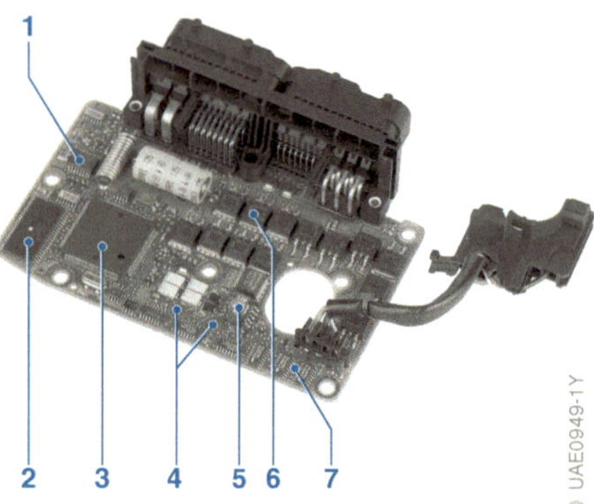

Bild 3
1 Überwachungsrechner
2 Flash-Speicher
3 Mikrocomputer (16 Bit)
4 Kontakte Wegsensor
5 DC-Wandler
6 Endstufe für Elektromotoren
7 Brückentreiber

DC-Motoren für Gangauswahl und Gang einlegen

Die DC-Motoren für AST gibt es in zwei Ausführungsformen (Bilder 5 und 6):

- Der Wählmotor hat eine kurze Reaktionszeit und
- der Schaltmotor eine hohe Drehkraft.

Die Getriebetypen für den Wählmotor und für den Schaltmotor können spiegelsymmetrisch (links und rechts) aufgebaut sein, ebenso sind unterschiedliche Befestigungsbohrungen möglich. Die Anordnung des 6-poligen Steckers ist wählbar.

Bild 4: Kupplungssteller (Schnitt)

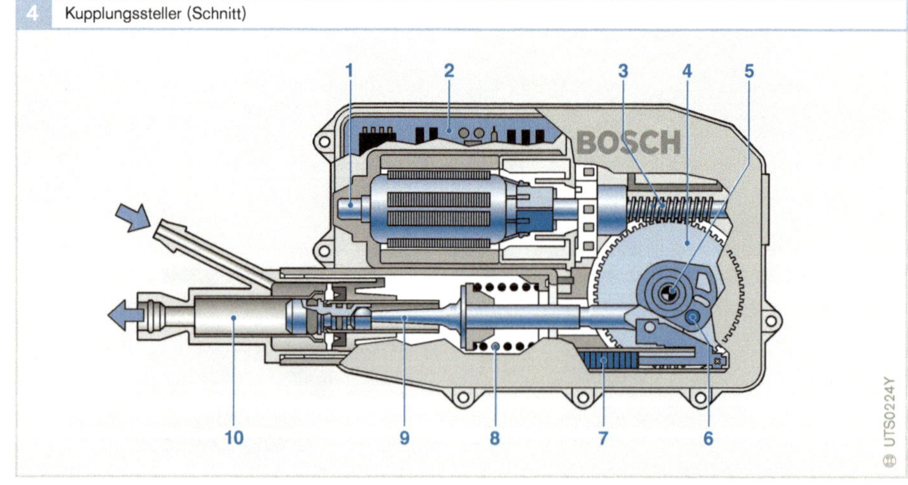

Bild 4
1 Aktormotor
2 Steuergerät
3 Schnecke
4 Schneckenrad
5 Schneckenradwelle
6 Bolzen
7 Positionssensor
8 Kompensationsfeder
9 Stößel
10 Geberzylinder

5 Kupplungssteller mit integriertem Steuergerät und DC-Motoren für Gangauswahl und Gang einlegen (Ansicht)

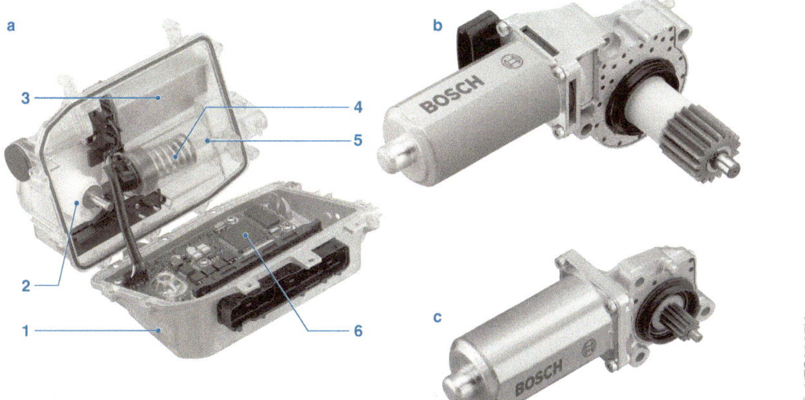

Bild 5
- a Kupplungssteller mit integriertem Steuergerät
- b Schaltmotor
- c Wählmotor

1. Gehäuse mit Kühlfunktion
2. schrägverzahntes Getriebezahnrad
3. Gleichstrommotor
4. Rückstellfeder
5. Stößel
6. Integriertes Steuergerät

Die Motoren mit einem Gehäuse aus Aluminiumspritzguss sind direkt am Getriebe angebaut. Sie verfügen über einen Bürstenhalter mit integriertem Stecker. Dieser enthält auch einen integrierten Doppel-Hall-Sensor (IC), dessen Auflösung 40 Inkremente pro Motorumdrehung beträgt. Ein Hall-Sensor mit Ausgangskanälen für den Rotorwinkel (Querimpuls) und die Richtung (high und low) kann die Position der Ausgangswelle erkennen.

Ein 20-poliger Magnet auf der Rotorwelle ermöglicht eine Auflösung von 9° pro Inkrement. In Bezug zur Getriebeübersetzung lässt sich am Ausgang eine Auflösung zwischen 0,59° pro Inkrement und 0,20° pro Inkrement erreichen. Je nach Anforderung hat das Zahnrad einen Kurbel- oder Exzenterantrieb. Das Schneckengetriebe verfügt über 1 bis 4 Zähne.

6 DC-Motor (Schnitt)

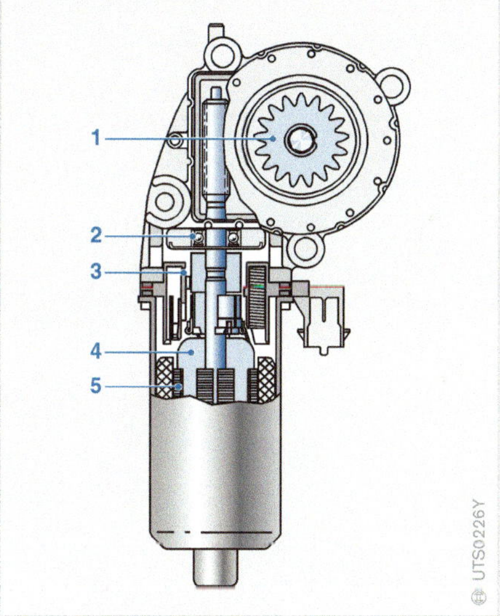

Bild 6
1. Massives Ritzel für Schaltgetriebeeingriff
2. Ankerlager mit aufgepresstem Kugellager (Axialsicherung mit Klemmbrille)
3. 20-poliger Ringmagnet und Doppel-Hall-Sensor
4. schüttelfeste Wicklung
5. schlanke Ankerform für hohe Dynamik

EC-Motoren

EC-Motoren sind bürstenlose, permanent erregte elektronisch kommutierte Gleichstrommotoren und werden alternativ zu den DC-Motoren eingesetzt. Sie sind mit einem Rotorpositionssensor versehen, werden über eine Steuer- und Leistungselektronik mit Gleichstrom (Bild 7) versorgt und zeichnen sich durch hohe Lebensdauer und kleinen Bauraum aus.

7 EC-Motor (Schema)

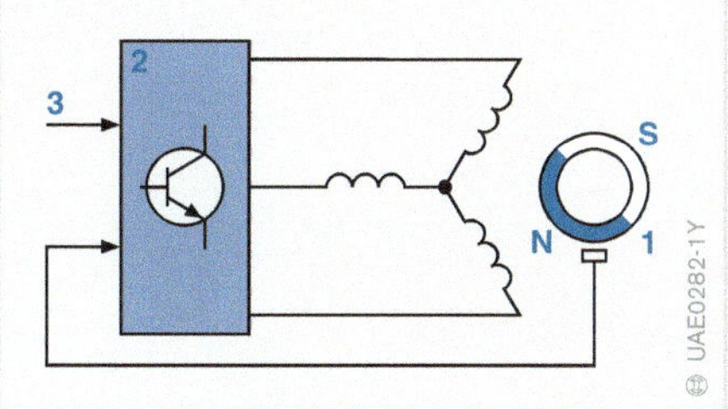

Bild 7
1. Elektrische Maschine mit Rotorpositionssensor
2. Steuer- und Leistungselektronik
3. Stromversorgung

Doppelkupplungsgetriebe (DKG)

Anwendung

Doppelkupplungsgetriebe, DKG (Bild 1), werden als Weiterentwicklung des AST betrachtet. Sie arbeiten ohne Zugkraftunterbrechung, einem Hauptnachteil der AST.

Der Hauptvorteil der DKG liegt in ihrem geringeren Kraftstoffverbrauch gegenüber den automatisierten Schaltgetrieben.

Der erste Einsatz eines Doppelkupplungsgetriebes erfolgte 1992 im Rennsport (Porsche). Wegen des hohen Rechenaufwands in der Steuerung für eine komfortable Überschneidungsschaltung kam es jedoch nicht zum Großserieneinsatz.

Mit der Verfügbarkeit von leistungsfähigen Rechnern arbeiten nun mehrere Hersteller (z. B. VW, Audi) an der Einführung von Doppelkupplungsgetrieben für die Großserie.

Das Anforderungsprofil entspricht in den Punkten „Komfort“ und „Funktionalität“ dem des Stufenautomaten und hat dementsprechend als Einsatzgebiet die gehobenen Fahrzeugklassen.

Doppelkupplungsgetriebe entsprechen ebenfalls dem Wunsch der Fahrzeughersteller nach modularen Konzepten, bei denen neben dem Handschaltgetriebe auch automatisierte Getriebe über die gleiche Produktionslinie gefertigt werden können.

Aufbau

Folgende Merkmale charakterisieren den Aufbau der Doppelkupplungsgetriebe:

- Prinzipieller Aufbau wie Handschaltgetrieben,
- Zahnräder gelagert auf drei Wellen,
- zwei Kupplungen,
- Betätigung von Kupplung und Schaltelementen über Getriebesteuerung und Aktoren.

1 Doppelkupplungsgetriebe, DKG (Schnittbild, Quelle: VW)

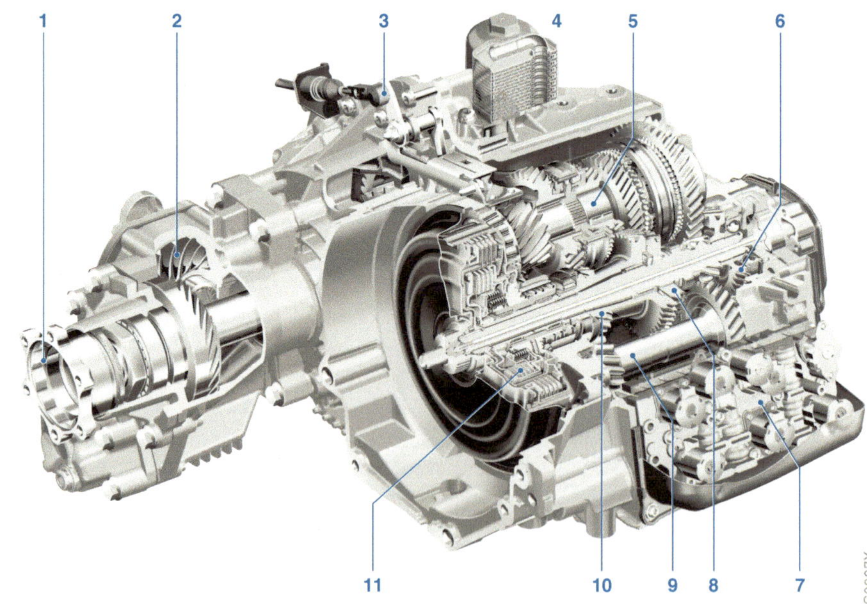

Bild 1
1 Abtrieb für rechtes Vorderrad
2 Kegeltrieb für Hinterachse
3 Parksperre
4 Ölkühler
5 Abtriebswelle 1
6 Eingangswelle 2
7 Mechatronikmodul
8 Antriebswelle für Ölpumpe
9 Rücklaufwelle
10 Eingangswelle 1
11 Doppelkupplung

Arbeitsweise

Das Doppelkupplungsgetriebe funktioniert wie folgt:

Die den Gangstufen zugeordneten Zahnräder sind in Gruppen von geraden und ungeraden Gängen getrennt. Obwohl der Grundanordnung eines herkömmlichen Vorgelege-Schaltgetriebes ähnlich, besteht ein entscheidender Unterschied: auch die Hauptwelle ist geteilt, und zwar in eine Vollwelle und eine umfassende Hohlwelle, gekoppelt jeweils mit einen Zahnradsatz.

Jeder Teilwelle ist am Getriebeeingang eine eigene Kupplung zugeordnet. Da jetzt beim Gangwechsel zwei Gänge eingelegt sind (sowohl der aktive als auch der benachbarte, vorgewählte Gang), ist damit ist ein schneller Wechsel zwischen den Gängen möglich. Dadurch kann der Gangwechsel zwischen den zwei Teilgetrieben, ähnlich wie beim Stufenautomat, ohne Zugkraftunterbrechung erfolgen (Bild 2).

Eigenschaften

Die wesentlichen Eigenschaften des Doppelkupplungsgetriebes sind:

- Komfort ähnlich wie beim Stufenautomat,
- guter Wirkungsgrad,
- keine Zugkraftunterbrechung beim Schalten,
- Überspringen eines Ganges möglich,
- größerer Bauraum als AST,
- hohe Lagerkräfte, massive Bauweise.

2 Doppelkupplungsgetriebe, Funktionsprinzip mit Kraftfluss bei Beschleunigung im 1. Gang (Quelle: VW)

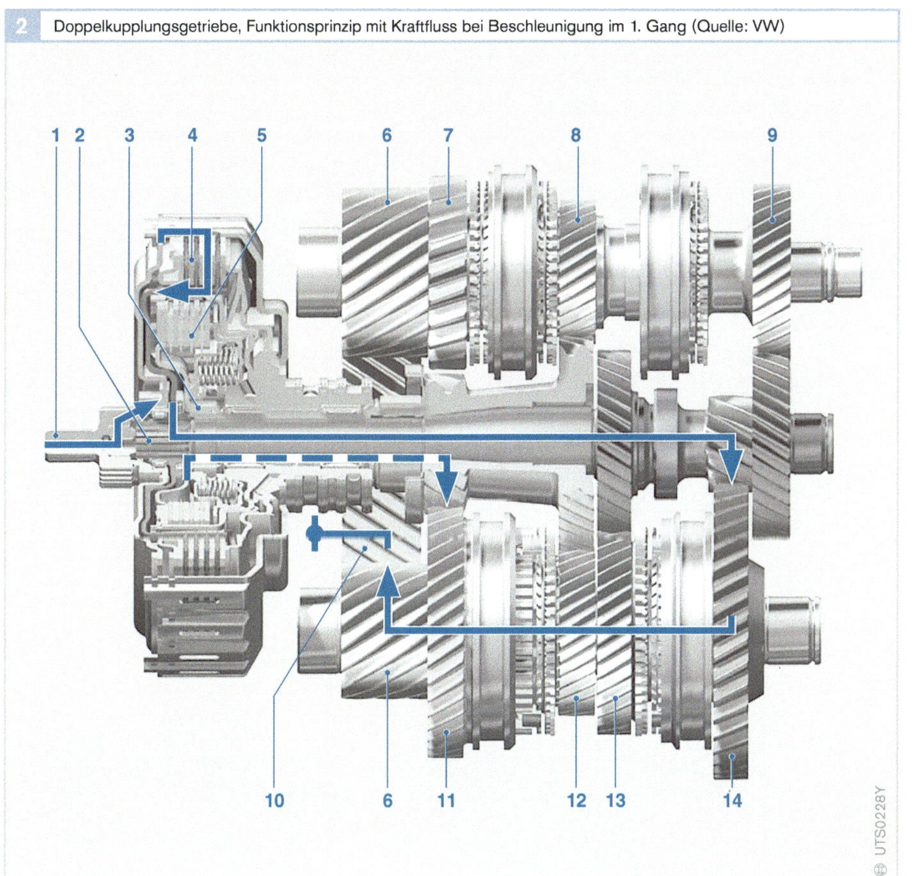

Bild 2

1 Motorantrieb
2 Eingangswelle 1
3 Eingangswelle 2
4 Kupplung 1 (zu)
5 Kupplung 2 (auf)
6 Abtrieb zum Differenzial
7 Rückwärtsgang
8 6. Gang
9 5. Gang
10 Differenzial
11 2. Gang (vorgewählt)
12 4. Gang
13 3. Gang
14 1. Gang (aktiv)

Automatische Getriebe (AT)

Anwendung

Automatische Lastschaltgetriebe (Stufenautomaten, engl.: Automatic Transmission, AT) übernehmen das Anfahren, die Auswahl der Übersetzungen und die Gangschaltung selbsttätig. Als Anfahrelement dient ein hydrodynamischer Wandler.

Aufbau und Arbeitsweise

Getriebe mit Ravigneaux-Planetenradsatz

Das als Ravigneaux-Satz bekannte vierwellige Planetengetriebe ist die Basis für viele 4-Gang-Automaten. Bild 1 zeigt das Schema, die Schaltlogik und ein Drehzahlleiterdiagramm dieses Getriebes. Das Getriebeschema verdeutlicht die Anordnung der Zahnräder und Schaltelemente.

Die Sonnenräder B, C und der Planetenträger S lassen sich über die Kupplungen KB, KC und KS mit der Welle A verbinden, die von der Wandlerturbine ins Schaltgetriebe führt. Die Wellen S und C lassen sich mithilfe der Bremsen BS und BC mit dem Getriebegehäuse verbinden.

Ein Planetengetriebe dieser Art hat den kinematischen Freiheitsgrad 2. Das heißt, bei Vorgabe von zwei Drehzahlen liegen alle anderen Drehzahlen fest. Die einzelnen Gänge werden so geschaltet, dass über zwei Schaltelemente die Drehzahlen von zwei Wellen entweder als Antriebsdrehzahl n_{an} oder als Gehäusedrehzahl $n_G = 0\ min^{-1}$ definiert werden.

Das Drehzahlleiterdiagramm verdeutlicht die Drehzahlverhältnisse im Getriebe. Auf den zu den einzelnen Wellen des Überlagerungs- bzw. Schaltgetriebes gehörigen Drehzahlleitern sind nach oben die Drehzahlen aufgetragen. Die Abstände der Drehzahlleiter ergeben sich aus den Übersetzungen bzw. Zähnezahlen so, dass sich die zu einem bestimmten Betriebspunkt gehörenden Drehzahlen durch eine Gerade verbinden lassen.

Bei einer bestimmten Antriebsdrehzahl kennzeichnen die fünf Betriebslinien die Drehzahlverhältnisse in vier Vorwärts- und einem Rückwärtsgang.

1 4-Gang-Automat auf Basis des Ravigneaux-Planetenradsatzes

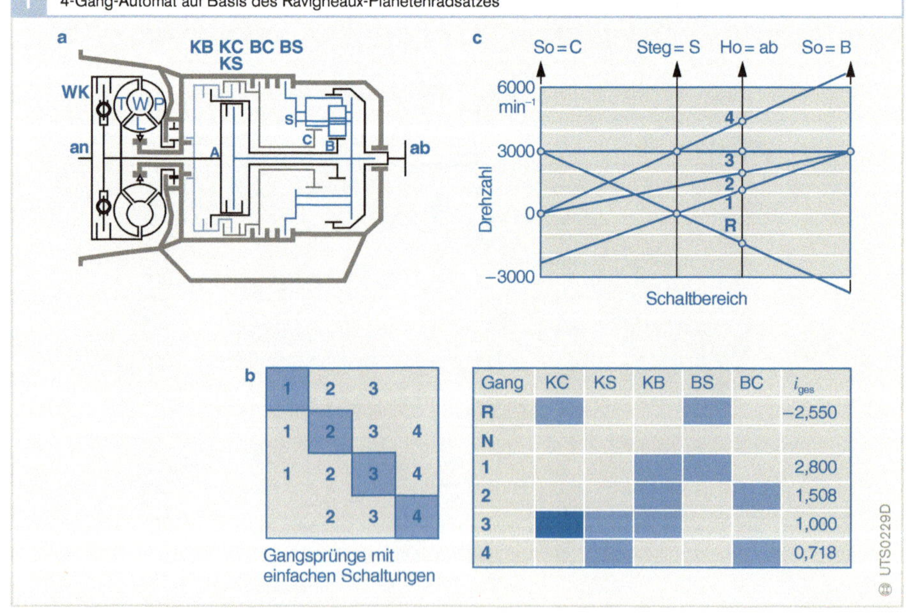

Gang	KC	KS	KB	BS	BC	i_{ges}
R						–2,550
N						
1						2,800
2						1,508
3						1,000
4						0,718

Bild 1
a Getriebeschema
b Schaltlogik
c Drehzahlleiterdiagramm

Für die verschiedenen Schaltungen stehen nur die drei Wellen B, C und S zwischen der Antriebswelle „an“ (entspricht A) und der Abtriebswelle „ab“ zur Verfügung. Alle drei Wellen lassen sich mit der Antriebswelle A verbinden, aber konstruktiv lassen sich dann nur noch zwei Wellen mit dem Getriebegehäuse verbinden.

Die gleichzeitige Schaltung von zwei Bremsen ist für Gangschaltungen nicht sinnvoll, da sie das Getriebe blockiert. Ebenso wenig sinnvoll ist das gleichzeitige Verbinden einer Welle mit dem Gehäuse und mit der Antriebswelle. Das gleichzeitige Schalten von zwei Kupplungen führt immer zum direkten Gang ($i = 1$).

Somit verbleiben exakt die in der Schaltlogik und im Drehzahlplan dargestellten fünf Gänge. Über die im Rahmen der Einbaubedingungen möglichen Zähnezahlen hinaus hat der Konstrukteur nur noch die Möglichkeit, die einzelnen Gangübersetzungen zu verändern, wobei immer ein direkter Gang mit $i = 1$ vorgegeben ist.

Schließlich machen es diese Getriebe noch möglich, mit einfachen Schaltungen auch Gänge durch Zuschalten eines Schaltelements und Abschalten eines anderen Schaltelements zu überspringen. Vom 1. Gang aus ist das Schalten in den 2. oder 3. Gang möglich, vom 4. Gang aus in den 3. oder 2. Gang. Vom 2. und 3. Gang aus lassen sich alle anderen Gänge mit einfachen Schaltungen erreichen.

Mehr als vier Vorwärtsgänge sind mit dem Ravigneaux-Satz allerdings nicht schaltbar. Ein Automatikgetriebe mit fünf Gängen benötigt demnach entweder ein anderes Basisgetriebe oder eine Nachschalt- oder Vorschaltstufe zum Erweitern des Ravigneaux-Satzes. Eine solche Erweiterungsstufe benötigt aber mindestens zwei Schaltelemente.

Ein Beispiel dafür ist das Automatikgetriebe 5HP19 von ZF. Es hat drei Kupplungen und vier Bremsen sowie einen Freilauf zur Schaltung von nur fünf Vorwärtsgängen.

Mit Nach- und Vorschaltgruppen lassen sich natürlich auch mehr als 5 Gänge realisieren. Der Schaltaufwand wird dann aber immer größer, und Schaltungen mehrerer Schaltelemente bei einem Gangwechsel lassen sich kaum noch vermeiden.

Getriebe mit Lepelletier-Planetenradsatz

Einen eleganteren Weg zur Schaltung von fünf und mehr Gängen hat der französische Ingenieur Lepelletier gefunden. Er erweiterte den Ravigneaux-Satz um ein Vorschaltgetriebe für nur zwei Wellen des Ravigneaux-Satzes, um diese mit anderen als der Antriebsdrehzahl anzutreiben.

Die Besonderheit des Lepelletier-Planetenradsatzes nach Bild 2 (folgende Seite) besteht darin, dass das zusätzliche dreiwellige Planetengetriebe die Drehzahl der Welle D gegenüber der Drehzahl der Welle A reduziert. In den ersten drei Gängen dieses 6-Gang-Automaten entspricht die Schaltlogik der Logik des 4-Gang-Ravigneaux-Satzes. Die Übersetzungen sind aber um die Umlaufübersetzung vom Hohlrad zum Steg bei gehäusefestem Sonnenrad des zusätzlichen Planetengetriebes größer.

Im 4. und 5. Gang ist die Welle S über die Kupplung KS mit der Welle A verbunden. Sie dreht schneller als die Wellen B und C. Die Getriebeübersetzungen ergeben sich aus den Schaltungen im 4. Gang: S = A und B = D sowie im 5. Gang S = A und C = D. Ohne das zusätzliche Getriebe von A nach D wären die Übersetzungen im 3., 4. und 5. Gang identisch und alle $i = 1$.

Der 6. Gang dieses 6-Gang-Automaten entspricht bezüglich der Schaltlogik wieder dem 4. Gang des 4-Gang-Automaten. Auch die Schaltungen der Rückwärtsgänge sind in diesen 4-Gang- und 6-Gang-Automatikgetrieben identisch.

Mit dem 6-Gang-Automaten (Bild 3) sind ebenfalls weite Gangsprünge mit einfachen Schaltungen möglich, die insbesondere bei schnellen Rückschaltungen nötig sein können.

Der Lepelletier-Planetenradsatz unterscheidet sich somit vom Ravigneaux-Satz nur durch das zusätzliche Planetengetriebe mit fester Übersetzung. Die Zahl der Schaltelemente bleibt gleich. Sie werden für die zusätzlichen Gänge nur mehrfach genutzt. Dieses Getriebe eignet sich deshalb bezüglich Bauraum, Gewicht und Kosten besser als ein 5-Gang-Automat. Mit den in Bild 2 gezeigten Zähnezahlen erreicht dieser 6-Gang-Automat einen Stellbereich von $\varphi = 6$ bei gut schaltbaren Gangabstufungen.

Das zusätzliche Planetengetriebe besteht aus Sonnenrad E, Hohlrad A und Planetenträger D. Es wird im Rückwärtsgang und den ersten 5 Gängen als feste Übersetzungsstufe genutzt. Die Welle E ist als Reaktionsglied fest mit dem Getriebegehäuse verbunden. Würde diese Verbindung gelöst und durch eine zusätzliche Bremse BE ersetzt, dann ließe sich das Fahrzeug mit dieser Bremse anstelle des Wandlers anfahren.

Anfahrelemente

In den meisten auf Komfort orientierten Automatikgetrieben übernimmt ein hydrodynamischer Wandler das Anfahren. Aufgrund seiner Wirkungsweise als Strömungsmaschine ist er ein ideales Anfahrelement. Um im Fahrbetrieb die Verluste des Wandlers zu minimieren, wird er aber (so oft dies möglich ist) mit der Wandlerüberbrückungskupplung (WK) überbrückt.

In Verbindung mit sehr drehmomentstarken Turbodieselmotoren ist der Wandler nicht mehr für alle Betriebszustände optimal auszulegen. Ein Antrieb dieser Art benötigt zum sicheren Starten im kalten Zustand eine relativ weiche Wandlerkennlinie. Das maximale Pumpendrehmoment darf erst bei hohen Drehzahlen wirken, damit die Schleppverluste den ohne ausreichenden Ladedruck

2 6-Gang-Automat auf Basis des Lepelletier-Planetenradsatzes

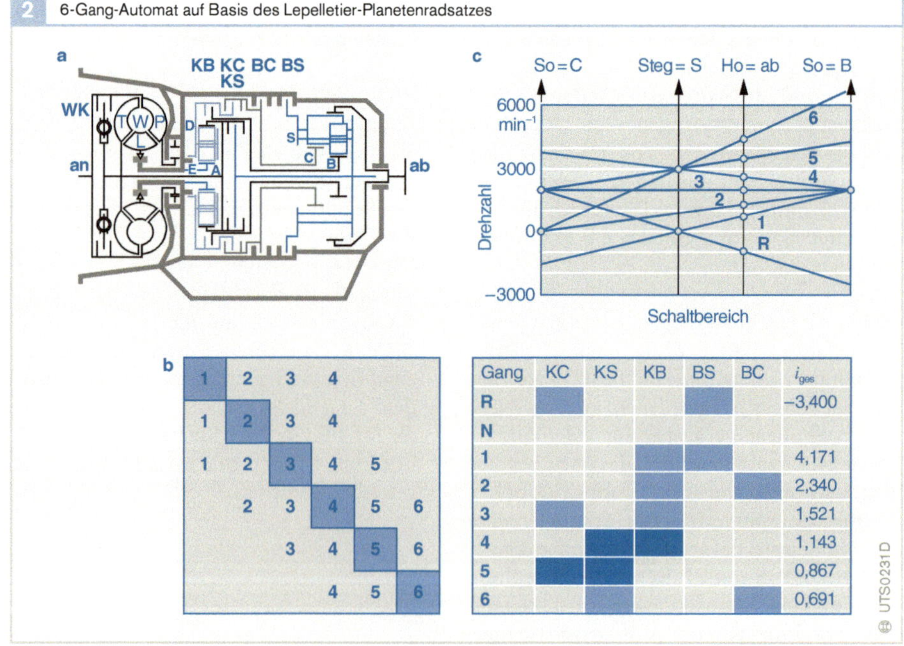

Bild 2
a Getriebeschema
b Schaltlogik
c Drehzahlleiterdiagramm

schwachen Motor nicht „abwürgen". Im betriebswarmen Zustand und bei Drehzahlen, bei denen ausreichend Ladedruck zur Verfügung steht, ist dann aber eine harte Wandlerkennlinie mit steilem Anstieg des Pumpendrehmoments mit der Motordrehzahl vorteilhaft.

Serienanwendungen mit schnellen und genauen Druckregelungen machen es auch jetzt schon möglich, mit Reibungskupplungen sehr komfortabel anzufahren. Ein gutes Beispiel dafür ist der Audi A6 mit dem stufenlosen Multitronic-Getriebe.

Druckregelung und Wärmeabfuhr lassen sich bei einer Bremse noch besser realisieren als bei einer Kupplung. Deshalb sollte auch mit der Bremse ein komfortabler Startvorgang möglich sein. Auch bei den Gangwechseln kann eine schlupfende Bremse analog zu einem Wandler die anderen Schaltelemente entlasten.

Getriebeöl/ATF

Automatikgetriebe stellen hohe Anforderungen an das Getriebeöl/ATF (Automatic Transmission Fluid):

- Erhöhtes Druckaufnahmevermögen,
- günstiges Viskose-Temperaturverhalten,
- hohe Alterungsbeständigkeit,
- geringe Neigung zur Schaumbildung,
- Verträglichkeit mit Dichtungsmaterialien.

Diese Anforderungen müssen im Ölsumpf im Temperaturbereich von –30...+150 °C gewährleistet sein. Kurzzeitig und örtlich sind sogar 400 °C während einer Schaltung zwischen den Kupplungslamellen möglich. Für den einwandfreien Betrieb der Automatikgetriebe ist das Getriebeöl speziell angepasst. Dazu sind dem Grundöl eine Reihe chemischer Substanzen (Additive) beigemischt. Die wesentlichen Additive sind:

- Friction Modifiers, die das Reibverhalten der Schaltelemente beeinflussen,
- Antioxydantien zur Reduktion der thermooxidativen Alterung bei hoher Temperatur,
- Dispergiermittel zur Vermeidung von Ablagerungen im Getriebe,
- Schauminhibitoren gegen Bildung von Ölschaum,
- Korrosionsinhibitatoren gegen Korrosion der Getriebeteile bei Kondenswasserbildung und

3 Automatikgetriebe ZF 6-Gang 6HP26 (Quelle: ZF Friedrichshafen)

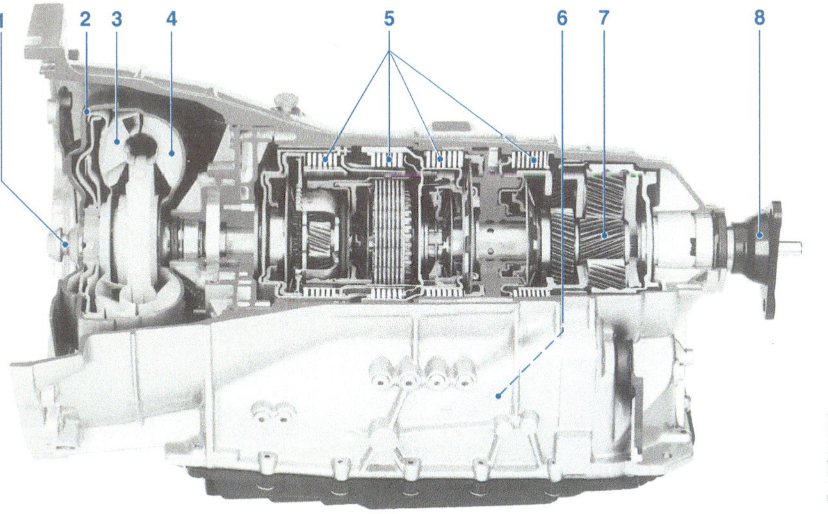

Bild 3
1 Getriebeeingang vom Motor
2 Wandlerkupplung
3 Turbine
4 Wandler
5 Lamellenkupplungen
6 Modul für Getriebesteuerung
7 Planetenradsatz
8 Getriebeausgang zur Antriebswelle

- Seal-Swell-Agets, die das Quellen der Dichtungswerkstoffe (Elastomere) unter Öleinfluss definiert einstellen.

Bereits 1949 legte GM die erste Spezifikation für ein ATF fest. Typische technische Daten für SAE-Viskoseklassen gemäß DIN 51 512 sind:

Flammpunkt		(> 180 °C)
Pour Point		(< –45 °C)
Viskositätsindex		(VI > 190)
kin. Viskosität:	37 cSt	(bei +40 °C)
	7 cSt	(bei +100 °C)
dyn. Viskosität:	17 000 cP	(bei –40 °C)
	3 300 cP	(bei –30 °C)
	1 000 cP	(bei –20 °C)

Zwischenzeitlich werden Automatikgetriebe vermehrt mit einer Lebensdauerfüllung versehen. Ein Ölwechsel entfällt damit.

Ölpumpe

Das Getriebe benötigt eine Ölpumpe (Bild 4) zum Aufbau eines Steuerdrucks. Diese wird vom Verbrennungsmotor angetrieben. Gleichzeitig verringert die Antriebsleistung für die Ölpumpe den Getriebewirkungsgrad. Dabei gilt folgender Zusammenhang:

Pumpenleistung = Druck × Durchfluss

Bild 5 zeigt die Leistungskennlinien einer Zahnradpumpe (1) und einer Radialkolbenpumpe (2) im Vergleich. Möglichkeiten zur Optimierung im Bereich der Ölpumpe bieten ein verstellbarer Durchfluss oder ein regelbarer Pumpendruck:

Verstellbarer Pumpendurchfluss

Besondere Merkmale des verstellbaren Pumpendurchflusses sind:

- Die Auslegung schafft einen ausreichend hohen Durchfluss zur Kupplungsbefüllung bei Leerlaufdrehzahl.
- Ein zusätzliches Fördervolumen bei höheren Drehzahlen verursacht eine Verlustleistung.
- Mit der Verstellpumpe lässt sich die Pumpenleistung dem Bedarf anpassen.
- Der verstellbare Pumpendurchfluss hat jedoch den Nachteil, teuer und störanfällig zu sein.

Regelbarer Pumpendruck

Besondere Merkmale des regelbaren Pumpendrucks sind:

- Der Pumpendruck wird dem jeweils zu übertragenden Drehmoment angepasst.
- Der Hauptdruckregelung ermöglicht über den Aktor einen effektiven Betrieb dicht an der Rutschgrenze der Kupplung.

4 „Mondsichel"-Ölpumpe (Schnitt)

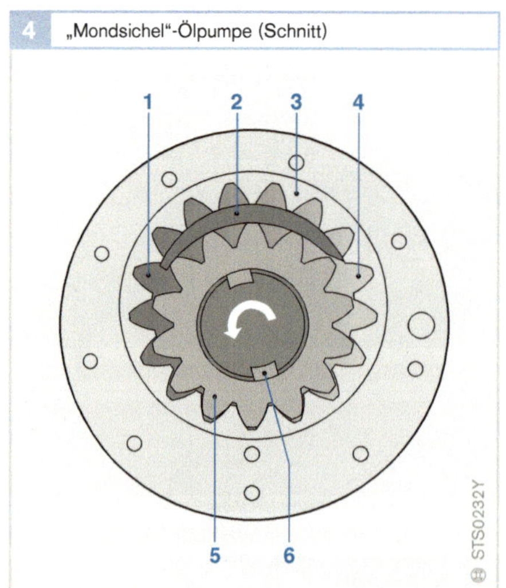

Bild 4
1 Druckseite
2 Mondsichel
3 innen verzahntes Rad
4 Saugseite
5 außen verzahntes Rad, vom Motor angetrieben
6 Mitnehmernasen

5 Ölpumpen (Pumpenleistungen im Vergleich)

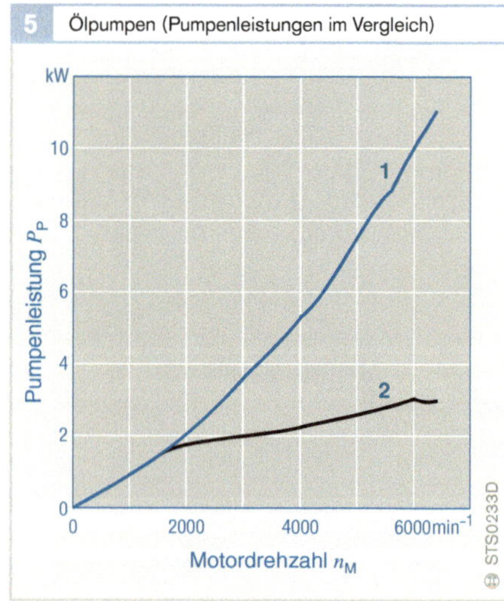

Bild 5
1 Zahnradpumpe
2 Radialkolbenpumpe

Drehmomentwandler

Der Drehmomentwandler (Bild 6) ist eine Anfahrhilfe, die im Anfahrbereich als zusätzlicher „Gang" wirkt. Außerdem dämpft er Schwingungen. Erst der hydraulische Strömungswandler mit zentripedal durchströmter Turbine ermöglichte die Einführung der Automatikgetriebe im Pkw. Die wichtigsten Elemente eines Wandlers sind:

- Pumpe (vom Motor betrieben),
- Turbine,
- Leitrad auf Freilauf und
- Öl (für die Momentenübertragung).

6 Drehmomentwandler (Schnitt)

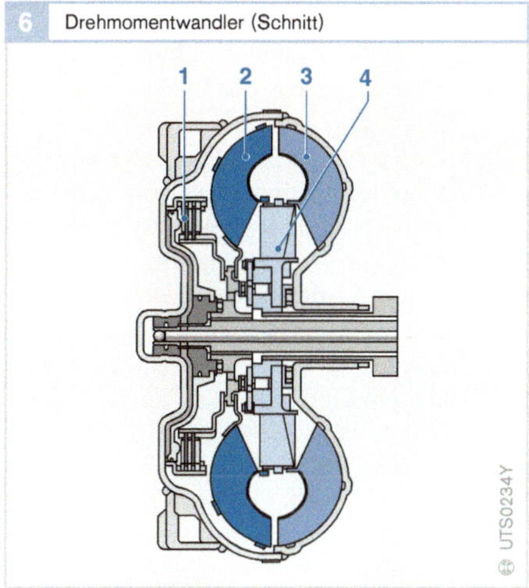

Bild 6
1 Turbinenrad
2 Überbrückungskupplung
3 Pumpenrad
4 Leitrad

7 Ölfluss im Drehmomentwandler

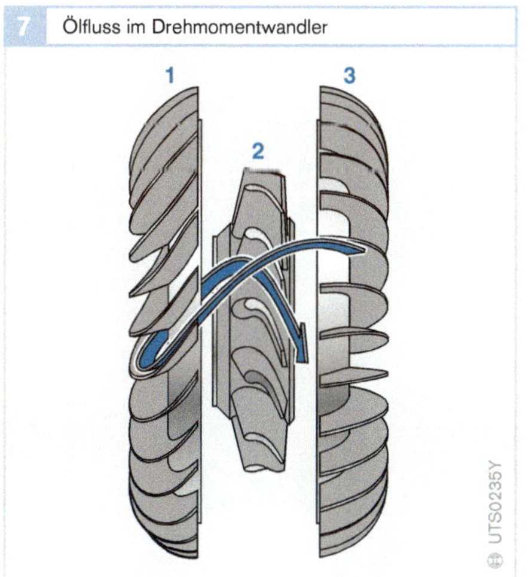

Bild 7
1 Turbinenrad
2 Leitrad
3 Pumpenrad

Das Pumpenrad versetzt das Öl von der Nabe nach außen in Bewegung. Dort trifft das Öl auf die Turbine, die es nach innen leitet. Das Öl trifft dann von der Turbine im Nabenbereich auf das Leitrad, das es zurück zur Pumpe umlenkt (Bild 7).

Im Wandlerbereich (ν < 85%) wird das Turbinenmoment durch das Reaktionsmoment am Leitrad erhöht. Im Kupplungsbereich löst sich der Freilauf des Leitrades und die Momentenerhöhung unterbleibt. Der maximale Wirkungsgrad beträgt <97 % (Bild 8).

Eine Leistungsübertragung über den Wandler kann nur stattfinden, wenn zwischen Pumpenrad und Turbinenrad ein Schlupf auftritt. Dieser ist bei den meisten Betriebszuständen des Fahrzeugs klein und liegt im Bereich von 2...10 %. Dieser Schlupf bewirkt allerdings einen Leistungsverlust und damit einen erhöhten Kraftstoffverbrauch des Fahrzeugs. Deshalb muss immer dann eine Wandlerüberbrückungskupplung zugeschaltet werden, wenn der Wandler nicht zum Anfahren oder zur Drehmomentwandlung benötigt wird (siehe auch Kapitel „Geregelte Wandlerkupplung"). Dabei handelt es sich um eine Lamellenkupplung, die das Pumpenrad durch Reibschluss mit dem Turbinenrad verbindet.

8 Drehmomentwandler (Kennlinie)

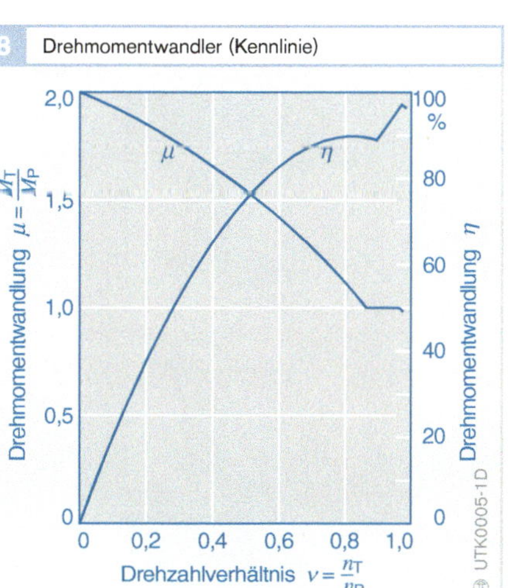

Lamellenkupplungen

Lamellenkupplungen (Bild 9) machen ein Schalten ohne Zugkraftunterbrechung möglich und stützen das Drehmoment in dem Gang ab, in dem sie gerade betätigt sind.

Die Belag- und Stahllamellen der Kupplungen und Bremsen übernehmen während der Schaltung das dynamische Drehmoment sowie die Schaltenergie und nach der Schaltung das zu übertragende Lastmoment. Um einen hohen Schaltkomfort zu gewährleisten, müssen die Reibbeläge möglichst konstante und von Temperatur und Last unabhängige Reibwerte aufweisen.

Die Reibbeläge in Automatikgetrieben haben ein Stützgerüst aus Zellulose (Papierbeläge). Beigemischte Aramidfasern (hochfester Kunststoff) sorgen für die Temperaturstabilität. Weitere Bestandteile sind Mineralstoffe, Grafit oder Reibpartikel zur Beeinflussung des Reibwerts. Das Ganze ist in Phenolharz getränkt, um dem Belag seine mechanische Festigkeit zu geben. Die Stahllamellen bestehen aus kaltgewalztem Stahlblech.

Der Reibvorgang spielt sich in der Ölschicht zwischen Belag- und Stahllamelle ab. Der Reibbelag hält diese Ölschicht durch seine Porosität und durch Zufuhr von Kühlöl aufrecht.

Folgende Probleme können im Zusammenhang mit den Lamellenkupplungen auftreten:

- Verbrennen bei hohen Temperaturen,
- Ölzuführungen bei rotierenden Kupplungen und
- durch Rotationsgeschwindigkeit verursachter Druckaufbau.

Planetengetriebe

Das Planetengetriebe (Bild 10) ist das Kernstück des Automatikgetriebes. Es hat die Aufgabe, die Übersetzungen einzustellen und den ständigen Kraftschluss zu gewährleisten. Ein Planetengetriebe setzt sich aus folgenden Bestandteilen zusammen:

- Ein zentral angeordnetes Zahnrad (Sonnenrad).
- Mehrere (in der Regel drei bis fünf) Planetenräder, die sich sowohl um ihre eigene Achse als auch um das Sonnenrad drehen können. Die Planetenräder werden von dem Planetenträger gehalten, der um die Zentralachse rotieren kann.
- Ein innen verzahntes Hohlrad, das die Planetenräder von außen umfasst. Das Hohlrad kann ebenfalls um die Zentralachse drehen.

Der Einsatz von Planetengetrieben in Automatikgetrieben hat folgende Gründe:

9 Lamellenkupplung (Schnitt)

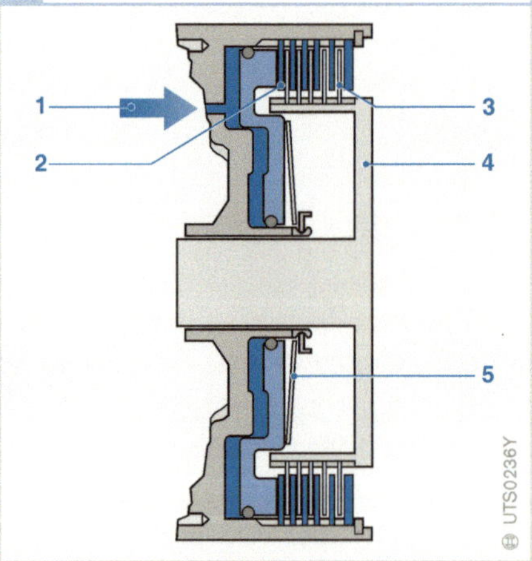

Bild 9
1 Ölzuführung
2 Außenlamelle
3 Belagslamelle
4 Lamellenträger
5 Rückdrückfeder

10 Planetengetriebe (Schema)

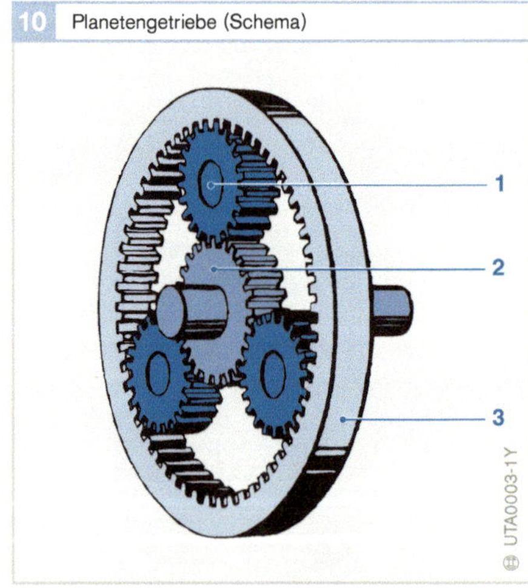

Bild 10
1 Planetenträger mit Planetenrädern
2 Sonnenrad
3 innen verzahntes Hohlrad

- Die Leistungsdichte von Planetengetrieben ist sehr hoch, da die Leistung über mehrere Planetenräder parallel übertragen wird. Planetengetriebe bauen damit sehr kompakt und haben ein geringes Gewicht.
- Beim Planetengetriebe treten keine freien radialen Kräfte auf. Kostengünstige Gleitlager können Wälzlager ersetzen.
- Lamellenkupplungen, Lamellenbremsen, Bandbremsen und Freiläufe lassen sich günstig für den Bauraum konzentrisch zum Planetengetriebe anordnen. Dies ergibt mehr Platz für die hydraulische Steuerung.

11 Ravigneaux-Satz (Schema)

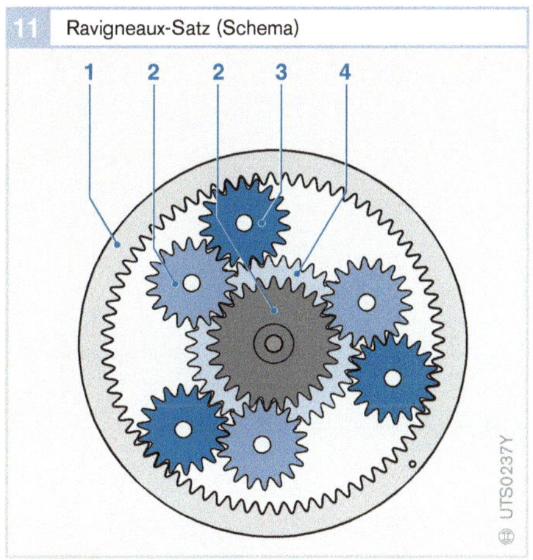

Bild 11
1 Hohlrad
2 Sonnenrad und Planetenradsatz 1
3 Planetenradsatz 2
4 Sonnenrad 2

12 Simpson-Satz (Schema)

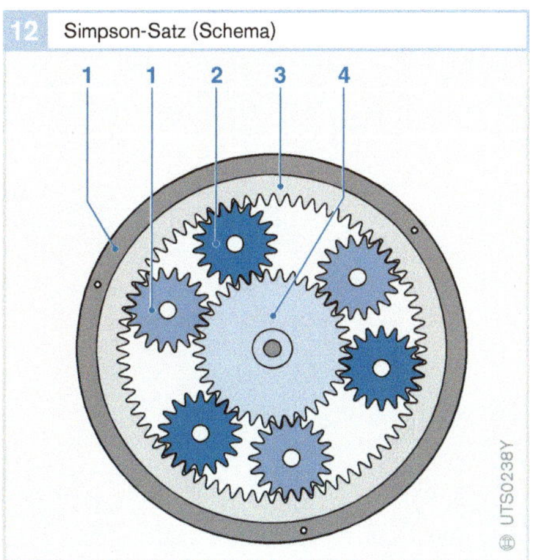

Bild 12
1 Planetenradsatz 1 und Hohlrad 1
2 Planetenradsatz 2
3 Hohlrad 2
4 Sonnenrad

In den Getrieben kommen verschiedene Planetensatzkombinationen zum Einsatz:

- Simpson (3-Gang, zwei Systeme),
- Ravigneaux (4-Gang, zwei Systeme),
- Wilson (5-Gang, drei Systeme).

Im Automatikgetriebebau haben sich zwei Typen von Planetenkoppelgetrieben durchgesetzt, die einfach zu unterscheidende Merkmale aufweisen:

Ravigneaux-Satz

Beim Ravigneaux-Satz (Bild 11) arbeiten zwei verschiedene Planetensätze und Sonnenräder in einem Hohlrad.

Simpson-Satz

Beim Simpson-Satz (Bild 12) laufen zwei Planetensätze und Hohlräder auf einem gemeinsamen Sonnenrad.

Parksperre

Die Parksperre (Bild 13) hat die Aufgabe, das Fahrzeug gegen das Wegrollen zu sichern. Ihre zuverlässige Funktion ist deshalb maßgebend für die Sicherheit.

Das Verlassen der Position P (Parken) ist nur möglich, wenn der Fahrer das Bremspedal betätigt. Diese Einrichtung verhindert, dass eine versehentliche Betätigung des Positionshebels das Fahrzeug in Bewegung setzt.

13 Parksperre

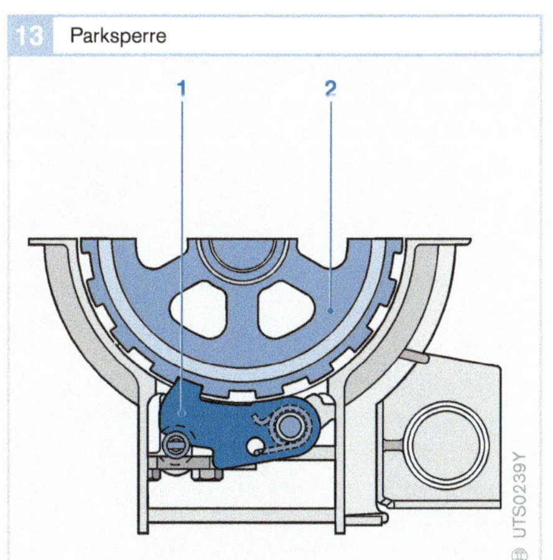

Bild 13
1 Klinke
2 Parksperrenrad

Stufenlose Getriebe (CVT)

Anwendung

Antriebskonzepte mit stufenlosen Automatikgetrieben CVT (Continuously Variable Transmission) zeichnen sich durch hohen Fahrkomfort, hervorragende Fahreigenschaften und niedrigen Kraftstoffverbrauch aus.

Seit vielen Jahren ist VDT (Van Doorne's Transmissie) auf die Entwicklung von CVT-Komponenten und Prototyp-Getrieben spezialisiert. Seit der Integration von VDT im Jahr 1995 deckt Bosch das gesamte Feld von CVT-Systementwicklungen bis zu kompletten Triebstrang-Management-Systemen ab. Alle der in Tabelle 1 aufgeführten stufenlosen Automatikgetriebe CVT werden mit einem Schubgliederband betrieben (Bild 1). Eine Ausnahme bildet die Multitronic von Audi mit einer Laschenkette von LuK (Bild 2).

Die Hauptkomponenten eines CVT lassen sich von einem elektrohydraulischen Modul ansteuern. Zusätzlich zum Schubgliederband – seit 1985 in Serie gefertigt – werden Pulleys, Pumpen und elektrohydraulische Module für den Serieneinsatz entwickelt. Verschiedene Ausführungsformen von Schubgliederbändern gibt es für mittlere Motordrehmomente bis zu 400 Nm (z. B. Nissan Murano V6 mit 3,5 *l* Hubraum und maximal 350 Nm bei 4000 min^{-1}, mit Wandler).

Das Know-how innerhalb der Bosch-Gruppe ermöglicht die Bereitstellung der Software für optimale CVT-Ansteuerungen. Natürlich besteht volle Flexibilität bezüglich Software-Sharing, sodass Fahrzeughersteller spezielle Funktionen auch selbst entwickeln und implementieren können.

1 Aktuelle Verfügbarkeit (weltweit) von Fahrzeugen mit CVT

Fahrzeug-hersteller	CVT-Bezeichnung	Fahrzeug
Audi	Multitronic	A4, A6
BMW	CVT	Mini
GM	CVT	Saturn
Honda	Multimatik	Capa, Civic, HR-V, Insight, Logo
Hyundai	CVT	Sonata
Kia	CVT	Optima
Lancia	CVT	Y 1.2l
MG	CVT	F, ZR, ZS
Mitsubishi	CVT	Lancer-Cedia, Wagon
Nissan	Hyper-CVT ICVT Extroid-CVT	Almera, Avensis, Bluebird, Cube Micra, Murano, Primera, Serano, Tino, Cedrik Gloria
Rover	CVT	25/45
Subaru	ICVT	Pleo
Toyota	Super-CVT Hybrid-CVT	Previa, Opa Prius

1 CVT für Frontantrieb quer (Schnitt)

Bild 1
1 Drehmomentwandler
2 Pumpe
3 Planetenradsatz mit Vorwärts-/Rückwärtskupplung
4 Schubgliederband
5 Variator
6 Steuermodul

2 CVT für Frontantrieb längs (Audi Multitronic mit Laschenkette, Quelle: Audi)

Innerhalb der CVT-Funktionen wird zwischen einer Grundfunktionalität und der Ausbaustufe unterschieden. Alle Funktionen der ersten Gruppe sind bereits implementiert, getestet und in verschiedenen Fahrzeugen im Einsatz.

Geeignete Tools für eine effiziente Darstellung und Tests wie ASCET-SD sind verfügbar und werden in gemeinsamen Projekten eingesetzt.

Sich widersprechende Anforderungen lassen sich mithilfe einer elektronischen Steuerung und geeigneter Priorisierung erfüllen.

Die große Übersetzungsspreizung der stufenlosen Automatikgetriebe verschiebt die Betriebspunkte des Motors in verbrauchsgünstige Bereiche.

Ausgehend von der in Bild 3 gezeigten Spreizung ergibt sich die in Bild 4 dargestellte Aufteilung der Zugkraft auf die Übersetzung.

3 Spreizung eines CVT-Getriebes im Vergleich zum 5-Gang-Stufenautomat (Kennlinie)

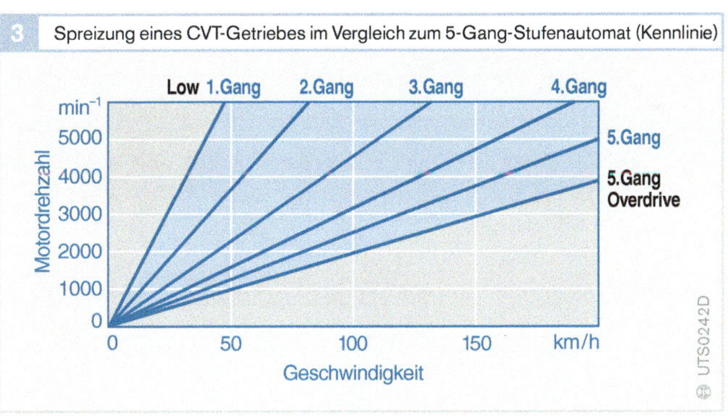

4 Zugkraft und Fahrwiderstand (Kennlinien)

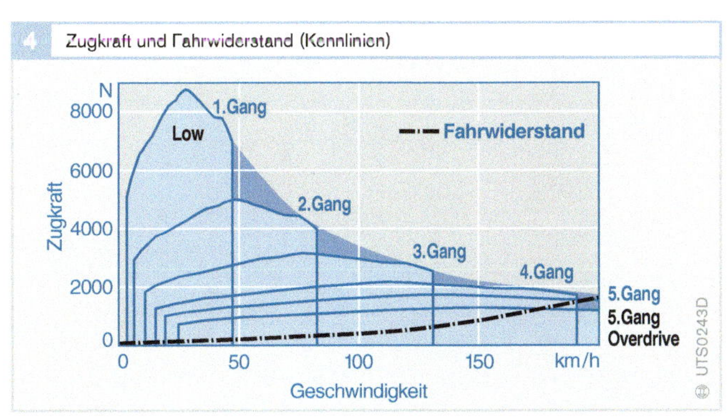

5 Mechanische Variatorverstellung (Schema)

Bild 5
a Übersetzung „Low"
b Übersetzung „Overdrive"

1 Antriebsscheibe (Primärpulley)
2 Schubgliederband oder Kette
3 Abtriebsscheibe (Sekundärpulley)

a_1, b_1 Übersetzung „Low"
a_2, b_2 Übersetzung „Overdrive"

UTS0244Y

6 Variatorverstellung (Regelprinzip)

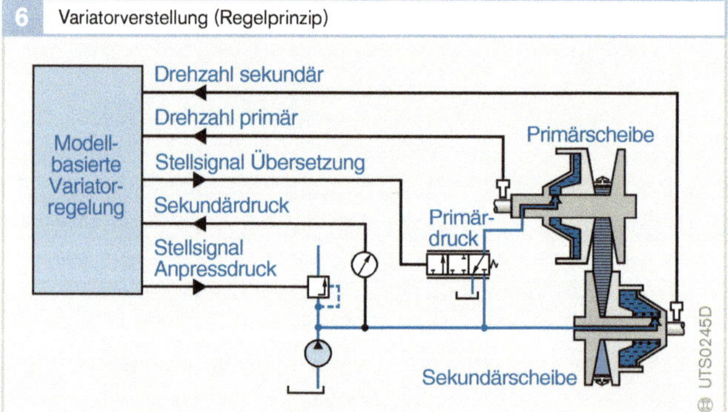

7 Modellbasierte Variatorverstellung

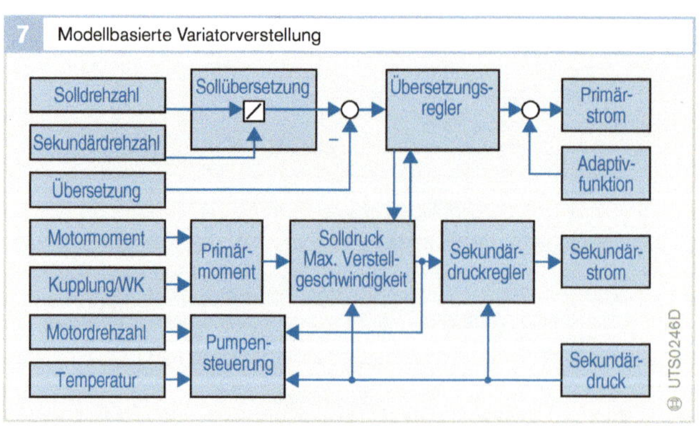

Bild 5 zeigt die mechanische Verstellung der Übersetzung von „Low" nach „Overdrive". Dazu kommt der in Bild 6 dargestellte Regleraufbau zur Anwendung.

Die in Bild 7 abgebildete modellbasierte Variatorregelung bearbeitet folgende Vorgänge:

- Einstellung der Primärdrehzahl bzw. der Übersetzung mit PI-Regler.
- Einstellung der Anpresskräfte für das Primär- und das Sekundärpulley.
- Kupplung der Regelung von Übersetzung und Anpresskraftregelung sowie Steuerung der Pumpe.
- Adaptivfunktion zum Ausgleich von Toleranzen.

Aufbau

Der Wandler oder die Lamellenkupplung dienen als Anfahrelement, und der Rückwärtsgang wird über einen Planetenradsatz geschaltet.

Die Verstellung der Übersetzung erfolgt stufenlos mit Kegelscheiben und einem Gliederband oder einer Kette (Variator).

Eine Hochdruckhydraulik sorgt für den nötigen Anpressdruck und die Verstellung des Variators.

Die Steuerung aller Funktionen erfolgt mit der elektrohydraulischen Steuerung. Die verschiedenen Komponenten des CVT-Getriebes zeigt Bild 8.

Eigenschaften

Ein Vorteil der CVT-Getriebe ist, dass sie bei einer Veränderung der Übersetzung keine Zugkraftunterbrechung verursachen. Diese Getriebe bieten einen hohen Komfort, da keine Schaltvorgänge notwendig sind.

Im gesamten Motorkennfeld ist der Betrieb auf einen optimalen Kraftstoffverbrauch bzw. auf höchste Beschleunigung abgestimmt. Zudem ist eine hohe Spreizung der Übersetzung möglich.

Obwohl eine gewisse Antriebsleistung für die Hochdruckpumpe erforderlich ist, fällt der Gesamtwirkungsgrad befriedigend aus.

8 Modellbasierte Variatorregelung

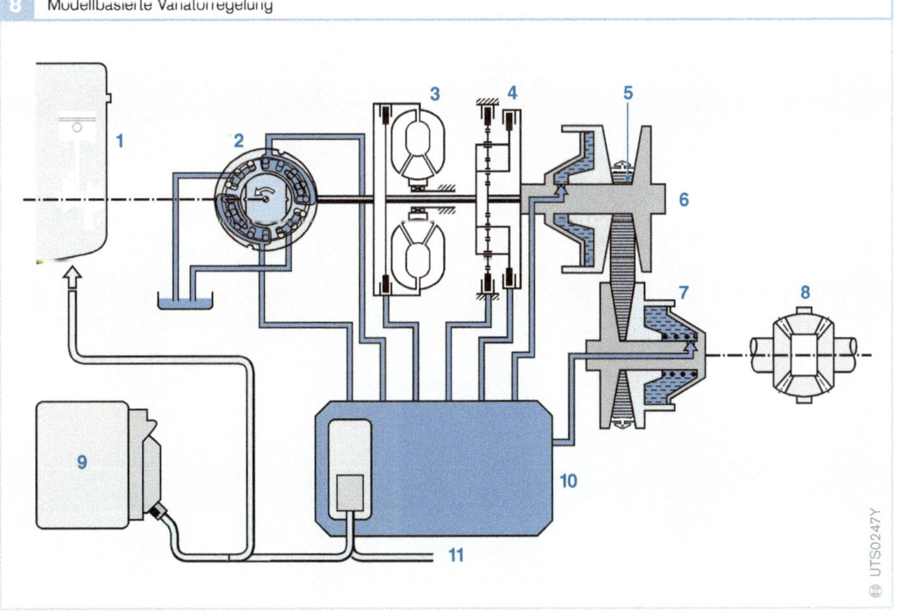

Bild 8
1 Motor
2 Pumpe
3 Wandler
4 Planetengetriebe
5 Schubgliederband
6 Antriebsscheibe (Primärpulley)
7 Abtriebsscheibe (Sekundärpulley)
8 Differenzial
9 Elektronische Motorsteuerung
10 Elektrohydraulisches Modul (Hydraulikventile, Sensoren, Aktoren)
11 Kfz-Kabelbaum

CVT-Komponenten

Variator

Der Variator besteht aus zwei Kegelscheiben, die sich gegeneinander verschieben lassen (Bilder 9 und 10).

Der Druck *p* des Getriebeöls verschiebt die beweglichen Teile des Variators (1) gegeneinander. Dadurch ändert sich die Lage des Schubgliederbandes (3) zwischen den beiden Pulleys und die Übersetzung verändert sich.

Da die Kraftübertragung allein auf der Reibung zwischen Band und Variator beruht, benötigt diese Verstellart einen hohen Systemdruck.

Schubgliederband

Für das Schubgliederband besitzt die Firma Van Doorne's Transmissie ein weltweites Patent. Bild 11 zeigt die verschiedenen Bandtypen und deren Einsatzbereich bezogen auf das zu übertragende Motormoment.

Das Schubgliederband (Bild 12) besteht aus 2 mm dicken und 24...30 mm breiten Schubgliedern, die in einem Neigungswinkel von 11° zueinander stehen. Gehalten wird die Kette aus zwei Paketen, jeweils mit 8 bis 12 Stahlbändern. Der Reibwert der Kette beträgt mindestens 0,9.

9 Variator (Ansicht)

11 Produktpalette der Schubgliederbänder

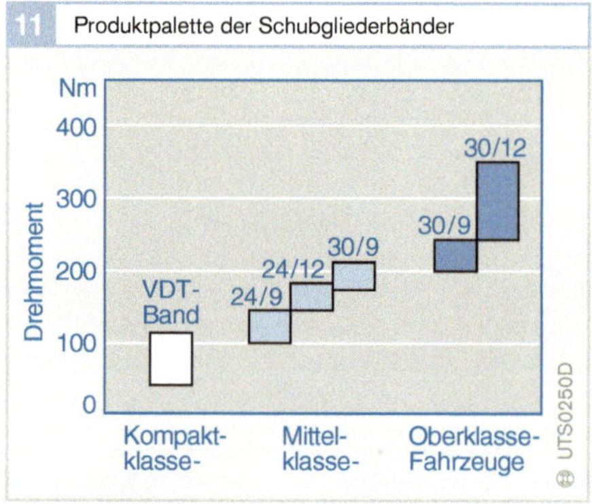

10 Variator (Schema)

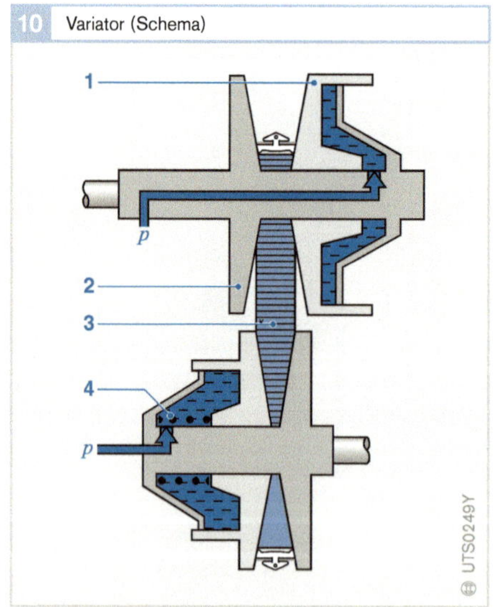

Bild 10
1 Bewegliches Pulley
2 feststehendes Pulley
3 Schubgliederband
4 Feder
p anstehender Druck des Getriebeöls

12 Schubgliederband (Ansicht mit Ausschnitt)

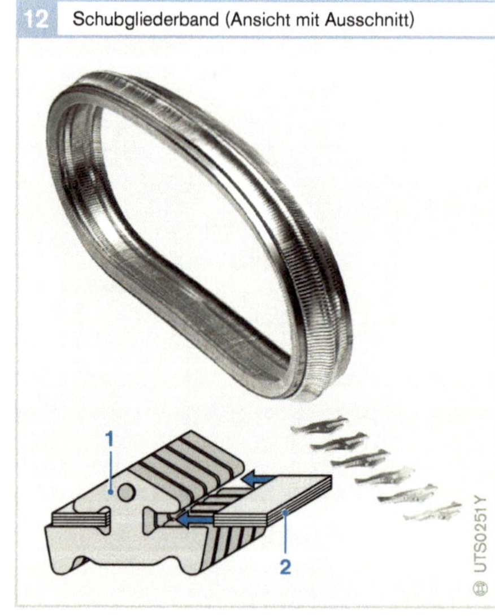

Bild 12
1 Schubglied
2 Stahlbandpaket

Bei Bandbezeichnungen kommt folgende Nomenklatur zum Einsatz:

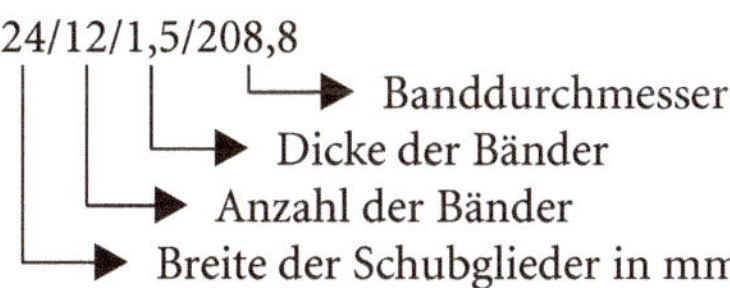

Laschenkette

Statt des bei CVT-Getrieben sonst üblichen Schubgliederbandes kommt im Multitronic-Getriebe von Audi eine Laschenkette der Firma LuK zum Einsatz (basierend auf der Wiegedruckstückkette der Firma P.I.V. Reimers).

Diese Laschenkette besteht vollständig aus Stahl und ist trotzdem fast ebenso flexibel wie ein Keilriemen. Sie besteht aus mehreren Lagen von Laschen nebeneinander und ist damit so robust ausgelegt, dass sie sehr hohe Momente (übertragbares Motormoment 350 Nm) und Kräfte übertragen kann.

Die Kette (Bild 13) besteht aus 1025 Laschen mit je 13...14 Kettengliedern. Wiegestücke (auch Querstifte oder Pins genannt) mit einer Breite von 37 mm und einem Neigungswinkel von 11° verbinden die Laschen (1) miteinander. Die Wiegestücke (2) drücken mit ihren Stirnseiten gegen die Kegelflächen im Variator.

An den dort entstehenden Auflagepunkten wird die Zugkraft der Kette auf die Scheiben des Variators übertragen. Der dabei entstehende Mini-Schlupf ist so gering, dass sich die Stifte während der gesamten Getriebelebensdauer maximal nur um ein bis zwei Zehntel Millimeter abnutzen.

Die Laschenkette bietet außerdem den Vorteil, dass sie sich auf einem noch kleineren Umfang führen lässt als andere Gliederbänder. Wenn sie auf diesem kleinsten Umschlingungsdurchmesser läuft, hat sie die Fähigkeit, maximale Kräfte und Drehmomente zu übertragen. Dann haben nur jeweils neun Stiftpaare Kontakt mit den Innenflächen der Scheiben. Doch die spezifische Anpressung ist dabei so groß, dass sie auch bei höchster Belastung nicht durchrutschen.

CVT-Ölpumpe

Da die Verstellung der Pulleys im CVT einen hohen Öldruck benötigt, kommt zum Erzeugen dieses Drucks eine leistungsfähige Ölpumpe zum Einsatz (Bild 14).

13 Laschenkette für Multitronic von Audi (Quelle: Audi)

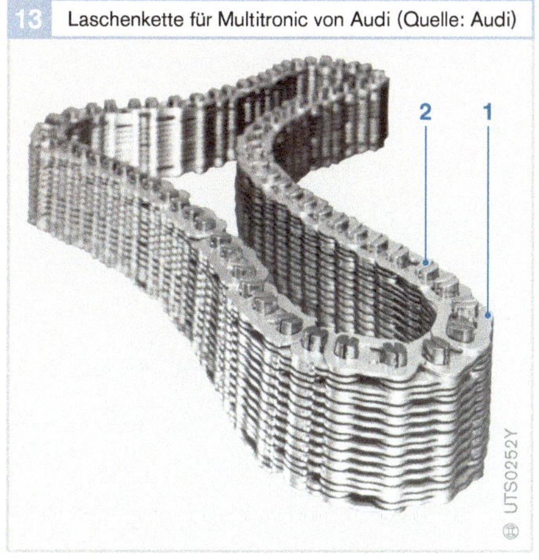

Bild 13
1 Laschen
2 Wiegestück

14 CVT-Ölpumpe

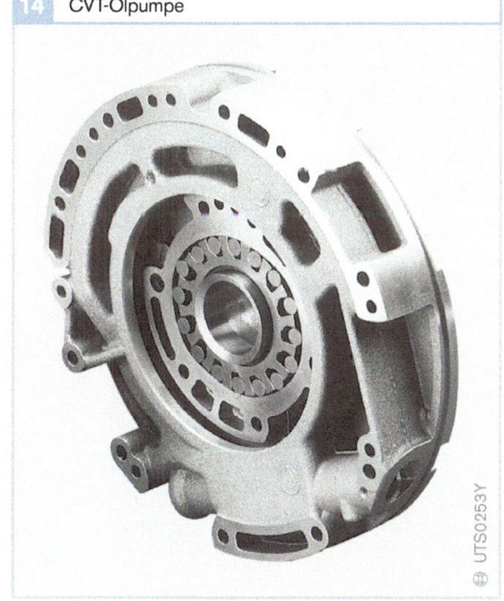

Toroidgetriebe

Anwendung

Das Toroidgetriebe kommt gegenwärtig nur in Japan bei den Fahrzeugtypen Cedric und Gloria von Nissan zur Anwendung.

Aufbau

Das Toroidgetriebe kann als Sonderform eines stufenlosen Getriebes (Bilder 1 und 2) auch als Reibrad-CVT bezeichnet werden. Sein Aufbau ist gekennzeichnet durch:

- Wandler als Anfahrelement,
- Rückwärtsgang über Planetenradsatz,
- Kraftübertragung über Torusscheiben mit Zwischenrollen,
- Übersetzungsänderung stufenlos durch hydraulische Winkelverstellung der Zwischenrollen,
- Hochdruckhydraulik für die Vorspannung der Torusscheiben sowie
- elektrohydraulische Steuerung.

Eigenschaften

Wesentliche Eigenschaften sind:

- keine Zugkraftunterbrechung,
- keine Schaltvorgänge (hoher Komfort),
- angepasster Betrieb im Motorkennfeld für optimalen Kraftstoffverbrauch bzw. höchste Beschleunigung,
- für hohe Drehmomente einsetzbar,
- schnelle Übersetzungsverstellung,
- hohe Antriebsleistung für die Hochdruckpumpe (Gesamtwirkungsgrad deshalb nur befriedigend) und
- Spezial-ATF (Automatic Transmission Fluid) mit hoher Scherfestigkeit notwendig.

1 Toroidgetriebe (Schema)

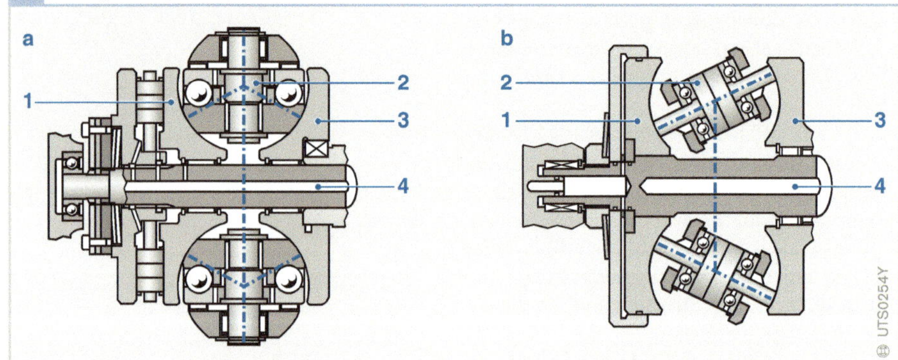

Bild 1
a Halbtoroid
b Volltoroid

1 Eingangsscheibe
2 Variator
3 Ausgangsscheibe
4 Abtrieb

2 Toroidgetriebe (Ausführung)

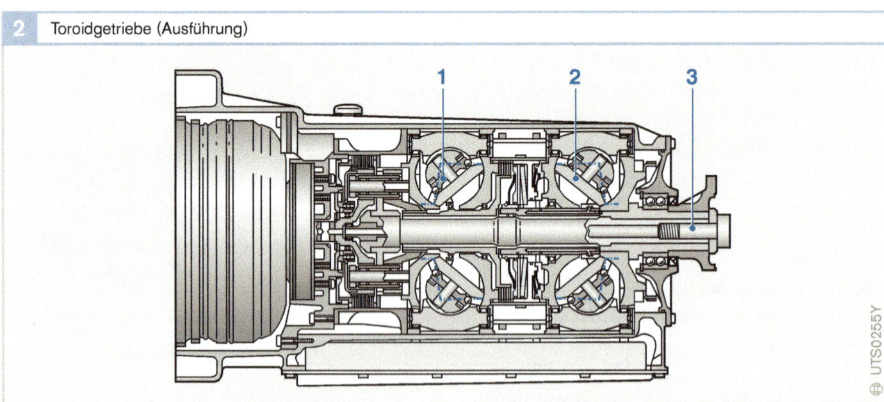

Bild 2
1 Eingangsscheibe
2 Variator
3 Abtrieb

Getriebegeschichte(n) 2

Daimler-/Maybach-Stahlradwagen 1889 mit Viergang-Zahnradgetriebe

Eine Kraftübertragung im Automobil muss die Funktionen des Anfahrens sowie der Drehzahl- und Drehmomentwandlung für das Vorwärts- und Rückwärtsfahren gewährleisten. Dafür sind Stellglieder und Schaltelemente erforderlich, die in den Leistungsfluss eingreifen und die Wandlung vornehmen.

In den Anfängen der Automobilgeschichte brachten viele Fahrzeuge die Antriebskraft des Motors mit Riemen- und Kettenantrieben auf die Straße. Nur in der Endstufe, dem Achsantrieb, waren wegen der hohen Drehmomente schon bald Zahnrad- oder Kettentriebe in Gebrauch.

Der Stahlradwagen von Daimler und seinem Konstrukteur Maybach aus dem Jahr 1889 war das *erste Vierradfahrzeug* mit Verbrennungsmotor, das nicht mehr lediglich aus einer umgebauten Kutsche bestand, sondern in seiner Gesamtheit speziell für den motorisierten Straßenverkehr konzipiert war. Der Kraftfluss seines aufrecht montierten Zweizylinder-V-Motors mit einer Leistung von 2 PS (1,45 kW) wurde bereits mit einer Kupplung und einem Viergang-Zahnradschaltgetriebe samt Differenzialausgleich auf die Antriebsachse übertragen. Ein Zahnradgetriebe konnte nämlich eine Drehzahl- und Drehmoment- sowie eine Drehsinnwandlung auf engstem Raum vornehmen.

Das mit zwei Schalthebeln zu bedienende Viergang-Getriebe bestand aus verschiedenen Zahnradpaaren mit gerader Verzahnung, von denen mithilfe von zwei Schieberadblöcken immer ein Paar in Eingriff gebracht werden konnte. Die erreichbare Geschwindigkeit lag zwischen 5 km/h (1. Gang) und 16 km/h (4. Gang). Zum Anfahren und Schalten ließ sich die Kraftübertragung vom Motor zum Getriebe mit einer Konuskupplung unterbrechen.

Trotz Einführung der Zahnradwechselgetriebe hielt sich der Riementrieb als Anfahreinheit im weiteren Verlauf der Fahrzeugentwicklung noch einige Zeit, weil er einen gewissen Anfahrschlupf sowie einen größeren Abstand zu den anderen Komponenten des Antriebsstrangs zuließ. Es gab auch Kombinationen aus Riementrieb, Zahnradschaltgetriebe und Kettentrieb. Der Kettenantrieb blieb für Pkw bis etwa 1910 in Anwendung. Doch mit der weiter zunehmenden Motorleistung führte wegen den auftretenden hohen Kräften kein Weg mehr am Zahnradwechselgetriebe mit Konuskupplung vorbei.

Nach 1920 wurde die formschlüssige Verbindung (bei ständig im Eingriff bleibenden Zahnrädern) durch Verschieben von Klauenkupplungen mit geringem Verschiebeweg hergestellt. Danach wurden schräg verzahnte Zahnräder sowie die Synchronisierung zum Standard für Handschaltgetriebe. Schließlich folgte die Einführung der unter Last schaltenden Automatgetriebe, die wegen der hohen Leistungsdichte in der Regel mit Planetengetriebesätzen ausgeführt sind.

Daimler-/Maybach-Stahlradwagen von 1889 mit seinem Viergang-Getriebe (Quelle: DaimlerChrysler Classic)

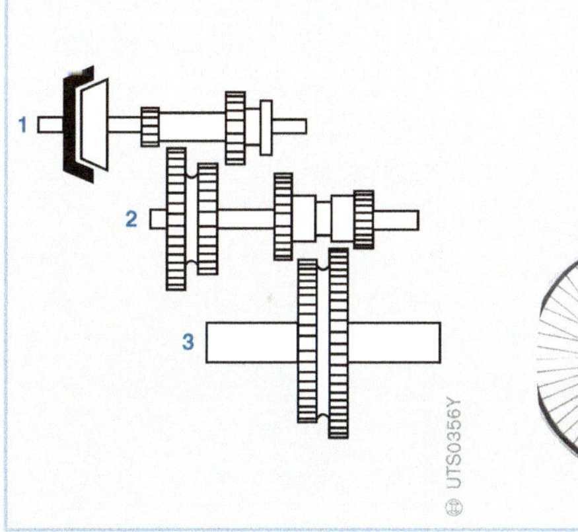

1 Getriebeeingang mit Konuskupplung
2 Schieberadblock 1
3 Schieberadblock 2

Hybridantriebe

Merkmale

Ein elektrisches Hybridfahrzeug (Hybrid Electric Vehicle, HEV) verwendet zum Antrieb sowohl einen Verbrennungsmotor als auch mindestens eine elektrische Maschine. Dabei gibt es eine Vielzahl von Antriebsstrukturen, die zum Teil verschiedene Optimierungsziele verfolgen und die in unterschiedlichem Maße elektrische Energie zum Antrieb des Fahrzeugs nutzen. Mit dem Einsatz von elektrischen Hybridantrieben werden im Wesentlichen drei Ziele verfolgt: Reduzierung des Kraftstoffverbrauchs, Reduzierung der Schadstoffemissionen und Erhöhung von Drehmoment und Leistung (zur Verbesserung der Fahrdynamik).

Hybridfahrzeuge benötigen einen elektrischen Energiespeicher, der den elektrischen Antrieb versorgt. Bei derzeitigen Lösungen handelt es sich um eine Traktionsbatterie in Nickel-Metall-Hydrid- oder Lithium-Ionen-Technik auf einem vergleichsweise hohen Spannungsniveau im Bereich von 200 V – 400 V.

Der elektrische Antrieb besteht aus einer elektrischen Maschine und einem Pulswechselrichter. Die verwendeten elektrischen Maschinen sind in der Regel permanenterregte Synchronmaschinen mit einer hohen Leistungsdichte. Der elektrische Antrieb bietet konstant hohe Drehmomente bei niedrigen Drehzahlen. Dadurch ergänzt er in idealer Weise den Verbrennungsmotor, dessen Drehmoment erst bei mittleren Drehzahlen ansteigt. Elektrischer Antrieb und Verbrennungsmotor zusammen können so aus jeder Fahrsituation heraus eine hohe Dynamik zur Verfügung stellen (Bild 1).

1 Drehmomentverlauf verschiedener Fahrzeugantriebe

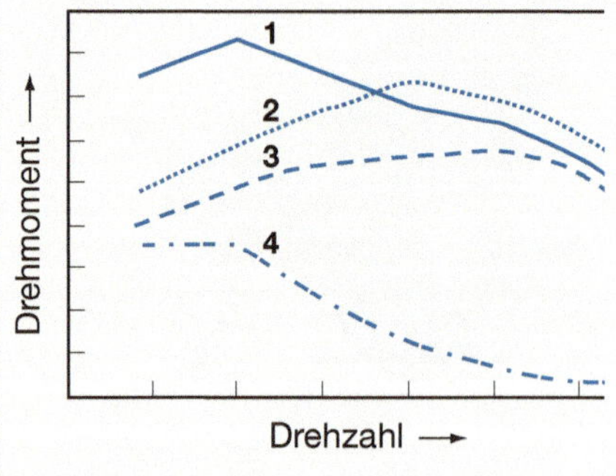

Bild 1
1 Hybridantrieb, bestehend aus 3 und 4
2 Standard-Verbrennungsmotor mit 1,6 *l* Hubraum
3 aufgeladener Verbrennungsmotor mit 1,2 *l* Hubraum
4 elektrische Maschine, 15 kW

Die Kombination des elektrischen und des verbrennungsmotorischen Antriebs hat folgende Vorteile gegenüber einem konventionellen Antriebsstrang:

Die Unterstützung durch den elektrischen Antrieb ermöglicht es, den Verbrennungsmotor vorwiegend im Bereich seines besten Wirkungsgrades zu betreiben oder in Bereichen, in denen nur geringe Schadstoffemissionen entstehen (es erfolgt eine Betriebspunktoptimierung).

Die Kombination mit einem elektrischen Antrieb ermöglicht den Einsatz eines kleineren Verbrennungsmotors bei gleichbleibender Gesamtleistung (leistungsneutrales Downsizing).

Weiterhin kann ein länger übersetztes Getriebe bei gleichbleibenden Fahrleistungen zum Einsatz kommen. Dadurch erfolgt eine Verschiebung der Betriebspunkte des Verbrennungsmotors in Bereiche mit besserem Wirkungsgrad (Downspeeding).

Durch den generatorischen Betrieb der elektrischen Maschine kann beim Bremsen ein Teil der Bewegungsenergie des Fahrzeugs in elektrische Energie umgewandelt werden. Die elektrische Energie wird im Energiespeicher gespeichert und kann später für den Antrieb genutzt werden.

In bestimmten Antriebsstrukturen kann der elektrische Antrieb zum rein elektrischen Fahren genutzt werden. Dabei ist der Verbrennungsmotor abgeschaltet und das Fahrzeug wird emissionsfrei betrieben.

Funktionalitäten

Der Verbrennungsmotor und der elektrische Antrieb tragen je nach Betriebszustand und geforderter Antriebsleistung in unterschiedlichem Maße zur Fahrzeugbewegung bei. Die Hybridsteuerung legt die Leistungsaufteilung zwischen den beiden Antrieben fest. Die Art des Zusammenwirkens von Verbrennungsmotor, elektrischem Antrieb und Energiespeicher bestimmt die unterschiedlichen Funktionalitäten.

Start-Stopp-Funktionalität

Bei der Start-Stopp-Funktionalität wird der Verbrennungsmotor zeitweise abgeschaltet, ohne dass der Fahrer den Zündschlüssel betätigt. Das Abschalten erfolgt typischerweise beim Fahrzeugstillstand, der Wiederstart erfolgt automatisch, sobald der Fahrer weiterfahren will.

2 Regeneratives Bremsen

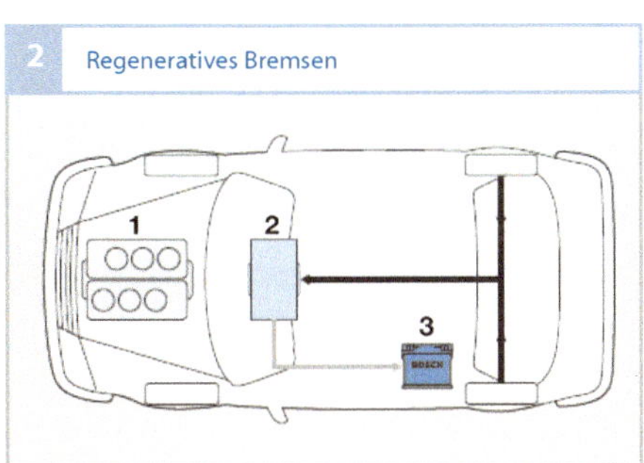

Bild 2
Die Pfeile geben den Energiefluss an.
1 Verbrennungsmotor
2 elektrische Maschine
3 Batterie

3 Hybridisches Fahren, generatorischer Betrieb

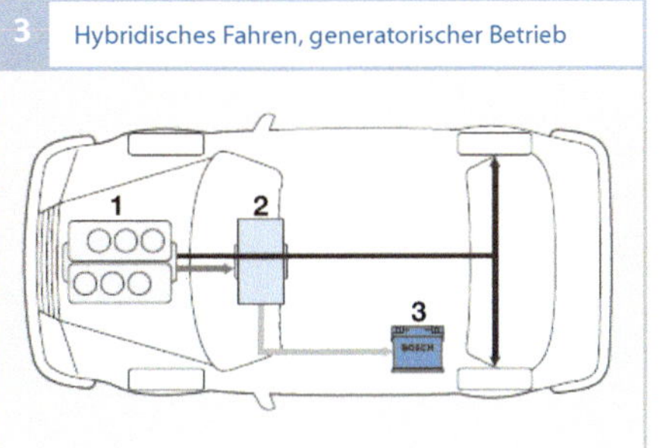

Bild 3
Die Pfeile geben den Energiefluss an.
1 Verbrennungsmotor
2 elektrische Maschine
3 Batterie

Regeneratives Bremsen

Beim regenerativen Bremsen wird das Fahrzeug nicht – oder nicht nur – durch das Reibmoment der Betriebsbremse abgebremst, sondern durch ein generatorisches Bremsmoment der elektrischen Maschine. Sie wandelt dabei kinetische Energie des Fahrzeugs in elektrische Energie um, die im Energiespeicher gespeichert wird (Bild 2). Regeneratives Bremsen wird auch als rekuperatives Bremsen oder Rekuperation bezeichnet.

Hybridisches Fahren

Hybridisches Fahren bezeichnet die Zustände, in denen der Verbrennungsmotor und der elektrische Antrieb das Antriebsmoment gemeinsam ausüben. Das hybridische Fahren kann man weiter unterteilen in generatorischen und motorischen Betrieb der elektrischen Maschine.

Im generatorischen Betrieb (Bild 3) wird der elektrische Energiespeicher aufgeladen. Zu diesem Zweck wird der Verbrennungsmotor so betrieben, dass er eine größere Leistung abgibt, als für den gewünschten Vortrieb des Fahrzeugs erforderlich ist. Der überschüssige Leistungsanteil wird der elektrischen Maschine zugeführt und in elektrische Energie umgewandelt, die im Energiespeicher gespeichert wird.

Im motorischen Betrieb (Bild 4) wird der elektrische Energiespeicher entladen. Der elektrische Antrieb unterstützt den Verbrennungsmotor bei der Bereitstellung der gewünschten Vortriebsleistung.

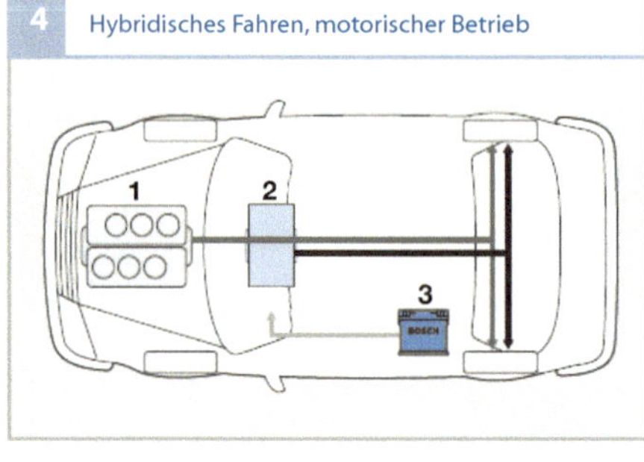

Bild 4
Die Pfeile geben den Energiefluss an.
1 Verbrennungsmotor
2 elektrische Maschine
3 Batterie

5 Rein elektrisches Fahren

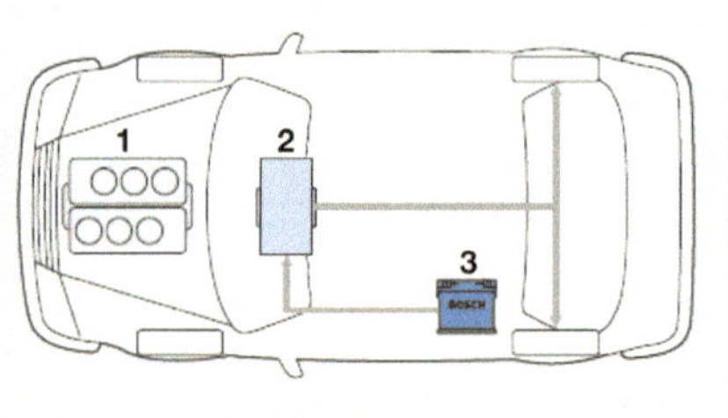

Bild 5
Die Pfeile geben den Energiefluss an.
1 Verbrennungsmotor
2 elektrische Maschine
3 Batterie

Rein elektrisches Fahren

Beim rein elektrischen Fahren wird das Fahrzeug alleine durch den elektrischen Antrieb angetrieben. Der Verbrennungsmotor wird dafür vom Fahrzeugantrieb abgekoppelt und ausgeschaltet (Bild 5). In diesem Betriebsmodus kann das Fahrzeug nahezu lautlos und lokal emissionsfrei fahren.

Nachladen an der Steckdose

Beim Nachladen an der Steckdose kann das Fahrzeug über ein Ladegerät mit dem Stromnetz verbunden und damit der elektrische Energiespeicher nachgeladen werden.

Funktionale Klassifikation

Hybridfahrzeuge können anhand realisierter Funktionalitäten in verschiedene Klassen eingeteilt werden (Tabelle 1).

Start-Stopp-System

Ein Start-Stopp-System realisiert die Funktionalitäten „Start-Stopp“ und regeneratives Bremsen. Dazu wird die Generatorsteuerung im konventionellen Fahrzeug angepasst. Im normalen Fahrbetrieb arbeitet der Generator mit einer geringen Leistung. In Schubphasen wird die Leistung des Generators erhöht, um einen größeren Anteil der Fahrzeugverzögerung „zur Energieerzeugung“ zu verwenden. Mit einem Start-Stopp-System können im neuen europäischen Fahrzyklus (NEFZ) zwischen 4 % und 5 % Kraftstoff eingespart werden.

Mild-Hybrid

Der Mild-Hybrid bietet zusätzlich zur Start-Stopp-Funktionalität und zum regenerativen Bremsen die Möglichkeit des hybridischen Fahrens inklusive generatorischem und motorischem Betrieb. Rein elektrisches Fahren ist nicht möglich. Der elektrische Antrieb kann zwar den Fahrzeugvortrieb alleine bewerkstelligen, allerdings wird dabei der Verbrennungsmotor immer mitgeschleppt. Mit einem Mild-Hybrid können im neuen europäischen Fahrzyklus zwischen 10 % und 15 % Kraftstoff eingespart werden.

Vollhybrid

Der Vollhybrid kann zusätzlich zu den Funktionalitäten des Mild-Hybrids über kürzere Strecken allein mit dem elektrischen Antrieb fahren. Der Verbrennungsmotor wird während des elektrischen Fahrens abgestellt. Mit einem Vollhybrid können im neuen europäischen Fahrzyklus zwischen 20 % und 30 % Kraftstoff eingespart werden.

Funktionalität	Hybridsystem			
	Start-Stopp-System	Mild-Hybrid	Vollhybrid	Plug-in-Hybrid
Start-Stopp-Funktionalität	•	•	•	•
Regeneratives Bremsen	•	•	•	•
Elektrische Unterstützung		•	•	•
Elektrisches Fahren			•	•
Laden an der Steckdose				•

Tab. 1
Funktionalitäten und Hybridsysteme

Plug-in-Hybrid

Vollhybride können alternativ auch als Plug-in-Hybride ausgeführt werden. Diese bieten die Möglichkeit, die Traktionsbatterie aus der Steckdose über ein entsprechendes Ladegerät zu laden. Dabei ist der Einsatz einer Batterie mit höherem Energieinhalt sinnvoll, um längere Strecken rein elektrisch zurücklegen zu können. In der Regel wird die Leistung des elektrischen Antriebs so erhöht, dass ein normaler Fahrbetrieb mit dem elektrischen Antrieb allein möglich ist. Mit einem Plug-in-Hybrid können im neuen europäischen Fahrzyklus zwischen 50 % und 70 % Kraftstoff eingespart werden. Die Werte sind in dieser Größenordnung, weil ein Teil der Energie zur Fahrzeugbewegung aus dem Elektrizitätsnetz kommt und nicht direkt dem Kraftstoffverbrauch zugerechnet wird.

Antriebsstrukturen

Bei Hybridfahrzeugen gibt es unterschiedliche Möglichkeiten, Verbrennungsmotor, Getriebe und elektrische Maschinen anzuordnen. Die verschiedenen Antriebsstrukturen können anhand von möglichen Energieflüssen in die drei Kategorien parallele, serielle und leistungsverzweigte Hybridantriebe eingeteilt werden.

Paralleler Hybridantrieb

Bei parallelen Hybridantrieben tragen der Verbrennungsmotor und ein elektrischer Antrieb unabhängig voneinander zum Fahrzeugantrieb bei. Die beiden Energieflüsse aus Verbrennungsmotor und Batterie laufen somit parallel zueinander, die beiden Leistungen addieren sich zu einer Gesamt-Antriebsleistung. Parallele Hybridantriebe gibt es als Mild-Hybrid-Variante (mit Start-Stopp-Funktionalität, regenerativem Bremsen und hybridischem Fahren) oder als Vollhybrid-Variante (zusätzlich noch mit elektrischem Fahren).

Ein grundlegender Vorteil des Parallelhybrids ist die Möglichkeit, den konventionellen Antriebsstrang in weiten Bereichen beizubehalten. Der Entwicklungs- und Einbauaufwand für parallele Antriebsstrukturen ist im Vergleich zu seriellen und leistungsverzweigten Antriebsstrukturen niedriger, da meistens nur eine elektrische Maschine mit geringerer elektrischer Leistung benötigt

6 Parallelhybrid mit einer Kupplung

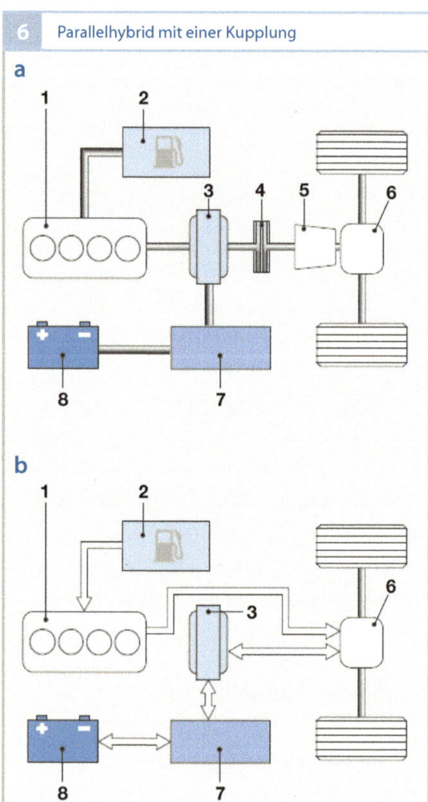

Bild 6
a) Antriebsstruktur
b) Energiefluss

1 Verbrennungsmotor
2 Tank
3 elektrische Maschine
4 Kupplung
5 Getriebe
6 Achsantrieb
7 Pulswechselrichter
8 Batterie

Der Pulswechselrichter wandelt die Gleichspannung an der Batterie in eine Wechselspannung zur Versorgung der elektrischen Maschine um und umgekehrt.

wird und die notwendigen Anpassungen bei der Umstellung eines konventionellen Antriebsstrangs kleiner ausfallen.

Bei der in Bild 6 gezeigten Variante ist die elektrische Maschine direkt mit dem Verbrennungsmotor verbunden. Im Gegensatz zu seriellen und leistungsverzweigten Antriebsstrukturen kann die Drehzahl des Verbrennungsmotors nicht unabhängig von der Drehzahl des elektrischen Antriebs eingestellt werden. In Verzögerungsphasen des Fahrzeugs kann der Verbrennungsmotor nicht von der elektrischen Maschine abgekoppelt werden und wird damit immer mitgeschleppt. Das Schleppmoment des Verbrennungsmotors verringert dabei das Potential für das regenerative Bremsen. Rein elektrisches Fahren ist mit dieser Antriebsstruktur nicht möglich. Der elektrische Antrieb kann zwar als alleinige Antriebsquelle eingesetzt werden, der Verbrennungsmotor wird aber auch beim Fahren immer mitgeschleppt. Der elektrische Antrieb kann zur Unterstützung des Verbrennungsmotors eingesetzt werden und dadurch das dynamische Fahrverhalten deutlich verbessern.

Ein paralleler Vollhybrid kann auf mehrere Arten aufgebaut werden. Naheliegend ist die folgende Erweiterung (Bild 7): Zwischen Verbrennungsmotor und elektrischer Maschine wird eine weitere Kupplung eingebaut, die das beliebige Zu- und Abschalten des Verbrennungsmotors erlaubt. Dadurch wird rein elektrisches Fahren ermöglicht. Zudem kann der Verbrennungsmotor in Verzögerungsphasen abgekoppelt werden. Das erhöht zum einen das Potential für regeneratives Bremsen. Zum anderen erlaubt es den so genannten Segelbetrieb, bei dem das Fahrzeug frei rollt und nur durch Luftwiderstand und Rollreibung verzögert wird.

Für die Akzeptanz dieser Antriebsstruktur ist es sehr wichtig, den Start des Verbrennungsmotors aus dem elektrischen Fahren heraus ohne Komforteinbußen zu ermöglichen. Es gibt zwei unterschiedliche Möglichkeiten, dies zu erreichen.

Bei der ersten Möglichkeit wird der Verbrennungsmotor bei geöffneter Kupplung durch einen separaten Starter gestartet und es gibt keine unerwünschte Rückwirkung auf die Fahrzeugbewegung. Dazu ist allerdings ein separater Starter erforderlich, den man im Hybridfahrzeug eigentlich einsparen kann.

Eine andere Möglichkeit besteht darin, den Verbrennungsmotor, den elektrischen Antrieb und die Kupplung so anzusteuern, dass während des Motorstarts die Rückwirkung auf die Fahrzeugbewegung kompensiert wird. Dazu benötigt eine intelligente

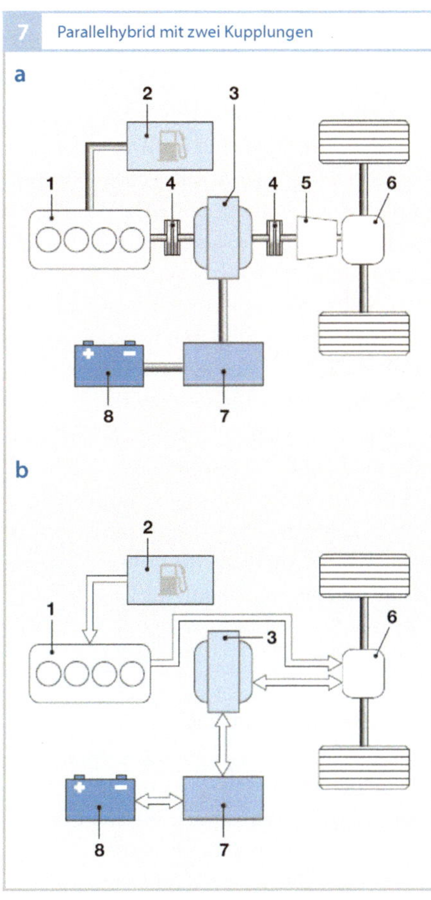

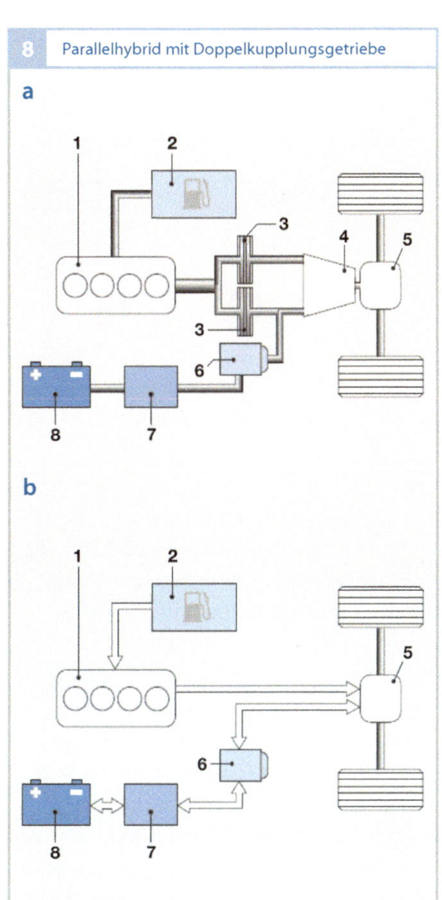

Bild 7
a) Antriebsstruktur
b) Energiefluss

1 Verbrennungsmotor
2 Tank
3 elektrische Maschine
4 Kupplung
5 Getriebe
6 Achsantrieb
7 Pulswechselrichter
8 Batterie

Bild 8
a) Antriebsstruktur
b) Energiefluss

1 Verbrennungsmotor
2 Tank
3 Kupplung
4 Doppelkupplungs-getriebe
5 Achsantrieb
6 elektrische Maschine
7 Pulswechselrichter
8 Batterie

Steuerung Zugriffe auf Messwerte aus dem Verbrennungsmotor, dem elektrischen Antrieb und der Kupplung dazwischen. Die Kupplung muss in der Lage sein, sich an die wechselnden Verhältnisse im laufenden Betrieb automatisch anzupassen und den Vorgaben der Steuerung zu folgen.

Der Einbau der zusätzlichen Kupplung zwischen Verbrennungsmotor und elektrischer Maschine führt zu einer Verlängerung des Antriebsstrangs. Bei manchen Fahrzeugen ist daher der benötigte Einbauraum für diese Antriebskonfiguration nicht vorhanden.

Hier kann die Integration der elektrischen Maschine in ein Doppelkupplungsgetriebe (Bild 8) Abhilfe schaffen. Die elektrische Maschine ist nicht mehr mit der Kurbelwelle des Verbrennungsmotors, sondern mit einem Teilgetriebe des Doppelkupplungsgetriebes verbunden. Bei dieser Anordnung entfällt die zusätzliche Kupplung zwischen Verbrennungsmotor und elektrischer Maschine. Rein elektrisches Fahren mit stehendem Verbrennungsmotor ist durch Öffnen der Doppelkupplung des Getriebes möglich. Daher handelt es sich bei dieser Anordnung ebenfalls um einen parallelen Vollhybrid. Je nach eingelegtem Gang im Teilgetriebe mit der elektrischen Maschine ist eine unterschiedliche Übersetzung zwischen Verbren-

Bild 9
1 Verbrennungsmotor
2 Tank
3 elektrische Maschine
4 Pulswechselrichter
5 Batterie

9 Elektrifizierung einer separaten Achse (Axle-Split-Parallelhybrid)

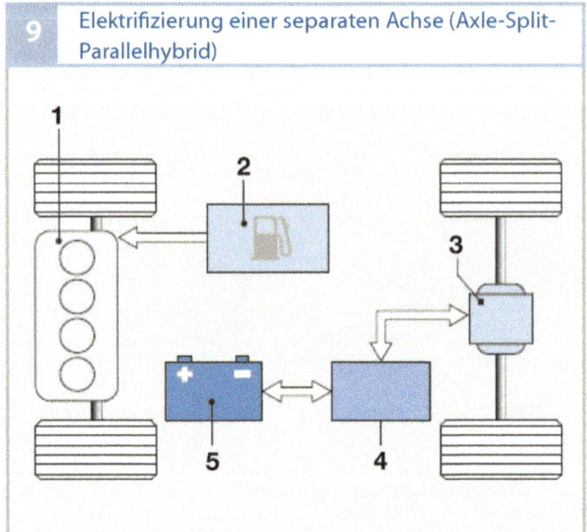

nungsmotor und elektrischer Maschine möglich. Dadurch ergibt sich ein zusätzlicher Freiheitsgrad für die Hybridsteuerung, der zur weiteren Verringerung des Kraftstoffverbrauchs genutzt werden kann.

Eine weitere parallele Antriebsstruktur ergibt sich durch die Elektrifizierung einer separaten Achse (Bild 9). Hier wird ein konventioneller Antriebsstrang mit Verbrennungsmotor und Getriebe auf einer angetriebenen Achse mit einer elektrisch angetriebenen Achse kombiniert. Zum Vollhybrid wird die Antriebskonfiguration, sobald der Verbrennungsmotor abgeschaltet und abgekuppelt werden kann, während der elektrische Antrieb das Fahrzeug antreibt. Dazu werden ein automatisiertes Getriebe und ein Start-Stopp-System für den Verbrennungsmotor benötigt. Diese Antriebsstruktur gehört zu den parallelen Hybridantrieben, weil sich die Leistungen von Verbrennungsmotor und elektrischem Antrieb addieren. Im Gegensatz zu den bisher vorgestellten Antriebsstrukturen liegt der Additionspunkt nicht innerhalb des Antriebsstrangs, sondern auf der Ebene der angetriebenen Räder.

Das Nachladen der Traktionsbatterie erfolgt in diesem Fall durch regeneratives Bremsen. Im Fahrzeugstillstand ist das Nachladen der Traktionsbatterie nicht möglich. Durch Zusammenwirken von Verbrennungsmotor und elektrischem Antrieb kann ein Allradantrieb für das Fahrzeug realisiert werden. Die Verteilung der Antriebsmomente kann durch eine gezielte Ansteuerung des elektrischen Antriebs in weiten Grenzen verstellt werden. Ein dauerhafter Allradantrieb kann allerdings nur realisiert werden, wenn der elektrische Antrieb nicht nur über die Batterie versorgt wird, sondern eine zweite elektrische Maschine die benötigte elektrische Energie bereitstellen kann.

Mit einer zweiten elektrischen Maschine, die direkt mit dem Verbrennungsmotor verbunden ist (entweder an der Kurbelwelle oder im Riementrieb), kann zum einen ein dauerhafter Allradantrieb realisiert werden, zum anderen kann damit die Batterie auch während des Fahrzeugstillstands nachgeladen werden.

Serieller Hybridantrieb

Bei seriellen Hybridfahrzeugen (Bild 10) treibt der Verbrennungsmotor eine elektrische Maschine an, die als Generator arbeitet. Die dadurch erzeugte elektrische Leistung steht zusammen mit der Batterieleistung einer zweiten elektrischen Maschine zur Verfügung, die den Fahrzeugantrieb übernimmt. Aus Sicht der Energieflüsse liegt in diesem Fall eine Reihenschaltung vor. Ein serieller Hybrid ist immer ein Vollhybrid, da alle dazu benötigten Funktionalitäten (Start-Stopp-Funktionalität, regeneratives Bremsen, hybridisches Fahren, elektrisches Fahren) möglich sind.

Da es im seriellen Hybrid keine mechanische Verbindung zwischen Verbrennungsmotor und angetriebenen Rädern gibt, bietet diese Antriebsstruktur einige Vorteile. So wird im Antriebsstrang kein herkömmliches Stufengetriebe benötigt. Dadurch ergeben sich neue Freiräume für das Packaging des gesamten Antriebs. Zudem verursacht der Start des Verbrennungsmotors aus dem elektrischen Fahren heraus keine unerwünschte Rückwirkung auf die Fahrzeugbewegung. Im Fahrbetrieb ist der Hauptvorteil die freie Wahl des Betriebspunkts des Verbrennungsmotors. Dadurch wird eine kraftstoffsparende und emissionsarme Betriebsführung des Fahrzeugs unterstützt. Zudem kann der Verbrennungsmotor auf einen eingeschränkten Betriebsbereich optimiert werden.

Nachteilig beim seriellen Hybrid ist die doppelte elektrische Energiewandlung. Die Verluste durch die zweimalige Energiewandlung sind höher als im Fall einer rein mechanischen Übertragung durch ein Getriebe. Zudem werden für die Übertragung der Leistung des Verbrennungsmotors zwei elektrische Maschinen in derselben Leistungsklasse wie der Verbrennungsmotor benötigt.

Bei kleinen Geschwindigkeiten bietet ein serieller Hybrid trotz der höheren Verluste einen Verbrauchsvorteil, da hier die Vorteile durch die freie Betriebspunktwahl des Verbrennungsmotors überwiegen. Bei mittleren und höheren Geschwindigkeiten überwiegen die höheren Verluste.

Einsatzgebiete für den seriellen Hybrid sind zurzeit vor allem Diesel-elektrische Lokomotiven und Stadtbusse. Im Pkw-Bereich findet man serielle Antriebsstrukturen immer häufiger bei Elektrofahrzeugen, deren Reichweite im Bedarfsfall durch einen Verbrennungsmotor als „Range-Extender" erweitert wird.

Ein serieller Hybrid wird zum seriell-parallelen Hybrid (Bild 11) erweitert, indem eine mechanische Verbindung zwischen den beiden elektrischen Maschinen hergestellt wird, die durch eine Kupplung wahlweise verbunden oder getrennt wird. Der seriell-parallele Hybrid kann bei kleinen Geschwindigkeiten die Vorteile des seriellen Hybrids nutzen und die Nachteile bei größeren Geschwindigkeiten durch Schließen der Kupplung umgehen. Im Fall der geschlossenen Kupplung verhält sich der seriell-parallele Hybrid wie ein Parallelhybrid. Da die doppelte Energiewandlung auf den Bereich kleinerer Geschwindigkeiten und Leistungen begrenzt wird, reichen für den seriell-parallelen Hybrid kleinere elektrische Maschinen als beim seriellen Hybrid aus. Im Vergleich zum seriellen Hybrid geht wegen der mechanischen Verbindung zwischen dem Verbrennungsmotor und den angetriebenen Rädern der Vorteil im Packaging verloren. Im Vergleich zum parallelen Hybrid werden für die gleiche Aufgabe zwei elektrische Maschinen benötigt.

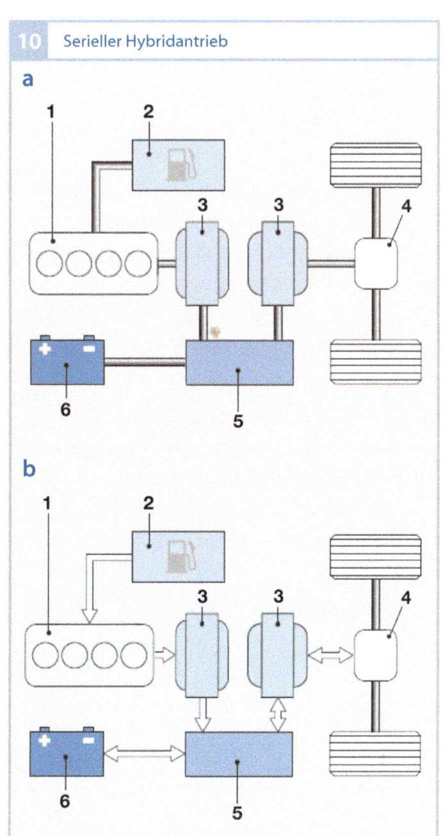

Bild 10
a) Antriebsstruktur
b) Energiefluss

1 Verbrennungsmotor
2 Tank
3 elektrische Maschine
4 Achsantrieb
5 Pulswechselrichter
6 Batterie

Leistungsverzweigter Hybridantrieb

Leistungsverzweigte Hybridfahrzeuge kombinieren Merkmale von parallelen und seriellen Hybridfahrzeugen mit denen einer Leistungsverzweigung. Ein Teil der Verbrennungsmotorleistung wird durch eine erste elektrische Maschine in elektrische Leistung umgewandelt, der verbleibende Teil treibt zusammen mit einer zweiten elektrischen Maschine das Fahrzeug an. Ein leistungsverzweigter Hybrid ist immer ein Vollhybrid, da alle dazu benötigten Funktionalitäten (Start-Stopp-Funktionalität, regeneratives Bremsen, hybridisches Fahren, elektrisches Fahren) möglich sind.

Der Aufbau ist in Bild 12 gezeigt. Zentrales Element ist ein Planetengetriebe, mit dessen drei Wellen der Verbrennungsmotor und zwei elektrische Maschinen verbunden sind. Wegen der kinematischen Randbedingungen am Planetengetriebe kann die Drehzahl des Verbrennungsmotors innerhalb gewisser Grenzen unabhängig von der Fahrzeuggeschwindigkeit eingestellt werden. In Anlehnung an ein stufenloses Getriebe (Continuously Variable Transmission, CVT) spricht man von einem elektrischen stufenlosen Getriebe (ECVT).

Durch das Planetengetriebe wird ein Teil der Leistung des Verbrennungsmotors über einen mechanischen Pfad an die angetriebenen Räder weitergegeben. Der andere Teil der Leistung kommt über einen elektrischen Pfad mit zweimaliger Energiewandlung zu

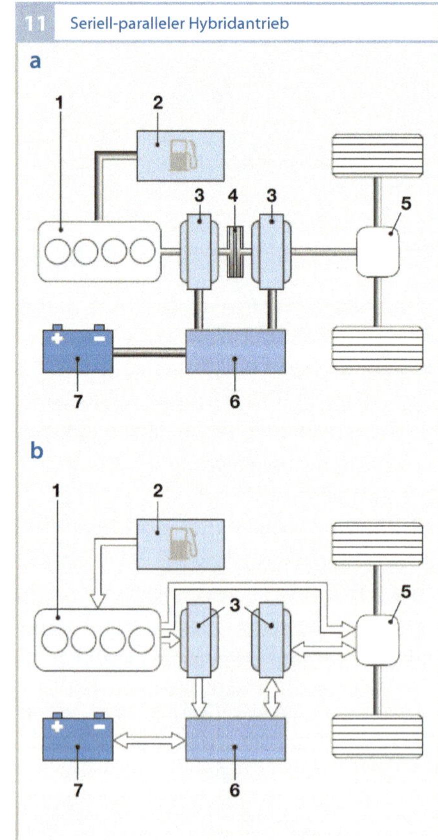

Bild 11
a) Antriebsstruktur
b) Energiefluss

1 Verbrennungsmotor
2 Tank
3 elektrische Maschine
4 Kupplung
5 Achsantrieb
6 Pulswechselrichter
7 Batterie

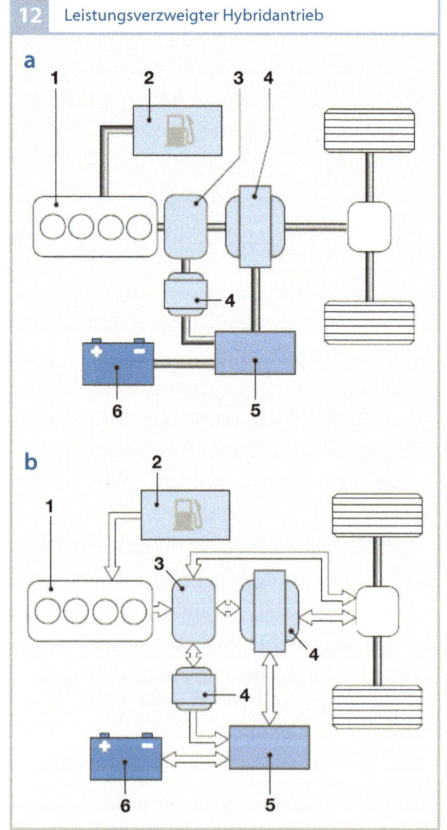

Bild 12
a) Antriebsstruktur
b) Energiefluss
1 Verbrennungsmotor
2 Tank
3 Planetengetriebe
4 elektrische Maschine
5 Pulswechselrichter
6 Batterie

den angetriebenen Rädern. Ähnlich wie beim seriellen Hybrid kann bei kleinen angeforderten Leistungen der elektrische Übertragungspfad genutzt werden. Für größere Leistungen steht zusätzlich der mechanische Übertragungspfad zur Verfügung. Es kann allerdings nicht beliebig zwischen dem mechanischen und dem elektrischen Übertragungspfad gewechselt werden. Je nach Auslegung des Planetengetriebes, der elektrischen Maschinen und des Verbrennungsmotors sind ohne zusätzliche Getriebe immer nur bestimmte Kombinationen zwischen mechanischem und elektrischem Übertragungspfad möglich. Dadurch ermöglicht der leistungsverzweigte Hybrid eine große Kraftstoffeinsparung bei kleinen und mittleren Geschwindigkeiten. Bei hohen Geschwindigkeiten kann keine zusätzliche Kraftstoffeinsparung erreicht werden.

Im leistungsverzweigten Hybrid werden, ähnlich wie beim seriellen Hybrid, elektrische Maschinen mit relativ großen Leistungen im Bereich der installierten Verbrennungsmotorleistung benötigt.

Durch den Einsatz eines zweiten Planetengetriebes kann der leistungsverzweigte Hybrid um mechanische, feste Gangstufen erweitert werden. Der mechanische Aufwand steigt dabei, der elektrische Aufwand wird reduziert. Es genügen dann kleinere elektrische Maschinen für ein vergleichbares Konzept. Zudem kann der Kraftstoffverbrauch bei mittleren und höheren Geschwindigkeiten verbessert werden.

Steuerung von Hybridfahrzeugen

Die Effizienz, die mit dem jeweiligen Hybridantrieb erzielt werden kann, hängt entscheidend von der übergeordneten Hybridsteuerung ab. Bild 13 zeigt am Beispiel eines Fahrzeugs mit parallelem Hybridantrieb die Funktions- und Softwarestruktur sowie die Vernetzung der einzelnen Komponenten und Steuergeräte im Antriebsstrang. Die übergreifende Hybridsteuerung koordiniert das gesamte System, wobei die Teilsysteme über eigene Steuerungsfunktionalitäten verfügen. Es handelt sich dabei um Batterie-Management, Motor-Management, Management der elektrischen Maschine, Getriebe-Management und Management des Bremssystems. Neben der reinen Steuerung der Teilsysteme beinhaltet die Hybridsteuerung auch eine Betriebsstrategie, die die Betriebsweise des Antriebsstrangs optimiert. Die Betriebsstrategie nimmt Einfluss auf die verbrauchs- und emissionsreduzierenden Funktionen des Hybridfahrzeugs, d. h. auf Start-Stopp-Betrieb des Verbrennungsmotors, regeneratives Bremsen, hybridisches und elektrisches Fahren.

Betriebsstrategien für Hybridfahrzeuge

Die Betriebsstrategie bestimmt die Aufteilung der Antriebsleistung auf Verbrennungsmotor und elektrischen Antrieb. Damit entscheidet sie, inwieweit die Potentiale zur Kraftstoffeinsparung und Emissionsminderung eines Fahrzeuges ausgenutzt werden. Die Betriebsstrategie muss zudem die unterschiedlichen Hybridfunktionalitäten wie regeneratives Bremsen, hybridisches und elektrisches Fahren umsetzen.

Die Auswahl und Umschaltung zwischen den einzelnen Zuständen erfolgt unter Berücksichtigung zahlreicher Bedingungen, die beispielsweise die Fahrpedalstellung, den La-

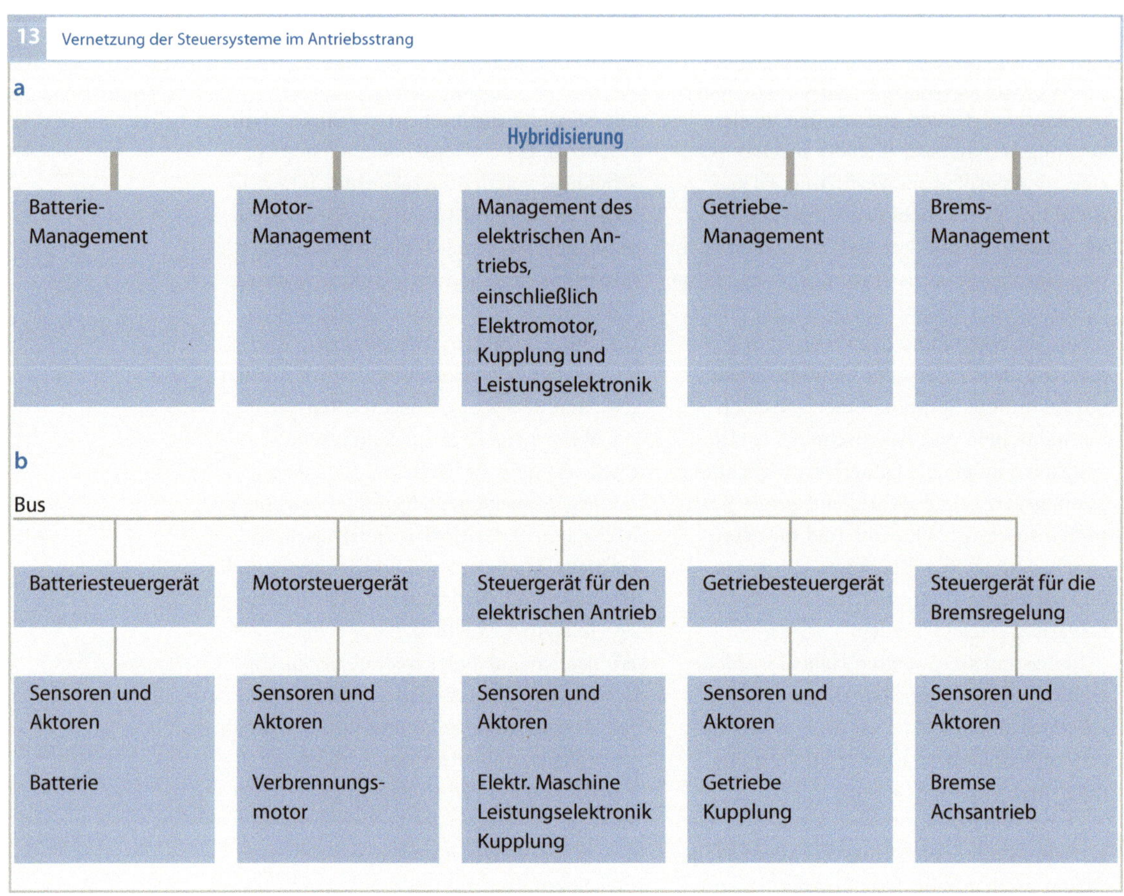

Bild 13
a) Funktions- und Softwarestruktur
b) Komponenten des Antriebsstrangs und zugehörige Steuergeräte

dezustand der Batterie und die Geschwindigkeit des Fahrzeuges betreffen. Je nach Optimierungsziel (z. B. Kraftstoffeinsparung oder Emissionsminderung) ergibt sich ein unterschiedliches Verhalten der Komponenten im Hybridfahrzeug.

Betriebsstrategie zur NO_x-Reduzierung

Fahrzeuge mit mager betriebenen Verbrennungsmotoren erreichen schon im Teillastbetrieb relativ niedrige Verbrauchswerte. Im Teillastbetrieb ist aber der Einfluss der Reibleistung recht groß, so dass auch der spezifische Kraftstoffverbrauch hoch ist. Zudem führen niedrige Verbrennungstemperaturen und lokaler Sauerstoffmangel im niedrigen Teillastbereich zu hohen Kohlenmonoxid- und Kohlenwasserstoff-Emissionen. Schon ein elektrischer Antrieb mit relativ kleiner Leistung kann den Verbrennungsmotor als Antrieb im niedrigen Lastbereich ersetzen. Wenn sich die notwendige elektrische Energie durch regeneratives Bremsen gewinnen lässt, kann diese einfache Strategie einen großen Vorteil für Kraftstoffverbrauch und Emissionen erbringen.

Bild 14 zeigt, in welchen Bereichen der Verbrennungsmotor im neuen europäischen Fahrzyklus (NEFZ) vornehmlich betrieben wird. Der Pkw-Dieselmotor wird sowohl bei niedriger Teillast (d. h. bei schlechten Wirkungsgraden und hohen HC- und CO-Emissionen) als auch bei mittlerer und höherer Last (d. h. im Bereich hoher NO_x-Emissionen) betrieben.

Bild 14 zeigt weiterhin den Bereich der Betriebspunkte für einen Parallelhybrid, der niedrige Verbrennungsmotorlasten durch rein elektrisches Fahren oder durch Lastpunktanhebung umgeht. Dadurch wird einerseits der Kraftstoffverbrauch reduziert, andererseits werden die – in diesem Bereich hohen – CO-, HC- und NO_x-Emissionen verringert. Für eine weitere Senkung der NO_x-Emissionen können durch den gleichzeitigen Betrieb von elektrischem Antrieb und Verbrennungsmotor die Lastpunkte im mittleren Lastbereich abgesenkt werden.

Betriebsstrategie zur CO_2-Reduzierung

Bei Fahrzeugen mit stöchiometrisch betriebenen Ottomotoren können aufgrund des eingesetzten Dreiwegekatalysators niedrigste Emissionswerte realisiert werden. Bei diesen Fahrzeugen liegt der Fokus auf der Reduzierung des Kraftstoffverbrauchs und damit auch der CO_2-Emissionen. Bild 15 zeigt für verschiedene Antriebsstrukturen eine mögliche Optimierung des Betriebsbereichs des Verbrennungsmotors hinsichtlich minimaler CO_2-Emissionen.

Im neuen europäischen Fahrzyklus werden Verbrennungsmotoren in konventionellen Fahrzeugen bei niedriger Teillast und damit bei schlechtem Wirkungsgrad betrieben. Beim Fahrzeug mit parallelem Hybridantrieb können niedrige Verbrennungsmotorlasten durch rein elektrisches Fahren vermieden werden (Bild 15a). Da die benötigte elektrische Energie in der Regel nicht ausschließlich durch Rekuperation gewonnen werden kann, wird die elektrische Maschine anschließend generatorisch betrieben. Hieraus resultiert im Vergleich zum konventio-

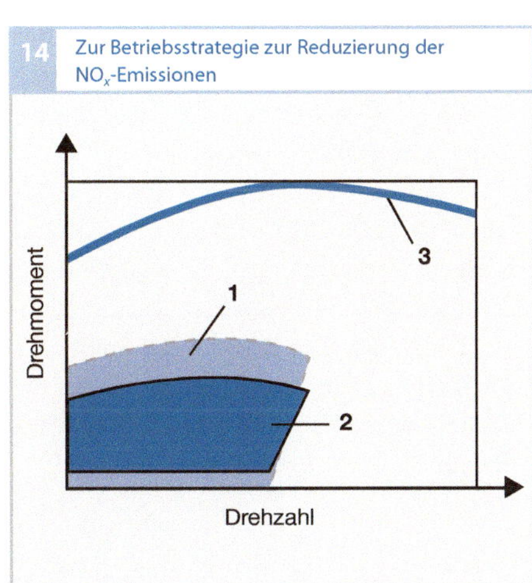
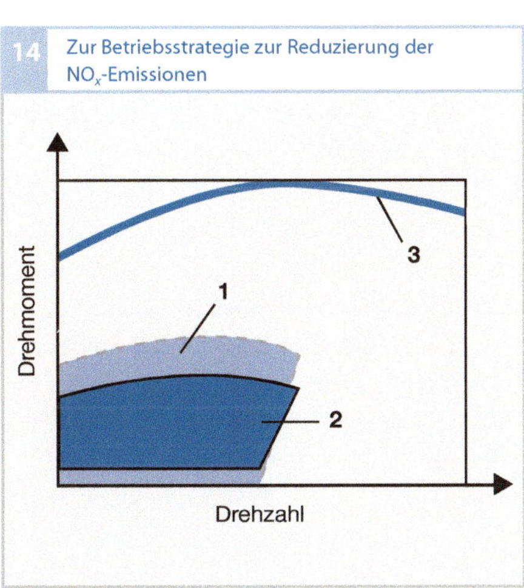

Bild 14
Bereiche der Betriebspunkte im neuen europäischen Fahrzyklus:
1 Rein verbrennungsmotorischer Antrieb
2 Parallelhybrid-Antrieb mit Betriebsstrategie zur Reduzierung der NO_x-Emissionen
3 maximales Drehmoment des Verbrennungsmotors

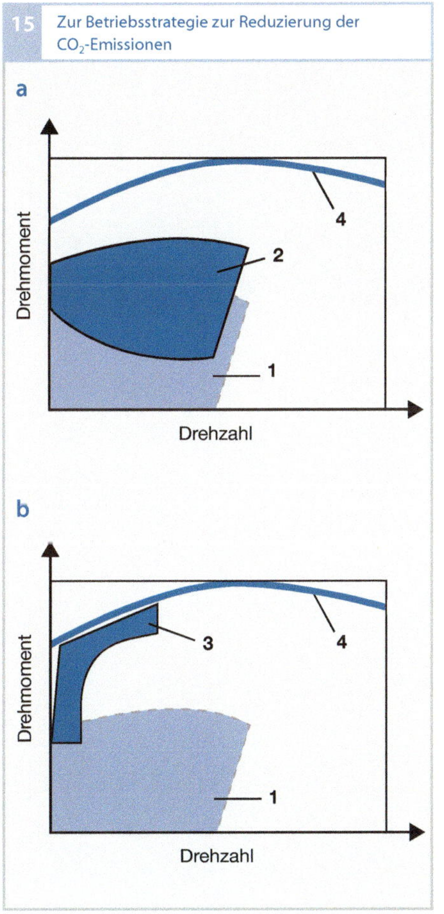

Bild 15
Bereiche der Betriebspunkte im neuen europäischen Fahrzyklus:
a) Vergleich eines rein verbrennungsmotorischen Antriebs mit einem Parallelhybrid-Antrieb
b) Vergleich eines rein verbrennungsmotorischen Antriebs mit einem leistungsverzweigten Hybridantrieb

1 Rein verbrennungsmotorischer Antrieb
2 Parallelhybrid-Antrieb
3 leistungsverzweigter Hybridantrieb
4 maximales Drehmoment des Verbrennungsmotors

nellen Fahrzeug eine Verschiebung des Betriebs des Verbrennungsmotors zu höheren Lasten und damit zu besseren Wirkungsgraden.

Im Fall des leistungsverzweigten Hybridfahrzeugs (Bild 15b) wird der Betriebsbereich des Verbrennungsmotors gegenüber dem parallelen Hybridfahrzeug stärker eingeschränkt. Er wird in der Regel drehzahlabhängig bei der Last betrieben, bei der der gesamte Antriebsstrang energieoptimal arbeitet.

Regeneratives Bremssystem

Beim regenerativen Bremsen (auch als Rekuperation bezeichnet) wird bei Verzögerungsvorgängen die kinetische Energie des Fahrzeugs durch die elektrische Maschine, die dafür generatorisch betrieben wird, in elektrische Energie umgewandelt. So kann ein Teil der Energie, die beim Bremsen normalerweise als Reibungswärme verloren geht, in Form von elektrischer Energie in die Batterie eingespeist und anschließend genutzt werden.

Schleppmomentennachbildung

Eine einfache Möglichkeit, regeneratives Bremsen zu realisieren, ist die Schleppmomentennachbildung. Dabei wird die elektrische Maschine generatorisch betrieben, sobald der Fahrer vom Gas geht. Die Betätigung des Bremspedals ist dafür nicht erforderlich. Bei einem Vollhybrid wird der Verbrennungsmotor in diesem Fall abgekoppelt und die elektrische Maschine übt ein generatorisches Moment in der Größenordnung des Schleppmoments des Verbrennungsmotors aus. Lässt sich der Verbrennungsmotor nicht abkoppeln (wie z. B. bei einem Mild-Hybrid), kann alternativ ein geringeres generatorisches Moment zusätzlich zum Schleppmoment des Verbrennungsmotors auf den Antriebsstrang ausgeübt werden (Schleppmomentenerhöhung). Dadurch verändert sich das Fahrzeugverhalten gegenüber einem nicht hybridisierten Fahrzeug nur unwesentlich.

Regeneratives Bremssystem

Bei Bremsvorgängen kann die elektrische Maschine zusätzlich zur Schleppmomentennachbildung oder -erhöhung ein zusätzliches generatorisches Moment ausüben. Dadurch verzögert das Fahrzeug bei gleicher Bremspedalstellung schneller als ein vergleichbares konventionelles Fahrzeug. Das verfügbare generatorische Moment hängt von der Fahrzeuggeschwindigkeit, von dem eingelegten Gang und von dem Ladezustand der Batterie ab. Deshalb kann es selbst bei gleicher Bremspedalstellung zu unterschiedlich starkem Bremsverhalten des Fahrzeugs kommen. Dieser Unterschied im Bremsverhalten wird vom Fahrer als umso störender empfunden, je größer der Anteil des generatorischen Moments an der Fahrzeugverzögerung ist. Aus diesem Grund lassen sich mit diesem einfachen regenerativen Bremssystem nur geringe Leistungen rekuperieren.

Kooperativ regeneratives Bremssystem

Zur weiteren Ausnutzung der kinetischen Energie muss bei höheren Verzögerungen das Betriebsbremssystem modifiziert werden. Dazu muss das gesamte Reibmoment der Betriebsbremse oder ein Teil davon gegen ein regeneratorisches Bremsmoment ausgetauscht werden, ohne dass sich die Fahrzeugverzögerung bei konstant gehaltener Bremspedalstellung und -kraft ändert. Dies wird beim kooperativ regenerativen Bremssystem realisiert, bei dem Fahrzeugsteuerung und Bremssystem derart interagieren, dass stets genau so viel Reibbremsmoment zurückgenommen wird, wie generatorisches Bremsmoment von der elektrischen Maschine dargestellt werden kann.

Fahrsicherheit im Kraftfahrzeug

Neben den Komponenten des Antriebsstrangs (Motor, Getriebe), die für den Vortrieb des Kraftfahrzeugs sorgen, übernehmen auch die Fahrzeugsysteme, die den Vortrieb begrenzen und das Fahrzeug abbremsen, eine wichtige Rolle. Erst sie machen das sichere Bewegen des Fahrzeugs im Straßenverkehr möglich. Aber auch Systeme, die die Insassen bei Unfällen schützen, werden immer wichtiger.

Sicherheitssysteme

Auf die Fahrsicherheit im Straßenverkehr haben viele Größen einen Einfluss:

- der Zustand des Kraftfahrzeugs (z. B. Ausrüstungsgrad, Reifenzustand, Verschleißerscheinungen),
- die Wetter-, Straßen- und Verkehrsverhältnisse (z. B. Seitenwind, Straßenbelag oder Verkehrsdichte) sowie
- die Qualifikation des Fahrers, also seine Fähigkeiten und Befindlichkeiten.

Leistete früher – natürlich neben der Fahrzeugbeleuchtung – im Wesentlichen nur die Bremsanlage mit dem Bremspedal, den Bremsleitungen und den Radbremsen einen Beitrag zur Fahrsicherheit, so kamen immer mehr Systeme hinzu, die in die Bremsanlage eingreifen. Diese Sicherheitssysteme werden wegen ihres aktiven Eingriffs auch als *Aktive Sicherheitssysteme* bezeichnet.

Fahrsicherheitssysteme, wie sie in Fahrzeugen nach dem neuesten Stand der Technik integriert sind, verbessern in hervorragender Weise die Fahrsicherheit des Fahrzeugs.

Die Bremse ist eine wichtige Komponente im Kraftfahrzeug. Sie ist für das sichere Bewegen des Kraftfahrzeugs im Straßenverkehr unverzichtbar. Bei den niedrigen Geschwindigkeiten und der geringen Verkehrsdichte in der Anfangszeit der Automobilgeschichte waren die Ansprüche an die Bremsanlage im Vergleich zu heute wesentlich geringer. Im Lauf der Zeit wurde die Bremsanlage immer weiterentwickelt. Letztendlich sind die hohen Geschwindigkeiten, die heute mit den Autos gefahren werden können, nur deshalb möglich, weil zuverlässige Bremsanlagen das Fahrzeug auch in Gefahrensituationen sicher abbremsen und zum Stillstand bringen können. Die Bremsanlage ist damit ein wichtiger Bestandteil der Sicherheitssysteme im Kraftfahrzeug.

Wie in allen Bereichen des Kraftfahrzeugs hat auch bei den Sicherheitssystemen die Elektronik Einzug gehalten. Die mittlerweile an die Sicherheitssysteme gestellten Anforderungen können nur noch mit elektronischer Hilfe erfüllt werden.

1 Sicherheit im Straßenverkehr (Begriffe und Einflussgrößen)

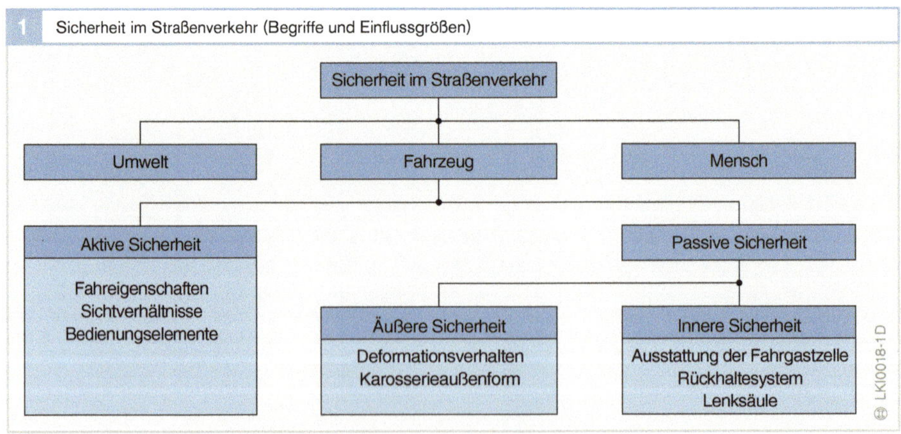

Tabelle 1

1 Sicherheitssysteme im Kraftfahrzeug

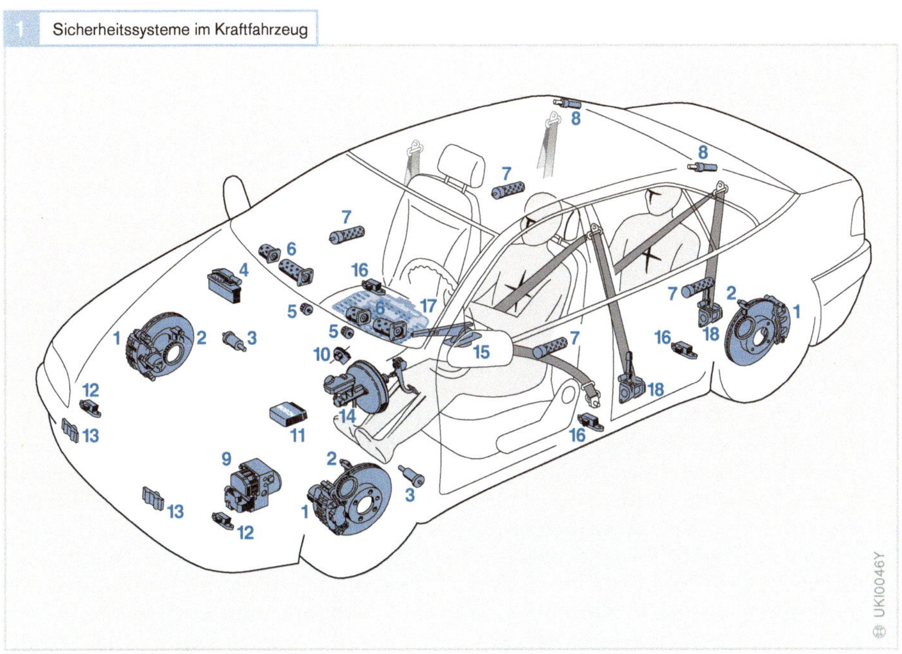

Bild 1
1 Radbremse mit Bremsscheibe
2 Raddrehzahlsensor
3 Gasgenerator Fußairbag
4 ESP-Steuergerät (mit ABS- und ASR-Funktion)
5 Gasgenerator Knieairbag
6 Gasgeneratoren für Fahrer- und Beifahrerairbag (2-stufig)
7 Gasgenerator Seitenairbag
8 Gasgenerator Kopfairbag
9 ESP-Hydroaggregat
10 Lenkwinkelsensor
11 Airbag-Steuergerät
12 Upfront-Sensor
13 Precrash-Sensor
14 Bremskraftverstärker mit Hauptzylinder und Bremspedal
15 Feststellbremse Bedienhebel
16 Beschleunigungssensor
17 Sensormatte für Sitzbelegungserkennung
18 Sicherheitsgurt mit Gurtstraffer

Aktive Sicherheitssysteme

Diese Systeme helfen, Unfälle zu vermeiden und tragen damit vorbeugend zur Sicherheit im Straßenverkehr bei. Beispiele für die aktiven Fahrsicherheitssysteme sind

- das ABS (Antiblockiersystem),
- die ASR (Antriebsschlupfregelung) und
- das ESP (Elektronische Stabilitäts-Programm).

Diese Sicherheitssysteme stabilisieren das Fahrzeug in kritischen Situationen und erhalten dabei deren Lenkbarkeit.

Systeme wie die adaptive Fahrgeschwindigkeitsregelung (ACC, Adaptive Cruise Control) leisten neben dem Beitrag zur Fahrsicherheit im Wesentlichen einen Beitrag zum Fahrkomfort, indem der Abstand zum vorderen Fahrzeug durch automatisches Gaswegnehmen oder auch durch aktive Bremseingriffe eingehalten wird.

Passive Sicherheitssysteme

Diese Systeme dienen dem Schutz der Insassen vor schweren Verletzungen im Fall eines Unfalls. Sie senken die Verletzungsgefahr und mildern die Unfallfolgen.

Beispiele für passive Sicherheitsausrüstung sind der gesetzlich vorgeschriebene Sicherheitsgurt sowie der Airbag, der inzwischen an verschiedenen Stellen innerhalb der Fahrgastzelle als Front- oder Seitenairbag zu finden ist.

Bild 1 zeigt ein Fahrzeug mit den Sicherheitssystemen und ihren Komponenten, wie sie in Fahrzeugen nach dem jetzigen Stand der Technik zu finden sind.

Grundlagen des Fahrens

Verhalten des Fahrers

Um das Fahrverhalten eines Fahrzeugs an den Fahrer und sein Fahrvermögen anpassen zu können, ist es notwendig, das Verhalten des Fahrers zu analysieren. Grundsätzlich wird das Handeln des Fahrers folgendermaßen unterteilt:

- das Führungsverhalten und
- das Stabilisierungsverhalten.

Das Führungsverhalten ist gekennzeichnet vom „Vorausschauen können" des Fahrers, d. h. von seiner Fähigkeit, die Bedingungen und Verhältnisse des jeweiligen Moments einer Fahrt abzuschätzen und daraus z. B. folgende Schlüsse zu ziehen:

- wie stark er das Lenkrad einzuschlagen hat, um die folgende Kurve spurgenau durchfahren zu können,
- wann er beginnen muss zu bremsen, um rechtzeitig anhalten zu können oder
- wann er den Beschleunigungsvorgang einleiten muss, um gefahrlos überholen zu können.

Lenkradeinschlag, Bremsen und Gasgeben sind wichtige Führungselemente, die umso exakter eingesetzt werden können, je größer die Erfahrung des Fahrers ist.

Während der Fahrer das Fahrzeug stabilisiert (Stabilisierungsverhalten), stellt er fest, dass es Abweichungen von der Sollstrecke (dem Fahrbahnverlauf) gibt und dass er die abgeschätzte Voreinstellung bzw. Vorsteuerung (Lenkradstellung, Gaspedalstellung) korrigieren muss, um das Schleudern oder das Abkommen von der Fahrbahn zu verhindern. Je besser also die Abschätzung des Fahrers im Führungsverhalten ist, desto weniger muss er nachträglich stabilisieren (korrigieren), desto stabiler bleibt das Fahrzeug. Solche Korrekturen werden immer geringer, je besser Voreinstellung (Lenkradeinschlag) und Fahrbahnverlauf übereinstimmen, da sich das Fahrzeug bei geringfügigen Korrekturen „linear" verhält (Fahrervorgaben werden proportional ohne große Abweichungen auf die Straße übertragen).

Der erfahrene Fahrer kann die Fahrzeugbewegung anhand seiner Fahrvorgaben und aufgrund vorhersehbarer Einwirkungen von außen (z. B. Kurven, herannahende Baustellen o. Ä.) wirklichkeitsnah abschätzen. Beim unerfahrenen Fahrer dauert dieser Anpassungsvorgang länger und ist mit größeren Unsicherheitsfaktoren belastet. Daraus folgt für den unerfahrenen Fahrer, dass der Schwerpunkt seines Fahraufwands im Stabilisierungsverhalten liegt.

1 Gesamtsystem „Fahrer – Fahrzeug – Umwelt"

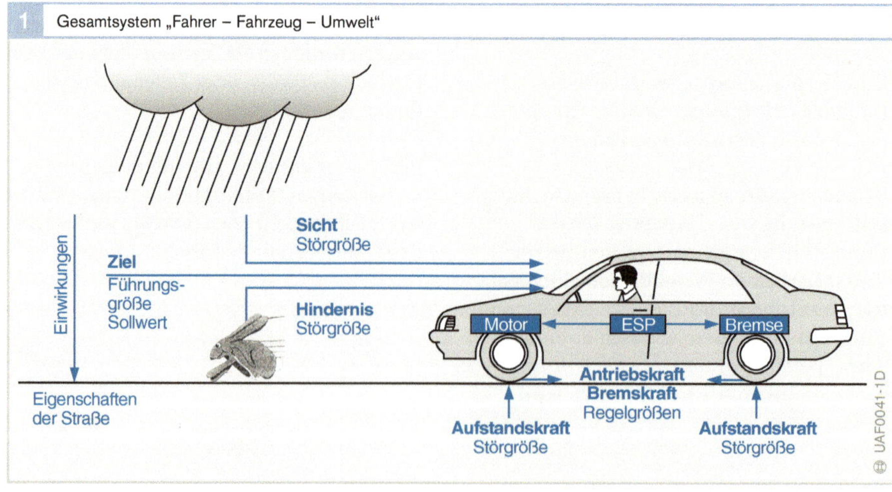

Tritt für Fahrer und Fahrzeug ein unvorhergesehenes Ereignis ein (z. B. unerwartet scharfe Kurve bei gleichzeitig behinderter Sicht o. Ä.), so kann der Fahrer falsch reagieren und in der Folge das Fahrzeug ins Schleudern geraten. Das Fahrzeug verhält sich dann nichtlinear, d. h. für den Fahrer nicht mehr vorhersehbar, und bewegt sich im physikalischen Grenzbereich. In dieser Situation sind sowohl der erfahrene als auch der unerfahrene Fahrer mit der Fahrzeugbeherrschung überfordert.

Unfallursachen und Unfallverhütung

Im Straßenverkehr ist der überwiegende Teil aller Unfallursachen bei „Unfällen mit Personenschaden" auf personenbezogenes Fehlverhalten zurückzuführen. Unfallstatistiken zeigen, dass dabei eine nicht angepasste Geschwindigkeit die Hauptunfallursache ist. Weitere Ursachen sind

- falsche Straßenbenutzung,
- Abstandsfehler,
- Vorfahrts-/Vorrangfehler oder
- falsches Abbiegen und
- Fahren unter Alkoholeinfluss.

Technische Mängel (Beleuchtung, Bereifung, Bremsen usw.) bzw. fahrzeugbezogene Ursachen wurden in nur geringem Maße registriert. Andere, vom Fahrer nicht beeinflussbare, unfallbezogene Ursachen (z. B. Wetter) waren dagegen schon häufiger festzustellen.

Anhand dieser Fakten wird deutlich, dass die Sicherheitstechnik eines Fahrzeugs (in besonderem Maße die dafür notwendige Elektronik) immer weiter verbessert werden muss, um

- den Fahrer in Extremsituationen bestmöglich zu unterstützen,
- Unfälle zu vermeiden oder
- Unfallfolgen zu mildern.

In fahrkritischen Situationen gilt es deshalb, das Fahrzeugverhalten in Grenzbereichen und extremen Fahrsituationen für den Fahrer „vorhersehbar" zu machen. Die Erfassung verschiedener Parameter (Drehzahl der Räder, Querbeschleunigung, Giergeschwindigkeit usw.) und deren elektronische Weiterverarbeitung in einem oder mehreren Steuergeräten hilft, die Vorgänge in extrem kurzer Zeit durch geeignete Maßnahmen „beherrschbarer" zu machen.

Folgende Situationen oder Gefahren sind Beispiele für mögliche Erfahrungen mit Grenzbereichen:

- sich verändernde Straßen-/Witterungsverhältnisse,
- Konflikte mit anderen Verkehrsteilnehmern,
- Konflikte mit Tieren bzw. Hindernissen auf der Fahrbahn oder
- ein plötzlicher Schaden (geplatzter Reifen) am Fahrzeug.

Kritische Situationen im Straßenverkehr

Kritische Situationen im Straßenverkehr zeichnen sich dadurch aus, dass sich die Verkehrssituation sehr schnell ändert, etwa durch ein plötzlich auftauchendes Hindernis oder plötzlich wechselnden Fahrbahnzustand. Hinzu kommt oft auch ein Fehlverhalten der Autofahrer, die mangels Erfahrung in kritischen Situationen bei zu hoher Geschwindigkeit oder wegen Unaufmerksamkeit falsch reagieren.

In der Regel erkennt der Fahrer nicht, inwieweit er mit Ausweich- oder Bremsmanövern in kritischen Fahrsituationen einen physikalischen Grenzbereich berührt, da er fast nie in derart kritische Fahrsituationen gerät. Er erkennt nicht, inwieweit er das zur Verfügung stehende Kraftschlusspotenzial zwischen Reifen und Fahrbahn bereits „aufgebraucht" hat oder ob das Fahrzeug gerade an der Grenze zur Manövrierunfähigkeit bzw. zum Schleudern steht. Demzufolge ist er in solchen Momenten unvorbereitet und reagiert deshalb falsch oder zu heftig. Unfälle oder Situationen, die andere Verkehrsteilnehmer gefährden, sind die Folge.

Unfälle können aber auch über die bereits genannten Unfallursachen hinaus, z. B. durch eine nicht angepasste Technik oder mangelhafte Infrastruktur (schlechte Verkehrswegekonzepte, veraltete Verkehrsleitführung), verursacht werden.

Verbesserungen des Fahrverhaltens eines Fahrzeugs und der Fahrerunterstützung in kritischen Situationen können nur dann als solche gewertet werden, wenn sie nachhaltig sowohl Unfallzahlen als auch -folgen senken. Um eine solche kritische Situation zu entschärfen bzw. zu bewältigen, sind schwierige Fahrmanöver notwendig, z. B.

- schnelles Lenken und Gegenlenken,
- Fahrspurwechsel in Verbindung mit einer Vollbremsung,
- Spurhalten bei beschleunigter Kurvenfahrt oder wechselndem Fahrbahnbelag.

Die Folge davon ist fast immer ein fahrdynamisch kritisches Verhalten des Fahrzeugs, d. h., es verhält sich wegen zu geringer Haftung der Reifen nicht mehr so, wie es den Erwartungen des Fahrers entspricht und weicht vom gewünschten Kurs ab.

Der Fahrer ist aufgrund mangelnder Erfahrung in solchen Grenzsituationen häufig nicht mehr in der Lage, das Fahrzeug zu einer kontrollierten Bewegung zurückzuführen. Oft gerät er dadurch sogar in Panik und reagiert falsch oder zu stark. Hat er beispielsweise bei einem Ausweichmanöver das Lenkrad zu heftig eingeschlagen, lenkt er noch heftiger in die Gegenrichtung, um die Bewegung wieder auszugleichen. Mehrfaches Lenken und Gegenlenken mit immer stärkerem Lenkradeinschlag führen dann dazu, dass sich das Fahrzeug nicht mehr beherrschen lässt und zu schleudern beginnt.

Fahrverhalten

Das Verhalten eines Fahrzeugs im Straßenverkehr wird durch verschiedene Einflüsse bestimmt, die sich grob in drei Bereiche einteilen lassen:

- Fahrzeugeigenschaften,
- Verhalten, Leistungsvermögen und Reaktionsfähigkeit des Fahrers und
- umgebende Bedingungen.

Die Bauweise und Auslegung eines Fahrzeugs beeinflussen dessen Bewegungen und dessen Fahrverhalten.

Das Fahrverhalten ist die Fahrzeugreaktion auf Fahrerhandlungen (z. B. Lenken, Gasgeben, Bremsen) und auf Störungen von außen (z. B. Fahrbahnzustand, Wind).
Gutes Fahrverhalten zeigt sich in der Fähigkeit, den Kurs exakt zu halten und damit die Aufgabe eines Fahrers voll zu erfüllen.
Dabei hat der Fahrer die Aufgaben,

- seine Fahrt den Verkehrs- und Straßenverhältnissen anzupassen,
- die geltenden Gesetze im Straßenverkehr zu befolgen,
- der Fahrstrecke, gegeben durch den Straßenverlauf, bestmöglich zu folgen und
- vorausschauend und verantwortungsbewusst sein Fahrzeug zu führen.

So gleicht der Fahrer die Fahrzeuglage und die Fahrzeugbewegungen immer wieder einem subjektiv empfundenen Idealzustand an. Er reagiert vorausschauend, handelt gemäß seiner Erfahrung und passt sich so dem aktuellen Straßenverkehrsgeschehen an.

2 Gesamtsystem „Fahrer – Fahrzeug – Umwelt" als Regelkreis

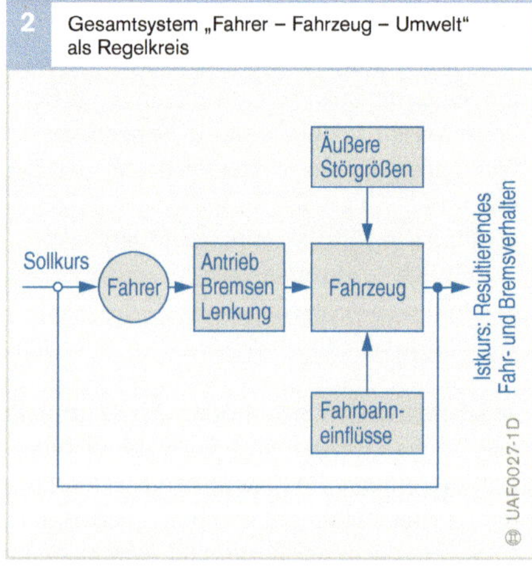

Beurteilung des Fahrverhaltens

Zur Beurteilung des Fahrverhaltens ist die subjektive Beurteilung durch versierte Fahrer noch immer der wichtigste Beitrag. Subjektive Wahrnehmungen lassen nur relative Bewertungen zu, geben also keinen Aufschluss über objektive „Wahrheiten". Subjektive Erfahrungen mit einem Fahrzeug können folglich nur vergleichend mit Erfahrungen an anderen Fahrzeugen eingesetzt werden.

Das Fahrzeugverhalten beurteilen Testfahrer in Fahrversuchen mit ausgewählten Fahrmanövern, die in ihrer Konzeption direkt am „normalen" Verkehrsgeschehen orientiert sind. In einem geschlossenen Regelkreis (englisch: *closed loop*) wird das Gesamtsystem (einschließlich Fahrer) beurteilt. Dabei wird der bezüglich seines Verhaltens nicht präzise zu definierende Fahrer durch eine objektiv vorgegebene Einleitung von Störgrößen ersetzt und die daraus resultierende Fahrzeugreaktion analysiert und beurteilt. Folgende, durch die ISO genormte oder sich im Normierungsprozess befindende Fahrmanöver (durchgeführt auf trockener Fahrbahn) dienen als anerkannte Verfahren der Fahrzeugbeurteilung bezüglich der Fahrzeugstabilität:

- Stationäre Kreisfahrt,
- Übergangsverhalten,
- Bremsen in der Kurve,
- Empfindlichkeit bei Seitenwind,
- Geradeauslaufverhalten und
- Lastwechsel bei Kreisfahrt.

Hierbei sind die Führungsgröße wie z. B. der Fahrbahnverlauf oder Fahreraufgaben von grundlegender Bedeutung. Der jeweilige Fahrer versucht seine Eindrücke und Erfahrungen während der Fahrmanöver, die er anhand seiner Fahreraufgaben durchführt, zu sammeln, um sie anschließend z. T. mit Eindrücken und Erfahrungen anderer Fahrer zu vergleichen. Die oft gefährlichen Fahrmanöver (z. B. von VDA standardisierter Ausweichtest, auch „Elch-Test" genannt), die von mehreren Fahrern durchgeführt werden, geben über die Eigenschaften und die Dynamik des zu untersuchenden Fahrzeugs Aufschluss:

- Stabilität,
- Lenk- und Bremsbarkeit sowie
- das Verhalten in Grenzsituationen sollen beschrieben und mit diesen Versuchen verbessert werden.

Die Vorteile dieses Verfahrens sind:

- das Gesamtsystem („Fahrer–Fahrzeug–Umwelt") kann geprüft werden und
- viele Situationen des täglichen Verkehrsalltages können realistisch simuliert werden.

Die Nachteile dieses Verfahrens sind:

- die große Streuung der Ergebnisse, da die Fahrereigenschaften, Wind- und Fahrbahnverhältnisse sowie die Anfangsbedingungen eines jeden Manövers unterschiedlich sind.
- Subjektive Wahrnehmungen und Erfahrungen können individuell interpretiert werden.
- Das Leistungsvermögen eines Fahrers kann über Erfolg oder Misserfolg einer Versuchsserie entscheiden.

Tabelle 1 (nächste Seite) enthält die wichtigsten Fahrmanöver zur Beurteilung des Fahrverhaltens im geschlossenen Regelkreis.

Eine objektive Festlegung der fahrdynamischen Eigenschaften im geschlossenen Regelkreis („Closed Loop"-Betrieb, d. h. mit dem Fahrer, Bild 2) ist bis heute in der Praxis noch nicht vollständig gelungen, da das Regelverhalten des Menschen subjektiv ausgeprägt ist.

Trotzdem gibt es neben objektiven Fahrtests verschiedene Testfahrten, die geübten Fahrern Aufschluss über die Fahrstabilität eines Fahrzeugs geben können (z. B. ein Slalomkurs).

1 Beurteilung des Fahrverhaltens					
Fahrzeugverhalten	**Fahrmanöver** (Fahrervorgaben und vorgegebene Fahrsituation)	**Fahrer greift ständig ein**	**Lenkrad fest**	**Lenkrad frei**	**Lenkwinkelvorgabe**
Geradeausverhalten	Geradeauslauf-Spurhaltung	•	•	•	
	Lenkungsansprechen/Anlenken	•			
	Anreißen – Lenkung loslassen			•	
	Lastwechselreaktion	•	•	•	
	Aquaplaning	•	•	•	
	Geradeausbremsen	•	•	•	
	Seitenwindempfindlichkeit	•	•	•	
	Auftrieb bei hohen Geschwindigkeiten		•		
	Reifendefekt	•	•	•	
Übergangs-/Übertragungsverhalten	Lenkwinkelsprung				•
	Einfaches Lenken und Gegenlenken				•
	Mehrfaches Lenken und Gegenlenken				•
	Einfacher Lenkimpuls				•
	„Zufällige" Lenkwinkeleingabe	•			•
	Einfahrt in einen Kreis	•			
	Ausfahrt aus einem Kreis	•			
	Rückstellverhalten			•	
	Einfacher Fahrbahnwechsel	•			
	Doppelter Fahrbahnwechsel	•			
Kurvenverhalten	Stationäre Kreisfahrt		•		
	Instationäre Kreisfahrt	•	•		
	Lastwechselreaktion bei Kreisfahrt	•	•		
	„Reinfallen" der Lenkung			•	
	Bremsen in der Kurve	•	•		
	Aquaplaning in der Kurve	•	•		
Wechselkurvenverhalten	Wedeln, Slalom um Pylonen	•			
	„Handling-Pacours" (Teststrecke mit starken Kurven)	•			
	Pendeln – Anreißen/Beschleunigen			•	
Gesamtverhalten	Kippsicherheit	•			•
	Reaktions- und Ausweichtests	•			

Tabelle 1

Fahrmanöver

Stationäre Kreisfahrt

Bei der stationären Kreisfahrt wird die maximal erzielbare Querbeschleunigung ermittelt. Außerdem lässt sich erkennen, wie sich die einzelnen fahrdynamischen Größen in Abhängigkeit von der Querbeschleunigung bis zum Erreichen des Maximalwertes ändern. Daraus lässt sich das Eigenlenkverhalten des Fahrzeugs beurteilen (Begriffe: Unter-, Über- und Neutralsteuern).

3 Ausweichtest („Elch-Test")

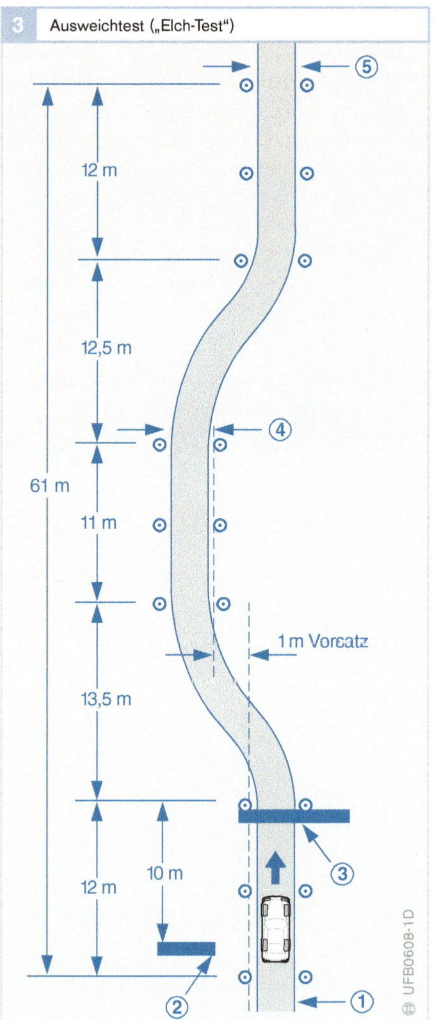

Übergangsverhalten

Neben dem stationären Eigenlenkverhalten (bei stationärer Kreisfahrt) ist auch das Übergangsverhalten eines Fahrzeugs von Bedeutung. Dazu zählen z. B. schnelle Ausweichmanöver nach anfänglicher Geradeausfahrt.

Der „Elch-Test" simuliert eine extreme Fahrsituation, wie sie beim abrupten Umfahren eines Hindernisses entsteht. Auf einer 50 m langen Teststrecke muss ein Fahrzeug bei einer bestimmten Geschwindigkeit ein Hindernis sicher umfahren, das vier Meter in die Fahrbahn hineinragt und eine Länge von 10 m hat (Bild 3).

Bremsen in der Kurve – Lastwechselreaktionen

Eines der im täglichen Fahrbetrieb kritischsten und deshalb für die Fahrzeugkonzeption wichtigsten Fahrmanöver ist das Bremsen in der Kurve.

Ob der Fahrer eines Fahrzeugs in einer Kurve plötzlich das Gaspedal zurücknimmt oder einfach bremst, ist physikalisch betrachtet nicht von Bedeutung: beides erzielt einen ähnlichen Effekt. Wegen der resultierenden Achslastverlagerung von hinten nach vorne wird der Schräglaufwinkel an der Hinterachse größer und an der Vorderachse kleiner, da sich die erforderliche Seitenkraft durch den vorgegebenen Kurvenradius und die Fahrzeuggeschwindigkeit nicht ändert: das Fahrverhalten verschiebt sich in Richtung „übersteuern".

Bei heckgetriebenen Fahrzeugen hat der Reifenschlupf einen geringeren Einfluss auf die Änderung des Eigenlenkverhaltens als bei frontgetriebenen Fahrzeugen. Daraus resultiert in diesem Fall ein stabileres Fahrverhalten bei heckgetriebenen Fahrzeugen.

Die Reaktionen des Fahrzeugs bei diesen Manöver müssen einen bestmöglichen Kompromiss zwischen Lenkfähigkeit, Fahrstabilität und Abbremsung darstellen.

Bild 3
Testbeginn:
Phase 1:
Höchster Gang (Schaltgetriebe)
Schaltstufe D bei 2000 min^{-1} (Automatikgetriebe)

Phase 2:
Gaswegnahme

Phase 3:
Geschwindigkeitsmessung mit Lichtschranke

Phase 4: Lenkeinschlag nach rechts

Phase 5:
Testende

Messgrößen

Hauptbeurteilungsgrößen der Fahrdynamik sind:

- Lenkradwinkel,
- Querbeschleunigung,
- Längsbeschleunigung bzw. Längsverzögerung,
- Giergeschwindigkeit,
- Schwimm- und Wankwinkel.

Zusätzliche Informationen dienen der Klärung eines bestimmten Fahrverhaltens zum Überprüfen anderer Messwerte:

- Längs- und Quergeschwindigkeit,
- Lenkwinkel der Vorder-/Hinterräder,
- Schräglaufwinkel an allen Rädern,
- Lenkradmoment.

Reaktionszeit

Im Gesamtsystem „Fahrer – Fahrzeug – Umwelt“ spielt die Fahrerbefindlichkeit und damit die Reaktionszeit des Fahrers neben den definierten Größen eine entscheidende Rolle. Sie umfasst die Zeitspanne zwischen dem Wahrnehmen eines Hindernisses, der Entscheidung und dem Umsetzen des Fußes bis zum Berühren des Bremspedals. Diese Zeit ist nicht konstant; sie beträgt je nach den persönlichen Bedingungen und äußeren Umständen mindestens 0,3 Sekunden.

Die Bestimmung des individuellen Reaktionsverhaltens erfordert Spezialuntersuchungen (z. B. eines medizinisch-psychologischen Institutes).

Bewegungsvorgänge

Fahrzeugbewegungen lassen sich in gleichförmige Bewegungen (mit gleich bleibender Geschwindigkeit) und ungleichförmige Bewegungen (beim Anfahren/Beschleunigen und Bremsen/Verzögern mit sich ändernder Geschwindigkeit) unterteilen.

Der Motor erzeugt die für das Fahrzeug zur Fortbewegung notwendige Bewegungsenergie. Um den Bewegungszustand eines Fahrzeugs nach Größe und Richtung zu ändern, müssen in jedem Falle Kräfte von außen oder über Motor und Triebstrang auf das Fahrzeug einwirken.

Fahrverhalten bei Nutzfahrzeugen

Zur objektiven Beurteilung des Fahrverhaltens bei Nutzfahrzeugen werden verschiedene Fahrmanöver wie stationäre Kreisfahrt, Lenkwinkelsprung (Fahrzeugreaktion nach „Anreißen“ mit vorbestimmtem Lenkradwinkel) und Bremsen in der Kurve durchgeführt.

Zugkombinationen weisen in der Regel ein anderes querdynamisches Verhalten auf als Solofahrzeuge. Besondere Beachtung finden dabei die Beladungsverhältnisse von Zugwagen und Anhänger sowie Bauart und Geometrie der Verbindung innerhalb einer Kombination.

Den ungünstigsten Fall bildet ein leeres Nkw-Zugfahrzeug mit beladenem Zentralachsanhänger. Der Betrieb einer solchen Fahrzeugkombination verlangt vom Fahrer eine besonders vorsichtige Fahrweise.

4 Vorgänge: Reaktion, Bremsen und Anhalten

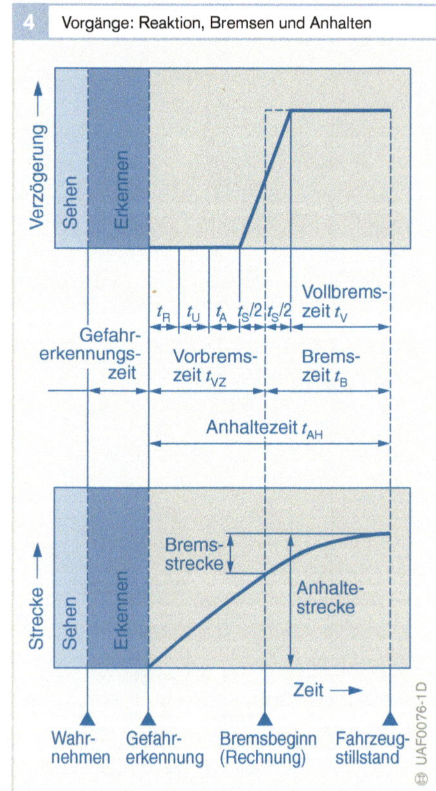

Bild 4

t_R Reaktionszeit
t_U Umsetzzeit
t_A Ansprechzeit
t_S Schwellzeit

Bei Sattelzügen besteht beim Bremsen in extremen Situationen die Gefahr des Einknickens („Jackknifing"). Dieser Vorgang wird durch Seitenkraftverlust der Hinterachse des Zugfahrzeugs bei „Überbremsen" auf schlüpfriger Fahrbahn oder durch zu hohes Giermoment unter „µ-split"-Bedingungen (z. B. unterschiedliche Reibungswerte in der Fahrbahnmitte und am Fahrbahnrand). Jackknifing läßt sich mithilfe von Antiblockiersystemen verhindern.

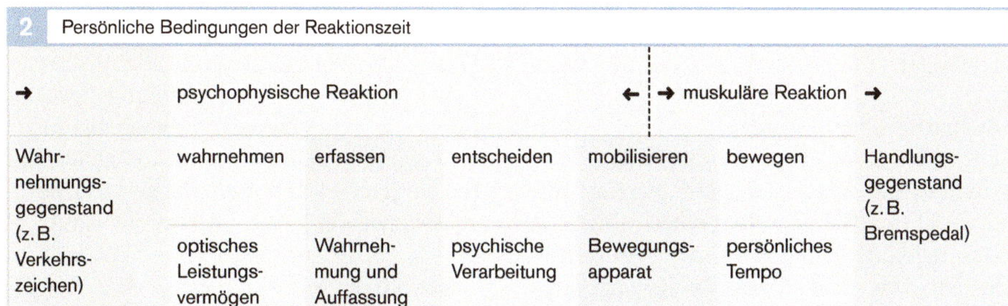

2 Persönliche Bedingungen der Reaktionszeit

→	psychophysische Reaktion		←	→ muskuläre Reaktion	→	
Wahrnehmungsgegenstand (z. B. Verkehrszeichen)	wahrnehmen	erfassen	entscheiden	mobilisieren	bewegen	Handlungsgegenstand (z. B. Bremspedal)
	optisches Leistungsvermögen	Wahrnehmung und Auffassung	psychische Verarbeitung	Bewegungsapparat	persönliches Tempo	

Tabelle 2

3 Abhängigkeit der Reaktionszeit von persönlichen und äußeren Faktoren

kleine Reaktionszeit ←	→ große Reaktionszeit
Persönliche Faktoren des Fahrers	
eingeübte Reflexhandlung	Wahlhandlung
gute Verfassung, optimale Leistungsfähigkeit	schlechte Verfassung, z. B. Ermüdung
hohe Fahrbegabung	mindere Fahrbegabung
Jugendlichkeit	höheres Alter
Erwartungsspannung	Aufmerksamkeit, Ablenkung
körperliche und psychische Gesundheit	krankhafte körperliche oder psychische Störungen
	Schreckwirkung, Alkohol
Äußere Faktoren	
Verkehrssituation einfach, übersichtlich, vorausberechenbar, bekannt	Verkehrssituation kompliziert, unübersichtlich unberechenbar, nicht bekannt
wahrgenommenes Hindernis auffällig	wahrgenommenes Hindernis unauffällig
Hindernis im Blickfeld	Hindernis am Rande des Blickfelds
Schalt- und Bedienungselemente im Auto zweckmäßig angeordnet	Schalt- und Bedienungselemente im Auto unzweckmäßig angeordnet

Tabelle 3

Grundlagen der Fahrphysik

Bewegungsänderungen eines Körpers lassen sich nur durch Kräfte erreichen. Auf ein Fahrzeug wirken im Fahrbetrieb viele Kräfte ein. Eine wichtige Funktion übernehmen dabei die Reifen: jede Bewegungsänderung des Fahrzeugs führt über am Reifen wirkende Kräfte.

Reifen

Aufgabe

Ein Reifen ist das Verbindungselement zwischen Fahrzeug und Fahrbahn. An ihm entscheidet sich die Sicherheit eines Fahrzeugs. Der Reifen überträgt Antriebs-, Brems- und Seitenkräfte, wobei physikalische Gegebenheiten die Grenzen der dynamischen Belastung eines Fahrzeugs definieren. Entscheidende Beurteilungsmerkmale sind:

- Geradeauslauf,
- Kurvenstabilität,
- Haftung auf verschiedenen Fahrbahnoberflächen,
- Haftung bei unterschiedlicher Witterung,
- Lenkverhalten,
- Komfort (Federung, Dämpfung, Laufruhe),
- Haltbarkeit und
- Wirtschaftlichkeit.

Aufbau

Nach Technik und Entwicklungsstand werden mehrere Reifenbauarten unterschieden. Verschiedene Gebrauchs- und Notlaufeigenschaften, die ein herkömmlicher Fahrzeugreifen aufweisen sollte, bestimmen dessen Bauart.

Gesetzliche Vorschriften und Richtlinien geben vor, unter welchen Bedingungen welche Reifen verwendet werden müssen, bis zu welchen maximalen Geschwindigkeiten Reifen eingesetzt werden dürfen und welcher Klassifizierung Reifen unterworfen sind.

Radialreifen

Bei einem Reifen der Radialbauweise, der als Pkw-Reifen zum Standard geworden ist, verlaufen die Kordfäden der Karkasslage(n) auf kürzestem Weg „radial" von Wulst zu Wulst (Bild 1). Ein stabilisierender Gürtel umschließt die verhältnismäßig dünne, elastische Karkasse.

1 Aufbau eines Pkw-Radialreifens

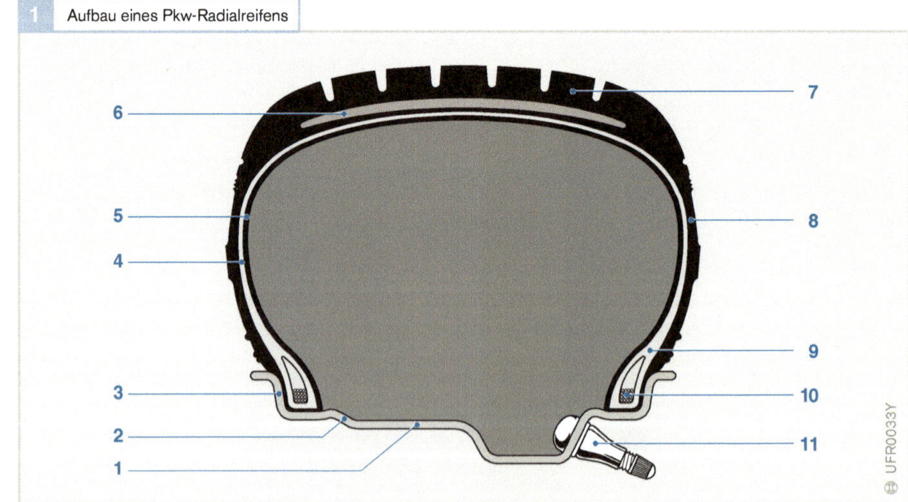

Bild 1
1 Felgenschulter
2 Hump
3 Felgenhorn
4 Karkasse
5 luftdichte Gummischicht
6 Gürtel
7 Lauffläche
8 Seitengummi
9 Wulst
10 Wulstkern
11 Ventil

Diagonalreifen

Die Diagonalbauweise erhielt ihren Namen von den „diagonal" (bias) zur Lauffläche verlaufenden Kordfäden der Karkasslagen, die sich kreuzen (cross ply). Dieser Reifen ist nur noch für Motorräder, Fahrräder, Industrie- und Landwirtschaftsfahrzeuge von Bedeutung. Bei Nutzfahrzeugen wird er zunehmend vom Radialreifen verdrängt.

Vorschriften

Kraftfahrzeuge und Anhänger müssen entsprechend den europäischen Richtlinien bzw. in den USA entsprechend dem *FMVSS (Federal Motor Vehicle Safety Standard)* mit Luftreifen versehen sein, die am ganzen Umfang und auf der ganzen Breite der Lauffläche Profilrillen oder Einschnitte mit einer Tiefe von mindestens 1,6 mm aufweisen.

Personenkraftwagen und Kraftfahrzeuge mit einem zulässigen Gesamtgewicht von weniger als 2,8 Tonnen und einer bauartbestimmten Höchstgeschwindigkeit von mehr als 40 km/h und ihre Anhänger dürfen entweder nur mit Diagonal- oder nur mit Radialreifen ausgerüstet sein; im Fahrzeugzug gilt dies nur für das jeweilige Einzelfahrzeug. Dies gilt nicht für Anhänger hinter dem Kraftfahrzeug, die mit einer Geschwindigkeit von höchstens 25 km/h gefahren werden.

Anwendung

Die Voraussetzung für einen erfolgreichen Einsatz ist die richtige Reifenauswahl nach den Empfehlungen des Fahrzeug- oder Reifenherstellers. Wird ein Fahrzeug rundum mit Reifen gleicher Bauart bereift, so garantiert dies bestmögliche Fahrbedingungen. Bezüglich Pflege, Wartung, Lagerung und Montage sind bei Reifen besondere Hinweise der Reifenhersteller oder eines Fachmannes zu berücksichtigen, um eine maximale Haltbarkeit bei größtmöglicher Sicherheit zu gewährleisten.

2 Bremswegverlängerung auf nasser Fahrbahn in Abhängigkeit von der Profiltiefe bei 100 km/h

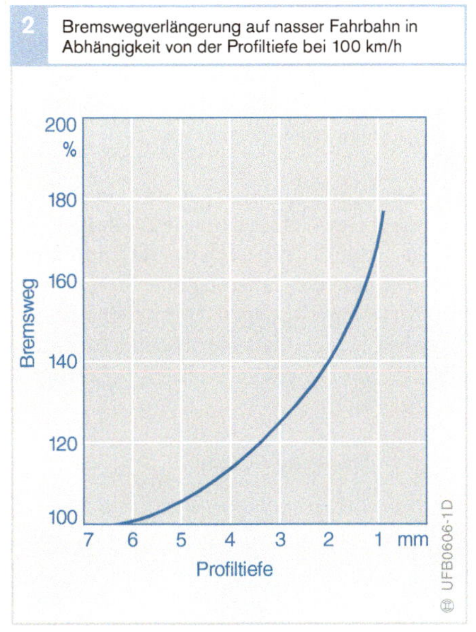

Beim Gebrauch der Reifen, also in „aufgezogenem Zustand", ist zu beachten, dass

- die Reifen ausgewuchtet sind und damit einen optimalen Rundlauf garantieren,
- für alle Räder der gleiche Reifentyp und die zum Fahrzeug passenden Reifen verwendet werden,
- die zugelassene Höchstgeschwindigkeit der Reifen nicht überschritten wird und
- die Reifen genügend Profiltiefe aufweisen.

Wenn die Profiltiefe eines Reifens zu gering ist, dann steht auch entsprechend weniger Material für den Schutz des darunter liegenden Gürtels bzw. der Karkasse zur Verfügung. Vor allem bei Personenkraftwagen und schnellen Nutzfahrzeugen spielt die fehlende Profiltiefe auf nasser Fahrbahn wegen des verminderten Kraftschlusses bezüglich der Fahrsicherheit eine entscheidende Rolle. Der Bremsweg wächst mit abnehmender Profiltiefe überproportional (Bild 2). Besonders kritisch ist das Verhalten des Fahrzeugs bei Aquaplaning, wenn kein Kraftschluss mehr zwischen Fahrbahn und Reifen herrscht und das Fahrzeug auch nicht mehr lenkbar ist.

Reifenschlupf

Reifenschlupf, auch einfach „Schlupf" genannt, ergibt sich aus der Differenz der theoretisch und tatsächlich zurückgelegten Wegstrecke eines Fahrzeugs.

Anhand eines Beispiels soll dies verdeutlicht werden: Der Umfang eines Pkw-Reifens beträgt 2 Meter. Dreht sich das Rad nun zehnmal, müsste das Fahrzeug eine Strecke von 20 Metern zurücklegen. Der Reifenschlupf bewirkt jedoch, dass die tatsächlich zurückgelegte Strecke des gebremsten Fahrzeugs länger ist.

3 Abrollbewegung des Rads

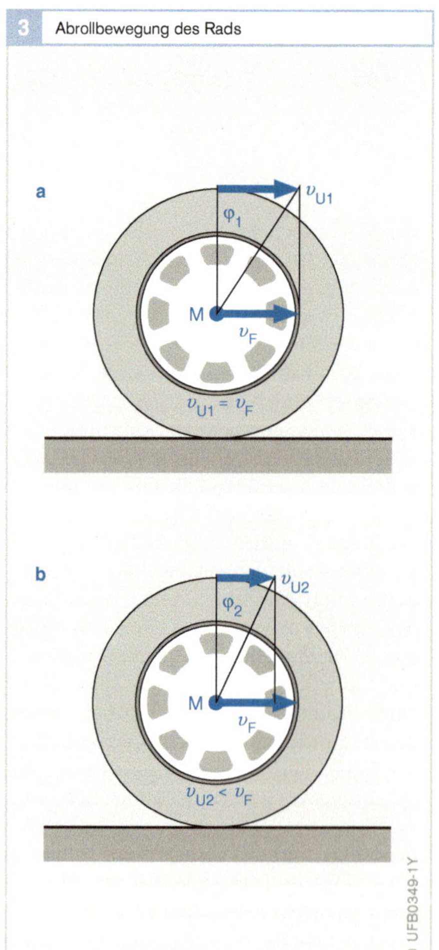

Bild 3
a Frei rollendes Rad
b gebremstes Rad
v_F Fahrzeuggeschwindigkeit am Radmittelpunkt M
v_U Radumfangsgeschwindigkeit

Beim gebremsten Rad wird der Drehwinkel φ pro Zeiteinheit kleiner (Schlupf)

Ursache für den Reifenschlupf

Beim Abrollen eines Rades unter Antriebs- oder Bremskräften spielen sich in der Reifenaufstandsfläche komplizierte physikalische Vorgänge ab, bei denen die Gummielemente in sich verspannt werden und partiellen Gleitbewegungen ausgesetzt sind, auch wenn das Rad noch nicht blockiert. Die Elastizität des Reifens bewirkt also, dass der Reifen deformiert wird und je nach Witterungs- und Fahrbahnbedingungen mehr oder weniger „Walkarbeit" verrichtet. Da der Reifen zu großen Teilen aus Gummi besteht, wird beim Auslauf aus der Kontaktzone (Reifenaufstandsfläche) nur ein Teil der „Deformationsenergie" zurückgewonnen. Der Reifen erwärmt sich dabei und es entstehen Energieverluste.

Darstellung des Schlupfs

Das Maß für den Gleitanteil der Abrollbewegung ist der Schlupf λ:

$$\lambda = (v_F - v_U)/v_F$$

Die Größe v_F ist die Fahrgeschwindigkeit, v_U ist die Umfangsgeschwindigkeit des Rads (Bild 3). Die Formel sagt aus, dass Bremsschlupf auftritt, sobald sich das Rad langsamer dreht als es der Fahrgeschwindigkeit entspricht. Nur unter dieser Bedingung können Bremskräfte bzw. Beschleunigungskräfte übertragen werden.

Da der Reifenschlupf infolge der Längsbewegung des Fahrzeugs entsteht, wird er auch als „Längsschlupf" bezeichnet. Für den beim Bremsen entstehenden Schlupf ist auch die Bezeichnung „Bremsschlupf" gebräuchlich.

Werden einem Reifen zusätzlich zum Schlupf noch andere Einflussgrößen überlagert (z. B. höhere Radlast oder extreme Radstellungen), werden die Kraftübertragungs- und Laufeigenschaften negativ beeinflusst.

Kräfte und Momente am Fahrzeug

Trägheitsprinzip

Jeder Körper ist bestrebt, entweder in seinem Ruhezustand zu verharren oder seinen Bewegungszustand beizubehalten. Um eine Änderung des jeweiligen Zustands herbeizuführen, muss eine Kraft aufgewendet bzw. übertragen werden. Wird z. B. bei Glatteis versucht, in einer Kurve zu bremsen, rutscht das Fahrzeug geradeaus weiter, ohne merklich langsamer zu werden und auf Lenkbewegungen zu reagieren. Auf Glatteis können nämlich nur sehr geringe Reifenkräfte übertragen werden.

Momente

Drehbewegungen von Körpern werden durch Momente beeinflusst. So wird z. B. die Drehbewegung der Räder durch das Bremsmoment verzögert und durch das Antriebsmoment beschleunigt.

Auch auf das gesamte Fahrzeug wirken Momente. Befindet sich das Fahrzeug zum Beispiel mit der einen Seite auf einer glatten Fahrbahn (z. B. Glatteis), mit der anderen Seite auf normal haftender Fahrbahn (z. B. Asphalt), so kommt es beim Bremsen zu einer Drehbewegung des Fahrzeugs um die Hochachse (μ-split-Bremsung). Diese Drehbewegung wird duch das Giermoment verursacht, das durch die unterschiedlich hohen Kräfte an den Fahrzeugseiten entsteht.

Einteilung der Kräfte

Auf ein Fahrzeug wirken neben dem Fahrzeuggewicht (verursacht durch die Schwerkraft) unabhängig von seinem Bewegungszustand Kräfte ganz verschiedener Art (Bild 1). Einerseits handelt es sich dabei um

- Kräfte in Längsrichtung (z. B. Antriebskraft, Luftwiderstand oder Rollreibung), andererseits um
- Kräfte in Querrichtung (z. B. Lenkkraft, Fliehkraft bei Kurvenfahrt oder Seitenwind). Die Reifenkräfte in Querrichtung werden auch als Seitenführungskräfte bezeichnet.

Die Kräfte in Längs- und in Querrichtung werden auf die Reifen und schließlich auf die Fahrbahn „von oben" oder „von der Seite" übertragen. Dies geschieht über

- das Fahrgestell (z. B. Windkraft),
- die Lenkung (Lenkkraft),
- den Motor und das Getriebe (Antriebskraft) oder über die
- Bremsanlage (Bremskraft).

In der anderen Richtung wirken die Kräfte „von unten" von der Fahrbahn aus auf die

1 Kräfte am Fahrzeug

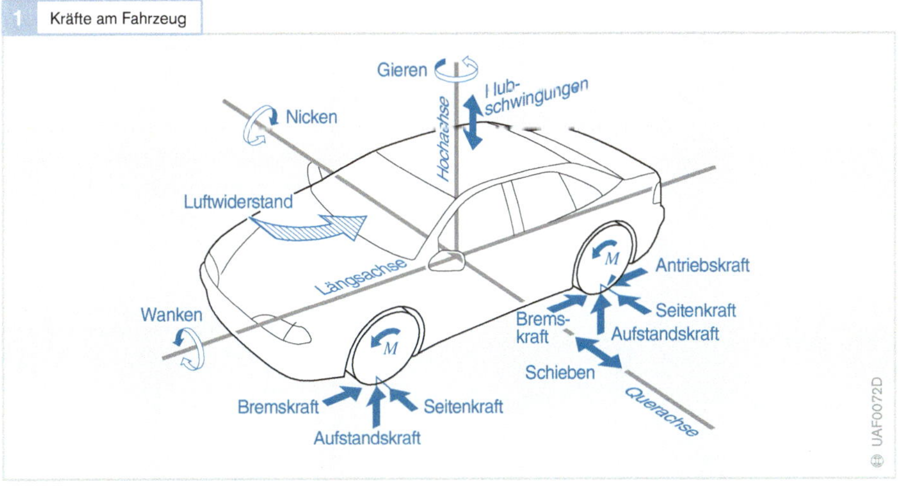

Reifen und damit auf das Fahrzeug. Denn: jede Kraft erzeugt eine Gegenkraft.

Grundsätzlich muss die antreibende Kraft des Motors (Motordrehmoment) – damit sich das Fahrzeug in Bewegung setzen kann – alle Fahrwiderstände (alle Längs- und Querkräfte) überwinden, die z. B. durch Fahrbahnlängs- und -querneigung verursacht werden.

Für die Beurteilung der Fahrdynamik oder auch der Fahrstabilität eines Fahrzeugs müssen die Kräfte bekannt sein, die zwischen den Reifen und der Straße wirken, also über diese Kontaktflächen (auch „Reifenaufstandsfläche" oder „Latsch" genannt) übertragen werden.

Mit zunehmender Fahrpraxis lernt ein Autofahrer, immer besser auf diese Kräfte zu reagieren: sie sind für ihn sowohl bei Beschleunigungen und Verzögerungen als auch bei Seitenwind oder Glätte spürbar. Bei sehr hohen Kräften, also sehr starken Bewegungszustandsänderungen, sind diese Kräfte auch gefährlich (Schleudern) oder zumindest durch quietschende Reifen vernehmbar (z. B. Kavalierstart) und erhöhen den Materialverschleiß.

2 Komponenten der Reifenkraft und Druckverteilung in der Aufstandsfläche eines Radialreifens

Bild 2
F_N Reifenaufstandskraft, auch als Normalkraft bezeichnet
F_U Umfangskraft (positiv: Antriebskraft; negativ: Bremskraft)
F_S Seitenkraft

Reifenkräfte

Nur über die Reifenkraft lässt sich gezielt eine gewollte Bewegung bzw. Bewegungsänderung erreichen. Die Reifenkraft setzt sich aus folgenden Komponenten zusammen (Bild 2):

Umfangskraft

Die Umfangskraft F_U entsteht durch den Antrieb bzw. das Bremsen. Sie wirkt in Längsrichtung auf die Fahrbahnebene (Längskraft) und ermöglicht es dem Fahrer, das Auto über das Gaspedal zu beschleunigen und über das Bremspedal abzubremsen.

Reifenaufstandskraft (Normalkraft)

Die Kraft zwischen Reifen und Straße (Fahrbahnoberfläche) senkrecht zur Fahrbahn wird als Reifenaufstandskraft oder auch Normalkraft F_N bezeichnet. Sie wirkt immer auf die Reifen, unabhängig vom Bewegungszustand des Fahrzeugs und damit auch bei Fahrzeugstillstand.

Die Aufstandskraft wird durch den Anteil des Fahrzeuggewichts plus Zuladung, der auf die einzelnen Räder entfällt, bestimmt. Sie ist auch von dem Steigungs- oder Gefällwinkel der Straße, auf der das Fahrzeug steht, abhängig. Den höchsten Wert für die Aufstandskraft ergibt sich auf ebener Fahrbahn.

Weitere Kräfte auf das Fahrzeug (z. B. größere Zuladung) erhöhen oder verringern die Aufstandskraft. Bei Kurvenfahrt werden die kurveninneren Räder entlastet und die kurvenäußeren Räder zusätzlich belastet.

Durch die Reifenaufstandskraft wird die Kontaktfläche des Reifens auf der Fahrbahn verformt. Da die Reifenseitenwände auch von dieser Verformung betroffen sind, kann sich die Aufstandskraft nicht gleichmäßig verteilen. Es entsteht eine trapezförmige Druckverteilung (Bild 2). Die Seitenwände des Reifens nehmen Kräfte auf, und der Reifen verformt sich je nach Belastung.

Seitenkraft

Seitenkräfte wirken auf das Rad, z. B. bei eingeschlagener Lenkung oder Seitenwind. Sie bewirken eine Richtungsänderung des Fahrzeugs.

Bremsmoment

Beim Bremsen drücken die Bremsbeläge gegen die Bremstrommel (bei Trommelbremsen) bzw. die Bremsscheiben (bei Scheibenbremsen). Dabei entstehen Reibungskräfte, die der Fahrer durch den Druck auf das Bremspedal beeinflusst.

Das Produkt aus Reibungskräften und dem Abstand der Angriffspunkte dieser Kräfte von der Drehachse ergibt das Bremsmoment M_B.

Dieses Moment wird beim Bremsvorgang am Radumfang wirksam (Bild 1).

Giermoment

Das Giermoment um die Fahrzeughochachse wird durch unterschiedliche Längskräfte an der linken und rechten Fahrzeugseite bzw. unterschiedliche Seitenkräfte an der Vorder- und Hinterachse erzeugt. Giermomente sind erforderlich, um das Fahrzeug bei Kurvenfahrt in Drehung zu versetzen. Unerwünschte Giermomente, wie sie beim Bremsen auf μ-split (s. o.) oder mit schief ziehenden Bremsen auftreten können, lassen sich durch konstruktive Maßnahmen reduzieren. Der Lenkrollhalbmesser (LRH) ist der Abstand zwischen dem Radaufstandspunkt und dem Durchstoßpunkt der Radlenkachse in der Fahrbahnebene (Bild 3). Er ist negativ, wenn der Durchstoßpunkt der Radlenkachse – bezogen auf den Radaufstandspunkt – auf der Fahrzeugaußenseite liegt. Bremskräfte erzeugen im Zusammenwirken mit positivem und negativem Lenkrollhalbmesser durch Hebelwirkung Momente an der Lenkung, die zu einem bestimmten Lenkwinkel am Rad führen. Bei negativem Lenkrollhalbmesser wirkt dieser Lenkwinkel dem unerwünschten Giermoment entgegen.

3 Lenkrollhalbmesser

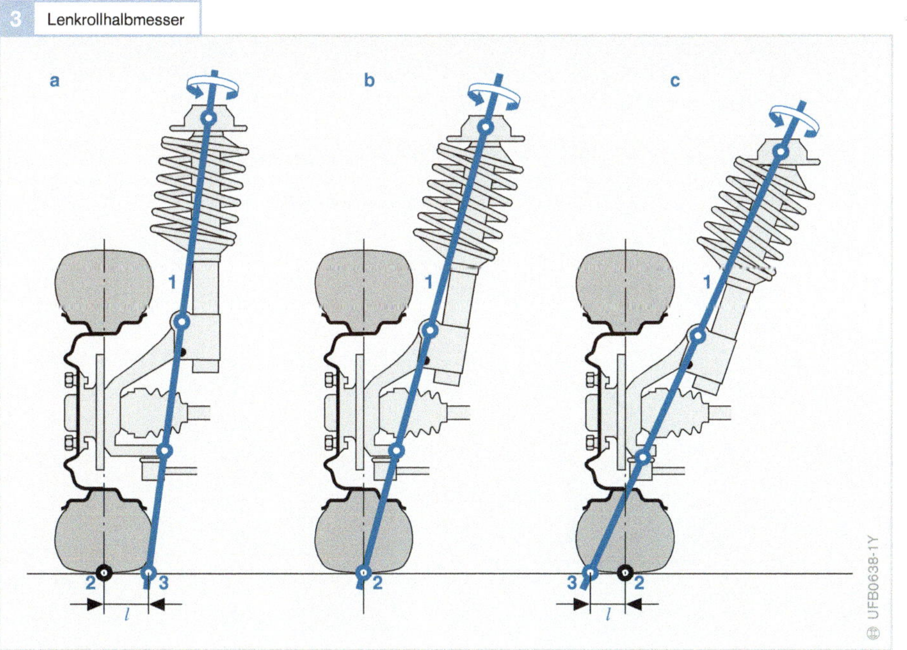

Bild 3
- a Lenkrollhalbmesser positiv: $M_{Ges} = M_T + M_B$
- b Lenkrollhalbmesser null: kein Giermoment
- c Lenkrollhalbmesser negativ: $M_{Ges} = M_T - M_B$

- 1 Radlenkachse
- 2 Radaufstandspunkt
- 3 Durchstoßpunkt
- l Lenkrollhalbmesser
- M_{Ges} Gesamtmoment (Giermoment)
- M_T Trägheitsmoment
- M_B Bremsmoment

Reibungskraft

Haftreibungszahl

Mit einem Bremsmoment entsteht zwischen dem Reifen und der Fahrbahnoberfläche eine Bremskraft F_B, die im stationären Fall (keine Radbeschleunigung) proportional zum Bremsmoment ist. Der Betrag der auf die Fahrbahn übertragbaren Bremskraft (Reibungskraft F_R) ist proportional der Reifenaufstandskraft F_N:

$$F_R = \mu_{HF} \cdot F_N$$

Der Faktor μ_{HF} heißt Haftreibungszahl bzw. Reibungszahl oder Kraftschlussbeiwert. Er kennzeichnet die Eigenschaft der verschiedenen Materialpaarungen Reifen/Fahrbahn und alle Einflüsse, denen diese Paarungen ausgesetzt sind.

Die Haftreibungszahl ist damit ein Maß für die übertragbare Bremskraft. Sie hängt ab

- vom Zustand der Fahrbahn,
- vom Zustand der Reifen,
- von der Fahrgeschwindigkeit und
- den Witterungsbedingungen.

Von der Haftreibungszahl hängt schließlich ab, in welchem Maße das Bremsmoment tatsächlich wirksam werden kann. Für Kraftfahrzeugreifen erreicht die Haftreibungszahl ihre höchsten Werte auf trockener und sauberer Fahrbahn, die niedrigsten auf Eis. Zwischenmedien wie Wasser und Schmutz verringern die Haftreibungszahl. Die Werte in Tabelle 1 gelten für Straßendecken aus Beton und Teermakadam in gutem Zustand.

Insbesondere auf nassen Fahrbahnoberflächen hängt die Haftreibungszahl stark von der Fahrgeschwindigkeit ab. Beim Bremsvorgang kann es bei höheren Geschwindigkeiten und entsprechenden Fahrbahnverhältnissen dann zum Blockieren der Räder kommen, wenn durch eine zu niedrige Haftreibungszahl keine Haftung der Räder auf der Fahrbahnoberfläche gewährleistet ist. Blockiert schließlich ein Rad, kann es keine Seitenkräfte mehr übertragen, und das Fahrzeug ist nicht mehr lenkbar. Bild 5 veranschaulicht die Häufigkeitsverteilung der Haftreibungszahl an einem blockierten Rad bei verschiedenen Geschwindigkeiten auf nassen Fahrbahnen.

Die Reibungskraft zwischen Reifen und Fahrbahn bestimmt die Kraftübertragung. Die Sicherheitssysteme ABS (Antiblockiersystem) und ASR (Antriebsschlupfregelung) nutzen dieses Angebot an Haftreibung optimal.

4 Radgeschwindigkeit v_x in Längsrichtung mit Bremskraft F_B und Bremsmoment M_B

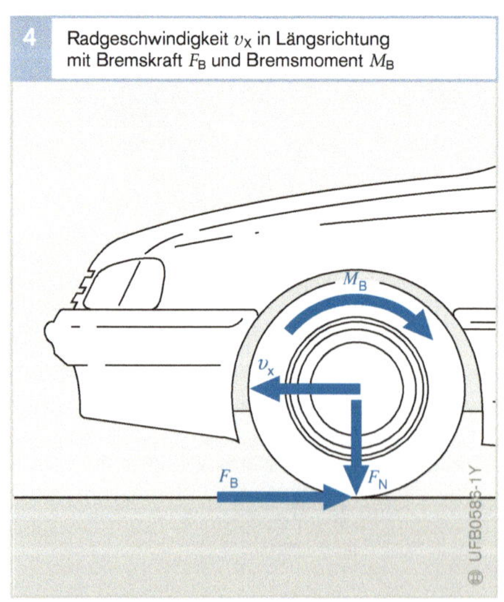
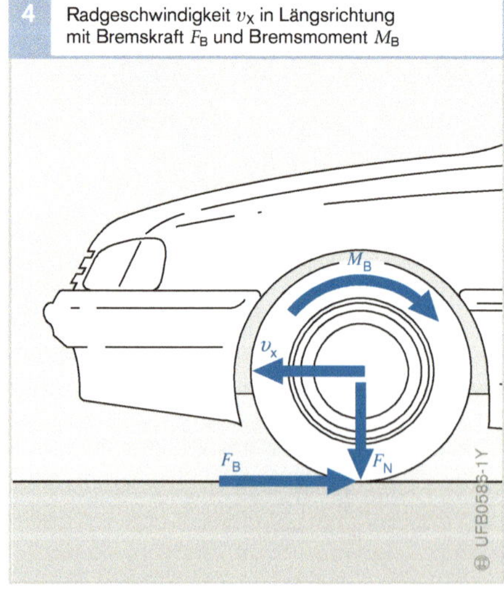

Bild 4
v_x Radgeschwindigkeit in Längsrichtung
F_N Reifenaufstandskraft (Normalkraft)
F_B Bremskraft
M_B Bremsmoment

5 Häufigkeitsverteilung der Haftreibungszahl an einem blockierten Rad bei verschiedenen Geschwindigkeiten auf nassen Fahrbahnen

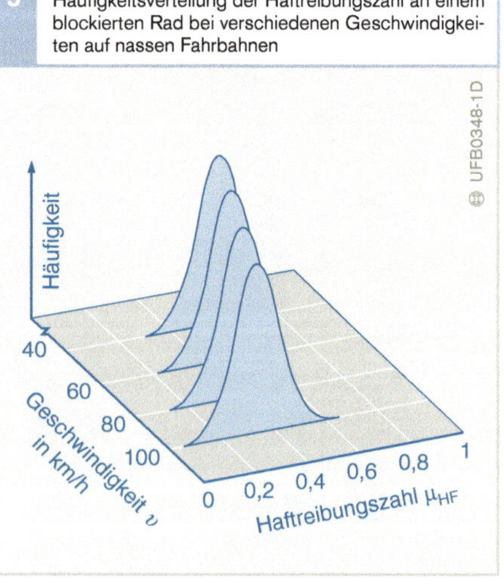

Bild 5
Quelle: Forschungsinstitut für Kraftfahrwesen und Fahrzeugmotoren in Stuttgart

Aquaplaning

Der Betrag der Reibung geht gegen null, wenn sich durch Regen ein „Wasserfilm" auf der Fahrbahn bildet und das Fahrzeug „aufschwimmt": es kommt zu „Aquaplaning", und der Fahrbahnkontakt wird dabei aufgehoben. Der Grund dafür ist, dass sich bei Aquaplaning ein Wasserkeil unter die gesamte Aufstandsfläche des Reifens schiebt und diesen vom Boden abhebt. Aquaplaning ist abhängig von:

- der Wasserhöhe auf der Fahrbahn,
- der Fahrzeuggeschwindigkeit,
- der Profilform, der Reifenbreite und der Abnützung des Reifens sowie
- der Last, mit der der Reifen auf die Fahrbahn gedrückt wird.

Breitreifen sind besonders gefährdet. Im Zustand des Aquaplaning lässt sich das Fahrzeug nicht mehr lenken und nicht mehr abbremsen. Weder Lenkbewegungen noch Bremskräfte können auf die Fahrbahn übertragen werden.

Gleitreibung

Bei Reibungsvorgängen unterscheidet man zwischen Haft- und Gleitreibung. Dabei ist bei starren Körpern die Haftreibung größer als die Gleitreibung. In Anlehnung dazu gibt es für einen abrollenden Gummireifen Zustände, bei denen die Haftreibungszahl höher ist als beim Blockiervorgang. Gleitvorgänge treten aber auch während des Abrollens von Gummireifen auf. Sie werden als „Schlupf" bezeichnet.

Einfluss des Bremsschlupfs auf die Haftreibungszahl

Beim Anfahren oder Beschleunigen hängt – wie auch beim Bremsen oder Verzögern – die Kraftübertragung vom Schlupf zwischen Reifen und Fahrbahn ab. Die Reibung eines Reifens verhält sich zu seinem Schlupf beim Bremsen und Antreiben prinzipiell gleich.

Bild 6 zeigt den Verlauf der Haftreibungszahl μ_{HF} beim Bremsen. Ausgehend vom Bremsschlupf null steigt sie steil an, erreicht ihr Maximum je nach Fahrbahn- und Reifenbeschaffenheit etwa zwischen 10 % und 40 % Bremsschlupf und fällt dann wieder ab. Der ansteigende Teil der Kurve ist der

6 Haftreibungszahl μ_{HF} und Seitenkraftbeiwert μ_S in Abhängigkeit vom Bremsschlupf

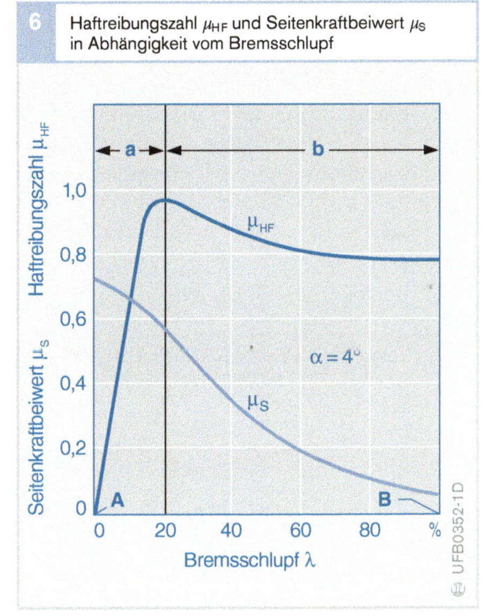

Bild 6
- a Stabiler Bereich
- b instabiler Bereich
- α Schräglaufwinkel
- A frei rollendes Rad
- B Rad blockiert

1 Haftreibungszahlen μ_{HF} von Reifen auf unterschiedlichen Straßenzustand, bei unterschiedlichem Reifenzustand und verschiedenen Geschwindigkeiten

Fahrgeschwindigkeit	Reifenzustand	Straße trocken	Straße nass (Wasserhöhe 0,2 mm)	Starker Regen (Wasserhöhe 1 mm)	Wasserpfützen (Wasserhöhe 2 mm)	Vereist (Glatteis)
km/h		μ_{HF}	μ_{HF}	μ_{HF}	μ_{HF}	μ_{HF}
50	neu	0,85	0,65	0,55	0,5	0,1 und kleiner
	abgenützt	1	0,5	0,4	0,25	
90	neu	0,8	0,6	0,3	0,05	
	abgenützt	0,95	0,2	0,1	0,0	
130	neu	0,75	0,55	0,2	0	
	abgenützt	0,9	0,2	0,1	0	

Tabelle 1

„stabile Bereich" (Gebiet der Teilbremsungen), der abfallende Teil wird als „instabiler Bereich" bezeichnet.

Die meisten Brems- und Beschleunigungsvorgänge laufen bei kleinen Schlupfwerten im stabilen Bereich ab, sodass eine Erhöhung des Schlupfs auch eine Erhöhung des ausnutzbaren Kraftschlusses ergibt. Im instabilen Bereich führt eine weitere Erhöhung des Schlupfs im Allgemeinen zu einer Verkleinerung des Kraftschlusses. Beim Bremsen blockiert ein Rad in wenigen Zehntelsekunden, beim Beschleunigen führt das größer werdende überschüssige Antriebsmoment zu einer schnellen Drehzahlerhöhung eines oder aller Antriebsräder; die angetriebenen Räder drehen durch.

Bei Geradeausfahrt verhindern ABS und ASR, dass ein Kraftfahrzeug beim Bremsen und Beschleunigen in den instabilen Bereich gerät.

Quer- und Seitenkraft

Wirkt eine Seitenkraft auf ein frei rollendes Rad, dann bewegt sich der Radmittelpunkt seitwärts. Das Verhältnis zwischen der seitwärts gerichteten Geschwindigkeit und der Geschwindigkeit in Längsrichtung wird „Querschlupf" oder auch „Schräglauf" genannt. Der Winkel zwischen der resultierenden Geschwindigkeit v_α und der Geschwindigkeit in Längsrichtung v_x wird als „Schräglaufwinkel α" bezeichnet (Bild 7). Der Schwimmwinkel γ ist der Winkel zwischen der Fahrtrichtung, d. h. der Bewegungsrichtung des Fahrzeugs und der Fahrzeuglängsachse. Der Schwimmwinkel bei hoher Querbeschleunigung gilt als Maß für die Beherrschbarkeit von Fahrzeugen.

Im stationären Fall (also ohne Radbeschleunigung) ist eine über die Achse am Rad wirkende Seitenkraft F_S mit der über die Fahrbahnoberfläche am Rad wirkenden Seitenkraft im Gleichgewicht. Das Verhältnis zwischen der über die Achse wirkenden Seitenkraft und der Radaufstandskraft F_N wird „Seitenkraftbeiwert μ_S" genannt.

7 Darstellung des Schräglaufwinkels α und die Einwirkung der Seitenkraft F_S (Draufsicht)

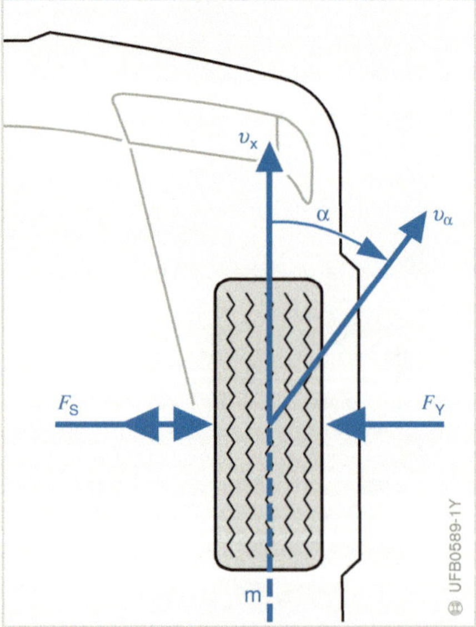

Bild 7
v_α Geschwindigkeit in Schräglaufrichtung
v_x Geschwindigkeit in Längsrichtung
F_S, F_y Seitenkraft
α Schräglaufwinkel

8 Reifenlatsch zur Felgenebene z. B. bei einer Rechtskurve mit der Seitenkraft F_S (Vorderansicht)

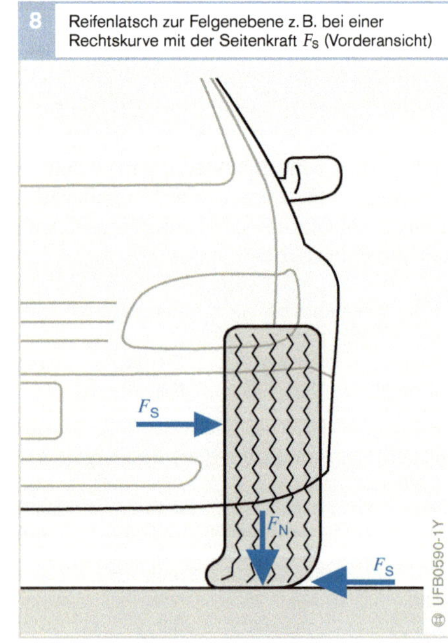

Bild 8
F_N Reifenaufstandskraft (Normalkraft)
F_S Seitenkraft

Zwischen dem Schräglaufwinkel α und dem Seitenkraftbeiwert μ_S besteht ein nichtlinearer Zusammenhang, der mit einer Schräglaufkurve beschrieben wird. Im Gegensatz zur Haftreibungszahl μ_{HF} beim Antreiben und Bremsen ist der Seitenkraftbeiwert μ_S stark von der Radaufstandskraft F_N abhängig. Diese Eigenschaft ist für Fahrzeughersteller bei der Fahrwerkauslegung von besonderem Interesse, um das Fahrverhalten mit Stabilisatoren positiv zu beeinflussen.

Bei großen Seitenkräften F_S verschiebt sich der Reifenlatsch (Aufstandsfläche) sehr stark zur Felgenebene (Bild 8). Der Aufbau der Seitenkraft wird dadurch verzögert. Dieser Umstand beeinflusst das Übergangsverhalten (Wechsel vom ursprünglichen Fahrzustand zu einem anderen) von Fahrzeugen bei Lenkbewegungen sehr.

Einfluss des Bremsschlupfs auf die Seitenkräfte

Bei Kurvenfahrten muss der am Schwerpunkt angreifenden, nach außen gerichteten Fliehkraft durch Seitenkräfte an allen Rädern das Gleichgewicht gehalten werden, damit das Fahrzeug der gekrümmten Bahnkurve folgen kann.

Seitenkräfte können aber nur erzeugt werden, wenn sich die Reifen seitlich elastisch verformen, sodass die Bewegungsrichtung des Radschwerpunkts mit der Geschwindigkeit v_α um den Schräglaufwinkel α von der Radmittelebene „m" abweicht (Bild 7).

Bild 6 zeigt den Seitenkraftbeiwert μ_S als Funktion des Bremsschlupfs bei 4° Schräglaufwinkel. Beim Bremsschlupf null weist der Seitenkraftbeiwert den Höchstwert auf. Mit zunehmendem Bremsschlupf sinkt dieser Wert zunächst langsam und dann zunehmend schneller ab und erreicht bei blockiertem Rad den tiefsten Punkt. Dieser Mindestwert ergibt sich aufgrund der Schräglaufwinkelstellung des blockierten Rads, das dann keinerlei Seitenführungskräfte mehr hat.

Reibung – Reifenschlupf – Reifenaufstandskraft

Die Reibung eines Reifens hängt hauptsächlich vom Längsschlupf ab. Die Reifenaufstandskraft spielt dabei eine untergeordnete Rolle, wobei bei konstantem Reifenschlupf in erster Näherung ein linearer Zusammenhang zwischen der Brems- und der Aufstandskraft besteht.

Die Reibung hängt aber auch vom Reifenschräglaufwinkel (Querschlupf) ab. So nimmt die Brems- und Antriebskraft bei gleichem Reifenschlupf und bei Vergrößerung des Schräglaufwinkels ab. Bei gleich bleibender Brems- und Antriebskraft und bei Vergrößerung des Schräglaufwinkels nimmt dagegen der Reifenschlupf zu.

Fahrzeuglängsdynamik

Wirken auf die Felge eines Rads sowohl eine Seitenkraft als auch ein Bremsmoment, so übt die Fahrbahn als Reaktion darauf sowohl eine Seitenkraft als auch eine Bremskraft auf den Reifen aus. Bis zu einer physikalischen Grenze werden dementsprechend alle angreifenden Kräfte am sich drehenden Rad von der Fahrbahn aufgenommen und durch betragsgleiche, aber entgegengesetzt wirkende Kräfte ausgeglichen.

Jenseits dieser physikalischen Grenze ist das Kräftegleichgewicht nicht mehr gegeben und das Fahrzeug wird instabil.

Gesamtfahrwiderstand

Der Gesamtfahrwiderstand F_G ist die Summe aus Roll-, Luft- und Steigungswiderstand (Bild 1). Um diesen Gesamtfahrwiderstand zu überwinden, ist eine entsprechende Antriebskraft an den Antriebsrädern aufzuwenden. Die an diesen Rädern zur Verfügung stehende Antriebskraft ist um so größer, je größer das Motordrehmoment, je größer die Gesamtübersetzung zwischen Motor und Antriebsrädern und je geringer die Übertragungsverluste sind (Wirkungsgrad η bei Motorlängseinbau ca. 0,88...0,92, bei Motorquereinbau ca. 0,91...0,95).

Die Antriebskraft wird zum Teil zur Überwindung des Gesamtfahrwiderstands benötigt. Sie wird durch größere Übersetzungen den mit der Steigung stark zunehmenden Fahrwiderständen stufenweise angepasst (Wechselgetriebe). Die „Überschusskraft" zwischen Antriebskraft und Fahrwiderstand beschleunigt das Fahrzeug. Überwiegt der Gesamtfahrwiderstand, so verzögert das Fahrzeug.

Rollwiderstand bei Geradeausfahrt

Der Rollwiderstand entsteht durch Formänderungsarbeit an Rad und Fahrbahn. Er ist ein Produkt aus Gewichtskraft und Rollwiderstandsbeiwert, wobei der Rollwiderstandsbeiwert umso größer ist, je kleiner der Reifenradius und je größer die Formänderung des Reifens ist, z. B. bei zu geringem Reifenluftdruck. Er steigt aber auch mit zunehmender Belastung und zunehmender Geschwindigkeit. Außerdem variiert er je nach Straßenbelag und beträgt z. B. auf Asphalt nur ca. 25 % des Rollwiderstandsbeiwerts auf Erdwegen.

1 Gesamtfahrwiderstand F_G

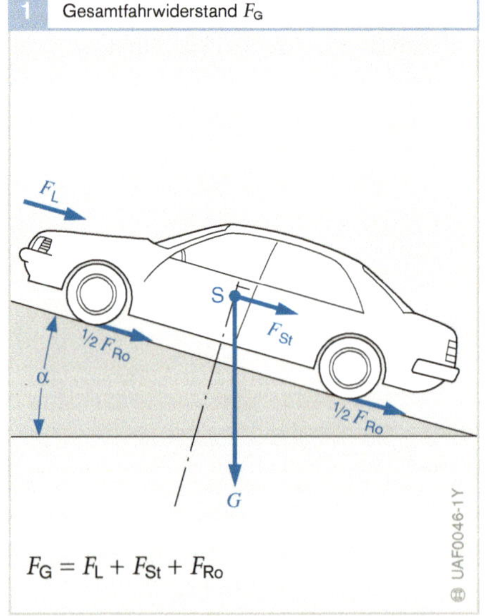

Bild 1
- F_L Luftwiderstand
- F_{Ro} Rollwiderstand
- F_{St} Steigungswiderstand
- F_G Gesamtfahrwiderstand
- G Gewichtskraft
- α Steigungs-/Gefällwinkel
- S Schwerpunkt

Tabelle 1

1 Beispiele für den Luftwiderstandsbeiwert c_W bei Pkw

Fahrzeugbauform	c_W
offenes Kabriolett	0,5 ... 0,7
Kastenaufbau	0,5 ... 0,6
Pontonform [1])	0,4 ... 0,55
Keilform	0,3 ... 0,4
verkleidete Form	0,2 ... 0,25
Tropfenform	0,15 ... 0,2

[1]) Stufenheck

Tabelle 2

2 Beispiele für den Luftwiderstandsbeiwert c_W bei Nkw

Fahrzeugbauform	c_W
Standard-Zugfahrzeuge	
– „unverkleidet"	≥ 0,64
– „teilverkleidet"	0,54 ... 0,63
– „vollverkleidet"	≤ 0,53

Rollwiderstand bei Kurvenfahrt

Bei Fahrt in der Kurve vergrößert sich der Rollwiderstand um den Kurvenwiderstand, dessen Widerstandbeiwert von Fahrgeschwindigkeit, Kurvenradius, Bewegungseigenschaften der Achse, Bereifung, Reifenluftdruck und Schräglaufverhalten abhängt.

Luftwiderstand

Der Luftwiderstand F_L wird aus der Luftdichte ϱ, dem Luftwiderstandsbeiwert c_W (abhängig von Fahrzeugbauform, Tabellen 1 und 2), der in Bewegungsrichtung projizierten Querschnittsfläche A und der Fahrgeschwindigkeit v (einschließlich der Gegenwindgeschwindigkeit) ermittelt.

$$F_L = c_W \cdot A \cdot v^2 \cdot \varrho / 2$$

Steigungswiderstand

Der Steigungswiderstand F_{St} (mit positivem Vorzeichen) oder der Hangabtrieb (mit negativem Vorzeichen) ergeben sich aus Gewichtskraft G des Fahrzeugs und Steigungs- bzw. Gefällwinkel α.

$$F_{St} = G \cdot \sin \alpha$$

Beschleunigung und Verzögerung

Eine gleichmäßig beschleunigte oder verzögerte Bewegung in Längsrichtung liegt vor, wenn die Beschleunigung (oder Verzögerung) konstant ist. Der während der Verzögerung zurückgelegte Weg ist im Gegensatz zu dem während der Beschleunigung zurückgelegten Weg von größerer Bedeutung, denn die Länge des Bremswegs wirkt sich unmittelbar auf die Verkehrssicherheit aus.

Die Länge des Bremswegs hängt von mehreren Einflussgrößen ab:

- Fahrgeschwindigkeit: Bei gleicher Verzögerung steigt der Bremsweg quadratisch mit der Geschwindigkeit.
- Fahrzeugbeladung: zusätzliches Gewicht führt zu einem längeren Bremsweg.
- Fahrbahnbeschaffenheit: Eine nasse Fahrbahn ergibt eine geringere Haftreibung zwischen Fahrbahn und Reifen und damit einen längeren Bremsweg.
- Reifenzustand: Zu geringe Profiltiefe führt insbesondere bei nasser Fahrbahn zu längeren Bremswegen.
- Zustand der Bremse: Verölte Bremsbeläge z. B. senken die Reibungskraft zwischen Belag und Bremsscheibe bzw. Bremstrommel. Die geringeren übertragbaren Bremskräfte führen zu einem längeren Bremsweg.
- Bremsfading: Durch Überhitzen der Bremsenkomponenten lässt die Bremswirkung ebenfalls nach.

Höchstwerte der Beschleunigung oder Verzögerung sind erreicht, wenn die Antriebs- oder Bremskräfte an den Fahrzeugrädern so hoch sind, dass die Räder auf der Fahrbahn gerade noch haften (maximaler Kraftschluss).

Die tatsächlich erreichbaren Werte liegen niedriger, weil nicht bei jeder Beschleunigung (Verzögerung) alle Räder gleichzeitig den maximal möglichen Kraftschluss nutzen. Elektronisch geregelte Antriebs-, Brems- und Fahrstabilitäts-Regelungssysteme (ASR, ABS und ESP) regeln im Bereich der maximal übertragbaren Kräfte.

Fahrzeugquerdynamik

Fahrverhalten bei Seitenwind

Starker Seitenwind bewirkt, dass ein Kraftfahrzeug – insbesondere bei höherer Fahrgeschwindigkeit und ungünstigen Fahrzeugabmessungen – aus seiner Bahn abgelenkt wird (Bild 1). Bei plötzlichem Seitenwind, z. B. beim Herausfahren aus einem Einschnitt in der Landschaft, sind bereits innerhalb der Reaktionsdauer bei ungünstig gebauten Fahrzeugen beträchtliche seitliche Versetzungen und Gierwinkeländerungen sowie Fehlreaktionen des Fahrers möglich.

Beim Schräganblasen eines Fahrzeugs mit der Windkraft F_W entsteht neben dem Luftwiderstand F_L in Längsrichtung auch eine Komponente der Luftkraft in Querrichtung. Man kann sich diese über die ganze Karosserie verteilte Kraft auf eine Einzelkraft, die Seitenwindkraft F_{SW} reduziert denken. Diese Seitenwindkraft greift im „Druckpunkt D" an. Die Lage des Druckpunkts hängt von der Form der Karosserie und vom Anströmwinkel α ab.

Der Druckpunkt liegt im Allgemeinen in der vorderen Wagenhälfte. Bei Fahrzeugen mit Pontonform (Stufenheck) ist er weitgehend stabil und liegt näher an der Wagenmitte als bei Karosserien mit Stromlinienform (abfallendes Heck), bei denen der Druckpunkt abhängig vom Anströmwinkel wandern kann.

Die Lage des Schwerpunkts S hängt dagegen vom Beladungszustand ab. Um zu einer allgemeinen Darstellung des Seitenwindeinflusses (auch unabhängig von der relativen Lage des Fahrwerks zur Karosserie) zu gelangen, wird deshalb ein Bezugspunkt 0 in Wagenmitte am vorderen Ende der Karosserie gewählt.

Bei Angabe der Seitenwindkraft für einen vom Druckpunkt verschiedenen Bezugspunkt kommt noch das Moment der Seitenwindkraft um den jeweiligen Druckpunkt – das Giermoment M_Z – hinzu. Die Seitenwindkraft wird über Seitenführungskräfte an den Rädern abgestützt. Die Seitenführungskraft eines Luftreifens hängt neben dem Schräglaufwinkel und der Radlast von der Reifenbauart und -größe, vom Innendruck und von den Reibungseigenschaften der Fahrbahn ab.

Ein Fahrzeug verfügt über eine gute Fahrtrichtungsstabilität bei Seitenwind, wenn der Druckpunkt nahe beim Fahrzeugschwerpunkt liegt. Eine minimale Bahnkrümmung ergibt sich beim übersteuernden Fahrzeug, wenn der Druckpunkt vor dem Schwerpunkt liegt. Beim untersteuernden Fahrzeug ist die günstigste Lage des Druckpunkts kurz hinter dem Schwerpunkt.

1 Fahrzeug bei Seitenwind

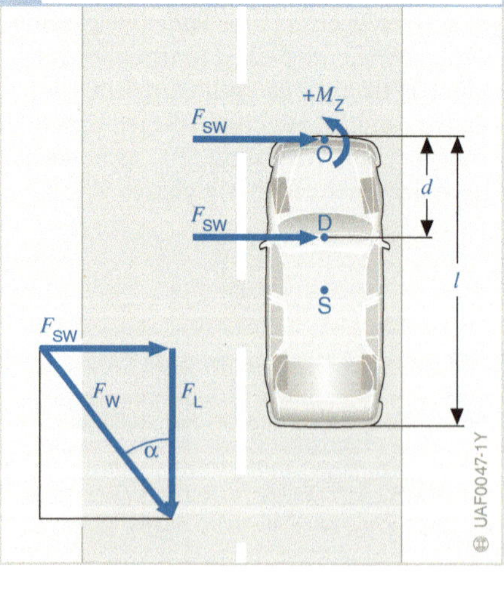

Bild 1
D Druckpunkt
O Bezugspunkt
S Schwerpunkt
F_W Windkraft
F_L Luftwiderstand
F_{SW} Seitenwindkraft
M_Z Giermoment
α Anströmwinkel
l Fahrzeuglänge
d Abstand des Druckpunkts D vom Bezugspunkt O

F_S und M_Z in O angreifend entspricht F_S in D angreifend (in der Aerodynamik ist es üblich, anstelle von Kräften und Momenten dimensionslose Beiwerte anzugeben)

Unter- und Übersteuern

Seitenführungskräfte können zwischen Fahrbahn und gummibereiftem Rad nur dann entstehen, wenn das Rad schräg zu seiner Ebene abrollt. Deshalb muss ein Schräglaufwinkel vorhanden sein. Als untersteuernd wird ein Fahrzeug bezeichnet, bei dem mit zunehmender Querbeschleunigung der Schräglaufwinkel an der Vorderachse stärker anwächst als der Schräglaufwinkel an der Hinterachse. Das umgekehrte Verhalten wird als übersteuernd bezeichnet (Bild 2).

Fahrzeuge sind aus Sicherheitsgründen leicht untersteuernd bis neutral ausgelegt. Durch Antriebsschlupf kann aber ein Frontriebler zum stärkeren Untersteuern bzw. ein Hecktriebler zum Übersteuern wechseln.

Fliehkraft in der Kurve

Die Fliehkraft F_{cf} setzt im Schwerpunkt S an (Bild 3). Ihre Wirkung hängt von vielen Einflussfaktoren ab wie z. B.

- dem Kurvenradius,
- der Fahrzeuggeschwindigkeit,
- der Höhe des Fahrzeugschwerpunkts,
- der Fahrzeugmasse,
- der Spurbreite des Fahrzeugs,
- der Reibpaarung Reifen/Fahrbahn (Witterung, Straßenbelag, Reifenzustand) und
- der Lastverteilung im Fahrzeug.

Gefahr in einer Kurve entsteht dann, wenn die Fliehkraft die Seitenkräfte an den Rädern zu übersteigen droht und das Fahrzeug nicht in der Sollspur gehalten werden kann. Positiv beeinflusst werden kann ein solches Kräfteverhältnis durch eine Kurvenüberhöhung.

Rutscht das Fahrzeug an der Vorderachse, so untersteuert es, rutscht es an der Hinterachse, dann übersteuert es. In beiden Fällen erkennt ESP (Elektronisches Stabilitäts-Programm) eine unerwünschte Drehbewegung um die Hochachse. ESP kann das Fahrzeug durch geeignetes aktives Bremsen einzelner Räder wieder stabilisieren.

2 Untersteuern und Übersteuern eines Fahrzeugs

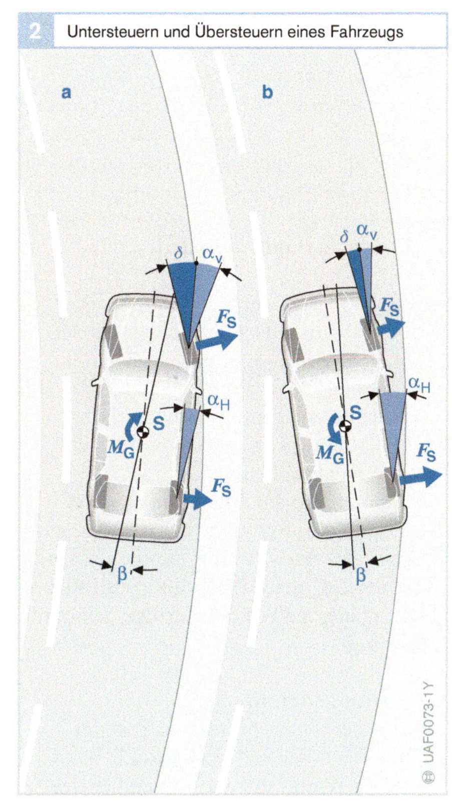

Bild 2
a Untersteuern
b Übersteuern
α_v Schräglaufwinkel vorn
α_h Schräglaufwinkel hinten
δ Lenkwinkel
β Schwimmwinkel
F_S Seitenkraft
M_G Giermoment

3 Fliehkraft in der Kurve

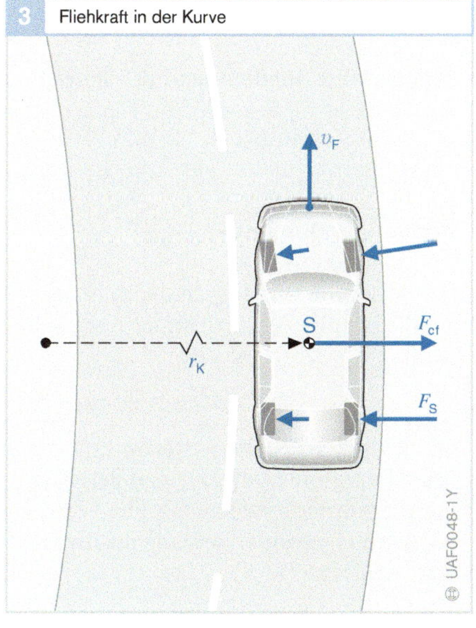

Bild 3
F_{cf} Fliehkraft
v_F Fahrzeuggeschwindigkeit
F_S Seitenkraft an den einzelnen Rädern
r_K Kurvenradius
S Schwerpunkt

Definitionen

Bremsvorgang

Nach Definition von DIN ISO 611 umfasst der Begriff „Bremsvorgang“ alle Vorgänge, die zwischen Beginn der Betätigung der (Brems-)Betätigungseinrichtung und dem Ende der Bremsung (Lösen der Bremse oder Fahrzeugstillstand) auftreten.

Abstufbare Bremsung

Bei der abstufbaren Bremsung kann der Fahrer innerhalb des üblichen Betätigungsbereichs der Betätigungseinrichtung zu jeder Zeit die Bremskraft durch Einwirkung auf die Betätigungseinrichtung hinreichend fein steigern oder reduzieren.

Wenn durch die Einwirkung auf die Betätigungseinrichtung eine Steigerung der Bremskraft erreicht wird, dann muss eine Umkehrung dieser Einwirkung eine Reduzierung dieser Kraft hervorrufen (monotone Wirkung).

Hysterese der Bremsanlage

Die Hysterese der Bremsanlage ist der Unterschied der Betätigungskräfte beim Spannen und Lösen der Bremse bei gleichem Bremsmoment.

Hysterese der Bremse

Die Hysterese der Bremse ist der Unterschied der Spannkräfte beim Betätigen und Lösen der Bremse bei gleichem Bremsmoment.

Kräfte und Momente

Betätigungskraft

Die Betätigungskraft F_C ist die Kraft, die auf die Betätigungseinrichtung ausgeübt wird.

Spannkraft

Die Spannkraft F_S ist die Gesamtkraft, die bei Reibungsbremsen auf einen Belagträger mit Bremsbelag ausgeübt wird und die infolge sich ergebender Reibung die Bremskraft bewirkt.

Gesamte Bremskraft

Die gesamte Bremskraft F_f ist die Summe der in den Aufstandsflächen aller Räder wirkenden Bremskräfte, die durch die Wirkung der Bremsanlage entstehen und der Bewegung oder der Bewegungstendenz des Fahrzeugs entgegengerichtet sind.

Bremsmoment

Das Bremsmoment ist das Produkt aus den durch die Spannkräfte in der Bremse hervorgerufenen Reibkräften und dem Abstand der Angriffspunkte dieser Kräfte von der Drehachse des Rades.

Bremskraftverteilung

Die Bremskraftverteilung ist die Angabe der Bremskraft jeder Achse in Prozent bezogen auf die gesamte Bremskraft F_f, z. B.: Vorderachse 60 %, Hinterachse 40 %.

Äußerer Bremsenkennwert C

Der äußere Bremsenkennwert C ist das Verhältnis von Ausgangsmoment zu Eingangsmoment oder Ausgangskraft zu Eingangskraft an einer Bremse.

Innerer Bremsenkennwert C*

Der innere Bremsenkennwert C* ist das Verhältnis der am wirksamen Radius einer Bremse angreifenden gesamten Tangentialkraft zur Spannkraft F_S.

Typische Werte: für Trommelbremsen können Werte bis zu $C^* = 10$ erreicht werden, bei Scheibenbremsen ist $C^* \approx 1$.

Zeiten

Der Bremsvorgang ist durch verschiedene Zeiten gekennzeichnet, sie sind unter Bezug auf die in Bild 1 dargestellten idealisierten Kurven definiert.

Bewegungsdauer der Betätigungseinrichtung

Die Bewegungsdauer der Betätigungseinrichtung ist die Zeit vom Beginn der Kraftwirkung auf die Betätigungseinrichtung (t_0) bis zur jeweiligen Endstellung (t_3) entsprechend der Betätigungskraft oder des Betätigungsweges. Dies gilt sinngemäß auch für das Lösen der Bremsen.

Ansprechdauer

Die Ansprechdauer t_a ist die Zeit, die vom Beginn der Kraftwirkung auf die Betätigungseinrichtung bis zum Einsetzen der Bremskraft (Aufbau des Bremsdrucks in der Bremsleitung) vergeht ($t_1 - t_0$).

Schwelldauer

Die Schwelldauer t_s ist die Zeit, die vom Einsetzen der Bremskraft bis zum Erreichen des maximalen Leitungsdrucks vergeht ($t_5 - t_1$).

Bremsdauer

Die Bremsdauer t_b ist die Zeit, die vom Beginn der Kraftwirkung auf die Betätigungseinrichtung bis zum Verschwinden der Bremskraft vergeht ($t_7 - t_0$). Wenn das Fahrzeug zum Stillstand kommt, dann stellt der Beginn des Stillstehens das Ende der Bremsdauer dar.

Bremswirkungsdauer

Die Bremswirkungdauer t_w ist die Zeit, die vom Einsetzen der Bremsverzögerung bis zum Verschwinden der Bremskraft vergeht ($t_7 - t_2$). Wenn das Fahrzeug zum Stillstand kommt, dann stellt der Beginn des Stillstehens das Ende der Bremswirkungsdauer dar.

Wege

Bremsweg

Der Bremsweg s_1 ist der Weg, den ein Fahrzeug während der Bremswirkungsdauer ($t_7 - t_2$) zurücklegt.

Anhalteweg

Der Anhalteweg s_0 ist der vom Fahrzeug während der Bremsdauer ($t_7 - t_0$) zurückgelegte Weg. Das ist der zurückgelegte Weg vom Zeitpunkt, an dem der Fahrer beginnt, die Betätigungseinrichtung in Funktion zu setzen, bis zu dem Zeitpunkt, an dem das Fahrzeug zum Stillstand kommt.

Bremsverzögerung

Augenblickliche Verzögerung

Die augenblickliche Verzögerung a ergibt sich durch den Quotienten aus Geschwindigkeitsverringerung pro Zeiteinheit.
$a = dv/dt$

Mittlere Verzögerung über dem Anhalteweg

Mit der Fahrzeuggeschwindigkeit v_0 zum Zeitpunkt t_0 ergibt sich die mittlere Verzögerung a_{ms} über den Anhalteweg s_0 zu
$a_{ms} = v_0^2/2s_0$

Mittlere Vollverzögerung

Der Wert für die mittlere Vollverzögerung a_{mft} entspricht dem Mittelwert der Verzögerung im Zeitraum der voll entwickelten Verzögerung ($t_7 - t_6$).

Abbremsung

Die Abbremsung Z ist das Verhältnis zwischen gesamter Bremskraft F_f und der auf der Achse oder den Achsen des Fahrzeugs ruhenden statischen Gesamtgewichtskraft G_S (Fahrzeuggewicht). Das entspricht dem Verhältnis von Bremsverzögerung a zu Erdbeschleunigung g ($g = 9{,}81$ m/s²).

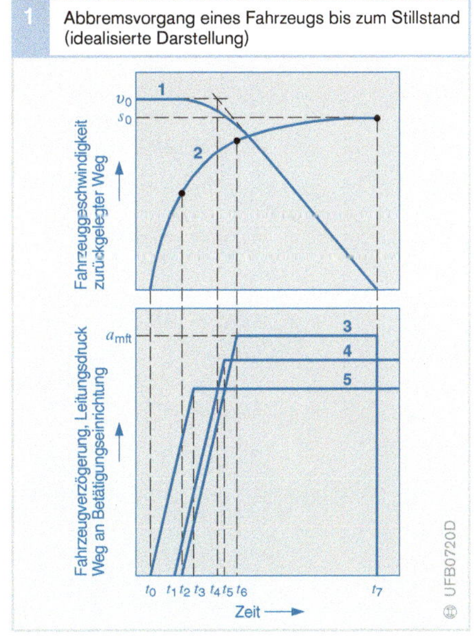

1 Abbremsvorgang eines Fahrzeugs bis zum Stillstand (idealisierte Darstellung)

Bild 1
1 Fahrzeuggeschwindigkeit
2 beim Bremsen zurückgelegter Weg
3 Fahrzeugverzögerung
4 Leitungsdruck (Bremsdruck)
5 Weg an der Betätigungseinrichtung
t_0 Zeitpunkt, an dem der Fahrer beginnt, die Betätigungseinrichtung in Funktion zu setzen
t_1 Leitungsdruck (Bremsdruck) beginnt zu steigen
t_2 Fahrzeugverzögerung setzt ein
t_3 Betätigungseinrichtung hat vorgesehene Stellung erreicht
t_4 Schnittpunkt der beiden Verlängerungen der Geschwindigkeitskurve
t_5 Leitungsdruck hat seinen stabilisierten Wert erreicht
t_6 Fahrzeugverzögerung hat ihren stabilisierten Wert erreicht
t_7 Fahrzeug kommt zum Stillstand

Bremssysteme im Personenkraftwagen

Die Bremsanlagen sind für die Betriebsfähigkeit eines Kraftfahrzeugs und seine Sicherheit im Straßenverkehr unerlässlich. Sie sind deshalb strengen gesetzlichen Bestimmungen unterworfen. Die mechanische Bremsanlage wurde aufgrund der steigenden Anforderungen an die Fahrsicherheit immer weiter verbessert. Mit dem Einsatz von Mikroelektronik hat sich die Bremsanlage zu einem komplexen elektronischen Bremssystem entwickelt.

Übersicht

Die Bremsanlagen von Personenkraftwagen haben folgende grundsätzlichen Aufgaben:
- die Geschwindigkeit des Fahrzeugs zu verringern,
- das Fahrzeug zum Stillstand zu bringen,
- unerwünschtes Beschleunigen bei einer Talfahrt zu verhindern und
- das Fahrzeug im Stillstand zu halten.

Für die ersten drei Punkte ist die Betriebsbremsanlage („Fußbremse“) zuständig. Der Fahrer aktiviert sie durch Betätigen des Bremspedals. Die Feststellbremsanlage („Handbremse“) hält das Fahrzeug im Stillstand.

Konventionelle Bremssysteme

Bei den konventionellen Pkw-Bremssystemen wird der Bremsvorgang ausschließlich durch Druck auf das Bremspedal eingeleitet. Im Hauptzylinder der Bremsanlage wird diese Kraft in einen hydraulischen Druck umgeformt. Die Bremsflüssigkeit dient als Übertragungsmedium zwischen Hauptzylinder und Radbremsen (Bild 1).

Bei Hilfskraft-Bremsanlagen, wie sie in Personenkraftwagen und leichten Nutzfahrzeugen am häufigsten eingesetzt werden, wird der Betätigungsdruck durch den Bremskraftverstärker unterstützt.

1 Beispiel einer Pkw-Hilfskraft-Bremsanlage

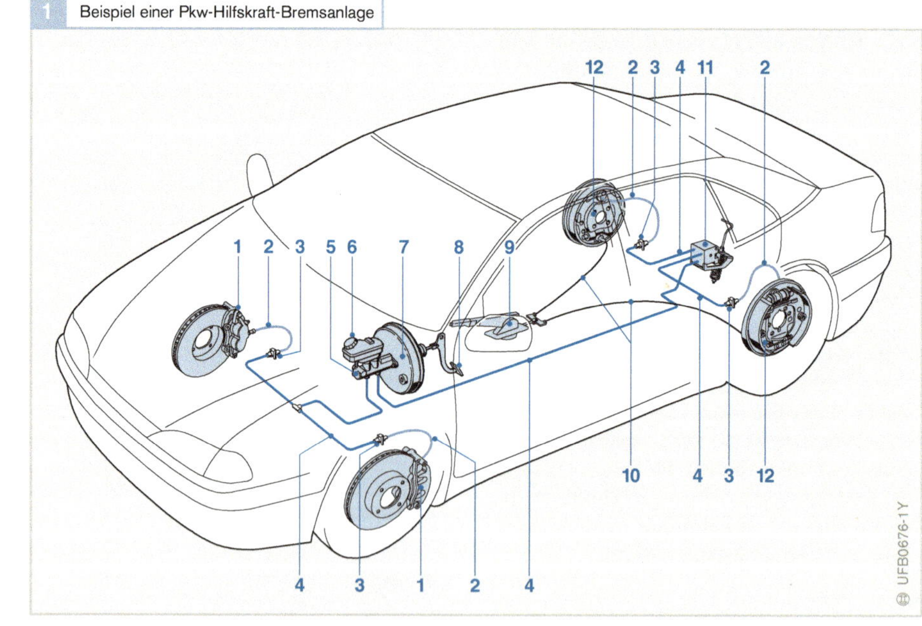

Bild 1
1 Radbremse Vorderräder (Scheibenbremse)
2 Bremsschlauch
3 Anschlussstück zwischen Bremsleitung und Bremsschlauch
4 Bremsleitung
5 Hauptzylinder
6 Ausgleichsbehälter (für Bremsflüssigkeit)
7 Bremskraftverstärker
8 Bremspedal
9 Feststellbremse-Bedienhebel
10 Bremsseil (Feststellbremse)
11 Bremskraftminderer
12 Radbremse Hinterräder (hier Trommelbremse)

Elektronische Bremssysteme

Antiblockiersystem ABS

Im Jahre 1978 wurde zum ersten Mal ein elektronisches Bremssystem in Serie eingeführt. Das **A**nti**b**lockier**s**ystem (ABS), verhindert bei einer Vollbremsung, dass die Räder blockieren und das Fahrzeug nicht mehr lenkbar ist.

Beim ABS besteht wie beim konventionellen Bremssystem eine mechanische Verbindung zwischen Bremspedal und den Radbremsen. Das Hydroaggregat kommt bei diesem elektronischen System als zusätzliche Komponente hinzu. Magnetventile im Hydroaggregat werden so angesteuert, dass bei zu großem Reifenschlupf der Bremsdruck in den Radzylindern selektiv begrenzt wird, um ein Blockieren der Räder zu verhindern.

Das ABS wurde immer weiter entwickelt und verbessert, sodass es mittlerweile bei fast allen in Westeuropa neu zugelassenen Fahrzeugen zur Serienausstattung gehört.

Elektrohydraulische Bremse SBC

SBC (**S**ensotronic **B**rake **C**ontrol) stellt eine neue Generation vom Bremssystemen dar. Hier besteht im Normalbetrieb keine mechanische Verbindung zwischen Bremspedal und Radzylinder mehr. Die Elektrohydraulische Bremse SBC erfasst den Pedalweg elektronisch mit redundanten Sensoren und wertet die Messsignale in einem Steuergerät aus. Man nennt dies „brake by wire“. Das Hydroaggregat steuert über Magnetventile den Bremsdruck in den Radbremsen. Der Bremsvorgang geschieht weiterhin hydraulisch mit der Bremsflüssigkeit als Übertragungsmedium.

Elektromechanische Bremse EMB

Zukünftig wird es ein weiteres elektronisches Bremssystem geben: Die **E**lektro**m**echanische **B**remse (EMB) arbeitet nicht mehr hydraulisch sondern elektromechanisch. Elektromotoren drücken die Bremsbeläge gegen die Bremsscheiben und sorgen so für den Bremsvorgang. Die Verbindung zwischen Bremspedal und Radbremse geschieht stets auf rein elektronischem Wege.

Elektronische Fahrdynamiksysteme

Die Weiterentwicklung des ABS führte zur **A**ntriebs**s**chlupf**r**egelung (ASR). Dieses System, das 1987 zum ersten Mal in Serie eingeführt wurde, verhindert beim Beschleunigen das Durchdrehen der Räder und verbessert somit die Fahrdynamik. Bei diesem System handelt es sich nicht um ein Bremssystem im eigentlichen Sinn. Es kann aber in das Bremssystem eingreifen, wenn ein Rad zum Durchdrehen neigt.

Ebenso ein Fahrdynamiksystem ist das ESP (**E**lektronisches **S**tabilitäts-**P**rogramm), das innerhalb physikalisch vorgegebener Grenzen ein Schleudern des Fahrzeugs verhindert. Dieses System greift ebenfalls in die Bremsanlage ein, um das Fahrzeug zu stabilisieren.

Elektronische Zusatzfunktionen

Die elektronische Datenverarbeitung ermöglicht weitere Zusatzfunktionen, die in die bestehenden elektronischen Brems- und Fahrdynamiksysteme integriert werden können.

- Der **B**rems**a**ssistent (BA) erhöht den Bremsdruck, wenn der Fahrer bei einer Vollbremsung zu zaghaft bremst.
- Die **E**lektronische **B**remskraft**v**erteilung (EBV) steuert die Bremskraft der Hinterradbremsen, sodass sich die bestmögliche Bremskraftverteilung auf die Vorder- und Hinterachse einstellt.
- Die **H**ill **D**escent **C**ontrol (HDC) bremst das Fahrzeug auf stark abschüssigen Gefällstrecken automatisch ab.

Geschichte der Bremse

Ursprung und Entwicklung

Die erste Anwendung des Rads wird auf 5000 v. Chr. datiert. Meist dienten Rinder als Zugtiere, später dann auch Pferde und Esel. Die Erfindung des Rads zog die Erfindung der Bremsen nach sich. Denn ein Fuhrwerk auf Bergabfahrt musste abgebremst werden, um die Fahrzeuggeschwindigkeit in einem kontrollierbaren Rahmen zu halten und die Zugtiere nicht durch einen immer schneller werdenden Wagen wegzudrücken. Das geschah wohl mithilfe von Holzprügeln, die man gegen den Boden oder die Radscheiben hebelte. Ab etwa 700 v. Chr. erhielten die Räder dann Eisenreifen, um eine zu schnelle Abnützung des Radkranzes zu verhindern.

Ab 1690 bremsten die Kutscher ihr Fuhrwerk mit einem „Hemmschuh" ab. Sie schoben ihn während der Bergabfahrt an einem Henkel als Bremskeil unter ein Rad, das dadurch blockierte und auf dem Hemmschuh schliff.

1 Laufrad des Freiherrn von Drais mit Schleifbremse, 1820

Bild 1
1 Schleifbremse am Laufrad

2 Klotzbremse mit Kurbel und Gestänge an einer Kutsche (Schema)

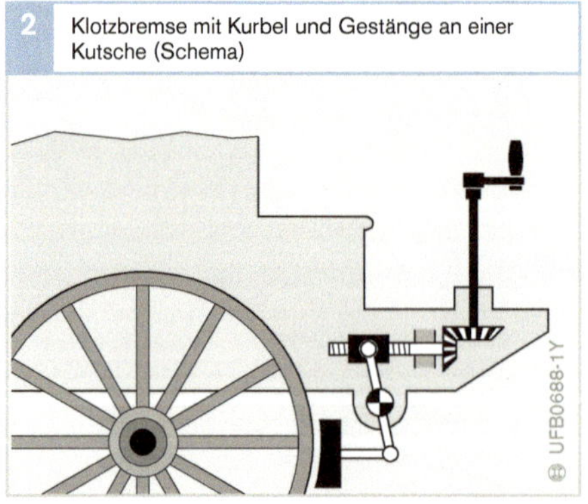

In der Vorzeit der industriellen Warenproduktion führte Freiherr von Drais 1817 der staunenden Öffentlichkeit bei einer Fahrt vom süddeutschen Karlsruhe nach Kehl vor, dass es möglich ist, auf nur zwei Rädern zu fahren, ohne umzukippen. Da er wohl beim Bergabfahren Probleme beim Anhalten hatte, führte er bei seinem letzten Modell 1820 eine Schleifbremse am Hinterrad ein (Bild 1).

Um 1850 kam es schließlich zur Einführung der eisernen Achse und der Klotzbremse im Wagenbau. Bei dieser Bremse wurden Bremsklötze gegen die metallene Lauffläche der eisenbeschlagenen Holzräder gedrückt. Die Klotzbremse ließ sich mithilfe von Kurbel und Gestänge vom Fahrersitz aus betätigen (Bild 2).

Die geringe Geschwindigkeit und der schwergängige Antriebsstrang der ersten Automobile stellten keine hohen Anforderungen an die Wirksamkeit der Bremsen. In der Anfangszeit genügten dafür die von Hand oder Fuß über Hebel, Gelenke und Seilzug betätigten Klotz-, Band- und Keilbremsen an den starren Hinterachsen.

Zunächst wurden die Hinterräder gebremst, gelegentlich eine Zwischenwelle oder nur die Kardanwelle. Erst ca. 35 Jahre nach Erfindung des Automobils begann man, auch die Vorderräder mit Bremsen (Seilzug) zu versehen. Weitere Jahre vergingen, bis die ersten Automobile eine hydraulische Betätigung der Bremse erhielten – zu jenem Zeitpunkt gab es ausschließlich Trommelbremsen. Die zuvor verwendete Seilzugbetätigung wurde bei einzelnen Modellen wie dem VW Käfer noch bis nach dem Zweiten Weltkrieg genutzt. Weitere markante Marksteine waren die Anwendung der Scheibenbremsen und in der Gegenwart die Einführung und der stufenweise Ausbau verschiedener Fahrstabilisierungssysteme.

Klotz- und Außenbackenbremsen an den Radlaufflächen

Die ersten Kraftfahrzeuge fuhren auf stahl- oder gummibereiften Holzrädern oder gummibereiften Speichenrädern aus Stahl. Zum Bremsen drückten (wie bei den Pferdekutschen) Hebel mit Bremsklötzen oder Außenbackenbremsen mit Reibbelägen gegen die Laufflächen der Hinterräder. Ein erstes Beispiel dafür ist der von Gottlieb Daimler im Jahr 1885 als Versuchsfahrzeug erprobte „Reitwagen" (erstes Motorrad mit 0,5 PS Motorleistung und 12 km/h Höchstgeschwindigkeit). Vom vorn beim Lenkhebel angeordneten Bremsbetätigungshebel führte ein Seilzug zur *Außenbackenbremse* am Hinterrad (Bilder 3a, b).

Als erste Personenkraftwagen mit Verbrennungsmotor verfügten im Jahr 1886 die von der Pferdekutsche abgeleitete Daimler-Motorkutsche (1,1 PS, 16 km/h) und der neu als Automobil konzipierte Benz-Motorwagen über Klotzbremsen. Das traf auch auf Nachfolgefahrzeuge wie z. B. den 1896 konstruierten ersten Lastwagen der Welt zu. Die Klotzbremse war jeweils vor den Hinterrädern angebracht (Bilder 3c, d, e, f.).

3 Historische Motorfahrzeuge und ihre Radbremsen (Beispiele)

Bild 3

- **a, b** Daimler-Reitwagen, 1885
  - 1 Bremsbetätigungshebel
  - 2 Seilzug zum Bremshebel
  - 3 Bremshebel
  - 4 Außenbackenbremse am Hinterrad
- **c** Daimler-Motorkutsche, 1886
  - 1 Klotzbremse, die zusätzlich im Stand „automatisch" beim Betreten der angeflanschten Trittstufe bremste
- **d** Daimler-Feuerspritze, 1890
  - 1 Klotzbremse
- **e** Benz-Viktoria, 1893
  - 1 Klotzbremse
- **f** Benz-Velo, 1894
  - 1 Klotzbremse

4 Daimler-Stahlradwagen mit Bandbremse, 1889

Bild 4
1 Bandbremse an der Hinterachse

5 Daimler-Phoenix, 1889, Antriebswelle mit Ansicht von vorn

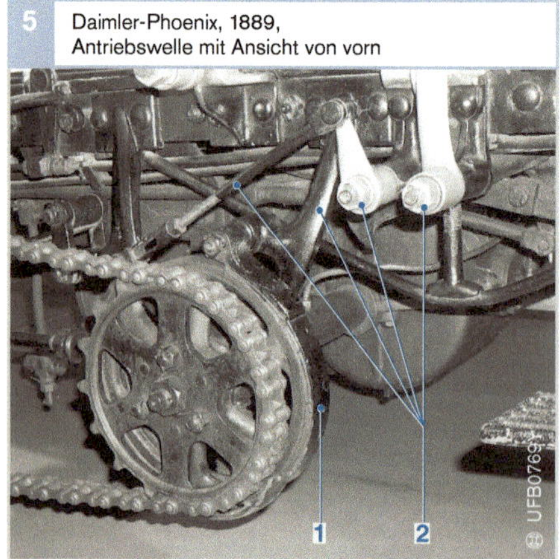

Bild 5
1 Außenbackenbremse, vorderer Teil
2 Bremshebel und Bremsgestänge

6 Daimler-Phoenix, 1889, Antriebswelle mit Ansicht von hinten

Bild 6
1 Bremsstange
2 Bremshebel
3 Außenbackenbremse, hinterer Teil

Band- und Außenbackenbremsen

Als sich beim Kraftfahrzeug schnell Vollgummireifen etablierten (beginnend 1886 mit Dreirad-Motorwagen von Benz und 1889 Stahlradwagen von Daimler) und sich kurz danach wegen des höheren Fahrkomforts luftgefüllte Gummireifen durchsetzten, war das Ende der Klotzbremse im Automobilbau schon wieder eingeläutet.

Nun kamen *Bandbremsen* (flexible Stahl-Bremsbänder, entweder direkt oder über mehrere, auf der Innenseite aufgenietete Bremsklötze bremsend) oder *Außenbackenbremsen* (steife Guss- bzw. Stahlbremsbacken mit Bremsbelägen) zur Anwendung. Diese pedalbetätigten Bremsen wirkten auf Außenbremstrommeln, die in der Regel vorn auf der Antriebszwischenwelle oder an der Antriebsachse im Bereich der Hinterräder angebracht waren.

Zum Beispiel entstand 1898 der Wartburg-Motorwagen der Fahrzeugfabrik Eisenach. Das Getriebe und die Antriebskegelräder des Modells 1 lagen frei. *Bandbremsen* wirkten sowohl am Achsantrieb als auch an den beiden Hinterrädern.

1899 verfügte der Daimler-Stahlradwagen über Vollgummireifen und *Stahl-Bandbremsen* an den Hinterrädern (Bild 4). Der Daimler-Personenwagen „Phoenix" des gleichen Jahres 1899 hatte noch Vollgummireifen, kurz danach aber schon Luftreifen. Eine Fußbremse wirkte als *Außenbackenbremse* auf die vordere Antriebswelle (Bilder 5 und 6), die Handbremse auf die Hinterräder. Zusätzlich besaß dieser Wagen – wie auch z. B. der Benz-Rennwagen von 1899 (Bild 7) – eine „Bergstütze", eine am Heck montierte kräftige Stange, die entsprechend ihrem Zweck bei bergwärts stehendem Fahrzeug mit einem kräftigen Fußtritt in die zumeist relativ weiche Fahrbahn getrieben wurde.

Der Originaltext der Gebrauchsanleitung des „Phaeton" der Firma Benz & Co. Rheinische Gasmotoren-Fabrik A.G. Mannheim aus dem Jahr 1902 lautete auszugsweise wie folgt:

„Das Bremsen des Wagens erfolgt neben einer an der linken Seite des Wagens angebrachten Handbremse hauptsächlich durch Bethätigung des linken Fußhebels, welche als Bandbremse auf an den beiden Hinterrädern befestigten Bremsscheiben wirkt, während gleichzeitig wie schon oben erwähnt, der Riemen automatisch ausgerückt wird. Um ein sofortiges Halten des Wagens zu veranlassen, wird ausser dem genannten Fusstritthebel auch der rechte Fusstritthebel zu gleicher Zeit niedergedrückt, wodurch die mit dem letzteren verbundene Bandbremse auf die Bremsscheibe wirkt und damit das Vorgelege bremst.“

Innenbacken-Trommelbremsen mit mechanischer Seilzugbetätigung

Die Fahrzeuge wurden im Lauf der Zeit immer schneller und schwerer. Sie benötigten daher eine wirksamere Bremsanlage. So folgte den Band- und Außenbackenbremsen schnell die *Innenbacken-Trommelbremse*, für die Louis Renault 1902 das Patent beantragte. Ein Spreizmechanismus drückte zwei sichelförmige Bremsbacken gegen die Innenfläche der mit dem Rad verbundenen Bremstrommel aus Gusseisen oder Stahl. Die Trommelbremse weist wegen der Selbstverstärkungswirkung geringe Betätigungskräfte im Verhältnis zur Bremskraft, lange Wartungsintervalle und lange Belagsstandzeiten auf.

Die Bremskraft wurde bis auf weiteres mit Seilzügen auf die beiden Trommelbremsen der Hinterräder übertragen.

Zum Beispiel verfügte schon der Mercedes-Simplex neben der Kardan-Bandbremse über zusätzliche, *mit Seilzug betätigte Trommelbremsen der Hinterräder* (Bild 8). Wegen gesteigerter Motorleistung (40 PS) erhielt er außerdem eine zweite Fußbremse (Bild 9), die auch als *Bandbremse* auf die Zwischenwelle des Kettenantriebs wirkte. Alle vier Bremsen wurden übrigens mit Spritzwasser gekühlt, das beim Bremsen aus einem Vorratsbehälter auf die Reibflächen tropfte.

7 Benz-Rennwagen, 1899, mit Außenbandbremse und abgehängter „Bergstütze“

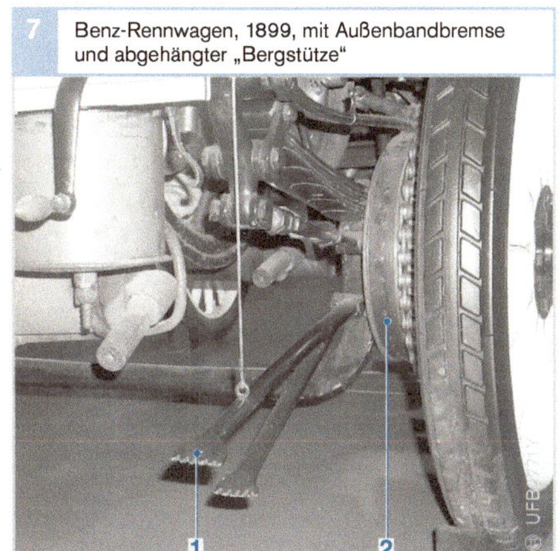

Bild 7
1 „Bergstütze“
2 Außenbandbremse mit auf der Innenseite aufgenieteten Bremsklötzen

8 Daimler-Simplex, 1902, mit Seilzug-betätigter Trommelbremse am Hinterrad

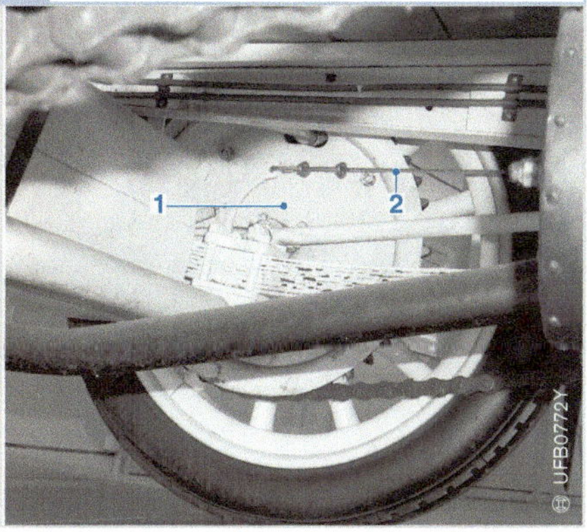

Bild 8
1 Trommelbremse
2 Seilzug

9 Daimler-Simplex, 1902, Pedal- und Hebelwerk am Fahrersitz

Etwa ab 1920 gab es Fahrzeuge, die *Trommelbremsen an allen vier Rädern* besaßen. Die Übertragung der Bremskraft erfolgte immer noch mit den Mitteln der Mechanik, also mit *Hebeln, Gelenken und Seilzügen.*

Diese mit Seilzug betätigten Trommelbremsen hatten noch lange Bestand. Ein Beispiel dafür war der VW-Standard der 1950er-Jahre (Bild 10):

Wesentliches Element dieser Bremsanlage war eine Bremsdruckschiene (Pos. 1). Die in ihrem Kopf eingehängten vier Bremsseile (2) verliefen durch Seilzughüllen rückwärts zu den Radbremsen (Trommelbremsen) der vier Räder (3). Der hintere Teil der Schiene stützte sich auf einen kurzen Hebel, der auf der Bremspedalwelle saß. Beim Druck auf das Bremspedal der Fußbremse (4) verschob sich die Bremsdruckschiene zusammen mit den vier Seilzügen nach vorn. Die Seilzüge übertrugen die Kraftwirkung auf die Radbremsen.

Der Hebel der Handbremse (5) saß im Wagen weiter hinten. Über eine abgekoppelte Stange wirkte die Handbremse aber schließlich auf den gleichen Mechanismus wie die Fußbremse und wie diese somit ebenfalls auf sämtliche vier Räder.

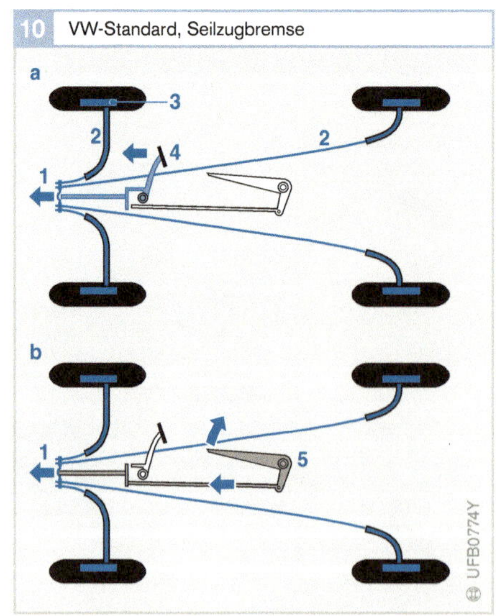

Bild 10
a Betätigung der Fußbremse
b Betätigung der Handbremse

1 Bremsdruckschiene
2 Bremsseile
3 Radbremsen
4 Bremspedal der Fußbremse
5 Hebel der Handbremse

Hydraulische Bremsbetätigung

Das Hauptproblem der Seilzugbremse war die aufwändige Wartung und die ungleichmäßige Bremswirkung, hervorgerufen durch ungleichmäßige Reibung bei der mechanischen Übertragung.

Abhilfe schuf die hydraulische Bremsbetätigung, als die Firma Lockheed ab 1919 eine Öldruckbremse herstellte. Eine spezielle Bremsflüssigkeit übertrug nun den Bremspedaldruck ohne Hebel, Gelenke und Seile über Metallleitungen und Schläuche gleichmäßig zu den Betätigungszylindern der Radbremsen.

Die hydraulische Bremsbetätigung machte es auch möglich, die Fußkraft des Fahrers zu verstärken, indem der Saugrohr-Unterdruck als Hilfskraft zur Bremskraftverstärkung verwendet wurde. Dieses Prinzip wurde 1919 für Hispano-Suiza patentiert.

Bei Nutzfahrzeugen und Schienenfahrzeugen setzte sich die pneumatische Bremsbetätigung mit Druckluft durch.

Im Jahr 1926 wurde der „Adler Standard“ als erstes Auto auf dem europäischen Kontinent mit einem hydraulischen Bremssystem ausgerüstet. Die erste hydraulische Bremskraftverstärkung im Automobil-Rennsport kam 1954 in den „Silberpfeilen“ von Mercedes-Benz zur Anwendung. Diese Einrichtung wurde schließlich für viele Serienfahrzeuge zum Standard.

Da ein möglicher Ausfall des Bremskreises die anfängliche Einkreisbremse lahm legen konnte, wurde im Lauf der Zeit die Zweikreisbremse vom Gesetzgeber vorgeschrieben. Nach Aussage des Golf-Entwicklers Prof. Ernst Fiala hatten die frühen „Käfer“ (VW-Standard) übrigens deshalb noch eine Seilzugbremse, weil man damals Angst hatte, dass bei hydraulischen Bremsen ein Schlauch platzen könnte. Doch dann erhielten – schon allein aus Wettbewerbsgründen – die Modelle VW-Export und VW-Transporter doch ein hydraulisches Bremssystem.

Scheibenbremse

Zwar hatte 1902 der englische Automobilhersteller Lanchester die Scheibenbremse patentieren lassen, doch der Weg bis zur Einführung dieser Bremse war noch lang. Erst ca. fünfzig Jahre später – ab 1955 – wurde als erstes Serienfahrzeug der legendäre Citroën DS-19 mit Scheibenbremsen ausgerüstet. Die Scheibenbremse entstand aus der Lamellenbremse und wurde zunächst für den Flugzeugbau entwickelt.

Bei der Scheibenbremse drückt je ein Bremsbelag von innen und außen auf eine mit dem Rad verbundene Bremsscheibe (meist aus Gusseisen, seltener aus Stahl). Ihr Vorteil sind der einfache und montagefreundliche Aufbau. Sie wirkt auch dem Nachlassen der Bremswirkung wegen Überhitzung entgegen und vermeidet ein Schiefziehen an der Rädern einer Achse.

Das erste deutsche Auto mit Scheibenbremsen an den Vorderrädern war im Jahr 1959 der BMW 502. Scheibenbremsen an allen vier Rädern hatten dann erstmals 1961 der Mercedes 300 SE, der Lancia Flavia und der Fiat 2300. Nun besitzt praktisch jedes Auto eine Scheibenbremsanlage (zumindest an den Vorderrädern). 1974 fuhren die ersten Formel-1-Wagen mit Kohlefaser-Verbundbremsscheiben. Diese gelten als besonders leicht und hitzebeständig und haben sich deshalb sowohl im Motorsport als auch im Flugzeugbau durchgesetzt.

Bremsbeläge

Für Trommel- und Scheibenbremsen mussten geeignete Bremsbeläge entwickelt werden, wobei sich Asbestbeläge als besonders wirksam durchsetzten. Erst nach dem Bekanntwerden der gesundheitsschädigenden Wirkung von Asbestfasern wurde dieses Material durch Kunststofffasern ersetzt.

Fahrstabilisierungssysteme

Das Elektronikzeitalter für Bremssysteme von Serienfahrzeugen begann 1978 mit dem von Bosch entwickelten Antiblockiersystem (ABS) für Pkw. ABS erkennt beim Bremsen frühzeitig die Blockierneigung eines oder mehrerer Räder und verhindert deren Blockieren. Es stellt die Lenkbarkeit des Fahrzeugs sicher und mindert die Schleudergefahr erheblich. Um neben dem Blockieren der gebremsten Räder auch ein Durchdrehen der Antriebsräder zu verhindern, brachte Bosch 1986 die Antriebsschlupfregelung (ASR) auf den Markt.
Bild 11 zeigt Fahrversuche zur Erprobung dieses Systems an extremen Steigungen auf dem Bosch-Testgelände in Boxberg (Süddeutschland).

Zur weiteren Verbesserung der Fahrsicherheit bot Bosch ab 1995 das Elektronische Stabilitäts-Programm (ESP) an, in das die Funktionen von ABS und ASR integriert sind. Es verhindert nicht nur das Blockieren und Durchdrehen der Fahrzeugräder, sondern auch das seitliche Ausbrechen des Fahrzeugs. Alternative Systeme wie Vierradlenkung und mitlenkende Hinterachskinematik, die in den 1980er- und 1990er-Jahren entwickelt und zum Teil auch in Serienfahrzeugen eingebaut wurden, kamen wegen zu hohem Gewicht, zu hoher Kosten oder zu geringer Wirkung nicht zum Zuge.

Mittlerweile hat auch die Elektrohydraulische Bremse Einzug im Fahrzeugbau gefunden. Sie bietet alle ESP-Funktionen und entkoppelt die mechanische Betätigung des Bremspedals über ein elektronisches Regelsystem. Zur Sicherheit steht eine hydraulische Rückfallebene automatisch zur Verfügung.

11 Steilanfahrt auf dem Bosch-Testgelände in Boxberg zur Erprobung der Fahrstabilisierungssysteme von Pkw und Nkw

Einteilung von Pkw-Bremsanlagen

Die Gesamtheit aller Bremsanlagen in einem Fahrzeug wird als Bremsausrüstung bezeichnet. Pkw-Bremsanlagen lassen sich gliedern nach

- Bauarten und
- Funktionsweisen.

Bauarten

Aufgrund gesetzlicher Vorschriften verteilen sich beim Personenkraftwagen die Aufgaben der Bremsausrüstung auf drei Bremsanlagen:

- Betriebs-Bremsanlage,
- Hilfs-Bremsanlage und
- Feststell-Bremsanlage.

Bei Nutzfahrzeugen gehören zur Bremsausrüstung zusätzlich eine Dauer-Bremsanlage (z. B. Retarder), die es dem Fahrer ermöglicht, auf einer langen Gefällstrecke die Geschwindigkeit gleichbleibend zu halten. Ferner gehört zur Bremsausrüstung eines Nutzfahrzeugs eine selbsttätige Bremsanlage, die bei einer gewollten oder zufälligen Trennung von Fahrzeugen eines Zugs eine automatische Bremsung des Anhängerfahrzeugs bewirkt.

Betriebs-Bremsanlage

Mit der Betriebs-Bremsanlage („Fußbremse") kann einerseits die Geschwindigkeit des Fahrzeugs verringert bzw. auf abschüssiger Strecke konstant gehalten und andererseits das Fahrzeug zum Stillstand gebracht werden.

Der Fahrer dosiert die Bremswirkung stufenlos über den Druck auf das Bremspedal.
Die Betriebs-Bremsanlage wirkt auf alle vier Räder.

Hilfs-Bremsanlage

Die Hilfs-Bremsanlage muss beim Versagen der Betriebs-Bremsanlage deren Aufgaben zumindest mit geminderter Wirkung erfüllen. Die Bremswirkung muss stufenlos dosiert werden können.

Die Hilfs-Bremsanlage braucht keine unabhängige dritte Bremsanlage (neben Betriebs- und Feststell-Bremsanlage) mit einer besonderen Betätigungseinrichtung zu sein. Als Hilfs-Bremsanlage kann entweder der intakte Bremskreis einer zweikreisigen Betriebs-Bremsanlage oder eine abstufbare Feststell-Bremsanlage verwendet werden.

Feststell-Bremsanlage

Die Feststell-Bremsanlage („Handbremse") übernimmt die dritte Aufgabe der Bremsausrüstung. Sie muss das Fahrzeug im Stand festhalten, auch auf geneigter Fahrbahn und bei Abwesenheit des Fahrers.

Aufgrund gesetzlicher Vorschriften muss die Feststell-Bremsanlage eine durchgehende mechanische Verbindung zwischen Betätigungseinrichtung und Radbremse haben, z. B. durch ein Gestänge oder einen Seilzug.

Die Feststell-Bremsanlage wird in der Regel durch einen Handbremshebel neben dem Fahrersitz betätigt, in manchen Fahrzeugen auch durch ein Fußpedal. Damit verfügen die Betriebs- und die Feststell-Bremsanlage von Kraftfahrzeugen über voneinander getrennte Betätigungs- und Übertragungseinrichtungen.

Die Feststell-Bremsanlage ist abstufbar ausgeführt und wirkt auf die Räder nur einer Achse.

Funktionsweisen

Je nachdem, ob eine Bremsanlage vollständig, teilweise oder überhaupt nicht durch Muskelkraft betrieben wird, unterscheidet man zwischen

- Muskelkraft-Bremsanlagen,
- Hilfskraft-Bremsanlagen und
- Fremdkraft-Bremsanlagen.

Muskelkraft-Bremsanlage

Bei dieser in Personenkraftwagen und Krafträdern verwendeten Anlage wird die am Fußpedal oder am Handbremshebel wirksame Muskelkraft entweder mechanisch (durch Gestänge oder Seilzug) oder hydraulisch zu den Radbremsen übertragen. Die Energie zur Erzeugung der Bremskraft geht allein von der physischen Kraft des Fahrers aus.

Hilfskraft-Bremsanlage

Die Hilfskraft-Bremsanlage ist die am häufigsten in Personenkraftwagen und leichten Nutzfahrzeugen eingesetzte Bremsanlage. Sie verstärkt die Muskelkraft des Fahrers im Bremskraftverstärker durch eine Hilfskraft (Unterdruck oder hydraulische Energie). Die verstärkte Muskelkraft wird hydraulisch zu den Radbremsen übertragen.

Fremdkraft-Bremsanlage

Die im Allgemeinen bei Nutzfahrzeugen eingesetzte Fremdkraft-Bremsanlage findet vereinzelt bei großen Personenkraftwagen mit integriertem ABS Verwendung. Bei dieser Bremsanlage wird die Betriebsbremse ausschließlich durch Fremdkraft betätigt.

Die Anlage arbeitet mit hydraulischer Energie (sie basiert auf Flüssigkeitsdruck) und mit hydraulischer Übertragung. Die Bremsflüssigkeit wird in Energiespeichern (Hydrospeichern) gespeichert, in denen Gas (meist Stickstoff) komprimiert ist. Gas und Flüssigkeit sind durch eine elastische Blase (Blasenspeicher) oder einen Kolben mit Gummidichtung (Kolbenspeicher) voneinander getrennt. Eine Hydropumpe erzeugt den Flüssigkeitsdruck, der im Energiespeicher stets mit dem Gasdruck im Gleichgewicht steht. Ein Druckregler schaltet die Hydropumpe auf Leerlauf, sobald der Höchstdruck erreicht ist.

Da die Bremsflüssigkeit praktisch als inkompressibel gelten kann, können kleine Mengen Bremsflüssigkeit große Bremsdrücke übertragen.

Bestandteile einer Pkw-Bremsanlage

Bild 1 zeigt den schematischen Aufbau einer Pkw-Bremsanlage. Sie besteht aus folgenden Baugruppen:

- Energieversorgungseinrichtung,
- Betätigungseinrichtung,
- Übertragungseinrichtung und
- Radbremsen.

Energieversorgungseinrichtung

Die Energieversorgungseinrichtung umfasst die Teile einer Bremsanlage, die die zum Bremsen notwendige Energie liefern, regeln und eventuell aufbereiten. Sie endet dort, wo die Übertragungseinrichtung beginnt, d.h. dort, wo die einzelnen Kreise der Bremsanlagen entweder zur Energieversorgung hin oder untereinander abgesichert sind.

Pkw-Bremsanlagen sind im Wesentlichen Hilfskraft-Bremsanlagen, bei denen die Muskelkraft des Fahrers – verstärkt durch die Hilfskraft des Unterdrucks im Bremskraftverstärker – als Bremsenergie wirkt.

Betätigungseinrichtung

Die Betätigungseinrichtung umfasst die Teile einer Bremsanlage, die die Wirkung dieser Bremsanlage einleiten und steuern. Das Steuersignal kann innerhalb der Betätigungseinrichtung übertragen werden, wobei die Verwendung von Hilfs- oder Fremdenergie möglich ist.

Die Betätigungseinrichtung beginnt an dem Teil der Bremsanlage, auf das die Betätigungskraft unmittelbar wirkt. Sie kann folgendermaßen betätigt werden:

- direkt mit dem Fuß oder der Hand,
- durch indirekten Eingriff des Fahrers.

Die Betätigungseinrichtung endet, wo die Bremsenergie verteilt, oder wo ein Teil der Energie zum Steuern von Bremsenergie entnommen wird. Wesentliche Komponenten der Betätigungseinrichtung sind der Unterdruck-Bremskraftverstärker und der Hauptzylinder.

Übertragungseinrichtung

Die Übertragungseinrichtung umfasst die Teile einer Bremsanlage, die die von der Betätigungseinrichtung gesteuerte Energie übertragen. Sie beginnt dort, wo Betätigungseinrichtung und Energieversorgungseinrichtung enden. Sie endet an den Teilen der Bremsanlage, in denen die Kräfte erzeugt werden, die der Bewegung oder der Bewegungstendenz des Fahrzeugs entgegenwirken. Ihre Bauart kann mechanisch oder hydromechanisch sein.

Komponenten der Übertragungseinrichtung sind das Übertragungsmedium, Schläuche, Leitungen und gegebenenfalls Bremskraftminderer zur Regelung der Bremskraft für die Hinterradbremsen.

Bremse

Die Bremse umfasst die Teile einer Bremsanlage, in denen die Kräfte erzeugt werden, die der Bewegung oder der Bewegungstendenz des Fahrzeugs entgegenwirken. Bei Pkw-Bremsanlagen werden dafür Reibungsbremsen (Scheiben- oder Trommelbremsen) verwendet.

1 Aufbau einer Pkw-Bremsanlage

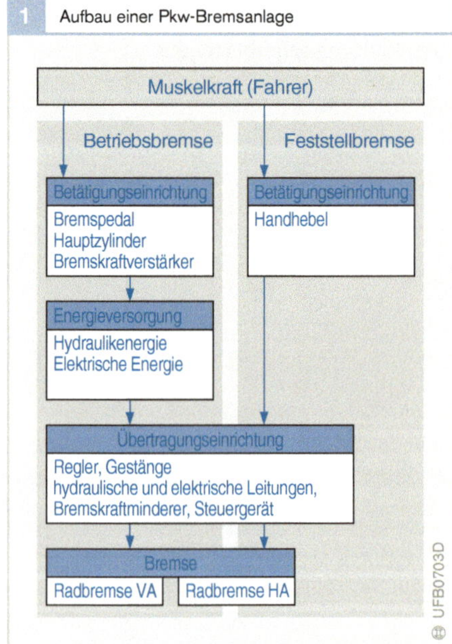

Bremskreisaufteilung

Die gesetzlichen Vorschriften fordern eine zweikreisige Übertragungseinrichtung zu den Radbremsen.

Nach DIN 74 000 gibt es fünf Möglichkeiten zur Aufteilung der beiden Bremskreise auf die vier Radbremsen (Bild 1). Hierbei werden die Bremskreise durch Buchstaben gekennzeichnet: II-, X-, HI-, LL- und HH-Aufteilung. Die Form der Buchstaben ähnelt grob der Anordnung der Bremsleitungen zwischen Hauptzylinder und Radbremsen.

Von diesen fünf Möglichkeiten zur Bremskreisaufteilung haben sich die Aufteilungen II und X durchgesetzt, die einen Minimalaufwand an Leitungen, Schläuchen, lösbaren Anschlüssen und statischen bzw. dynamischen Dichtungen haben. Deshalb ist bei jedem ihrer beiden Bremskreise das Ausfallrisiko durch Leckagen so gering wie bei einem einkreisigen Bremssystem. Bei Bremskreisausfall infolge thermischer Überbeanspruchung einer Radbremse sind insbesondere die Aufteilungen HI, LL und HH kritisch, da ein Ausfall beider Bremskreise an einem Rad zu einem Totalausfall der Bremse führen kann.

Um die gesetzlichen Vorschriften zur Hilfsbremswirkung zu erfüllen, werden frontlastige Fahrzeuge mit der X-Aufteilung ausgerüstet. Die II-Aufteilung eignet sich vorzugsweise für hecklastige Personenkraftwagen.

II-Aufteilung
Vorderachs-/Hinterachs-Aufteilung: Ein Bremskreis wirkt auf die Vorderachse und ein Bremskreis auf die Hinterachse.

X-Aufteilung
Diagonale Aufteilung: Jeder Bremskreis wirkt auf ein Vorderrad und auf das diagonal gegenüber liegende Hinterrad.

HI-Aufteilung
Vorderachs- und Hinterachs-/Vorderachs-Aufteilung: Der eine Bremskreis wirkt auf die Vorderachse und auf die Hinterachse, der andere nur auf die Vorderachse.

LL-Aufteilung
Vorderachs- und Hinterrad-/Vorderachs- und Hinterrad-Aufteilung. Jeder Bremskreis wirkt auf die Vorderachse und auf ein Hinterrad.

HH-Aufteilung
Vorder- und Hinterachs-/Vorder- und Hinterachs-Aufteilung. Jeder Bremskreis wirkt auf die Vorderachse und auf die Hinterachse.

1 Bremskreisaufteilung

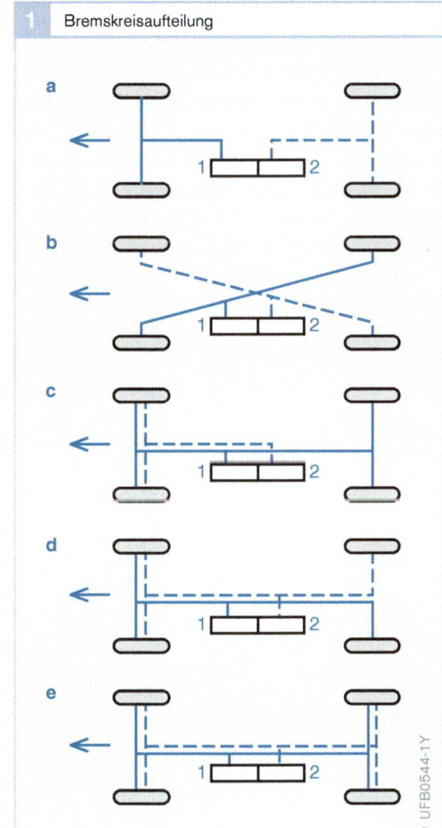

Bild 1
a II-Aufteilung
b X-Aufteilung
c HI-Aufteilung
d LL-Aufteilung
e HH-Aufteilung
1 Bremskreis 1
2 Bremskreis 2
← Fahrtrichtung

Energiebordnetze

Das Energiebordnetz eines Kfz besteht aus dem Generator als Energiewandler, einer oder mehreren Batterien als Energiespeicher und den elektrischen Geräten als Verbraucher. Mithilfe der Energie aus der Batterie wird der Fahrzeugmotor über den Starter gestartet. Im Fahrbetrieb müssen Zünd- und Einspritzanlage, Steuergeräte, die Sicherheits- und Komfortelektronik, die Beleuchtung und weitere Geräte mit Strom versorgt werden. Der Generator liefert hierfür sowie zum Laden der Batterie die benötigte elektrische Energie.

Gestiegene Ansprüche an Komfort und Sicherheit führen zu einem erheblichen Anstieg des Energiebedarfs im Bordnetz. Zudem setzt sich der Trend fort, immer mehr Fahrzeugkomponenten zu elektrifizieren (z. B. Sitzverstellung, elektrische Feststellbremse, elektrische Lenkhilfe). Die Nennleistung der Generatoren reicht von ca. 1 kW im Kleinwagen bis über 3 kW in der Oberklasse. Das ist weniger, als die Verbraucher in der Summe benötigen. Das bedeutet, dass zeitweise auch die Batterie im Fahrbetrieb Energie liefern muss. Alle Komponenten sollten so dimensioniert sein, dass die Ladebilanz der Batterie im Betrieb stets positiv oder zumindest ausgeglichen ist.

Elektrische Energieversorgung

Aufgabe des Energiebordnetzes

Bei laufendem Motor liefert der Generator Strom (I_G, Bild 1). Damit der Generator die Batterie laden kann, muss er die Bordnetzspannung über die Batterie-Leerlaufspannung anheben. Das kann der Generator jedoch nur, wenn die zugeschalteten Verbraucher ihm nicht mehr Strom abverlangen, als er liefern kann. Ist der Verbraucherstrom I_V im Bordnetz höher als der Generatorstrom I_G (z. B. bei Motorleerlauf), so wird die Batterie entladen. Die Bordnetzspannung sinkt auf das Spannungsniveau der belasteten Batterie.

Der maximale Generatorstrom hängt stark von der Drehzahl und der Generatortemperatur ab. Bei Motorleerlauf kann der Generator nur 55...65 % seiner Nennleistung abgeben. Direkt nach einem Kaltstart bei niedrigen Außentemperaturen ist der Generator jedoch in der Lage, ab mittlerer Motordrehzahl bis zu 120 % seiner Nennleistung in das Bordnetz zu speisen. Wenn der Motor warm ist, heizt sich der Motorraum abhängig von der Außentemperatur und der Motorbelastung auf 60...120°C auf. Hohe Motorraumtemperaturen verursachen hohe Wicklungswiderstände, die die maximale Generatorleistung reduzieren.

Über die Auswahl von Batterie, Generator, Starter und der anderen Verbraucher

1 Schematische Darstellung des Energiebordnetzes

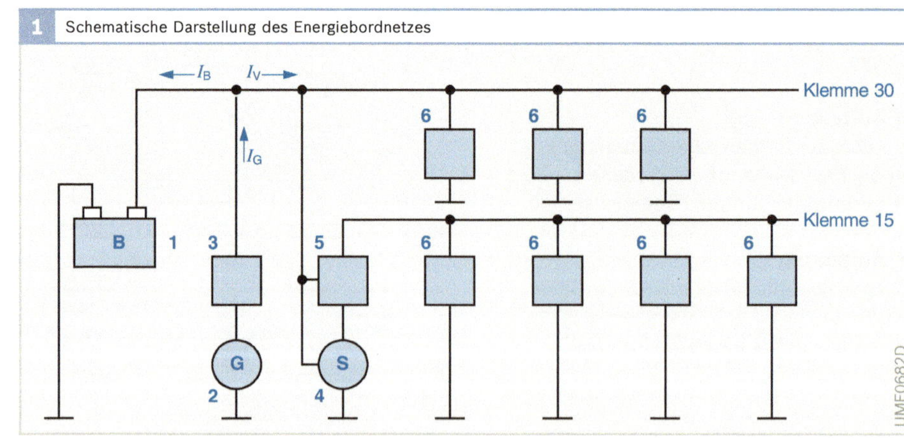

Bild 1
1 Fahrzeugbatterie
2 Generator
3 Generatorregler
4 Starter
5 Fahrtschalter
6 Verbraucher

I_B Batteriestrom
I_G Generatorstrom
I_V Verbraucherstrom

im Bordnetz muss eine ausgeglichene Ladebilanz der Batterie sichergestellt werden, sodass

- immer ein Starten des Verbrennungsmotors möglich ist und
- nach Abstellen des Motors bestimmte elektrische Verbraucher noch eine angemessene Zeit betrieben werden können.

Aufbau und Arbeitsweise des 14-V-Bordnetzes

Schematische Darstellung

Das elektrische System im Kraftfahrzeug lässt sich als Zusammenspiel des Energiewandlers (Generator), des Energiespeichers (Batterie) und der Verbraucher darstellen (Bild 1). Bei abgezogenem Zündschlüssel werden nur wenige Verbraucher mit Spannung versorgt (z. B. Diebstahlalarmanlage, Autoradio, Standheizung). Der Anschluss, über den diese Verbraucher versorgt werden, wird als *Klemme 30* (Dauerplus) bezeichnet.

Die übrigen Verbraucher sind an *Klemme 15* angeschlossen. In Fahrtschalterstellung *Zündung ein* wird die Batteriespannung auf diese Klemme geschaltet, sodass nun alle Verbraucher an die Stromversorgung angeschlossen sind.

Der Generator wird über den Keilriemen von der Kurbelwelle angetrieben und wandelt die mechanische Leistung in elektrische Leistung. Der Generatorregler begrenzt die abgegebene Leistung so weit, dass die im Regler eingestellte Sollspannung (14,0...14,5 V) nicht überschritten wird.

Batterieeinbaulagen

Die Batterie ist bei den meisten Autos im Motorraum untergebracht. Eine große Batterie (z. B. 100 Ah) nimmt jedoch sehr viel Platz in Anspruch und kann bei beengten Motorraumverhältnissen u. U. nicht eingebaut werden. Ein weiteres Argument gegen einen Einbau im Motorraum kann die hohe Umgebungstemperatur sein. Eine Alternative ist der Einbau im Kofferraum oder im Fahrgastraum (z. B. unter Beifahrersitz).

Einfluss der Einbaulage auf die Ladespannung

Die Leitung zwischen der im Motorraum eingebauten Batterie und dem Generator ist kürzer als beim Einbau im Kofferraum. Das wirkt sich auf den Leitungswiderstand und damit direkt auf den Spannungsfall auf der Leitung aus. Der Widerstand ist proportional zur Leitungslänge und umgekehrt proportional zum Leitungsquerschnitt. Geeignete Leitungsquerschnitte und gute Verbindungsstellen, deren Übergangswiderstände sich auch nach längerer Betriebszeit nicht verschlechtern, halten Spannungsfälle klein.

Bild 2a zeigt die Verhältnisse für den Einbau im Motorraum. Der Spannungsfall U_{D1} am Leitungswiderstand R_{L1} beträgt

$U_{D1} = R_{L1} \cdot I_G$, mit

$I_G = I_V + I_B$

I_G Generatorstrom,

I_V Verbraucherstrom von R_{V1} und R_{V2},

I_B Batterieladestrom.

2 Einbaulagen der Batterie

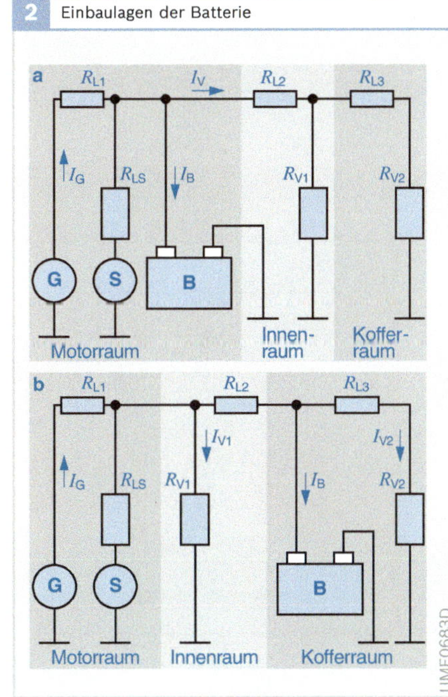

Bild 2
a Einbau im Motorraum
b Einbau im Kofferraum

G Generator
B Batterie
S Starter
R_L Leitungswiderstände
R_V Verbraucherwiderstände
I_G Generatorstrom
I_V Verbraucherstrom
I_B Batterieladestrom

Die im Kofferraum eingebaute Batterie benötigt eine längere Zuleitung mit dem zusätzlichen Leitungswiderstand R_{L2} (Bild 2b). An diesem Widerstand entsteht der Spannungsfall

$U_{D2} = R_{L2} \cdot (I_B + I_{V2})$, mit
I_{V2} Verbraucherstrom von R_{V2}.

Aufgrund des höheren Spannungsfalls ist die Ladespannung für die im Kofferraum eingebaute Batterie also geringer. Die zusätzliche von R_{L2} verursachte Spannungsdifferenz kann durch eine Erhöhung des Sollwerts der Generatorspannung ausgeglichen werden. Dadurch wird die Leistung des Generators höher.

Einfluss der Einbaulage auf Startfähigkeit

Die Startfähigkeit hängt von der am Starter anliegenden Spannung ab. Je höher dieser Wert ist, desto höher ist beim Startvorgang die Drehzahl des Starters. Einen entscheidenden Einfluss auf diese Spannung hat aufgrund des hohen Starterstroms der Widerstand der Zuleitung. Für die Variante mit der im Kofferraum eingebauten Batterie ist die Leitung zwischen Batterie und Starter länger als beim Motorraumeinbau, entsprechend höher ist der Widerstand und somit auch der Spannungsfall. Für eine gute Startfähigkeit ist somit der Batterieeinbau im Motorraum mit kurzen Leitungen zum Starter günstiger.

Einfluss der Umgebungstemperatur

Hohe Temperaturen, wie sie im Motorraum auftreten können, führen zu temperaturbedingten Effekten in der Batterie (z. B. Gasung), die sich negativ auf die Lebensdauer der Batterie auswirken. Hohe

3 Drehstrom-Brückenschaltung

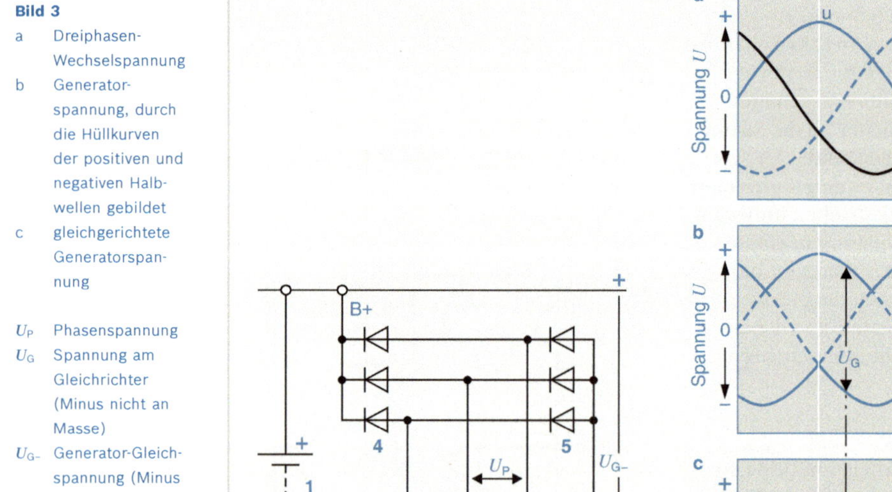

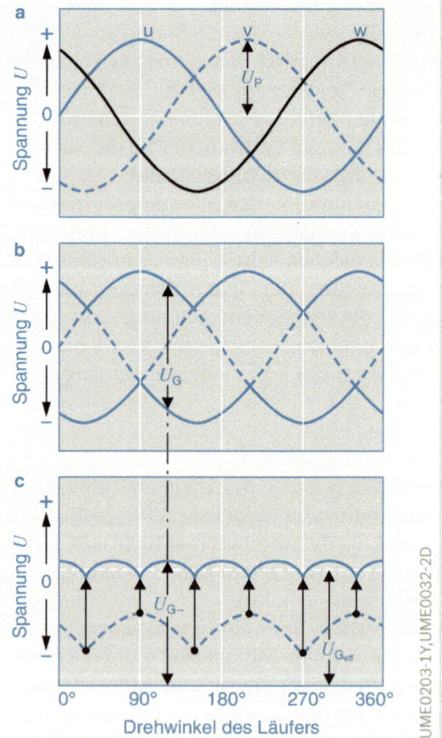

Bild 3
- a Dreiphasen-Wechselspannung
- b Generatorspannung, durch die Hüllkurven der positiven und negativen Halbwellen gebildet
- c gleichgerichtete Generatorspannung

- U_P Phasenspannung
- U_G Spannung am Gleichrichter (Minus nicht an Masse)
- U_{G-} Generator-Gleichspannung (Minus an Masse)
- U_{Geff} Effektivwert der Gleichspannung

1. Batterie
2. Erregerwicklung des Generators
3. Ständerwicklung
4. Plus-Dioden
5. Minus-Dioden

Temperaturen in der Batterie können durch Abschirmung reduziert werden.

Bei niedrigen Außentemperaturen dauert es lange, bis die im Kofferraum eingebaute Batterie warm wird. Zu niedrige Batterietemperaturen führen zu einer schlechten Ladefähigkeit. Dies wiederum führt zu einer schlechten Ladebilanz und damit zu einem niedrigen Ladezustand (SOC, State of Charge). Das beschleunigt den Alterungsprozess der Batterie (Sulfatisierung).

Einfluss der Einbaulage auf Spannungsstabilität

Da nur Gleichstrom in Batterien gespeichert werden kann, muss der im Generator erzeugte Wechselstrom gleichgerichtet werden. Diese Aufgabe übernimmt ein Diodengleichrichter, der im Generator integriert ist (Bild 3). Durch das Gleichrichten der Wechselspannung entsteht eine wellige Gleichspannung, indem die Dioden die Spitzen aus den Wechselspannungswellen „herausschneiden" (Bild 3c). Außerdem entstehen durch das Schalten der Dioden – wenn der Strom von einer Diode zur nächsten kommutiert – hochfrequente Spannungsschwingungen, die zum größten Teil durch den im Generator eingebauten Entstörkondensator geglättet werden.

Elektronische Verbraucher (z. B. Steuergeräte) können durch die Spannungsspitzen oder die Spannungswelligkeit gestört oder sogar beschädigt werden. Durch ihre große Kapazität kann die Batterie die Spannungsschwankungen glätten. Aufgrund des Leitungswiderstands R_L zwischen Generator und Batterie werden sie jedoch am Generator nicht vollständig unterdrückt. Sind die Verbraucher batterieseitig (Bild 4a) oder hinter der Batterie angeschlossen (z. B. R_{V1} und R_{V2} in Bild 2a), werden sie mit der weitgehend geglätteten Bordnetzspannung versorgt. Sind die Verbraucher generatorseitig, also direkt am Generator angeschlossen (Bild 4b), so sind sie einer größeren Spannungswelligkeit und größeren Spannungsspitzen ausgesetzt.

Es empfiehlt sich, spannungsunempfindliche Verbraucher mit hoher Leistungsaufnahme in Generatornähe und spannungsempfindliche Verbraucher mit niedriger Leistungsaufnahme in Batterienähe anzuschließen.

Leistung der Verbraucher

Verbraucherklassifizierung

Die elektrischen Verbraucher haben unterschiedliche Einschaltdauern (Bild 5). Man unterscheidet zwischen

- Dauerverbrauchern, die immer eingeschaltet sind (z. B. Elektrokraftstoffpumpe, Motormanagement),
- Langzeitverbrauchern, die bei Bedarf eingeschaltet werden und dann für längere Zeit eingeschaltet sind (z. B. Abblendlicht, Autoradio, elektrisches Kühlergebläse) und
- Kurzzeitverbrauchern, die nur kurz eingeschaltet sind (z. B. Blinker, Bremslicht, elektrische Sitzverstellung, elektrische Fensterheber).

4 Anschlussmöglichkeiten von Verbrauchern

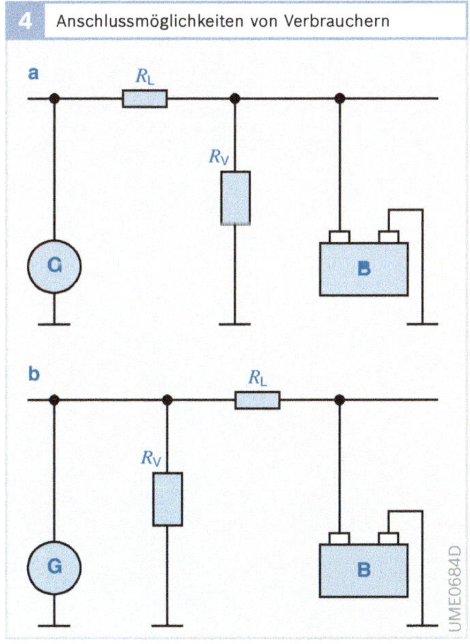

Bild 4
a Batterieseitiger Anschluss von Verbrauchern
b generatorseitiger Anschluss von Verbrauchern

G Generator
B Batterie
R_L Leitungswiderstand
R_V Verbraucherwiderstand

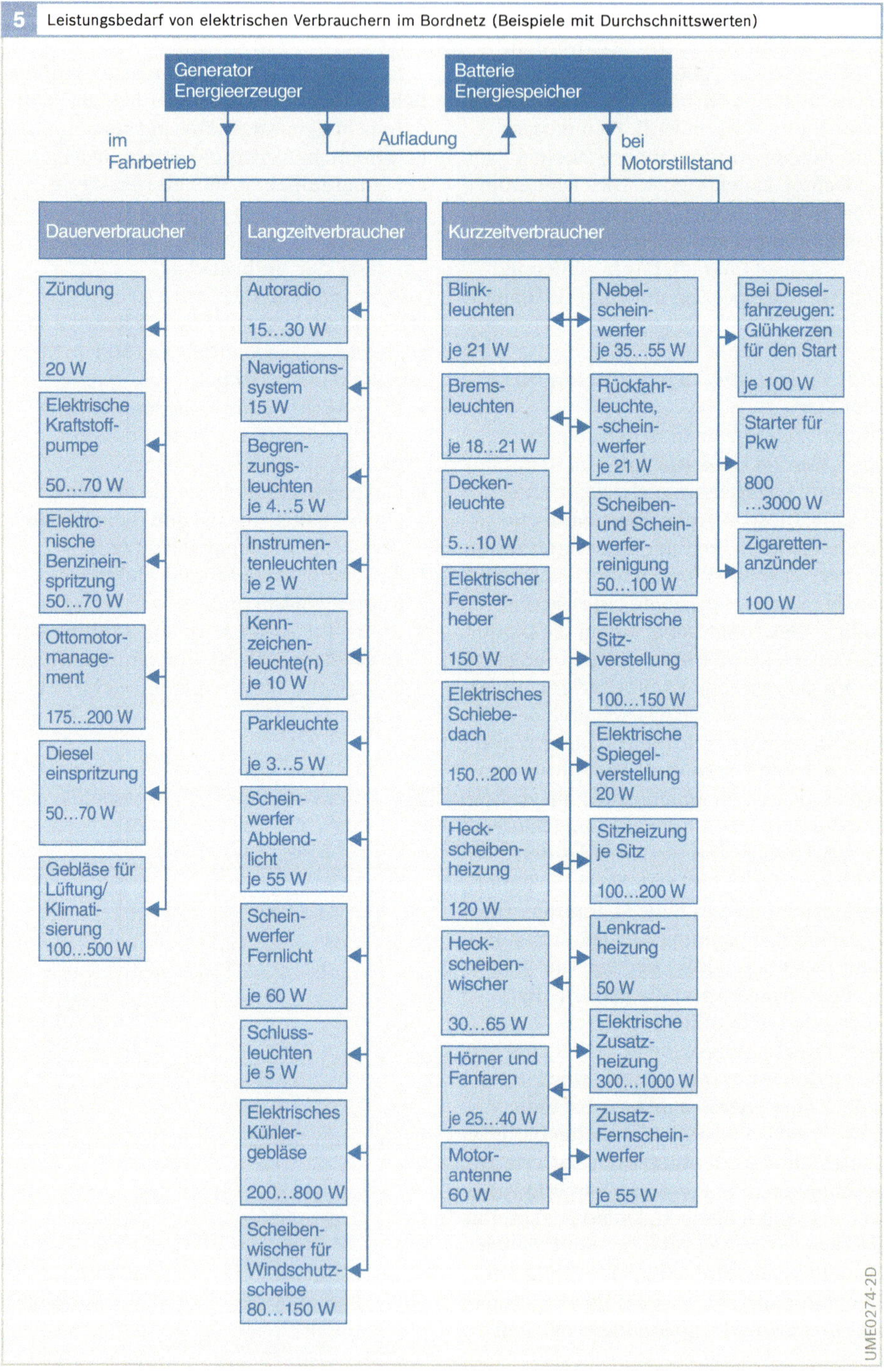

5 Leistungsbedarf von elektrischen Verbrauchern im Bordnetz (Beispiele mit Durchschnittswerten)

Die Benutzung einiger elektrischer Verbraucher hängt von der Außentemperatur ab. Insbesondere die verschiedenen Heizungen (z. B. Front- und Heckscheibenheizung, Sitzheizung) werden nur bei Bedarf bei Fahrtbeginn für eine begrenzte Zeit eingeschaltet.

Vom Motorlüfter wird die größte Leistung bei Fahrzeugstillstand (also bei Motorleerlauf mit geringer Stromerzeugung des Generators) angefordert, weil die Kühlung der Fahrtwinds fehlt. Der Kühler wird bei Bedarf auch nach Abstellen des Motors zugeschaltet, um einen Wärmestau im Motorraum zu verhindern. Dieser Verbraucher deckt somit einen großen Anteil seines hohen Energiebedarfs aus der Batterie ab.

Fahrzeitabhängige Verbraucherleistung

Die benötigte Verbraucherleistung ist während einer Fahrt nicht konstant. Sie ist insbesondere in den ersten Minuten nach dem Start sehr hoch und sinkt dann ab (Bild 6):

- Eine elektrische Frontscheibenheizung benötigt zum Abtauen der Scheibe für 1...3 Minuten nach dem Start bis zu 2 kW.
- Die Sekundärluftpumpe, die Luft direkt hinter dem Brennraum zum Nachverbrennen des Abgases einbläst, läuft bis zu 3 Minuten nach dem Start.
- Weitere Verbraucher wie Heizung (Heckscheibenheizung, Sitzheizung, Außenspiegelheizung usw.), Gebläse und Beleuchtung sind je nach Situation kürzer oder länger eingeschaltet.

Nach einigen Minuten sind diese Verbraucher ausgeschaltet. Die Verbraucherleistung wird dann vorwiegend von den Dauerverbrauchern (z. B. Motormanagement) und den Langzeitverbrauchern bestimmt.

Ruhestromverbraucher

Verschiedene Steuergeräte bzw. Verbraucher benötigen auch bei abgestelltem Fahrzeug eine Stromversorgung. Der Ruhestrom setzt sich aus der Summe aller dieser eingeschalteten Verbraucher zusammen. Die meisten schalten kurze Zeit nach Abstellen des Motors ab (z. B. Innenraumbeleuchtung), einige hingegen sind immer aktiv (z. B. Diebstahlwarnanlage).

Der Ruhestrom muss von der Batterie geliefert werden. Der maximale Wert des Ruhestroms wird von den Fahrzeugherstellern definiert. Die Dimensionierung der Batterie richtet sich u. a. nach diesem Wert.

Typische Werte für den Ruhestrom in einem Pkw liegen bei ca. 3...10 mA.

Stromabgabe des Generators

Wesentliche Bestandteile des Generators sind der feststehende Stator (Bild 7, Pos. 3) und der im Stator drehende Rotor (2), der über den Keilriemen von der Kurbelwelle angetrieben wird. In den drei Statorwicklungen wird eine elektrische Wechselspannung induziert (Drehstromgenerator), wenn in der Rotorspule ein Strom fließt (Erregerstrom) und damit ein Magnetfeld aufgebaut wird. Der Erregerstrom wird vom erzeugten Generatorstrom abgezweigt (Selbsterregung). Die induzierte Spannung hängt von der Drehgeschwindigkeit des Rotors und von der Höhe des Erregerstroms ab. Die erzeugte Wechselspannung wird von Dioden (5) gleichgerichtet.

Da die im Generator induzierte Spannung von der Generatordrehzahl und so-

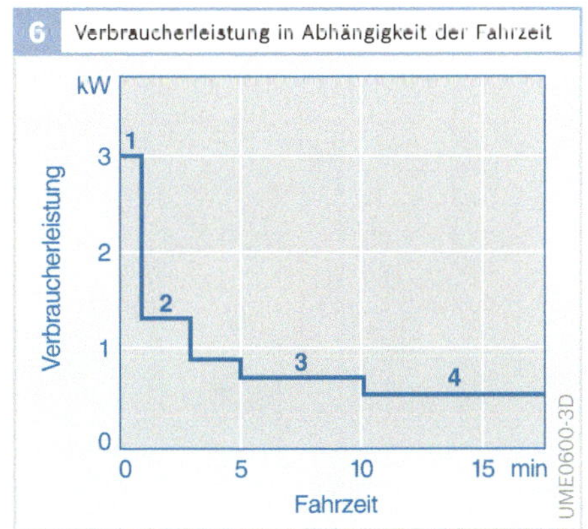

Bild 6
1 Frontscheibenheizung
2 Sekundärluftpumpe
3 Heizung, Gebläse usw.
4 Dauer- und Langzeitverbraucher

mit auch von der Motordrehzahl abhängt, ist die Spannung bei niedrigen Drehzahlen gering. Bei Motorleerlaufdrehzahl n_L kann der Generator bei gängigen Übersetzungsverhältnissen (Kurbelwellen- zu Generatordrehzahl) von 1:2,5 bis 1:3 nur einen Teil seines Nennstroms abgeben (Bild 8). Der Nennstrom wird unter Volllast bei der Generatordrehzahl 6 000 min^{-1} erreicht. Um die nominale Generatorleistung zu erreichen, muss die im Fahrbetrieb erreichte mittlere Drehzahl hoch genug sein. Fahrzyklen mit hohem Leerlaufanteil sind besonders kritisch, weil die verfügbare Generatorleistung so niedrig ist, dass bei hoher eingeschalteter Verbraucherleistung die Batterie entladen wird.

Ist die Generatorspannung höher als die Batteriespannung, fließt ein Batterieladestrom in die Batterie und lädt diese auf. Die Spannung wird vom Generatorregler begrenzt, sodass sich die Bordnetzspannung von ca. 14 V einstellt.

Die Leistungserzeugung durch den Generator hat Einfluss auf den Kraftstoffverbrauch. Der Mehrverbrauch bei 100 W elektrischer Leistung liegt in der Größenordnung von 0,17 *l* auf 100 km Fahrstrecke und ist abhängig vom Wirkungsgrad des Generators und vom Wirkungsgrad des Verbrennungsmotors.

Spannungsregelung im Bordnetz

Erzeugung des Erregermagnetfelds im Start

Damit in den Statorwicklungen eine Spannung induziert werden kann, ist ein Magnetfeld im Rotor erforderlich. Bei niedrigen Drehzahlen nach dem Start ist eine Selbsterregung nicht möglich. Die erste Erregung des Generators nach dem Start wird deshalb von der Batterie übernommen.

Das Drehmoment eines unter Last laufenden Generators würde den Startvorgang und die Leerlaufstabilisierung des Verbrennungsmotors behindern. Deshalb regeln moderne Regler den Erregerstrom während der Startphase auf einem gerin-

8 Generatorstromabgabe I_G in Abhängigkeit von der Generatordrehzahl

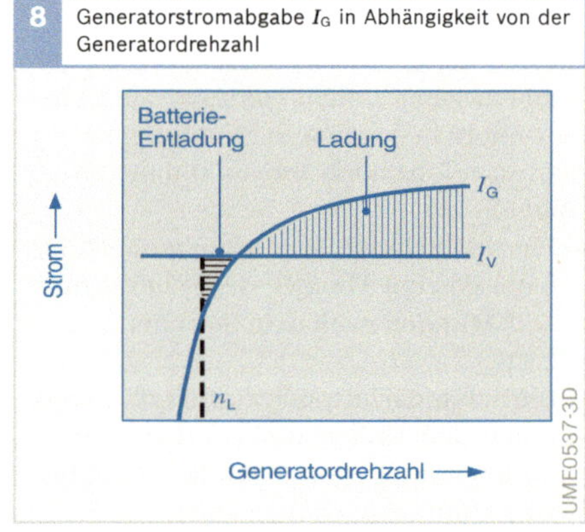

Bild 8
I_V Verbraucherstrom
I_G Generatorstrom
n_L Motorleerlaufdrehzahl

7 Zusammenspiel von Generator, Generatorregler und Batterie

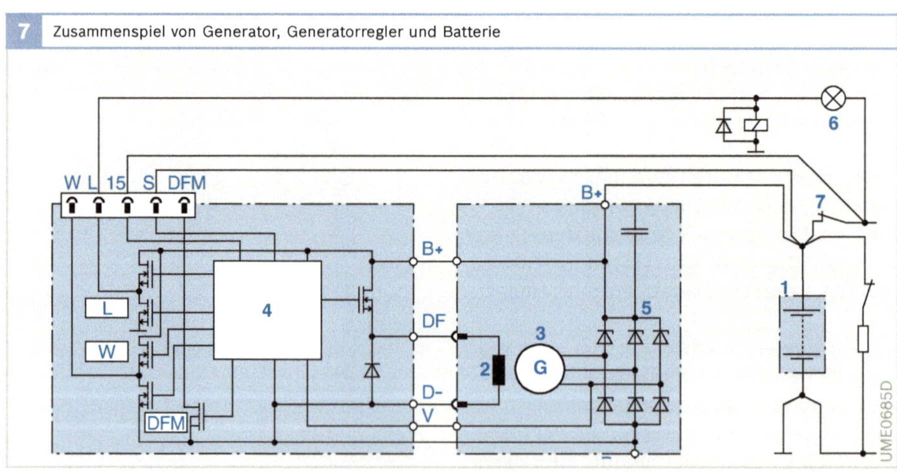

Bild 7
1 Batterie
2 Rotor des Generators
3 Stator des Generators
4 Generatorregler
5 Gleichrichterdioden
6 Ladekontrollleuchte
7 Fahrtschalter

gen Niveau ein (gesteuerte Vorerregung). Die Stromerzeugung wird bis nach dem Hochlauf des Motors verzögert (Load-Response Start, LRS). Die Verbraucher werden bis dahin von der Batterie versorgt.

Spannungsregelung im Fahrbetrieb

Der Regler stellt das Erregermagnetfeld über einen pulsweitenmodulierten (PWM) Strom in der Rotorwicklung so ein, dass die Spannung an B+ dem vorgegebenen Sollwert entspricht. Die Frequenz des PWM-Signals beträgt 40...200 Hz, das Tastverhältnis hängt davon ab, wie viel Leistung die Verbraucher anfordern. Bei einer Laständerung ändert sich die Bordnetzspannung, worauf der Regler durch Anpassen des PWM-Signals das Erregermagnetfeld so einstellt, dass die Spannung nachgeführt wird.

Der Anschluss der Erregerwicklung wird als DF (Dynamo Feld) bezeichnet. Der Generatorregler gibt das PWM-Signal als DFM (DF-Monitor) aus, um andere Steuergeräte über die Auslastung des Generators in Kenntnis zu setzen.

Der Regler benötigt zur Regelung den Wert der Batteriespannung. Er erhält ihn über den Anschluss B+. Bei einer langen Zuleitung und hohen Strömen auf dieser Leitung kann der Spannungsunterschied zwischen Batterie und Regler groß sein, sodass die Leistungserzeugung des Generators reduziert ist und die Batterie möglicherweise umzureichend geladen wird. Abhilfe kann hier der S-Anschluss bieten, über den mit einem separat am Pluspol der Batterie angeschlossenen Kabel dem Regler die Batteriespannung zugeführt wird.

Die Bus-Anbindung des Reglers (z. B. LIN-Bus) ermöglicht die Variation des Sollwerts, auf den geregelt werden soll. Damit sind Funktionen wie z. B. Rekuperation möglich. Die Funktion Load-Response Fahrt (LRF) regelt im Fahrbetrieb nach Zuschalten einer hohen Last und dem damit verbundenen plötzlichen Spannungseinbruch die Generatorspannung rampenförmig wieder auf den Sollwert. Dadurch wird verhindert, dass der Generator den Verbrennungsmotor sprunghaft belastet.

Ladekontrollleuchte

Die Ladekontrollleuchte wird vom Generatorregler angesteuert. Sie leuchtet bei *Zündung ein* und geht aus, wenn der Generator Strom liefert. Sobald der Regler einen Fehler erkennt (z. B. Generatorausfall durch Keilriemenbruch, Unterbrechung oder Kurzschluss im Erregerstromkreis, Unterbrechung der Ladeleitung zwischen Generator und Batterie), schaltet er die Ladekontrollleuchte ein.

Laden der Batterie

Die ideale Batterieladespannung muss aufgrund der chemischen Vorgänge in der Batterie bei Kälte höher, bei Wärme niedriger sein. Die Gasungsspannungskurve gibt die maximale Spannung an, bei der die Batterie nicht gast. Der Generatorregler begrenzt die Spannung, wenn der Generatorstrom I_G größer ist als die Summe aus benötigtem Verbraucherstrom I_V und dem temperaturabhängigen maximal zulässigen Batterieladestrom I_B.

Regler sind üblicherweise an den Generator angebaut. Bei größeren Abweichungen zwischen Reglertemperatur und Batteriesäuretemperatur ist es von Vorteil, die Temperatur für die Spannungsregelung direkt an der Batterie zu erfassen.

Die Anordnung von Generator, Batterie und Verbrauchern beeinflusst den Spannungsfall auf der Ladeleitung und damit die Ladespannung. Sind alle Verbraucher batterieseitig angeschlossen, fließt auf der Ladeleitung der Gesamtstrom $I_G = I_B + I_V$. Durch den hohen Spannungsfall ist die Ladespannung entsprechend niedriger. Sind dagegen alle Verbraucher generatorseitig angeschlossen, ist der Spannungsfall auf der Ladeleitung niedriger, die Ladespannung höher. Der Spannungsfall kann vom Regler mit unmittelbarer Messung des Spannungs-Istwertes an der Batterie berücksichtigt werden.

Bordnetzstrukturen

Ein-Batterie-Bordnetz

Bild 1 zeigt ein Ein-Batterie-Bordnetz, wie es im Pkw-Bereich vorwiegend zu finden ist. Als Energiespeicher dient eine Batterie, die sowohl den Strom für den Startvorgang liefert als auch die Energieversorgung für die Verbraucher bei fehlender (Motorstillstand) oder unzureichender (Leerlaufphasen) Generatorleistung übernimmt. Dieses Konzept ist derzeit am meisten verbreitet, da es die kostengünstigste Lösung für die Energieversorgung im Kraftfahrzeug darstellt.

Nachteile des Ein-Batterie-Bordnetzes

Bei der Auslegung einer Fahrzeugbatterie für das Ein-Batterie-Bordnetz, die sowohl den Starter als auch die weiteren Verbraucher im Bordnetz versorgt, muss ein Kompromiss zwischen verschiedenen Anforderungen gefunden werden. Während des Startvorganges wird die Batterie mit hohen Strömen (300...500 A) belastet. Der damit verbundene Spannungseinbruch wirkt sich nachteilig auf bestimmte Verbraucher aus (z. B. Unterspannungsreset bei Geräten mit Mikrocontroller) und sollte so gering wie möglich sein.

Im Fahrbetrieb fließen dagegen nur noch vergleichsweise geringe Ströme. Für eine zuverlässige Stromversorgung ist die Kapazität der Batterie maßgebend. Beide Eigenschaften - Leistung und Kapazität - lassen sich nicht gleichzeitig optimieren.

Zwei-Batterien-Bordnetz

Bei Bordnetzausführungen mit zwei Batterien - Startspeicher und Versorgungsbatterie - werden durch das Bordnetzsteuergerät die Batteriefunktionen *Bereitstellung hoher Leistung für den Startvorgang* und *Versorgung des Bordnetzes* getrennt (Bild 9), um den Spannungseinbruch im Bordnetz beim Start zu vermeiden und einen Kaltstart auch bei einem niedrigen Ladezustand der Versorgungsbatterie sicherzustellen.

Startspeicher (Startbatterie)

Der Startspeicher muss nur für eine begrenzte Zeit (Startvorgang) einen hohen Strom liefern. Er wird daher auf eine hohe Leistungsdichte (hohe Leistung bei geringem Gewicht) ausgelegt. Weil er ein klei-

9 Zwei-Batterien-Bordnetz (Ansicht)

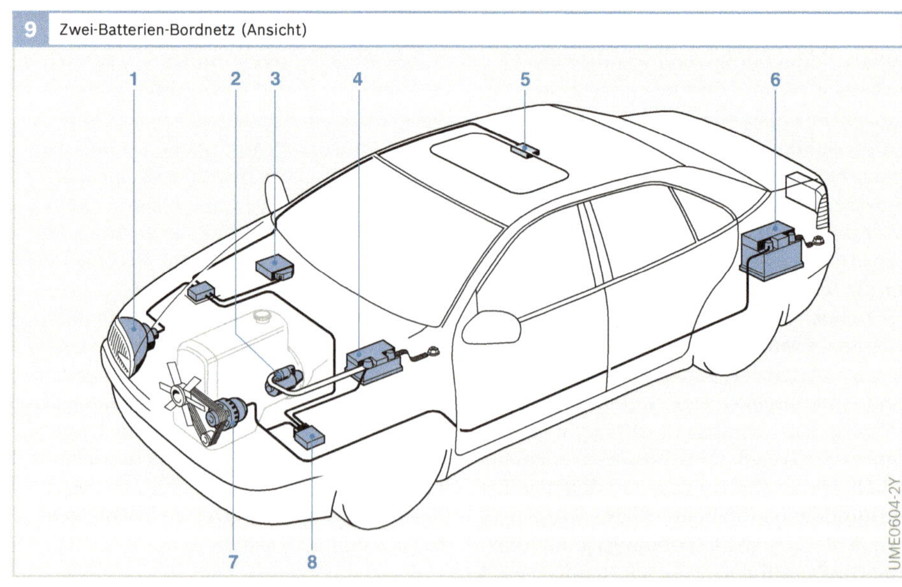

Bild 9

1 Lichtanlage
2 Starter
3 Motormanagement
4 Startbatterie
5 weitere Bordnetzverbraucher (z. B. elektrische Schiebedachbetätigung)
6 Versorgungsbatterie
7 Generator
8 Lade-/Trennmodul

nes Volumen hat, kann er in der Nähe des Starters eingebaut und mit diesem über eine kurze Zuleitung (niedriger Spannungsfall auf der Leitung) verbunden sein. Die Kapazität ist reduziert.

Versorgungsbatterie

Die Versorgungsbatterie ist ausschließlich für das Bordnetz (ohne Starter) vorgesehen. Sie liefert Ströme zur Versorgung der Bordnetzverbraucher (z. B. ca. 20 A für das Motormanagement). Sie ist stark zyklisierbar, d. h., sie kann große Energiemengen bereitstellen und speichern. Die Dimensionierung richtet sich im Wesentlichen nach der erforderlichen Kapazitätsreserve für eingeschaltete Verbraucher, den Verbrauchern bei stehendem Motor (Ruhestromverbaucher, z. B. Empfänger für Funkfernbedienung der Zentralverriegelung, Diebstahlwarnanlage) und der zulässigen Entladetiefe.

Bordnetz-Steuergerät

Das Bordnetz-Steuergerät im Zwei-Batterien-Bordnetz (Bild 10, Pos. 3) trennt den Startspeicher und den Starter vom übrigen Bordnetz, solange dieses von der Versorgungsbatterie ausreichend versorgt werden kann. Es verhindert damit, dass sich der vom Startvorgang verursachte Spannungseinbruch im Bordnetz auswirkt. Bei abgestelltem Fahrzeug verhindert es eine Entladung des Startspeichers durch eingeschaltete Verbraucher und Stillstandsverbraucher.

Durch die Trennung der Startspeicherseite vom übrigen Bordnetz besteht auf dieser prinzipiell keine Einschränkung für das Spannungsniveau. Damit kann die Ladespannung über DC/DC-Wandler optimal an die Versorgungsbatterie angepasst werden, sodass die Ladedauer minimiert wird.

Bei leerer Versorgungsbatterie ist das Steuergerät in der Lage, beide Bordnetzbereiche vorübergehend zu verbinden und damit das Bordnetz über den vollen Startspeicher zu stützen. In einer weiteren möglichen Ausführung schaltet das Steuergerät für den Start nur die startrelevanten Verbraucher auf die jeweils volle Batterie.

10 Zwei-Batterien-Bordnetz (Schema)

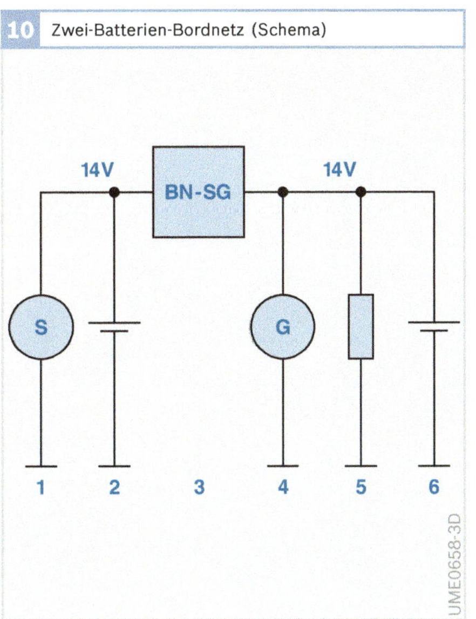

Bild 10
1 Starter
2 Startbatterie (Startspeicher)
3 Bordnetzsteuergerät (BN-SG)
4 Generator
5 elektrische Verbraucher
6 Versorgungsbatterie

Generator-Geschichte(n)

Die Einführung der elektrischen Beleuchtung anstelle der Kutschenbeleuchtung am Kraftfahrzeug der Jahrhundertwende hing von der Verfügbarkeit einer geeigneten Stromquelle ab. Die Batterie für sich allein kam auf die Dauer dafür nicht in Betracht, da sie – wenn entladen – erst nach dem Aufladen außerhalb des Wagens wieder betriebsfähig war. Etwa im Jahr 1902 entstand bei Robert Bosch das Muster einer „Lichtmaschine" (jetzt Generator genannt). Sie bestand hauptsächlich aus Dauermagneten als Ständer, einem Anker mit Kommutator und einem Unterbrecher für die Zündung (Bild). Die eigentliche Schwierigkeit lag aber darin, dass die erzeugte Spannung von der stark wechselnden Motordrehzahl abhing.

Die weiteren Bemühungen konzentrierten sich deshalb auf die Entwicklung einer Gleichstrom-Lichtmaschine mit Spannungsregelung. Schließlich führte die von der Maschinenspannung abhängige elektromagnetische Steuerung des Feldwiderstands auf den richtigen Weg. Mit diesem um 1909 erreichten Stand der Erkenntnisse ließ sich eine vollständige „Licht- und Anlasseranlage für Kraftfahrzeuge" realisieren. Sie kam 1913 auf den Markt und umfasste eine Lichtmaschine (spritzwasserdicht gekapselte 12-Volt-Gleichstrom-Dynamomaschine mit Nebenschlussregelung und 100 W Nennleistung), eine Batterie, einen Regler- und Schaltkasten, einen Freilaufanlasser mit Fußstufenschalter und verschiedene lichttechnische Komponenten.

UME0664Y

Elektrisches Energiemanagement (EEM)

Motivation

Reduktion des Kraftstoffverbrauchs

Die Reduktion des Kraftstoffverbrauchs und der Treibhausgase, insbesondere CO_2, ist ein wesentliches Ziel der Fahrzeughersteller. Erreicht werden soll dies durch eine Optimierung der Energieflüsse im Kraftfahrzeug. Maßnahmen zur Erreichung dieses Ziels sind z. B.:

- Vermeidung der Leerlaufverluste durch Stopp-Start-Funktion (automatisches Abstellen und Wiederstart des Motors z. B. bei Rotphasen an Ampeln).
- Erhöhung des Wirkungsgrads der elektrischen Leistungserzeugung durch Optimierung des Generators und eine intelligente Generatoransteuerung (Rekuperation).
- Elektrisch angetriebene Nebenaggregate, um durch Entkopplung vom Verbrennungsmotor eine bedarfsgerechte Ansteuerung zu ermöglichen.

Elektrischer Leistungsbedarf

Diese Maßnahmen führen zu einem steigenden elektrischen Leistungsbedarf und gleichzeitig zu einem reduzierten Drehzahlangebot für die elektrische Leistungserzeugung (z. B. durch Stopp-Start-Betrieb). Neue Komfort- und Sicherheitsfunktionen (z. B. elektrische Servolenkung, elektrische Wasserpumpe, PTC-Zuheizer, elektrische Klimatisierung bei Fahrzeugen mit Stopp-Start-Funktion) erfordern zusätzlich elektrische Leistung, sodass es hilfreich ist, ein Elektrisches Energiemanagement (EEM) zu integrieren.

Aufgabe des EEM

Das EEM steuert die Energieflüsse und stellt gleichzeitig die elektrische Energieversorgung sicher, um die Startfähigkeit des Fahrzeuges zu erhalten und „Liegenbleiber" durch entladene Batterien zu reduzieren. Das EEM stabilisiert zudem die Batteriespannung und optimiert die Verfügbarkeit von Komfortsystemen – auch bei Motorstillstand. Dies kann erreicht werden durch Sicherstellen einer positiven oder zumindest ausgeglichenen Ladebilanz während des Fahrbetriebs und ei-

1 Elektrisches Energiemanagement EEM)

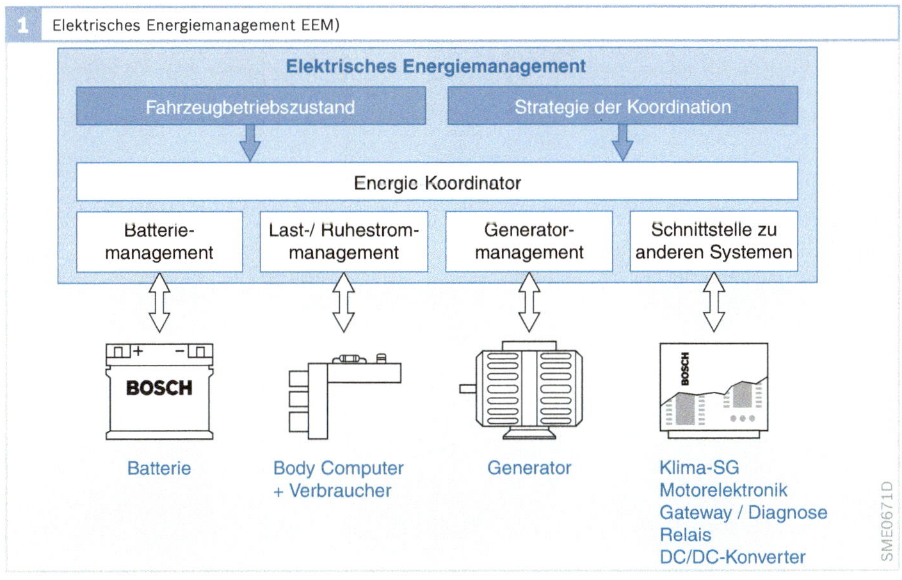

ner Überwachung des Energiebedarfs bei Motorstillstand. Zudem können durch koordiniertes Schalten von elektrischen Verbrauchern Spitzenlasten reduziert werden. Dies wird im EEM koordiniert (Bild 1).

Die Auswirkungen der getroffenen Maßnahmen konkurrieren teilweise miteinander. Zum Beispiel führt das Abschalten von Komfortverbrauchern zu Komforteinbußen, das Verbot der Stopp-Start-Funktion zu erhöhtem Kraftstoffverbrauch. Abhängig vom Fahrzeughersteller wird das eine oder andere bevorzugt und dementsprechend werden die möglichen Maßnahmen zur Sicherstellung der Ladebilanz priorisiert.

Nutzen des EEM

Der Bedarf und der Nutzen eines EEM werden in der Pannenstatistik des Allgemeinen Deutschen Automobil-Clubs (ADAC) dokumentiert. Seit Jahren sind Batteriepannen ein Schwerpunkt in der Statistik. Sie zeigt aber auch, dass die Zahl der entladenen Batterien gegenüber defekten Batterien überwiegt und der Anteil an Batteriepannen jährlich weiter steigt, bei Fahrzeugen mit EEM jedoch abnimmt.

Funktionen des EEM

Lastmanagement im Ruhemodus (Ruhestrommanagement)

Das Ruhestrommanagement überwacht den Batteriezustand und damit die Startfähigkeit bei abgestelltem Motor. Mit Hilfe einer genauen Batteriezustandserkennung kann über das Ruhestrommanagement die Verfügbarkeit von Verbrauchern optimiert werden, d. h., die Einschaltdauer der Komfortverbraucher kann maximiert werden. Bei drohendem Verlust der Startfähigkeit kann das EEM z. B. eine Botschaft an das Anzeigemodul senden, um den Nutzer zu informieren. Zudem wird das Lastmanagement bei Annäherung an die Startfähigkeitsgrenze den Energieverbrauch reduzieren (z. B. Leistungsreduzierung des Klimagebläses) bis hin zum Abschalten einzelner Verbraucher, um die Startfähigkeit möglichst lange zu erhalten (Bild 2).

Beispiele für solche Komfortverbraucher sind Standheizung und Infotainmentkomponenten wie Navigationssystem, Radio und Telefon.

2 Beispiel für Verbraucherabschaltung zum Erhalt der Startfähigkeit

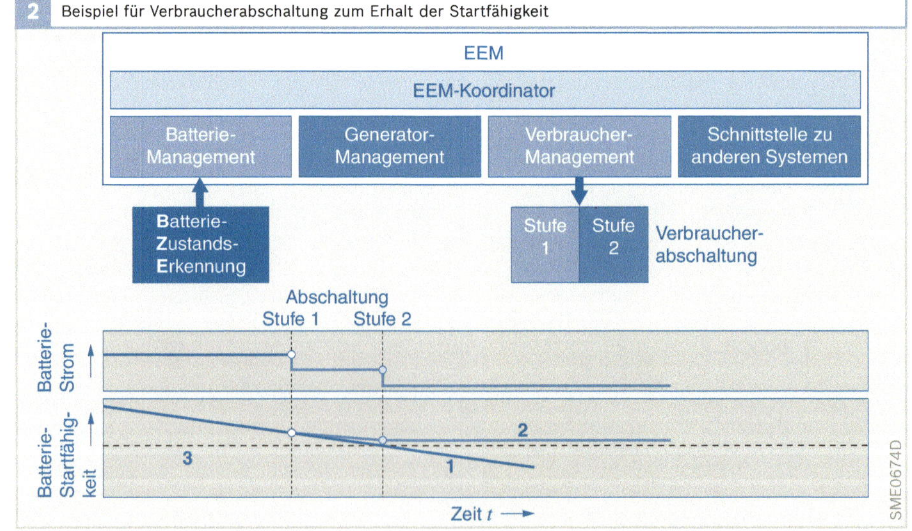

Bild 2
1 Verlauf ohne EEM: Verlust der Startfähigkeit
2 Verlauf mit EEM: Erhalt der Startfähigkeit
3 Startfähigkeitsgrenze

Energiemanagement im Fahrbetrieb

Aufgabe des EEM bei aktivem Generator ist neben dem Lastmanagement auch das Generatormanagement einschließlich der Schnittstelle zur Rekuperations-Funktion und die Energiemanagement-Schnittstelle zu anderen Systemen, wie z. B. Motormanagement.

Schalten von Verbrauchern

Das Lastmanagement koordiniert das Zu- und Abschalten von Verbrauchern, um Leistungsspitzen zu reduzieren. Zudem kann im Vorfeld von hochdynamischen Schaltvorgängen der Schaltwunsch dem Generatormanagement mitgeteilt werden, um die Erregung des Generators frühzeitig einzuleiten und damit die Spannungsstabilität zu erhöhen. Die Steuerung der Hochleistungsheizsysteme (Frontscheibenheizung und PTC-Zuheizer) übernimmt ebenfalls das Lastmanagement.

Auch im Fahrbetrieb ist die Sicherstellung der Wiederstartfähigkeit die wesentliche Aufgabe des EEM. Bei kritischen Batteriezuständen sorgt das Lastmanagement für eine Reduzierung des elektrischen Leistungsbedarfs, um die Batterie möglichst schnell wieder zu laden. Insbesondere Komfortverbraucher mit Speicherverhalten (Heizsysteme) werden bevorzugt zurückgeschaltet, da durch eine intelligente Ansteuerung erreicht werden kann, dass wahrnehmbare Abweichungen vom Sollverhalten möglichst lange herausgezögert werden.

Der aus der Abschaltung von Verbrauchern resultierende Funktionsverlust wird vom Nutzer nur in Ausnahmefällen akzeptiert. Daher muss das Bordnetz so ausgelegt sein, dass diese Situationen nur selten auftreten. Spürbare Auswirkungen müssen dem Nutzer angezeigt werden, um das vom Normbetrieb abweichende Verhalten zu erklären.

Erhöhen der Generatorleistung

Alternativ zur Reduzierung des elektrischen Leistungsbedarfs kann durch eine Motordrehzahlerhöhung die elektrische Leistungserzeugung des Generators erhöht werden (z. B. Leerlaufdrehzahlanhebung oder Verbot des Motorstopps bei Stopp-Start-Betrieb). Um z. B. die Leerlaufdrehzahl anzuheben, gibt das EEM über den Datenbus eine Anforderung an die Motorelektronik weiter.

Die genannten Maßnahmen haben direkten Einfluss auf den Kraftstoffverbrauch und sind daher ebenso wie die Komforteinbußen bei der Verbraucherabschaltung nur in Ausnahmefällen zulässig.

Beispiel einer verbrauchseinsparenden Funktion: Rekuperation

Unter Rekuperation wird hier die Bremsenergierückgewinnung über eine intelligente Ansteuerung des Generators verstanden. Diese Funktion erfordert einen über eine Schnittstelle steuerbaren Generator zur Vorgabe der Soll-Betriebsspannung sowie einen Batteriesensor zur Erkennung des Batteriezustandes. Die Funktion selbst kann in der Motorelektronik, einem Gateway, einem Bodycomputer oder direkt auf dem Batteriesensor partitioniert werden.

Während der Schubabschaltung wird dem Generator eine erhöhte Sollspannung vorgegeben, um die Batterie schnell zu laden. Die Erzeugung der elektrischen Leistung erfolgt in diesem Betriebspunkt ohne Kraftstoffverbrauch. In Fahrzuständen mit schlechtem Wirkungsgrad der elektrischen Leistungserzeugung wird die Generatorspannung abgesenkt und die Batterie entladen, um den Kraftstoffbedarf für die elektrische Leistungserzeugung zu minimieren.

Eine vollgeladene Batterie kann keine Ladung aufnehmen. Deshalb ist die Rekuperation nur mit einer teilgeladenen Batterie möglich (Partial State of Charge, PSOC). Das ist eine Abweichung von der konventionellen Ladestrategie, deren Ziel eine möglichst voll geladene Batterie ist. Ein für die Startfähigkeit notwendiger minimaler

Batteriezustand darf auf keinen Fall unterschritten werden, d. h., der aktuelle Batteriezustand muss bekannt sein.

Die Rekuperations-Funktion führt durch die erhöhte Zyklisierung der Batterie sowie den Betrieb im teilentladenen Zustand zu einer schnelleren Batteriealterung und das Risiko von Säureschichtung steigt bei Nassbatterien. Der Einsatz von AGM-Batterien (Absorbent Glass Mat) zur Erhöhung des kritischen Energiedurchsatzes (Durchsatz in Ah über die Lebensdauer, der für die Lebensdauer kritische Durchsatz steigt um Faktor 2...3) und der Vermeidung von Säureschichtung wird daher empfohlen.

Der Rekuperations-Algorithmus muss den Einfluss von Spannungsänderungen auf die Verbraucher berücksichtigen, da diese wahrnehmbar sein können (z. B. Änderung der Drehzahl des Klimagebläses oder Lichtflackern). Zudem nimmt die Lebensdauer von Glühlampen mit steigender Spannung ab.

Die Rekuperation ermöglicht eine Kraftstoffeinsparung im Bereich von 1,5...4 %, je nach Zyklus und Auslegung der Funktion.

Batteriezustandserkennung und Batteriemanagement

Aufgabe

Eine wesentliche Voraussetzung für ein gutes EEM ist eine Batteriezustandserkennung (BZE), die die Leistungsfähigkeit der Batterie zuverlässig berechnet. Algorithmen für die Batteriezustandserkennung nutzen als Eingangsgrößen üblicherweise die Messgrößen Batteriestrom, -spannung und -temperatur. Auf Basis dieser Größen werden der Ladezustand (State of Charge, SOC), die Batteriezustand bzw. Leistungsfähigkeit (State of Function, SOF) und der Alterungsgrad (State of Health, SOH) der Batterie bestimmt und dem EEM als Eingangsgrößen zur Verfügung gestellt (Bild 3).

Zur Messung der Batteriegrößen wird ein Batteriesensor verwendet, der den Batteriestrom und die -spannung direkt misst. Die Batterietemperatur wird über eine Temperaturmessung in der Nähe der Batterie bestimmt, da die direkte Messung der Säuretemperatur der Batterie im Fahrzeug einen Eingriff in die Batterie erfordern würde, der aktuell nicht möglich ist.

3 Zusammenspiel Batteriesensor, Batteriezustandserkennung (BZE) und Elektrisches Energiemanagement (EEM)

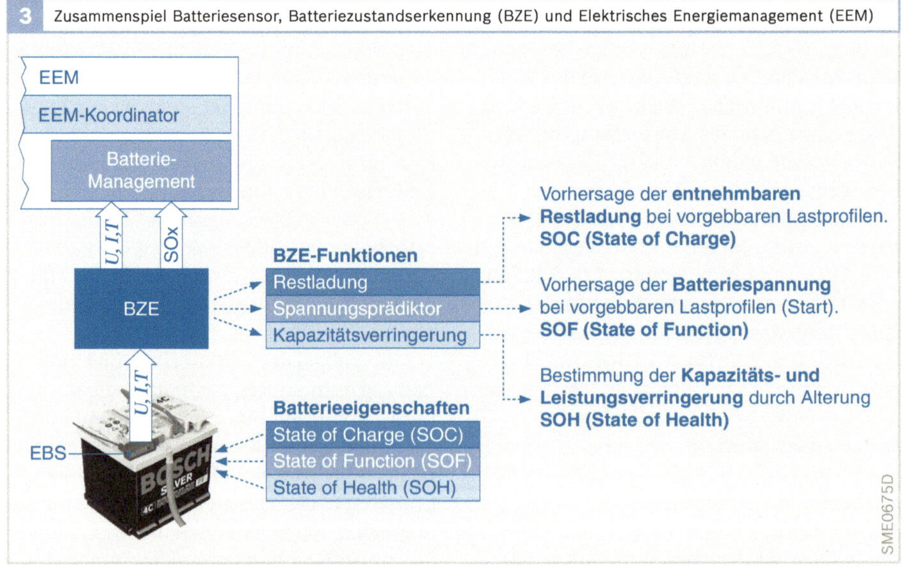

Beispiel

Beispiel für eine Funktion der BZE ist die Startfähigkeitsbestimmung auf Basis des SOF. Beim SOF wird das zukünftige Verhalten der Batterie bei Belastung mit dem Startstrom vorhergesagt. Das heißt, die BZE bestimmt den Batteriespannungseinbruch bei einem vorgegebenen Startstromprofil (Bild 4). Da das minimale Spannungsniveau für einen erfolgreichen Start bekannt ist, liefert der vorhergesagte Spannungseinbruch ein Maß für die aktuelle Startfähigkeit. Abhängig vom Abstand des vorhergesagten Spannungseinbruchs zur Startfähigkeitsgrenze definiert das EEM Maßnahmen zum Erhalt oder zur Verbesserung der Startfähigkeit.

Batteriesensor (EBS)

Die Erfassung der Batteriemessgrößen Strom, Spannung und Temperatur muss sehr genau, dynamisch und zeitsynchron sein. Insbesondere die Messung von Strömen im Bereich einiger mA bis hin zu Startströmen von mehr als 1 000A stellt eine hohe Anforderung an die Sensorik dar. Der Elektronische Batteriesensor (EBS) ist direkt am Batteriepol platziert und mit der Polklemme kombiniert (Bild 5). Da die Polnische nach DIN 72 311 genormt ist, ist keine Applikation an unterschiedliche Batterien erforderlich.

Der Strom wird mit Hilfe eines speziellen Shunts aus Manganin gemessen. Kernstück der elektrischen Schaltung des Batteriesensors ist ein ASIC, das u. a. einen leistungsstarken Mikroprozessor zur Messwerterfassung und -verarbeitung enthält. Auf diesem Mikroprozessor werden auch die Algorithmen der Batteriezustandserkennung abgearbeitet. Die Kommunikation mit übergeordneten Steuergeräten erfolgt z. B. über den LIN-Bus.

Der Batteriesensor kann neben der Berechnung des Batteriezustands für das EEM auch für weitere Funktionen genutzt werden. Zum Beispiel kann die präzise Erfassung von Strom und Spannung auch zur geführten Fehlersuche in Produktion und Werkstätten genutzt werden (z. B. Suche von fehlerhaften Ruhestromverbrauchern).

4 Vorhersage des Spannungseinbruchs bei vorgegebenem Stromprofil

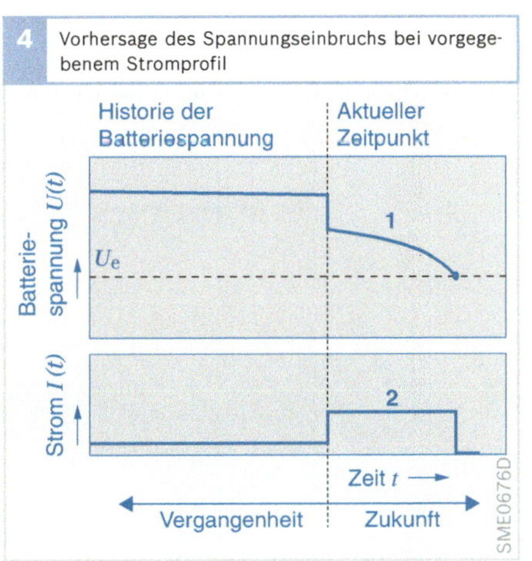

5 Elektronischer Batteriesensor (EBS)

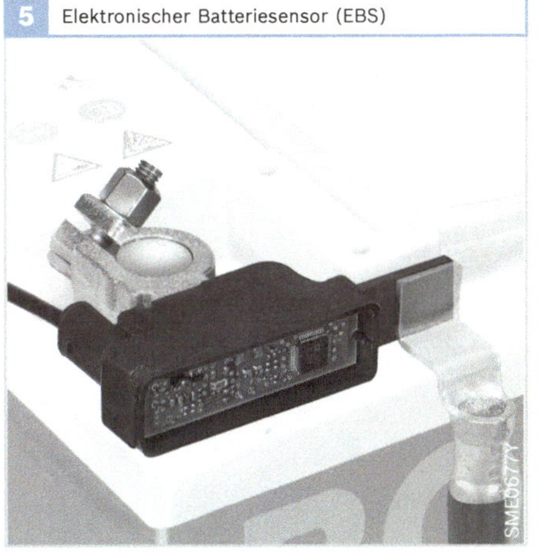

Bild 4

1 Vorhersage des Batteriespannungsverlaufs für das vorgegebene Startstromprofil

2 virtuelles Startstromprofil

U_e Vergleichswert für Startfähigkeitsvorhersage

Elektrische und elektronische Systeme im Kfz

Der Anteil der Elektronik im Fahrzeug stieg in den letzten Jahren stark an und wird auch in Zukunft noch weiter zunehmen. Die technische Entwicklung in der Halbleitertechnik ermöglicht mit der zunehmenden Integrationsdichte immer komplexere Funktionen. Die Funktionalität der in Kraftfahrzeugen eingebauten elektronischen Systeme übertrifft mittlerweile die Leistungsfähigkeit der Raumkapsel Apollo 11, die 1969 den Mond umkreiste.

Übersicht

Entwicklung elektronischer Systeme

Die Geschichte des Automobils ist nicht zuletzt deswegen so erfolgreich, weil kontinuierlich Innovationen Eingang in die Fahrzeuge gefunden haben. Das Ziel war in den 1970er-Jahren schon, mit neuen Techniken einen Beitrag für sichere, saubere und sparsame Autos zu leisten. Dabei lassen sich Sparsamkeit und Sauberkeit durchaus mit weiterem Kundennutzen wie Fahrspaß verbinden. Dies zeigt der europäische Dieselboom, den Bosch maßgeblich geprägt hat. Parallel dazu erlebt die Entwicklung des Ottomotors mit der Benzin-Direkteinspritzung, die im Vergleich zur Saugrohreinspritzung den Kraftstoffverbrauch senkt, weitere Fortschritte

Eine Erhöhung der Fahrsicherheit wurde mit elektronischen Bremsregelsystemen erreicht. 1978 wurde das Antiblockiersystem (ABS) eingeführt und immer weiter entwickelt, sodass es heute in Europa zur Standardausrüstung jedes Fahrzeugs gehört. Auf diesem Weg befindet sich das 1995 erstmals eingesetzte Elektronische Stabilitätsprogramm (ESP), in dem das ABS integriert ist.

Aktuelle Entwicklungen berücksichtigen auch Komfortaspekte. Hier ist beispielsweise die Funktion Hill Hold Control (HHC) zu nennen, die das Anfahren am Berg erleichtert. Diese Funktion ist im ESP integriert.

1 Elektronik im Kraftfahrzeug

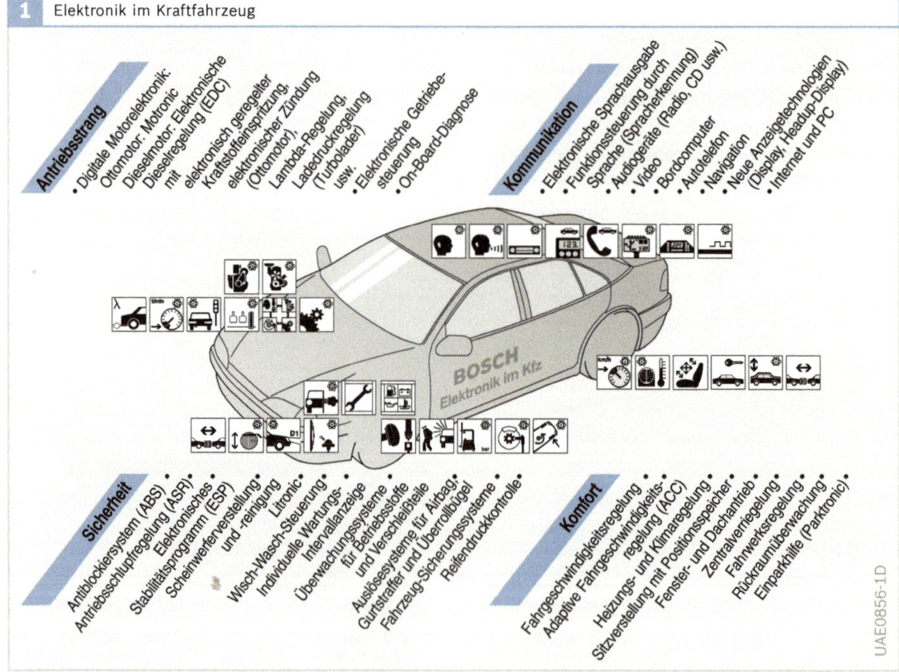

2 Marktvolumen Elektrik/Elektronik in Europa (Schätzungen)

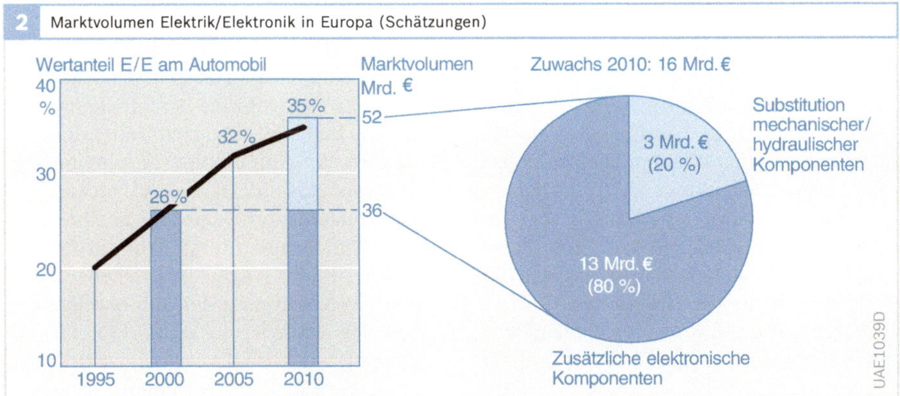

Neue Funktionen erscheinen vielfach in Verbindung mit Fahrerassistenzsystemen. Deren Umfang geht weit über die heutigen Serienprodukte wie Parkpilot oder elektronisches Navigationssystem hinaus. Ziel ist das „sensitive Fahrzeug", das mittels Sensoren und Elektronik die Fahrzeugumgebung wahrnimmt und interpretiert, Mit Ultraschall-, Radar- und Videosensorik sind Lösungen entstanden, die beispielsweise durch eine verbesserte Nachtsicht oder Abstandsregelung den Autofahrer maßgeblich unterstützen können.

Wertschöpfungsstruktur der Zukunft

Aktuelle Studien belegen, dass die Produktionskosten eines durchschnittlichen Pkw trotz weiterer Innovationen bis zum Jahr 2010 nur geringfügig zunehmen werden. Auf dem Gebiet Mechanik/Hydraulik wird für bestehende Systeme trotz des zu erwartenden Mengenzuwachs kein maßgeblicher Wertzuwachs erwartet. Ein Grund hierfür ist u. a. die Elektrifizierung bislang mechanisch oder hydraulisch realisierter Funktionen. Am Beispiel der Bremsregelsysteme lässt sich dieser Wandel eindrucksvoll nachzeichnen. War das konventionelle Bremssystem nahezu vollständig durch mechanische Komponenten geprägt, kamen bei der ABS-Bremsregelung verstärkt elektronische Komponenten in Form von Sensorik und einem elektronischen Steuergerät zum Einsatz.

Bei den neueren Entwicklungen von ESP sind die zusätzlichen Funktionen wie z. B. HHC nahezu ausschließlich über Elektronik realisiert.

Obwohl bei den etablierten Lösungen eine sehr starke Kostendegression zu beobachten ist, wird der Wert der Elektrik und Elektronik insgesamt zunehmen (Bild 1). Dieser wird 2010 gut ein Drittel der Produktionskosten eines durchschnittlichen Fahrzeugs ausmachen. Diese Annahme stützt sich nicht zuletzt darauf, dass der größere Teil zukünftiger Funktionen auch durch Elektrik und Elektronik bestimmt sein wird.

Die Zunahme von Elektrik und Elektronik ist mit einem Zuwachs an Software verbunden. Bereits heute sind die Softwareentwicklungskosten nicht mehr vernachlässigbar gegenüber den Hardwarekosten. Aus der daraus resultierenden Komplexitätssteigerung des Gesamtsystems Fahrzeug ergeben sich für die Softwareerstellung zwei Herausforderungen: die Bewältigung der Menge und eine klar strukturierte Architektur. Die Autosar-Iniative (Automotive Open Systems Architecture), der verschiedene Automobilhersteller und Zulieferfirmen angehören, arbeitet an einer Standardisierung der Elektronikarchitektur mit dem Ziel, die Komplexität mittels vermehrter Wiederverwendbarkeit und Austauschbarkeit von Softwaremodulen zu reduzieren.

Aufgabe eines elektronischen Systems

Steuern und Regeln

Die Zentrale eines elektronischen Systems ist das Steuergerät. Bild 3 zeigt die Systemblöcke eines Motormanagements Motronic. Im Steuergerät laufen alle Steuer- und Regelalgorithmen des elektronischen Systems ab. Den Kern des Steuergeräts bildet ein Mikrocontroller mit dem Programmspeicher (Flash-EPROM), in dem der Programmcode für alle Funktionen, die das Steuergerät ausführen soll, abgelegt ist.

Die Eingangsgrößen für die Ablaufsteuerung werden aus den Signalen von Sensoren und Sollwertgebern abgeleitet. Sie beeinflussen die Berechnungen in den Algorithmen und damit die Ansteuersignale für die Aktoren. Diese wandeln die elektrischen Signale, die der Mikrocontroller ausgibt und in Endstufenbausteinen verstärkt werden, in mechanische Größen um. Das kann z. B. von einem Stellmotor erzeugte mechanische Energie (Fensterheber) oder von einer Glühstiftkerze erzeugte Wärmeenergie sein. .

Kommunikation

Viele Systeme beeinflussen sich gegenseitig. Zum Beispiel ist es u. U. notwendig, dass das Elektronische Stabilitätsprogramm im Falle von durchdrehenden Rädern nicht nur einen Bremseneingriff durchführt, sondern auch das Motormanagement auffordert, das Drehmoment zu reduzieren und somit dem Durchdrehen der Räder entgegenzuwirken. Ebenso gibt das Steuergerät des Automatikgetriebes eine Anforderung an das Motormanagement, beim Schaltvorgang das Drehmoment zu reduzieren, um einen weichen Schaltvorgang zu ermöglichen. Hierzu werden die Systeme miteinander vernetzt, d. h., sie können über Datenbusse (z. B. CAN, LIN) miteinander kommunizieren.

In einem Fahrzeug der Oberklasse verrichten bis zu 80 Steuergeräte ihren Dienst. Die folgenden Beispiele sollen einen Einblick in die Funktionsweise solcher Systeme geben.

3 Funktionsblöcke eines elektronischen Systems

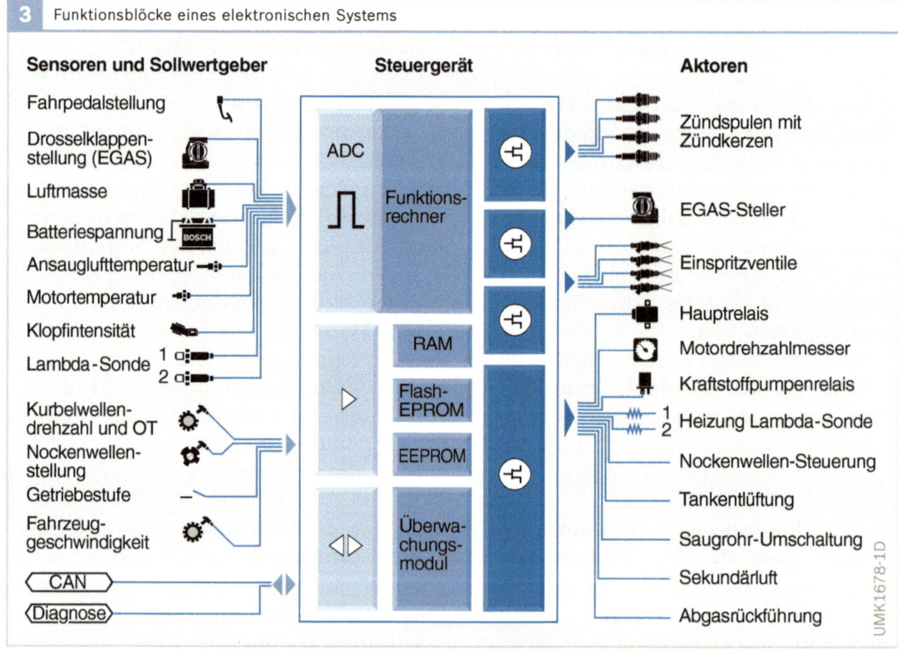

Motormanagement Motronic

Motronic ist die Bezeichnung für ein Motormanagementsystem, das die elektronische Steuerung und Regelung des Ottomotors in einem einzigen Steuergerät ermöglicht.

Es gibt Motronic-Varianten für Motoren mit Saugrohreinspritzung (ME-Motronic) sowie für Benzin-Direkteinspritzung (DI-Motronic). Eine weitere Variante ist die Bifuel-Motronic, die zusätzlich den Motorbetrieb mit Erdgas steuert.

Systembeschreibung

Aufgaben

Die primäre Aufgabe des Motormanagement Motronic ist,

- das vom Fahrer gewünschte und über das Fahrpedal vorgegebenen Drehmoment einzustellen,
- den Motor so zu betreiben, dass die Forderungen der immer strengeren Abgasgesetzgebung eingehalten werden,
- geringstmöglichen Kraftstoffverbrauch aber gleichzeitig
- hohen Fahrkomfort und Fahrspaß zu gewährleisten.

Komponenten

Die Motronic umfasst sämtliche Komponenten, die den Ottomotor steuern und regeln (Bild 1, nächste Seite). Das vom Fahrer geforderte Drehmoment wird über Aktoren bzw. Wandler eingestellt. Im Wesentlichen sind dies

- die elektrisch ansteuerbare Drosselklappe (Luftsystem): sie regelt den Luftmassenstrom in die Zylinder und damit die Zylinderfüllung.
- Die Einspritzventile (Kraftstoffsystem): sie messen die zur Zylinderfüllung passende Kraftstoffmenge zu.
- Die Zündspulen und Zündkerzen (Zündsystem): sie sorgen für die zeitgerechte Zündung des im Zylinder vorliegenden Luft-Kraftstoff-Gemischs.

Je nach Fahrzeug sind verschiedene Maßnahmen erforderlich, um die an das Motormanagement gestellten Anforderungen (z. B. bezüglich Abgasverhalten, Leistung und Kraftstoffverbrauch) zu erfüllen. Die Motronic kann z. B. die Komponenten folgender Systeme steuern:

- Variable Nockenwellensteuerung: Über die Variablität von Ventilsteuerzeiten und Ventilhüben kann das Verhältnis von Frischgas zu Restgas sowie die Gemischbildung beeinflusst werden.
- Externe Abgasrückführung: Einstellung des Restgasanteils über eine gezielte Rückführung von Abgas aus dem Abgasstrang (Einstellung über das Abgasrückführventil).
- Abgasturboaufladung: geregelte Aufladung der Verbrennungsluft (d. h. Erhöhung der Frischluftmasse im Brennraum) zur Steigerung des Drehmoments.
- Kraftstoffverdunstungs-Rückhaltesystem: zur Rückführung von Kraftstoffdämpfen, die aus dem Kraftstofftank entweichen und in einem Aktivkohlebehälter aufgefangen werden.

Betriebsgrößenerfassung

Die Motronic erfasst über Sensoren die für die Steuerung und Regelung des Motors erforderlichen Betriebsgrößen (z. B. Motordrehzahl, Motortemperatur, Batteriespannung, angesaugte Luftmasse, Saugrohrdruck, Lambda-Wert des Abgases).

Sollwertgeber (z. B. Schalter) erfassen vom Fahrer vorgenommene Einstellungen (z. B. Stellung des Zündschlüssels, Fahrgeschwindigkeitregler).

Betriebsgrößenverarbeitung

Aus den Eingangssignalen erkennt das Motorsteuergerät den aktuellen Betriebszustand des Motors und berechnet daraus, sowie aus Anforderungen von Nebenaggregaten und vom Fahrer (Fahrpedalsensor sowie Bedienschalter), die Stellsignale für die Aktoren.

1 Komponenten für die elektronische Steuerung eines DI-Motronic-Systems (dargestellt am Saugmotor, λ = 1)

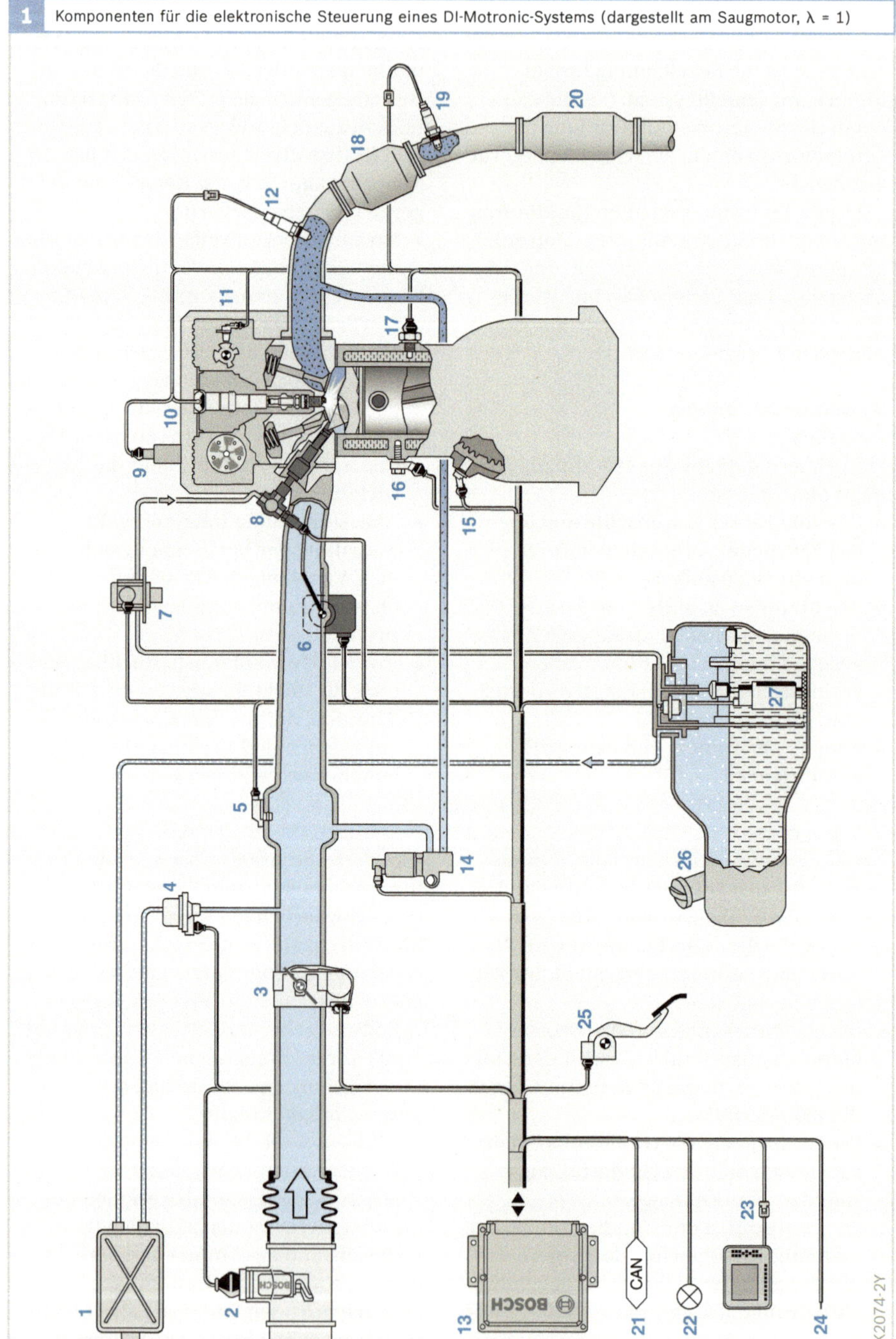

Bild 1

1 Aktivkohlebehälter
2 Heißfilm-Luftmassenmesser
3 Drosselvorrichtung (EGAS)
4 Tankentlüftungsventil
5 Saugrohrdrucksensor
6 Ladungsbewegungsklappe
7 Hochdruckpumpe
8 Rail mit Hochdruck-Einspritzventil
9 Nockenwellenversteller
10 Zündspule mit Zündkerze
11 Nockenwellen-Phasensensor
12 Lambda-Sonde (LSU)
13 Motronic-Steuergerät
14 Abgasrückführventil
15 Drehzahlsensor
16 Klopfsensor
17 Motortemperatursensor
18 Vorkatalysator
19 Lambda-Sonde
20 Hauptkatalysator
21 CAN-Schnittstelle
22 Diagnoselampe
23 Diagnoseschnittstelle
24 Schnittstelle zum Immobilizer-Steuergerät (Wegfahrsperre)
25 Fahrpedalmodul
26 Kraftstoffbehälter
27 Kraftstoffférdermodul mit Elelktrokraftstoffpumpe

Luftsystem

Zur Einstellung des gewünschten Drehmoments ist ein bestimmtes Luft-Kraftstoff-Gemisch erforderlich. Die Drosselklappe (Bild 1, Pos. 3) regelt hierzu die für die Gemischbildung benötigte Luft, indem sie den Durchflussquerschnitt im Ansaugkanal für die von den Zylindern angesaugte Frischluft einstellt. Dies geschieht über einen in der Drosselvorrichtung integrierten Gleichstrommotor (Bild 2), der vom Motronic-Steuergerät angesteuert wird. Über einen Positionssensor wird die Stellung der Drosselklappe dem Steuergerät rückgemeldet, sodass eine Lageregelung möglich ist. Dieser Sensor kann z. B. als Potenziometer ausgeführt sein. Da es sich bei der Drosselvorrichtung um eine sicherheitsrelevante Komponente handelt, ist der Sensor redundant ausgelegt.

Die angesaugte Luftmasse (Luftfüllung) wird von Sensoren (z. B. Heißfilm-Luftmassenmesser, Saugrohrdrucksensor) erfasst.

Kraftstoffsystem

Das Steuergerät (Bild 1, Pos. 13) berechnet aus der angesaugten Luftmasse und dem aktuellen Betriebszustand des Motors (z. B. Saugrohrdruck, Drehzahl) die erforderliche Kraftstoffmenge sowie den Zeitpunkt, zu dem die Einspritzung zu erfolgen hat. Bei Benzineinspritzsystemen mit Saugrohreinspritzung wird der Kraftstoff in den Einlasskanal vor die Einlassventile eingebracht. Hierzu fördert die Elektrokraftstoffpumpe (27) den Kraftstoff (Systemdruck bis ca. 450 kPa) zu den Einspritzventilen. Jedem Zylinder ist ein Einspritzventil zugeordnet, das den Kraftstoff intermittierend einspritzt. Das im Einlasskanal entstandene Luft-Kraftstoff-Gemisch strömt im Ansaugtakt in den Zylinder. Korrekturen für die Einspritzmenge kommen z. B. von der Lambda-Regelung (Lambda-Sonde, 12) und der Tankentlüftung (Kraftstoffverdunstungs-Rückhaltesystem, 1, 4).

Bei der Benzin-Direkteinspritzung strömt Frischluft in den Zylinder. Der Kraftstoff wird über Hochdruck-Einspritzventile (Bild 1, Pos. 8) direkt in den Brennraum eingespritzt, wo er mit der angesaugten Luft das Luft-Kraftstoff-Gemisch bildet. Hierzu ist ein höherer Kraftstoffdruck erforderlich, der von der zusätzlichen Hochdruckpumpe (7) aufgebracht wird, Über ein integriertes Mengensteuerventil kann der Druck abhängig vom Betriebspunkt variabel eingestellt werden (bis 20 MPa).

2 Drosselvorrichtung mit potenziometrischer Lagerückmeldung

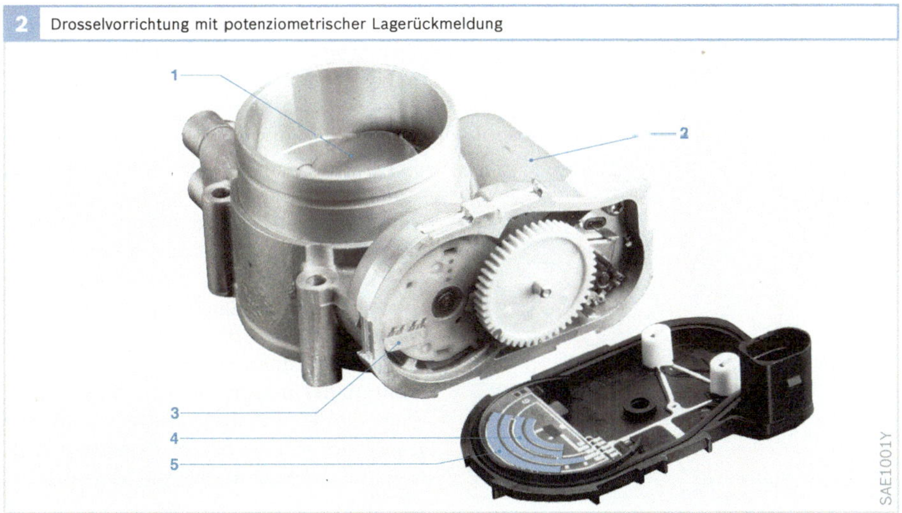

Bild 2
1 Drosselklappe
2 Gleichstrommotor
3 Schleifer
4 Widerstandsbahn 1
5 Widerstandsbahn 2

Einspritzventil für Saugrohreinspritzung

Aufgabe

Elektrisch angesteuerte Einspritzventile spritzen den unter Systemdruck stehenden Kraftstoff in das Saugrohr ein. Sie erlauben es, eine genau an den Bedarf des Motors angepasste Kraftstoffmenge zuzumessen. Sie werden über Endstufen, die im Motorsteuergerät integriert sind, mit dem vom Motormanagement berechneten Signal angesteuert.

3 Elektromagnetisches Einspritzventil EV14

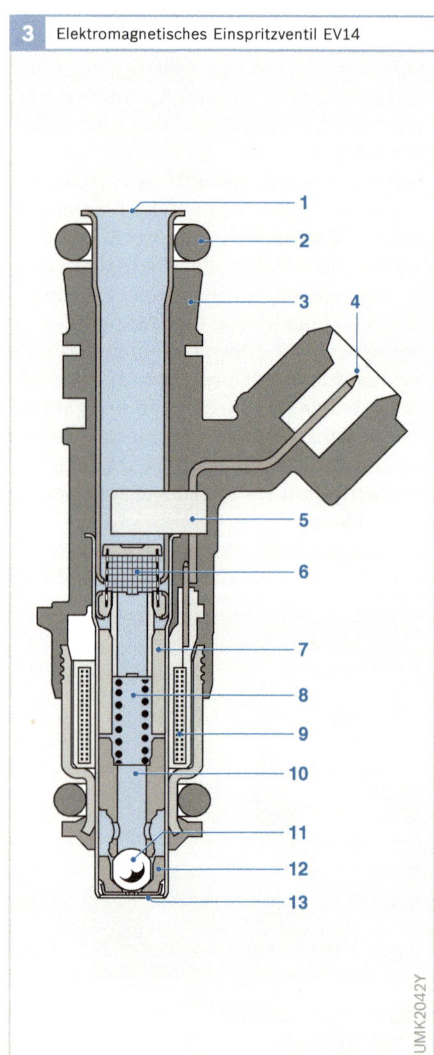

Bild 3
1 Hydraulischer Anschluss
2 O-Ring
3 Ventilgehäuse
4 elektrischer Anschluss
5 Plastikclip mit eingespritzten Pins
6 Filtersieb
7 Innenpol
8 Ventilfeder
9 Magnetspule
10 Ventilnadel mit Anker
11 Ventilkugel
12 Ventilsitz
13 Spritzlochscheibe

Aufbau und Arbeitsweise

Elektromagnetische Einspritzventile (Bild 3) bestehen im Wesentlichen aus

- dem Ventilgehäuse (3) mit elektrischem (4) und hydraulischem Anschluss (1),
- der Spule des Elektromagneten (9),
- der beweglichen Ventilnadel (10) mit Magnetanker und Ventilkugel (11),
- dem Ventilsitz (12) mit der Spritzlochscheibe (13) sowie der
- Ventilfeder (8).

Um einen störungsfreien Betrieb zu gewährleisten, ist das Einspritzventil im Kraftstoff führenden Bereich aus korrosionsbeständigem Stahl gefertigt. Ein Filtersieb (6) im Kraftstoffzulauf schützt das Einspritzventil vor Verschmutzung.

Anschlüsse

Bei den gegenwärtig verwendeten Einspritzventilen verläuft die Kraftstoffzuführung in axialer Richtung zum Einspritzventil von oben nach unten (Top feed). Die Kraftstoffleitung ist mit einer Klemm-/Spannvorrichtung am hydraulischen Anschluss befestigt. Halteklemmen sorgen für eine zuverlässige Fixierung. Der Dichtring (O-Ring) am hydraulischen Anschluss (2) dichtet das Einspritzventil gegen das Kraftstoffverteilerrohr ab.

Der elektrische Anschluss des Einspritzventils ist mit dem Motorsteuergerät verbunden.

Funktion des Ventils

Bei stromloser Spule drücken die Feder und die aus dem Kraftstoffdruck resultierende Kraft die Ventilnadel mit der Ventilkugel in den kegelförmigen Ventilsitz. Hierdurch wird das Kraftstoffversorgungssystem gegen das Saugrohr abgedichtet. Wird die Spule bestromt, entsteht ein Magnetfeld, das den Magnetanker der Ventilnadel anzieht. Die Ventilkugel hebt vom Ventilsitz ab und der Kraftstoff wird eingespritzt. Wird der Erregerstrom abgeschaltet, schließt die Ventilnadel wieder durch Federkraft.

Kraftstoffaustritt

Die Zerstäubung des Kraftstoffs geschieht mit einer Spritzlochscheibe, die ein oder mehrere Löcher besitzt. Mit den gestanzten Spritzlöchern wird eine hohe Konstanz der abgespritzten Kraftstoffmenge erzielt. Die Spritzlochscheibe ist auch unempfindlich gegenüber Kraftstoffablagerungen. Das Strahlbild des austretenden Kraftstoffs ergibt sich durch die Anordnung und die Anzahl der Spritzlöcher.

Die gute Ventildichtheit im Bereich des Ventilsitzes ist durch das Dichtprinzip Kegel/Kugel gewährleistet. Das Einspritzventil wird in die dafür vorgesehene Öffnung am Saugrohr eingeschoben. Der untere Dichtring dichtet das Einspritzventil gegen das Saugrohr ab.

Die abgespritzte Kraftstoffmenge pro Zeiteinheit ist im Wesentlichen bestimmt durch

- den Systemdruck im Kraftstoffversorgungssystem,
- den Gegendruck im Saugrohr und
- die Geometrie des Kraftstoffaustrittsbereichs.

Elektrische Ansteuerung

Ein Endstufenbaustein im Motronic-Steuergerät steuert das Einspritzventil mit einem Schaltsignal an (Bild 4a). Der Strom in der Magnetspule steigt (b) und bewirkt eine Anhebung der Ventilnadel (c). Nach Ablauf der Zeit t_{an} (Anzugszeit) ist der maximale Ventilhub erreicht. Sobald die Ventilkugel aus ihrem Sitz abhebt, wird Kraftstoff abgespritzt. In Bild 4d ist die während eines Einspritzimpulses insgesamt abgespritzte Menge dargestellt.

Nach Abschalten der Ansteuerung fließt kein Strom mehr. Aufgrund der Massenträgheit schließt das Ventil aber nur langsam. Nach Ablauf der Zeit t_{ab} (Abfallzeit) ist das Ventil wieder vollständig geschlossen.

Bei vollständig geöffnetem Ventil ist die Einspritzmenge proportional der Zeit. Die Nichtlinearitäten während der Ventilanzugs- und Ventilabfallphase müssen über die Zeitdauer der Ansteuerung (Einspritzzeit) kompensiert werden. Die Geschwindigkeit, mit der die Ventilnadel von ihrem Sitz abhebt, ist zudem von der Batteriespannung abhängig. Eine batteriespannungsabhängige Einspritzzeitverlängerung (Bild 5) korrigiert diese Einflüsse.

4 Ansteuerung des EV14

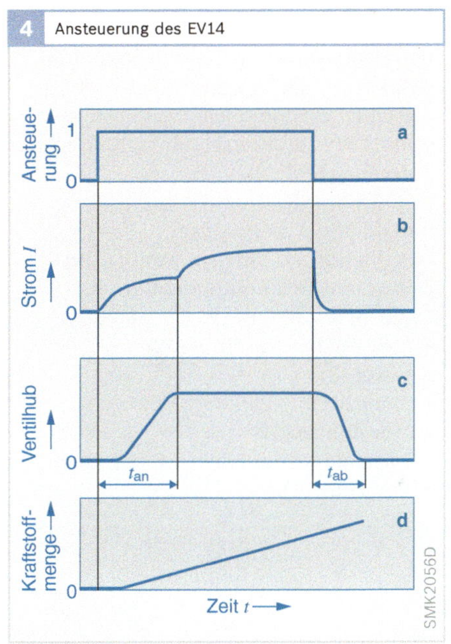

Bild 4
a Ansteuerungssignal
b Stromverlauf
c Ventilhub
d eingespritzte Kraftstoffmenge

5 Spannungsabhängige Einspritzzeitkorrektur

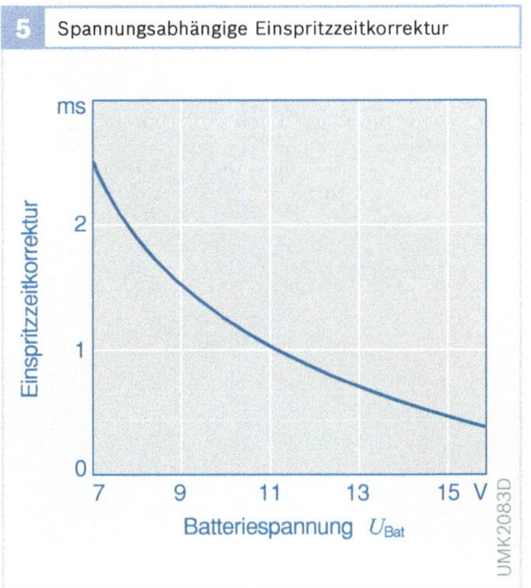

Hochdruck-Einspritzventil für Benzin-Direkteinspritzung

Aufgabe

Aufgabe des Hochdruck-Einspritzventils (HDEV) ist einerseits den Kraftstoff zu dosieren und andererseits durch dessen Zerstäubung eine gezielte Durchmischung von Kraftstoff und Luft in einem bestimmten räumlichen Bereich des Brennraums zu erzielen. Abhängig vom gewünschten Betriebszustand wird der Kraftstoff im Bereich um die Zündkerze konzentriert (geschichtet) oder gleichmäßig im gesamten Brennraum zerstäubt (homogene Verteilung).

Aufbau und Arbeitsweise

Das Hochdruck-Einspritzventil (Bild 6) besteht aus den Komponenten

- Zulauf mit Filter (1),
- elektrischer Anschluss (2),
- Feder (3),
- Spule (4),
- Ventilhülse (5),
- Düsennadel mit Magnetanker (6) und
- Ventilsitz (7).

Bei stromdurchflossener Spule wird ein Magnetfeld erzeugt. Dadurch hebt die Ventilnadel gegen die Federkraft vom Ventilsitz ab und gibt die Ventilauslassbohrungen (8) frei. Aufgrund des Systemdrucks wird nun der Kraftstoff in den Brennraum gedrückt. Die eingespritzte Kraftstoffmenge ist dabei im Wesentlichen von der Öffnungsdauer des Ventils und dem Kraftstoffdruck abhängig.

Bei Abschalten des Stroms wird die Ventilnadel aufgrund der Federkraft in den Ventilsitz gepresst und unterbricht den Kraftstofffluss.

Durch eine geeignete Düsengeometrie an der Ventilspitze wird eine sehr gute Zerstäubung des Kraftstoffs erreicht.

Anforderungen

Wesentlicher Unterschied der Benzin-Direkteinspritzung im Vergleich zur Saugrohreinspritzung sind ein höherer Kraftstoffdruck und eine deutlich kürzere Zeit, die für die Einbringung des Kraftstoffs direkt in den Brennraum zur Verfügung steht.

6 Aufbau des Hochdruck-Einspritzventils HDEV5

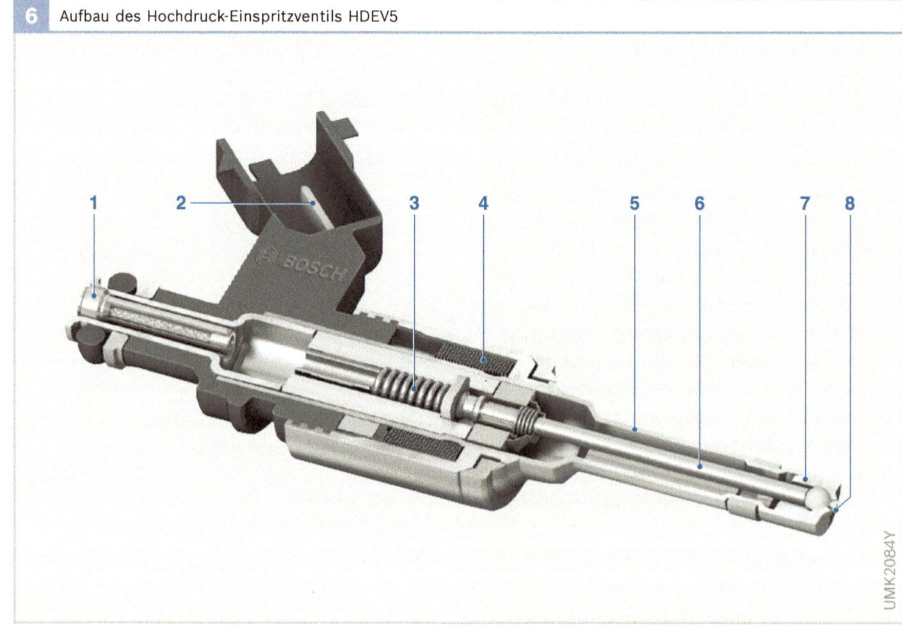

Bild 6
1 Kraftstoffzulauf mit Filter
2 elektrischer Anschluss
3 Feder
4 Spule
5 Ventilhülse
6 Düsennadel mit Magnetanker
7 Ventilsitz
8 Ventilauslassbohrungen

Bild 7 zeigt die Anforderungen an das Einspritzventil. Bei der Saugrohreinspritzung stehen zwei Kurbelwellenumdrehungen zur Verfügung, um den Kraftstoff in das Saugrohr einzuspritzen. Das entspricht bei einer Drehzahl von 6000 min^{-1} einer Einspritzdauer von 20 ms.

Bei der Benzin-Direkteinspritzung steht deutlich weniger Zeit zur Verfügung. Für den Homogenbetrieb muss der Kraftstoff im Ansaugtakt eingespritzt werden. Somit steht nur eine halbe Kurbelwellenumdrehung für den Einspritzvorgang zur Verfügung. Bei 6000 min^{-1} entspricht das einer Einspritzdauer von 5 ms.

Bei der Benzin-Direkteinspritzung ist der Kraftstoffbedarf im Leerlauf im Verhältnis zur Volllast sehr viel geringer als bei der Saugrohreinspritzung (Faktor 1:12). Daraus ergibt sich eine Einspritzzeit im Leerlauf von ungefähr 0,4 ms.

Ansteuerung des Einspritzventils HDEV

Um einen definierten und reproduzierbaren Einspritzvorgang zu gewährleisten, muss das Hochdruck-Einspritzventil mit einem komplexen Stromverlauf angesteuert werden (Bild 8). Der Mikrocontroller im Motorsteuergerät liefert nur ein digitales Ansteuersignal (a). Aus diesem Signal erzeugt ein Endstufenbaustein (ASIC) das Ansteuersignal (b) für das Einspritzventil.

Ein DC/DC-Wandler im Motorsteuergerät erzeugt die Boosterspannung von 65 V. Sie wird benötigt, um den Strom in der Boosterphase möglichst rasch auf einen hohen Stromwert zu bringen. Das ist erforderlich, um die Einspritzventilnadel möglichst schnell zu beschleunigen. In der Anzugsphase (t_{an}) erreicht die Ventilnadel anschließend den maximalen Öffnungshub (c). Bei geöffnetem Einspritzventil reicht ein geringer Ansteuerstrom (Haltestrom) aus, um das Ventil offen zu halten.

Bei konstantem Ventilnadelhub ergibt sich eine zur Einspritzdauer proportionale Einspritzmenge (d).

7 Vergleich zwischen Benzin-Direkteinspritzung und Saugrohreinspritzung

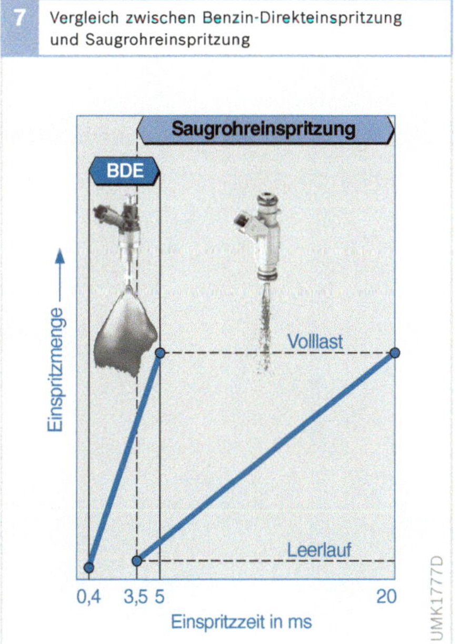

8 Ansteuerung des Hochdruck-Einspritzventils HDEV

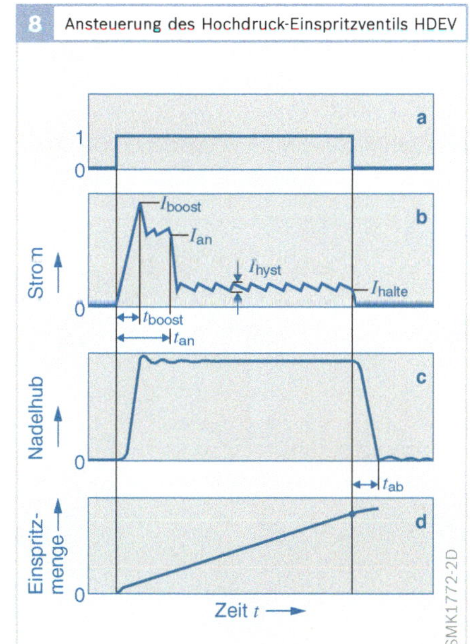

Bild 7
Einspritzmenge als Funktion der Einspritzzeit

Bild 8
a Ansteuersignal
b Stromverlauf im HDEV
c Nadelhub
d eingespritzte Kraftstoffmenge

Induktive Zündanlage

Die Zündung des Luft-Kraftstoff-Gemischs im Ottomotor erfolgt elektrisch durch einen Funkenüberschlag zwischen den Elektroden der Zündkerze. Die in dem Funken umgesetzte Energie der Zündspule entzündet das verdichtete Gemisch, die anschließend von dieser Stelle ausgehende Flammenfront sorgt für die Entflammung des Gemischs im gesamten Brennraum. Die induktive Zündanlage erzeugt in jedem Arbeitstakt die für den Funkenüberschlag erforderliche Hochspannung und die für die Entflammung notwendige Funkendauer. Die elektrische Energie wird dem Bordnetz entnommen und in der Zündspule zwischengespeichert.

Aufbau

Bild 9 zeigt den prinzipiellen Aufbau des Zündkreises einer induktiven Zündanlage Er besteht aus den Komponenten

- Zündungsendstufe (4), die im Motronic-Steuergerät oder in der Zündspule integriert ist,
- Zündspulen (3), ,
- Zündkerzen (5) sowie
- Verbindungs- und Entstörmittel.

Erzeugen des Zündfunkens

In der Zündspule wird ein Magnetfeld aufgebaut, wenn im Primärkreis ein Strom fließt. In diesem Magnetfeld ist die für die Zündung erforderliche Zündenergie gespeichert.

Der Strom in der Primärwicklung erreicht aufgrund der induzierten Gegenspannung erst allmählich seinen Sollwert. Da die in der Zündspule gespeicherte Energie vom Strom abhängt ($E = {}^1/_2 LI^2$), ist eine gewisse Zeit (Schließzeit) erforderlich, um die für die Zündung erforderliche Energie zu speichern. Diese Schließzeit hängt u. a. von der Bordnetzspannung ab. Das Steuergeräteprogramm berechnet aus der Schließzeit und dem Zündzeitpunkt den Einschaltzeitpunkt und schaltet über die Zündungsendstufe die Zündspule ein und im Zündzeitpunkt wieder aus.

Das Unterbrechen des Spulenstroms im Zündzeitpunkt führt zum Zusammenbruch des Magnetfelds. Diese schnelle Magnetfeldänderung induziert auf der Sekundärseite der Zündspule aufgrund der großen Windungszahl (Übersetzungsverhältnis ca. 1:100) eine hohe Spannung (Bild 10). Bei Erreichen der Zündspannung kommt es an der Zündkerze zum Funkenüberschlag und das komprimierte Luft-Kraftstoff-Gemisch entzündet sich.

Gemischentflammung

Nach dem Funkenüberschlag fällt die Spannung an der Zündkerze auf die Brenn-

9 Zündkreis einer induktiven Zündanlage

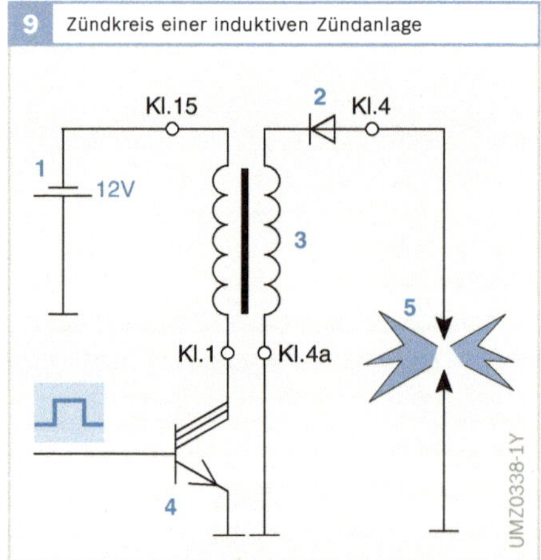

Bild 9
1 Batterie
2 EFU-Diode (in der Zündspule integriert)
3 Zündspule mit Eisenkern, Primär- und Sekundärwicklung
4 Zündungsendstufe (alternativ im Motronic-Steuergerät oder in der Zündspule integriert)
5 Zündkerze

Kl. 1, Kl. 4, Kl. 4a, Kl. 15 Klemmenbezeichnungen

10 Spannungsverlauf an den Elektroden

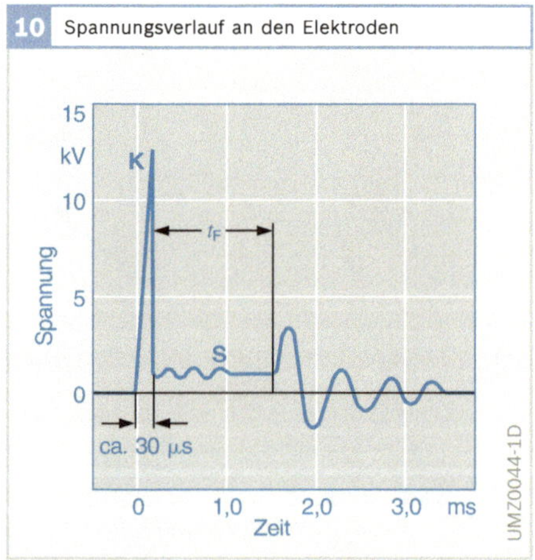

Bild 10
K Funkenkopf
S Funkenschwanz
t_F Funkendauer

spannung ab (Bild 10). Die Brennspannung hängt von der Länge des Funkenplasmas ab (Elektrodenabstand und Auslenkung durch Strömung) und liegt im Bereich von wenigen hundert Volt bis deutlich über 1 kV. Während der Brenndauer des Zündfunkens von wenigen 100 µs bis über 2 ms wird Energie der Zündspule im Zündfunken umgesetzt. Nach dem Funkenabriss schwingt die Spannung gedämpft aus.

Der elektrische Funke zwischen den Elektroden der Zündkerze erzeugt ein Hochtemperaturplasma. Der entstehende Flammkern entwickelt sich bei zündfähigen Gemischen an der Zündkerze und ausreichender Energiezufuhr durch die Zündanlage zu einer sich selbstständig ausbreitenden Flammfront.

Zündzeitpunkt

Der Zeitpunkt, an dem der Zündfunke das Luft-Kraftstoff-Gemisch im Brennraum zündet, muss sehr genau eingestellt werden. Diese Größe hat entscheidenden Einfluss auf den Motorbetrieb und bestimmt das abgegebene Drehmoment, die Abgasemissionen und den Kraftstoffverbrauch.

Die Einflussgrößen, die den Zündzeitpunkt im Wesentlichen bestimmen, sind Motordrehzahl und Motorlast bzw. Drehmoment. Zusätzlich werden noch weitere Größen, wie z. B. die Motortemperatur zur Bestimmung des günstigsten Zündzeitpunkts herangezogen. Diese Größen werden von Sensoren erfasst und dem Motorsteuergerät (Motronic) zugeführt. Aus Kennfeldern und Kennlinien wird der Zündzeitpunkt berechnet und das Ansteuersignal für die Zündungsendstufe erzeugt.

Klopfende Verbrennungen treten auf bei einem zu frühen Zündzeitpunkt. Dauerhaftes Klopfen kann zu Motorschäden führen. Deshalb werden Klopfsensoren eingesetzt, die das Verbrennungsgeräusch überwachen. Nach einer klopfenden Verbrennung wird der Zündzeitpunkt nach spät verstellt, dann langsam wieder auf den Vorsteuerwert geführt. So wird dauerhaftem Klopfen entgegengewirkt.

Spannungsverteilung

Die Spannungsverteilung erfolgt auf der Primärseite der Zündspulen (Ruhende Spannungsverteilung, RUV).

Anlage mit Einzelfunken-Zündspulen

Jedem Zylinder ist eine Zündungsendstufe und eine Zündspule zugeordnet (Bild 11a und 11b). Das Motorsteuergerät steuert entsprechend der Zündfolge die Zündungsendstufen an. Allerdings muss die Anlage über einen Nockenwellensensor zusätzlich mit der Nockenwelle synchronisiert werden.

Anlage mit Zweifunken-Zündspulen

Eine Zündungsendstufe und eine Zündspule sind jeweils zwei Zylindern zugeordnet (Bild 11c). Die Enden der Sekundärwicklung sind an jeweils eine Zündkerze in unterschiedlichen Zylindern angeschlossen. Die Zylinder sind so gewählt, dass sich im Verdichtungstakt des einen Zylinders der zweite gerade im Ausstoßtakt befindet (nur bei geradzahligen Zylinderzahlen möglich). Die Anlage muss deshalb nicht mit der Nockenwelle synchronisiert sein. Im Zündzeitpunkt erfolgt an beiden Zündkerzen ein Funkenüberschlag.

11 Schematische Darstellung von Zündspulen

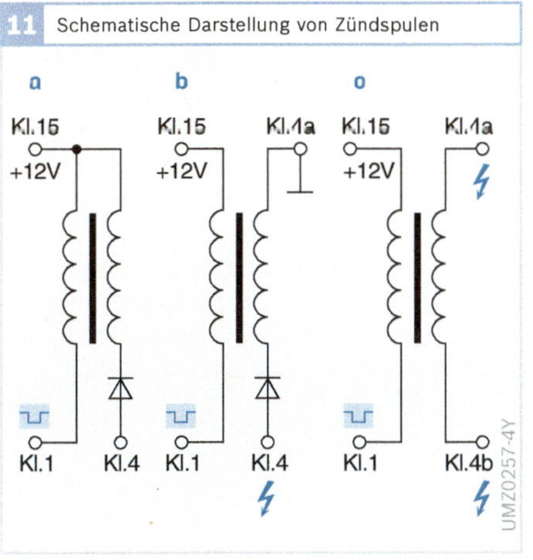

Bild 11
a Einzelfunken-Zündspule in Sparschaltung
b Einzelfunken-Zündspule
c Zweifunken-Zündspule

Zündspulen

Kompaktzündspule

Aufbau

Der Magnetkreis der Kompaktzündspule besteht aus dem O-Kern und dem I-Kern (Bild 12), auf dem die Primär- und die Sekundärwicklungen aufgesteckt sind. Diese Anordnung wird in das Zündspulengehäuse eingebaut. Die Primärwicklung (mit Draht bewickelter I-Kern) wird mit dem Primärsteckanschluss elektrisch und mechanisch verbunden. Ebenfalls verbunden wird der Wicklungsanfang der Sekundärwicklung (mit Draht bewickelter Spulenkörper). Der zündkerzenseitige Anschluss der Sekundärwicklung befindet sich im Gehäuse und die elektrische Kontaktierung wird bei der Montage der Wicklungen hergestellt.

Im Gehäuse integriert ist der Hochspannungsdom, der einerseits das Kontaktteil zur Zündkerzenkontaktierung trägt und andererseits den Silikonmantel zur Isolation der Hochspannung zu außen liegenden Teilen und dem Zündkerzenschacht aufnimmt.

Nach dem Zusammenbau der Bauteile wird das Innere des Gehäuses mit einem Imprägnierharz unter Vakuum vergossen und anschließend ausgehärtet. Das ergibt eine hohe mechanische Festigkeit, einen guten Schutz vor Umwelteinflüssen und eine hervorragende Isolation der Hochspannung. Abschließend wird der Silikonmantel auf den Hochspannungsdom aufgeschoben und fixiert.

12 Aufbau der Kompaktzündspule

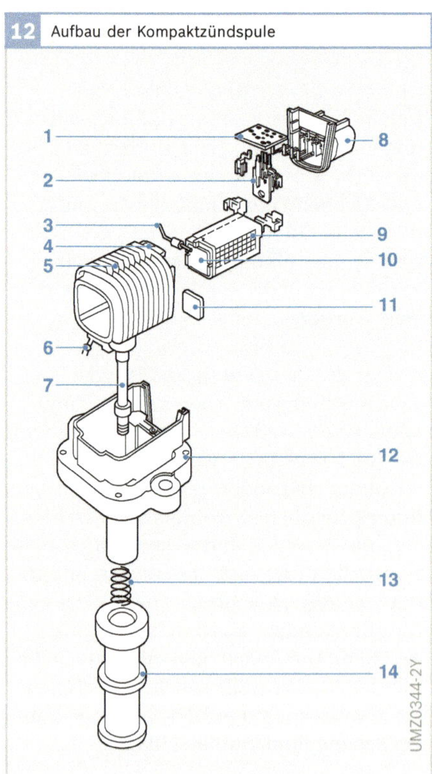

Bild 12
1 Leiterplatte
2 Zündungsendstufe
3 EFU-Diode (Einschaltfunkenunterdrückung)
4 Sekundärspulenkörper
5 Sekundärdraht
6 Kontaktblech
7 Hochspannungsbolzen
8 Primärstecker
9 Primärdraht
10 I-Kern
11 Permanentmagnet
12 O-Kern
13 Feder
14 Silikonmantel

Wegbau- und COP-Variante

Aufgrund der kompakten Bauweise der Zündspule ist der in Bild 12 dargestellte Aufbau möglich. Diese Bauart wird als COP bezeichnet (Coil on Plug). Die Zündspule wird direkt auf die Zündkerze montiert, sodass zusätzliche Hochspannungs-Verbindungskabel entfallen. Damit ergibt sich eine geringere kapazitive Belastung des Sekundärkreises der Zündspule. Zusätzlich wird durch die Bauteilreduzierung die Funktionssicherheit erhöht (z. B. kein Marderverbiss der Zündkabel mehr möglich).

Bei der selteneren Wegbauvariante werden die Kompaktzündspulen im Motorraum mit Schrauben befestigt. Hierzu sind Befestigungsaugen oder ein zusätzlicher Halter vorgesehen. Die Hochspannungsverbindung wird über jeweils ein Hochspannungs-Zündkabel von der Zündspule zur Zündkerze bewerkstelligt.

COP- und Wegbauvariante sind nahezu gleich aufgebaut. An die Wegbauvariante (Karosserieanbau) werden jedoch geringere Anforderungen hinsichtlich Temperatur- und Schüttelbedingungen gestellt, da hier geringere Belastungen auftreten.

Stabzündspule

Die Stabzündspule ermöglicht eine optimale Ausnutzung der Platzverhältnisse im Motorraum. Durch die zylindrische Bauform kann der Zündkerzenschacht als Montageraum mitbenutzt werden und ermöglicht eine bauraumoptimierte Anordnung im Zylinderkopf.

Stabzündspulen werden immer direkt auf die Zündkerze montiert, daher sind keine zusätzlichen Hochspannungs-Verbindungskabel erforderlich.

13 Aufbau der Stabzündspule

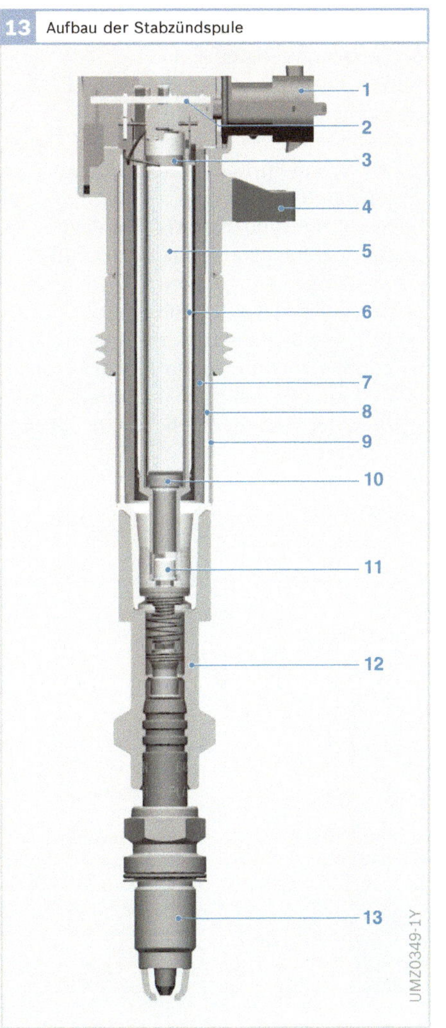

Aufbau und Magnetkreis

Stabzündspulen (auch als „Pencil Coil" bezeichnet) arbeiten wie Kompaktzündspulen nach dem induktiven Prinzip. Aufgrund der Rotationssymmetrie unterscheiden sie sich im Aufbau jedoch deutlich von Kompaktzündspulen.

Der Magnetkreis besteht zwar aus den gleichen Materialien, der im Zentrum liegende Stabkern (Bild 13, Pos. 5) wird hier aus verschieden breit gestanzten Blechlamellen annähernd kreisrund gestapelt und paketiert. Der magnetische Kreis wird über das Rückschlussblech (9) als gerollte und geschlitzte Hülse - ebenfalls aus Elektroblech, teilweise aus mehreren Lagen - hergestellt.

Im Gegensatz zu Kompaktzündspulen liegt die Primärwicklung (7) mit größerem Durchmesser über der Sekundärwicklung (6), deren Spulenkörper gleichzeitig den Stabkern aufnimmt; hierfür sind konstruktive und funktionale Vorteile maßgebend. Die kompakte Bauform der Stabzündspule lässt bei gegebener Geometrie hinsichtlich der elektrischen Auslegung nur eine sehr eingeschränkte Variation des Magnetkreises (Stabkern, Rückschlussblech) und Wicklungen zu.

Bei den meisten Stabzündspulenanwendungen werden - aufgrund des eingeschränkten Bauraums - zur Erhöhung der Funkenenergie Permanentmagnete eingesetzt.

Die Kontaktierung der Zündkerze und der Anschluss an den Motorkabelbaum ist bei Stabzündspulen vergleichbar mit den Kompaktzündspulen.

Bild 13
1 Steckanschluss
2 Leiterplatte mit Zündungsendstufe
3 Permanentmagnet
4 Befestigungsarm
5 lamellierter Elektroblechkern (Stabkern)
6 Sekundärwicklung
7 Primärwicklung
8 Gehäuse
9 Rückschlussblech
10 Permanentmagnet
11 Hochspannungsdom
12 Silikonmantel
13 aufgesteckte Zündkerze

Elektronische Dieselregelung EDC

Systemübersicht

Die elektronische Steuerung des Dieselmotors erlaubt eine exakte und differenzierte Gestaltung der Einspritzgrößen. Nur so können die vielen Anforderungen erfüllt werden, die an einen modernen Dieselmotor gestellt werden. Die Elektronische Dieselregelung EDC (Electronic Diesel Control) wird in die drei Systemblöcke Sensoren/Sollwertgeber, Steuergerät und Stellglieder (Aktoren) unterteilt.

Anforderungen

Die Senkung des Kraftstoffverbrauchs und der Schadstoffemissionen (NO_X, CO, HC, Partikel) bei gleichzeitiger Leistungssteigerung bzw. Drehmomenterhöhung der Motoren bestimmt die aktuelle Entwicklung auf dem Gebiet der Dieseltechnik. Konventionelle indirekt einspritzende Motoren (IDI) konnten die gestellten Anforderungen nicht mehr erfüllen.

Stand der Technik sind heute direkt einspritzende Dieselmotoren (DI) mit hohen Einspritzdrücken für eine gute Gemischbildung. Die Einspritzsysteme unterstützen mehrere Einspritzungen: Voreinspritzung (VE), Haupteinspritzung (HE) und Nacheinspritzung (NE). Die Einspritzungen werden zumeist elektronisch gestellt (VE bei UIS-Pkw jedoch mechanisch).

Weiterhin wirken sich die hohen Ansprüche an den Fahrkomfort auf die Entwicklung moderner Dieselmotoren aus. Auch an die Schadstoff- und Geräuschemissionen werden immer höhere Forderungen gestellt.

Daraus ergeben sich gestiegene Ansprüche an das Einspritzsystem und dessen Regelung in Bezug auf:

- hohe Einspritzdrücke,
- Einspritzverlaufsformung,
- Voreinspritzung und gegebenenfalls Nacheinspritzung,
- Anpassung von Einspritzmenge, Ladedruck und Spritzbeginn an den jeweiligen Betriebszustand,
- temperaturabhängige Startmenge,
- lastunabhängige Leerlaufdrehzahlregelung,
- geregelte Abgasrückführung,
- Fahrgeschwindigkeitsregelung,
- geringe Toleranzen der Einspritzzeit und -menge und hohe Genauigkeit während der gesamten Lebensdauer (Langzeitverhalten),
- Unterstützung von Abgasnachbehandlungssystemen.

1 Systemblöcke der EDC

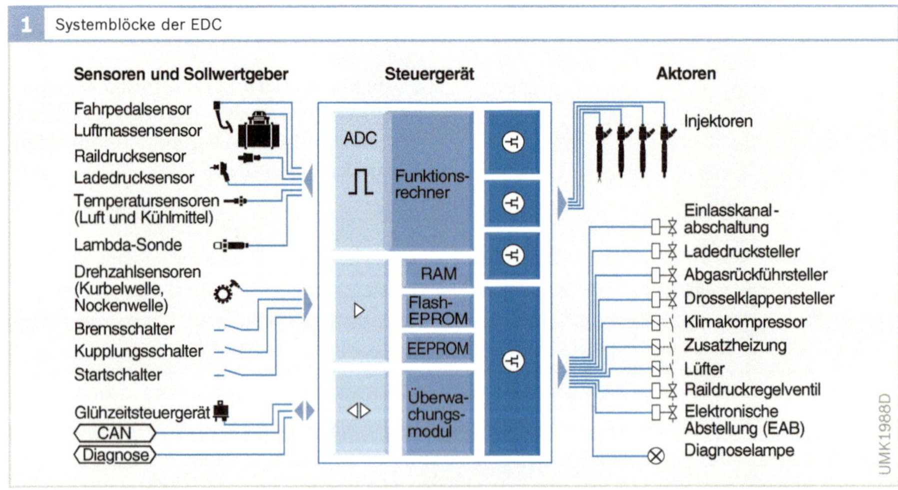

Die herkömmliche mechanische Drehzahlregelung erfasst mit diversen Anpassvorrichtungen die verschiedenen Betriebszustände und gewährleistet eine hohe Qualität der Gemischaufbereitung. Sie beschränkt sich allerdings auf einen einfachen Regelkreis am Motor und kann verschiedene wichtige Einflussgrößen nicht bzw. nicht schnell genug erfassen.

Die EDC entwickelte sich mit den steigenden Anforderungen zu einer komplexen elektronischen Motorsteuerung, die eine Vielzahl von Daten in Echtzeit verarbeiten kann. Über die reine Motorsteuerung hinaus wird eine Reihe von Komfortfunktionen (z. B. Fahrgeschwindigkeitsregler) unterstützt. Die EDC kann Teil eines elektronischen Fahrzeuggesamtsystems sein (drive by wire). Durch die zunehmende Integration der elektronischen Komponenten kann die komplexe Elektronik auf engstem Raum untergebracht werden.

Arbeitsweise

Die Elektronische Dieselregelung (EDC) ist durch die in den letzten Jahren stark gestiegene Rechenleistung der verfügbaren Mikrocontroller in der Lage, die genannten Anforderungen zu erfüllen.

Im Gegensatz zu Dieselfahrzeugen mit konventionellen mechanisch geregelten Einspritzpumpen hat der Fahrer bei einem EDC-System keinen direkten Einfluss auf die eingespritzte Kraftstoffmenge, z. B. über das Fahrpedal und einen Seilzug. Die Einspritzmenge wird vielmehr durch verschiedene Einflussgrößen bestimmt. Dies sind z. B.:

- Fahrerwunsch (Fahrpedalstellung),
- Betriebszustand,
- Motortemperatur,
- Eingriffe weiterer Systeme (z. B. ASR),
- Auswirkungen auf die Schadstoffemissionen usw.

Die Einspritzmenge wird aus diesen Einflussgrößen im Steuergerät errechnet. Auch der Einspritzzeitpunkt kann variiert werden. Dies bedingt ein umfangreiches Überwachungskonzept, das auftretende Abweichungen erkennt und gemäß den Auswirkungen entsprechende Maßnahmen einleitet (z. B. Drehmomentbegrenzung oder Notlauf im Leerlaufdrehzahlbereich). In der EDC sind deshalb mehrere Regelkreise enthalten.

Die Elektronische Dieselregelung ermöglicht auch einen Datenaustausch mit anderen elektronischen Systemen wie z. B. Antriebsschlupfregelung (ASR), Elektronischer Getriebesteuerung (EGS) oder Fahrdynamikregelung mit dem Elektronischen Stabilitätsprogramm (ESP). Damit kann die Motorsteuerung in das Fahrzeug-Gesamtsystem integriert werden (z. B. Motormomentreduzierung beim Schalten des Automatikgetriebes, Anpassen des Motormoments an den Schlupf der Räder usw.).

Das EDC-System ist vollständig in das Diagnosesystem des Fahrzeugs integriert. Es erfüllt alle Anforderungen der OBD (On-Board-Diagnose) und EOBD (European OBD).

Systemblöcke

Die Elektronische Dieselregelung (EDC) gliedert sich in drei Systemblöcke (Bild 1):

1. *Sensoren und Sollwertgeber* erfassen die Betriebsbedingungen (z. B. Motordrehzahl) und Sollwerte (z. B. Schalterstellung). Sie wandeln physikalische Größen in elektrische Signale um.

2. *Das Steuergerät* verarbeitet die Informationen der Sensoren und Sollwertgeber in mathematischen Rechenvorgängen (Steuer- und Regelalgorithmen). Es steuert die Stellglieder mit elektrischen Ausgangssignalen an. Ferner stellt das Steuergerät die Schnittstelle zu anderen Systemen und zur Fahrzeugdiagnose her.

3. *Stellglieder* (Aktoren) setzen die elektrischen Ausgangssignale des Steuergeräts in mechanische Größen um (z. B. Hub der Magnetventilnadel).

Datenverarbeitung

Die wesentliche Aufgabe der Elektronischen Dieselregelung (EDC) ist die Steuerung der Einspritzmenge und des Einspritzzeitpunkts. Das Speichereinspritzsystem Common Rail regelt auch den Einspritzdruck. Außerdem steuert das Motorsteuergerät bei allen Systemen verschiedene Stellglieder an. Die Funktionen der Elektronischen Dieselregelung müssen auf jedes Fahrzeug und jeden Motor angepasst sein. Nur so können alle Komponenten optimal zusammenwirken (Bild 3).

Das Steuergerät wertet die Signale der Sensoren aus und begrenzt sie auf zulässige Spannungspegel. Einige Eingangssignale werden außerdem plausibilisiert. Der Mikroprozessor berechnet aus diesen Eingangsdaten und aus gespeicherten Kennfeldern die Lage und die Dauer der Einspritzung und setzt diese in zeitliche Signalverläufe um, die an die Kolbenbewegung des Motors angepasst sind. Das Berechnungsprogramm wird „Steuergeräte-Software" genannt.

Wegen der geforderten Genauigkeit und der hohen Dynamik des Dieselmotors ist eine hohe Rechenleistung notwendig. Mit den Ausgangssignalen werden Endstufen angesteuert, die genügend Leistung für die Stellglieder liefern (z. B. Hochdruck-Magnetventile für die Einspritzung, Abgasrückführsteller und Ladedrucksteller). Außerdem werden weitere Komponenten mit Hilfsfunktionen angesteuert (z. B. Glührelais und Klimaanlage).

Diagnosefunktionen der Endstufen für die Magnetventile erkennen auch fehlerhafte Signalverläufe. Zusätzlich findet über die Schnittstellen ein Signalaustausch mit anderen Fahrzeugsystemen statt. Im Rahmen eines Sicherheitskonzepts überwacht das Motorsteuergerät auch das gesamte Einspritzsystem.

2 Funktionsdarstellung am Beispiel einer Stromregelung

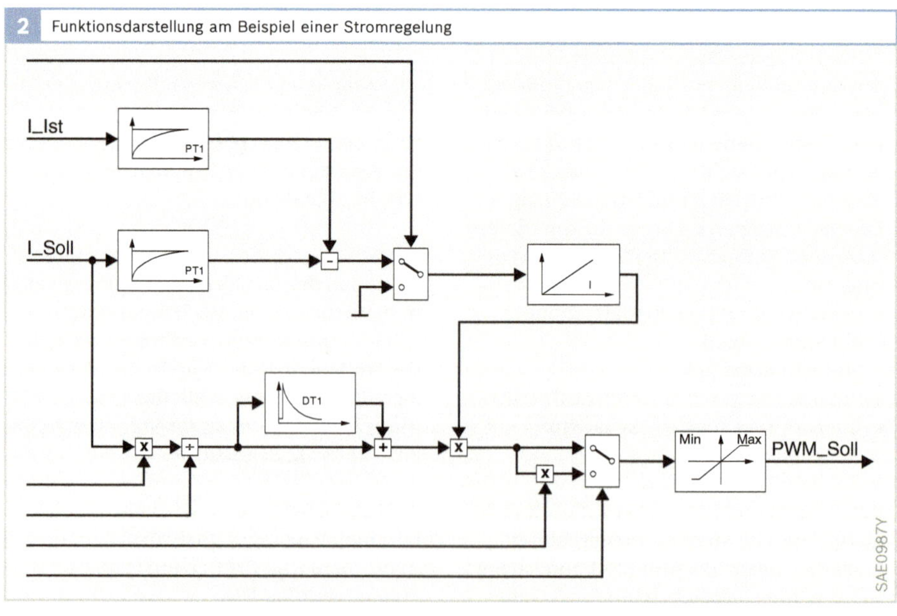

3 Prinzipieller Ablauf der Elektronischen Dieselregelung

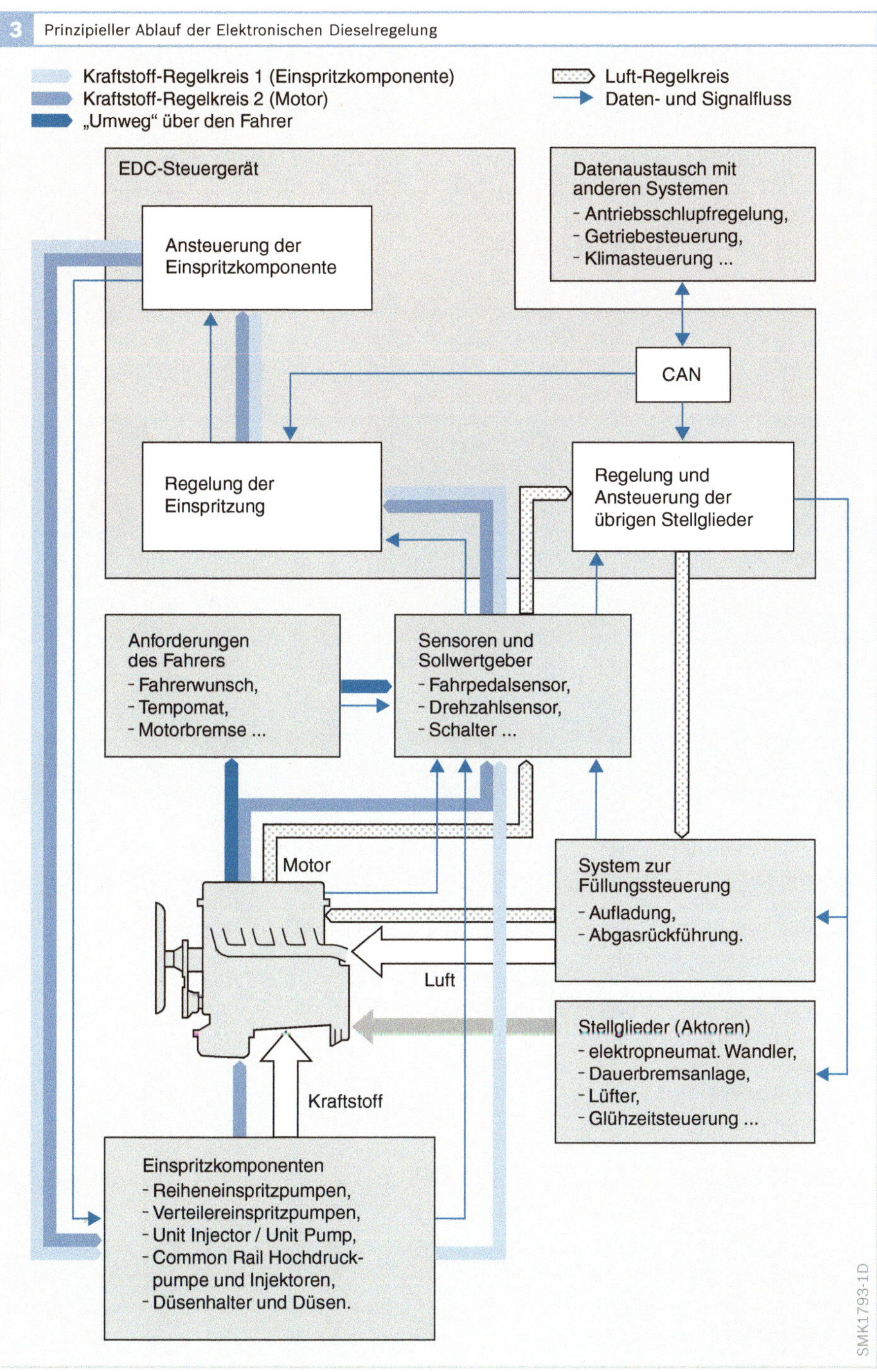

Regelung der Einspritzung

Tabelle 1 gibt eine Übersicht über die EDC-Funktionen, die bei den verschiedenen Einspritzsystemen realisiert sind. Bild 4 zeigt den Ablauf der Einspritzberechnung mit allen Funktionen. Einige Funktionen sind Sonderausstattungen. Sie können bei Nachrüstungen auch nachträglich vom Kundendienst im Steuergerät aktiviert werden.

Damit der Motor in jedem Betriebszustand mit optimaler Verbrennung arbeitet, wird die jeweils passende Einspritzmenge im Steuergerät berechnet. Dabei müssen verschiedene Größen berücksichtigt werden. Bei einigen magnetventilgesteuerten Verteilereinspritzpumpen erfolgt die Ansteuerung der Magnetventile für Einspritzmenge und Spritzbeginn über ein separates Pumpensteuergerät PSG.

1 Funktionsübersicht der EDC-Varianten für Kraftfahrzeuge

Einspritzsystem	Reiheneinspritzpumpen PE	Kantengesteuerte Verteilereinspritzpumpen VE-EDC	Magnetventilgesteuerte Verteilereinspritzpumpen VE-M, VR-M	Unit Injector System und Unit Pump System UIS, UPS	Common Rail System CR
Funktion					
Begrenzungsmenge	•	•	•	•	•
Externer Momenteneingriff	• [3]	•	•	•	•
Fahrgeschwindigkeitsbegrenzung	• [3]	•	•	•	•
Fahrgeschwindigkeitsregelung	•	•	•	•	•
Höhenkorrektur	•	•	•	•	•
Ladedruckregelung	•	•	•	•	•
Leerlaufregelung	•	•	•	•	•
Zwischendrehzahlregelung	• [3]	•	•	•	•
Aktive Ruckeldämpfung	• [2]	•	•	•	•
BIP-Regelung	–	–	•	•	–
Einlasskanalabschaltung	–	–	•	• [2]	•
Elektronische Wegfahrsperre	• [2]	•	•	•	•
Gesteuerte Voreinspritzung	–	–	•	• [2]	•
Glühzeitsteuerung	• [2]	•	•	• [2]	•
Klimaabschaltung	• [2]	•	•	•	•
Kühlmittelzusatzheizung	• [2]	•	•	• [2]	•
Laufruheregelung	• [2]	•	•	•	•
Mengenausgleichsregelung	• [2]	–	•	•	•
Lüfteransteuerung	–	•	•	•	•
Regelung der Abgasrückführung	• [2]	•	•	•	•
Spritzbeginnregelung mit Sensor	• [1] [3]	•	•	•	•
Zylinderabschaltung	–	–	• [3]	• [3]	• [3]
Inkrementwinkel-Lernen	–	–	–	•	•
Inkrementwinkel-Verschleifen	–	–	–	• [2]	–

Tabelle 1

[1] Nur Hubschieber-Reiheneinspritzpumpen

[2] nur Pkw

[3] nur Nkw

4 Berechnung der Einspritzung im Steuergerät

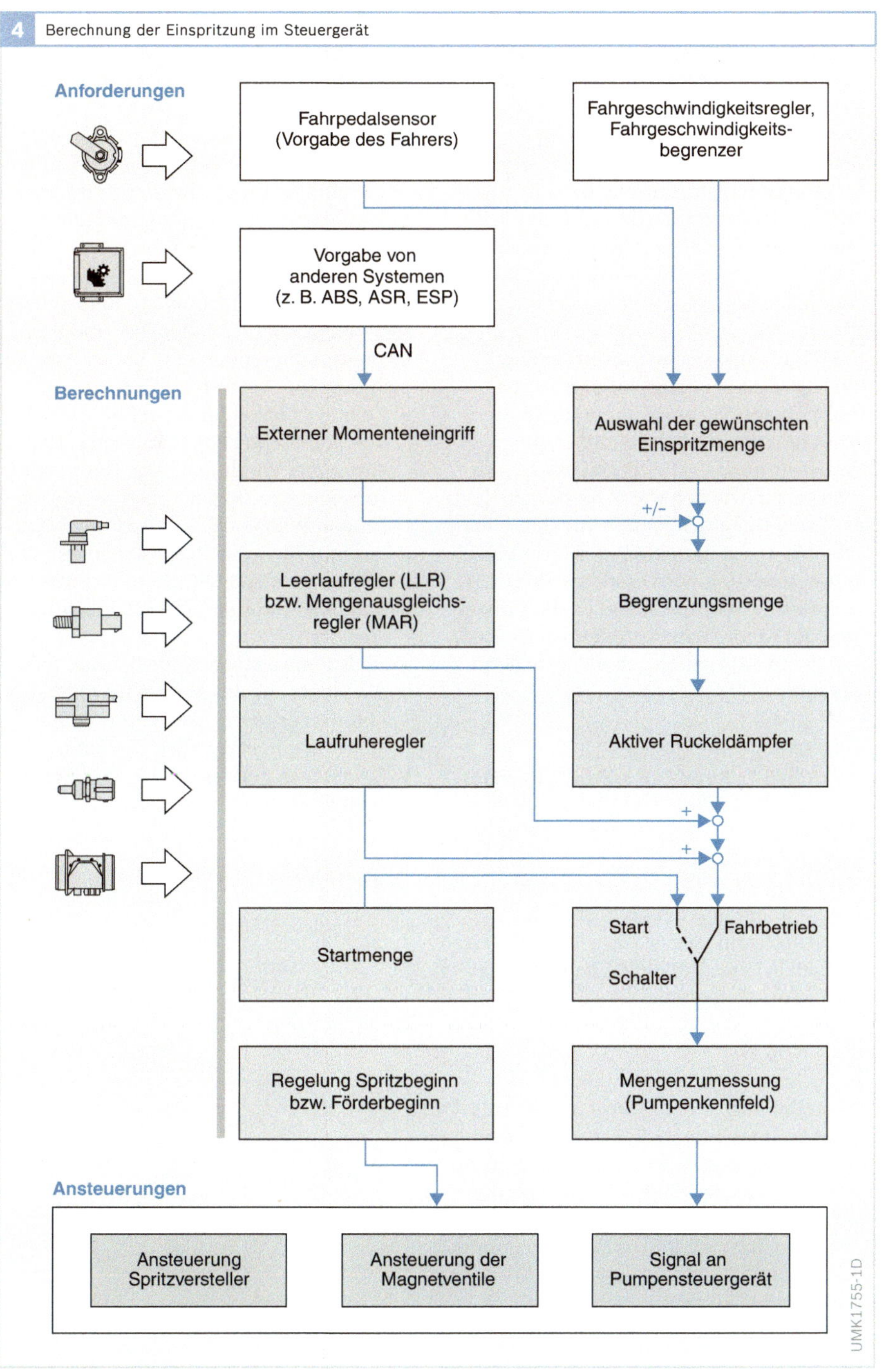

Momentengeführte EDC-Systeme

Die Motorsteuerung wird immer enger in die Fahrzeuggesamtsysteme eingebunden. Fahrdynamiksysteme (z. B. ASR), Komfortsysteme (z. B. Tempomat) und die Getriebesteuerung beeinflussen über den CAN-Bus die Elektronische Dieselregelung EDC. Andererseits werden viele der in der Motorsteuerung erfassten oder berechneten Informationen über den CAN-Bus an andere Steuergeräte weitergegeben.

Um die Elektronische Dieselregelung künftig noch wirkungsvoller in einen funktionalen Verbund mit anderen Steuergeräten einzugliedern und weitere Verbesserungen schnell und effektiv zu realisieren, wurden die Steuerungen der neuesten Generation einschneidend überarbeitet. Diese momentengeführte Dieselmotorsteuerung wird erstmals ab EDC16 eingesetzt. Hauptmerkmal ist die Umstellung der Modulschnittstellen auf Größen, wie sie im Fahrzeug auch entsprechend auftreten.

Kenngrößen eines Motors

Die Außenwirkung eines Motors kann im Wesentlichen durch drei Kenngrößen beschrieben werden: Leistung P, Drehzahl n und Drehmoment M.

Bild 5 zeigt den typischen Verlauf von Drehmoment und Leistung über der Motordrehzahl zweier Dieselmotoren im Vergleich. Grundsätzlich gilt der physikalische Zusammenhang:

$$P = 2 \cdot \pi \cdot n \cdot M$$

Es genügt also, z. B. das Drehmoment als Führungsgröße unter Beachtung der Drehzahl vorzugeben. Die Motorleistung ergibt sich dann aus der obigen Formel. Da die Leistung nicht unmittelbar gemessen werden kann, hat sich für die Motorsteuerung das Drehmoment als geeignete Führungsgröße herausgestellt.

Momentensteuerung

Der Fahrer fordert beim Beschleunigen über das Fahrpedal (Sensor) direkt ein einzustellendes Drehmoment. Unabhängig davon fordern andere externe Fahrzeugsysteme über die Schnittstellen ein Drehmoment an, das sich aus dem Leistungsbedarf der Komponenten ergibt (z. B. Klimaanlage, Generator). Die Motorsteuerung errechnet daraus das resultierende Motormoment und steuert die Stellglieder des Einspritz- und Luftsystems entsprechend an. Daraus ergeben sich folgende Vorteile:

- Kein System hat direkten Einfluss auf die Motorsteuerung (Ladedruck, Einspritzung, Vorglühen). Die Motorsteuerung kann so zu den äußeren Anforderungen auch noch übergeordnete Optimierungskriterien berücksichtigen (z. B. Abgasemissionen, Kraftstoffverbrauch) und den Motor dann bestmöglich ansteuern.
- Viele Funktionen, die nicht unmittelbar die Steuerung des Motors betreffen, können für Diesel- und Ottomotorsteuerungen einheitlich ablaufen.
- Erweiterungen des Systems können schnell umgesetzt werden.

5 Beispiel des Drehmoment- und Leistungsverlaufs zweier Pkw-Dieselmotoren mit ca. 2,2 *l* Hubraum über der Drehzahl

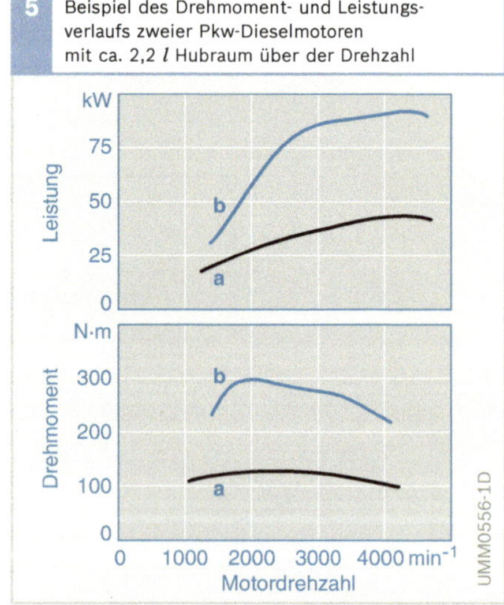

Bild 5
a Baujahr 1968
b Baujahr 1998

Ablauf der Motorsteuerung

Die Sollwertvorgaben werden im Motorsteuergerät weiterverarbeitet. Zum Erfüllen ihrer Aufgaben benötigen alle Steuerungsfunktionen der Motorsteuerung eine Fülle von Sensorsignalen und Informationen von anderen Steuergeräten im Fahrzeug.

Vortriebsmoment

Die Fahrervorgabe (d.h. das Signal des Fahrpedalsensors) wird von der Motorsteuerung als Anforderung für ein Vortriebsmoment interpretiert. Genauso werden die Anforderungen der Fahrgeschwindigkeitsregelung und -begrenzung berücksichtigt.

Nach dieser Auswahl des Soll-Vortriebsmoments erfolgt gegebenenfalls bei Blockiergefahr eine Erhöhung bzw. bei durchdrehenden Rädern eine Reduzierung des Sollwerts durch das Fahrdynamiksystem (ASR, ESP).

Weitere externe Momentanforderungen

Die Drehmomentanpassung des Antriebsstrangs muss berücksichtigt werden (Triebstrangübersetzung). Sie wird im Wesentlichen durch die Übersetzungsverhältnisse im jeweiligen Gang sowie durch den Wirkungsgrad des Wandlers bei Automatikgetrieben bestimmt. Bei Automatikfahrzeugen gibt die Getriebesteuerung die Drehmomentanforderung während des Schaltvorgangs vor, um mit reduziertem Moment ein möglichst ruckfreies, komfortables und das Getriebe schonendes Schalten zu ermöglichen. Außerdem wird ermittelt, welchen Drehmomentbedarf weitere vom Motor angetriebene Nebenaggregate (z.B. Klimakompressor, Generator, Servopumpe) haben. Dieser Drehmomentbedarf wird aus der benötigten Leistung und Drehzahl entweder von diesen Aggregaten selbst oder von der Motorsteuerung ermittelt.

Die Motorsteuerung addiert die Momentenanforderungen auf. Damit ändert sich das Fahrverhalten des Fahrzeugs trotz wechselnder Anforderungen der Aggregate und Betriebszustände des Motors nicht.

Innere Momentanforderungen

In diesem Schritt greifen der Leerlaufregler und der aktive Ruckeldämpfer ein.

Um z.B. eine unzulässige Rauchbildung durch zu hohe Einspritzmengen oder eine mechanische Beschädigung des Motors zu verhindern, setzt das Begrenzungsmoment, wenn nötig, den internen Drehmomentbedarf herab. Im Vergleich zu den bisherigen Motorsteuerungssystemen erfolgen die Begrenzungen nicht mehr ausschließlich im Kraftstoff-Mengenbereich, sondern je nach gewünschtem Effekt direkt in der jeweils betroffenen physikalischen Größe.

Die Verluste des Motors werden ebenfalls berücksichtigt (z.B. Reibung, Antrieb der Hochdruckpumpe). Das Drehmoment stellt die messbare Außenwirkung des Motors dar. Die Steuerung kann diese Außenwirkung aber nur durch eine geeignete Einspritzung von Kraftstoff in Verbindung mit dem richtigen Einspritzzeitpunkt sowie den notwendigen Randbedingungen des Luftsystems erzeugen (z.B. Ladedruck, Abgasrückführrate). Die notwendige Einspritzmenge wird über den aktuellen Verbrennungswirkungsgrad bestimmt. Die errechnete Kraftstoffmenge wird durch eine Schutzfunktion (z.B. gegen Überhitzung) begrenzt und gegebenenfalls durch die Laufruheregelung verändert. Während des Startvorgangs wird die Einspritzmenge nicht durch externe Vorgaben (wie z.B. den Fahrer) bestimmt, sondern in der separaten Steuerungsfunktion „Startmenge“ berechnet.

Ansteuerung der Aktoren

Aus dem resultierenden Sollwert für die Einspritzmenge werden die Ansteuerdaten für die Einspritzpumpen bzw. die Einspritzventile ermittelt sowie der bestmögliche Betriebspunkt des Luftsystems bestimmt.

Lichttechnik

Lichtquellen für Kfz

Die wichtigsten Lichtquellen für die Beleuchtungssysteme an Fahrzeugfront und Fahrzeugheck sind Halogenlampen, Glühlampen, Gasentladungslampen und LED.

Temperaturstrahler

Temperaturstrahler erzeugen das Licht durch Wärmeenergie. Nachteil der Temperaturstrahler ist vor allem der niedrige Wirkungsgrad (unter 10 %) und die damit gegenüber Gasentladungslampen relativ geringe Lichtausbeute.

Glühlampe (Vakuumlampe)

Zu den Temperaturstrahlern gehört die Glühlampe (Bild 1), deren Wolfram-Glühwendel (2) von einem Glaskolben (1) umschlossen ist. Im Inneren des Glaskolbens herrscht Vakuum, daher wird die Glühlampe auch als Vakuumlampe bezeichnet.

Die Lichtausbeute einer Glühlampe ist mit 10...18 lm/W (Lumen / Watt) vergleichsweise gering. Während des Betriebs der Glühlampe verdampfen Wolframpartikel der Glühwendel. Der Lampenkolben schwärzt sich dadurch mit zunehmender Gebrauchsdauer. Das Verdampfen der Partikel führt letztendlich zum Bruch der Glühwendel und somit zum Ausfall der Lampe. Deshalb wurden die Glühlampen als Lichtquellen für Frontscheinwerfer durch Halogenlampen abgelöst. Für Leuchten und als Lichtquellen im Fahrzeuginnenraum werden jedoch aus Kostengründen weiterhin Glühlampen eingesetzt. Auch die Beleuchtung passiver Anzeigeelemente (z. B. Gebläse-, Heizungs- und Klimaregler, LCD-Displays) erfolgt in der Regel mit Glühlampen, deren Lichtfarbe je nach Anwendung und Design mit Farbfiltern geändert wird.

Halogenlampe

Halogenlampen gibt es in zwei Ausführungen: mit einer oder mit zwei Glühwendeln aus Wolfram. Die Halogenlampen H1, H3, H7, HB3 und HB4 (s. Tabelle am Kapitelende) haben nur eine Glühwendel. Sie werden als Lichtquellen für Abblend-, Fern- und Nebellicht eingesetzt.

Der Lampenkolben besteht aus Quarzglas. Das Quarzglas dient zur Filterung des geringen UV-Lichtanteils, den Halogenlampen abstrahlen. Der Kolben einer Halogenlampe besitzt im Unterschied zur Glühlampe eine Halogenfüllung (Jod oder Brom). Dadurch lässt sich die Glühwendel bis nahe an den Schmelzpunkt des Wolframs (ca. 3400 °C) aufheizen und eine

1 Glühlampe

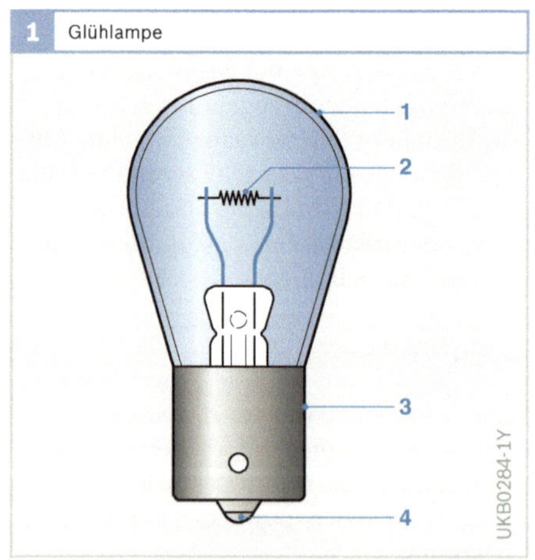

Bild 1
1 Lampenkolben
2 Glühwendel
3 Lampensockel
4 elektrischer Anschluss

2 Halogenlampe H4 (Ausschnitt aus Bild 3)

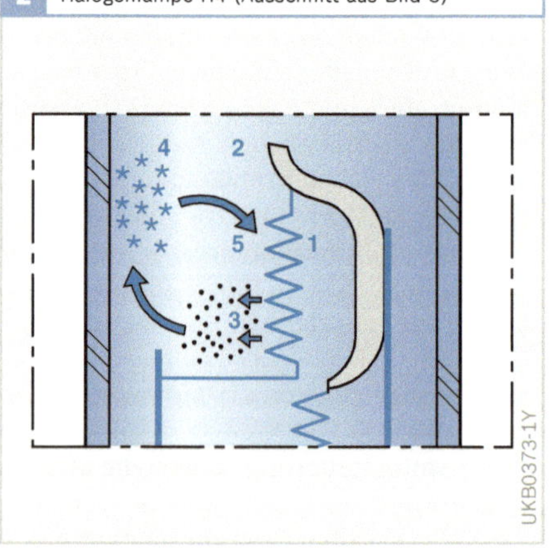

Bild 2
1 Wolfram-Glühwendel
2 Halogenfüllung (Jod oder Brom)
3 verdampftes Wolfram
4 Wolframhalogenid
5 Wolframablagerung

entsprechend hohe Lichtleistung erzielen. Verdampfte Wolframpartikel verbinden sich in der Nähe der heißen Kolbenwand mit dem Füllgas zu einem lichtdurchlässigen Gas (Wolframhalogenid). Dieses ist im Temperaturbereich von ca. 200...1400 °C stabil. Gelangt es wieder in die Nähe der Wendel, zersetzt es sich infolge der hohen Wendeltemperatur und bildet dort eine gleichmäßige Wolframablagerung. Dieser Kreisprozess (Bild 2) begrenzt den Verschleiß der Glühwendel. Um den Kreisprozess aufrechtzuerhalten, ist eine Außentemperatur des Lampenkolbens von ca. 300 °C erforderlich. Der Kolben umschließt daher die Wendel eng. Er bleibt während der gesamten Lebensdauer der Lampe klar.

Der Glühwendelverschleiß wird auch durch den hohen Druck begrenzt, der im Glaskolben herrscht und die Verdampfungsrate des Wolframs begrenzt.

Die Halogenlampe H4 erzeugt die Lichtstrahlung nach dem gleichen Prinzip, verfügt jedoch über zwei Glühwendeln (Bild 3, Pos. 2 und 3). Für Abblend- und Fernlicht wird dadurch nur eine Lampe je Scheinwerfer benötigt.

3 Halogenlampe H4

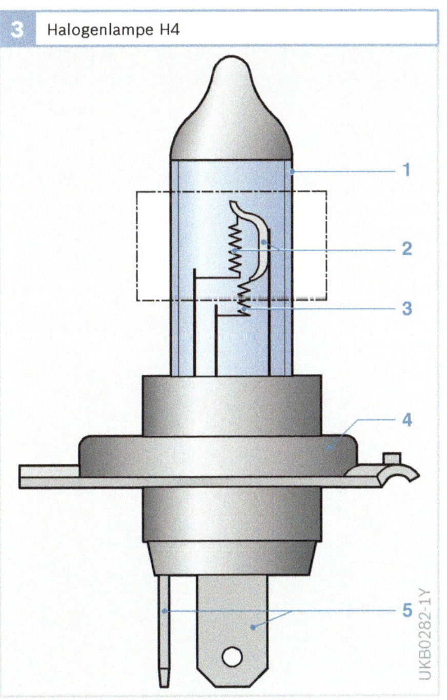

Bild 3
1 Lampenkolben
2 Glühwendel für Abblendlicht mit Abdeckkappe
3 Glühwendel für Fernlicht
4 Lampensockel
5 elektrischer Anschluss

Der untere Teil der Abblendlichtwendel wird mit einer im Scheinwerfer integrierten Strahlenblende abgedeckt. Damit wird nur Licht in den oberen Reflektorteil abgegeben (Bild 8) und so die Blendung anderer Verkehrsteilnehmer vermieden.

Beim Umschalten von Abblendlicht auf Fernlicht wird die zweite Glühwendel aktiviert. Halogenlampen mit 60/55 W[1)] Leistung strahlen etwa doppelt so viel Licht ab wie Glühlampen mit 45/40 W. Die hohe Lichtausbeute von ungefähr 22...26 lm/W ist primär eine Folge der hohen Wendeltemperatur.

[1)] Fernlicht/Abblendlicht

Gasentladungslampen

Gasentladung beschreibt die elektrische Entladung beim Durchgang eines elektrischen Stroms durch ein Gas, wobei Strahlung emittiert wird (Beispiele: Natriumdampflampen für Straßenbeleuchtung, Leuchtstofflampen für Innenraumbeleuchtung).

Der Entladungsraum der Gasentladungslampe (Bild 4, Pos. 3) ist mit dem Edelgas Xenon und einer Mischung aus Metallhalogeniden gefüllt. Zwischen zwei in den Brenner ragende Elektroden (4) wird die elektrische Spannung angelegt. Für den Einschaltvorgang und den Betrieb ist ein elektronisches Vorschaltgerät erforderlich. Beim Anlegen der Zündspannung von 10...20 kV wird das Gas zwischen den Elektroden leitend (ionisiert) und damit ein Lichtbogen gezündet. Mit dem angelegten Wechselstrom (400 Hz) verdampft die metallische Füllsubstanz aufgrund des Temperaturanstiegs im Brenner und strahlt dabei Licht ab.

Die Lampe erreicht ihre volle Helligkeit normalerweise erst nach mehreren Sekunden, wenn alle Teilchen ionisiert sind. Um diesen Vorgang zu beschleunigen, fließt bis dahin ein erhöhter Anlaufstrom.

Sobald die volle Lichtleistung erreicht ist, wird der Lampenstrom begrenzt. Es genügt eine Betriebsspannung von 85 V, um den Lichtbogen zu erhalten.

Lichtquellen mit Gasentladung gewinnen für Kraftfahrzeuge in Verbindung mit dem elektronischen Beleuchtungssystem „Litronic" zunehmend an Bedeutung. Im Vergleich zu Glühlampen hat diese Technik entscheidende Vorteile:

- größere Reichweite des Scheinwerferlichts,
- hellere und gleichmäßigere Fahrbahnausleuchtung,
- höhere Lebensdauer, da kein mechanischer Verschleiß auftritt,
- hohe Lichtausbeute (ca. 85 lm/W) aufgrund des Emissionsspektrums, das vorwiegend im sichtbaren Spektralbereich liegt,
- verbesserter Wirkungsgrad durch geringere thermische Verluste,
- kompakte Scheinwerferbauformen für flache Fahrzeugfronten.

Die Kfz-Gasentladungslampen der D2-/D4-Serien sind mit hochspannungsfestem Sockel und UV-Schutzglaskolben ausgeführt. Bei den Modellen der D1-/D3-Serien ist zusätzlich die für das Zünden erforderliche Hochspannungselektronik im Lampensockel integriert. Alle Serien gliedern sich in jeweils zwei Untergruppen:

- Standardlampe (S-Lampe) für Projektionsscheinwerfer (Bild 4) und
- Reflexionslampe (R-Lampe) für Reflexionsscheinwerfer (Bild 5). Sie besitzen einen integrierten Schatter (3) zur Erzeugung der Hell-Dunkel-Grenze, vergleichbar mit dem Schatter der H4-Lampe.

Bisher wurden Gasentladungslampen der Typbezeichnung D1x und D2x verwendet. Ab 2007 werden auch die D3-/D4-Serien in der Serienausrüstung eingesetzt. Diese besitzen eine niedrigere Betriebsspannung, eine andere Zusammensetzung des Füllgases und geänderte Geometrien des Lichtbogens.

4 Gasentladungslampe D2S

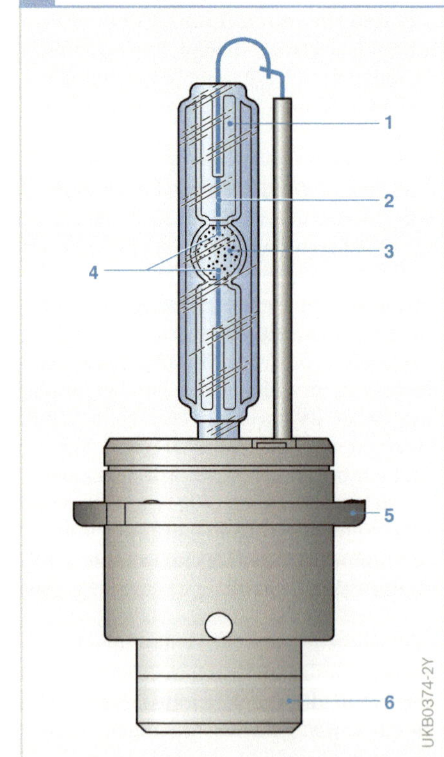

Bild 4
Gasentladungslampe für Projektionsscheinwerfer
1 UV-Schutzglaskolben
2 elektrische Durchführung
3 Entladungsraum
4 Elektroden
5 Lampensockel
6 elektrischer Anschluss

5 Gasentladungslampe D2R

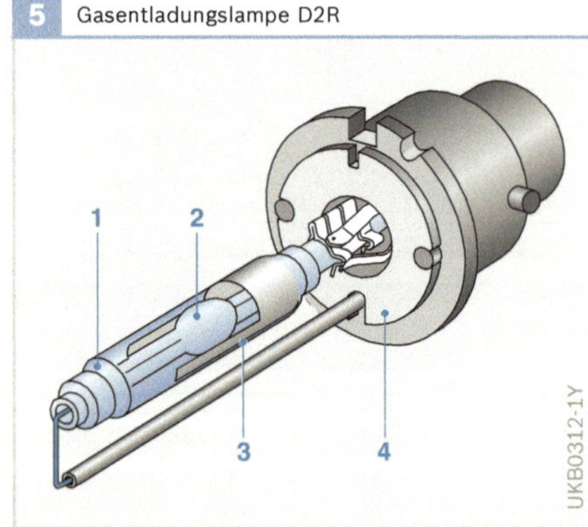

Bild 5
Gasentladungslampe für Reflexionsscheinwerfer
1 Glaskolben
2 Entladungsraum
3 Schatter
4 Lampensockel

Leuchtdioden

Die Leuchtdiode (engl.: Light Emitting Diode, LED) ist ein aktives Leuchtelement. Durch Anlegen einer elektrischen Spannung fließt Strom durch den Chip. Die Elektronen der Atome des LED-Chips werden durch die Spannung in einen höheren Energiezustand versetzt. Unter Abgabe von Licht fallen sie wieder in ihren energetisch niedrigeren Ausgangszustand zurück.

Der 0,1...1 mm kleine Halbleiterkristall sitzt auf einem Reflektor, der das Licht punktgenau leitet.

Für Leuchten am Fahrzeugheck, vor allem für die zusätzlichen, mittig am Fahrzeugheck angeordneten Bremsleuchten, werden häufig LED als Lichtquellen eingesetzt. Sie ermöglichen eine schmale, lineare Leuchtenform.

LED haben gegenüber Glühlampen den Vorteil, dass sie in weniger als einer Millisekunde die volle Lichtleistung abgeben. Eine Glühlampe benötigt dafür etwa 200 ms. LED geben daher z. B. das Bremssignal früher ab und verkürzen somit die Reaktionszeit des Hinterherfahrenden auf das Bremssignal (Bremspedalbetätigung).

Im Kfz werden LED als Leuchtmittel oder Display eingesetzt, im Innenraum zur Beleuchtung, als Display oder Display-Hinterleuchtung. In der Lichtanlage finden sie Verwendung als hochgesetzte Bremsleuchten und Heckleuchten sowie zukünftig vermehrt als Tagfahrleuchten und in Frontscheinwerfern.

Lichttechnische Größen

Lichtstärke

Lichtquellen können unterschiedliche Helligkeit haben. Ein Vergleich verschiedener Lichtquellen ist mithilfe der Lichtstärke möglich. Sie ist die sichtbare Strahlung, die sich von einer Lichtquelle in eine bestimmte Richtung ausbreitet.

Die Einheit der Lichtstärke ist 1 Candela (cd) und entspricht ungefähr der Lichtstärke einer Kerzenflamme. Die Helligkeit einer beleuchteten Fläche ist von deren Reflexionsverhalten, von der Lichtstärke und vom Abstand der beleuchtenden Lichtquelle abhängig.

Beispiele für zulässige Werte
Bremsleuchte (einzeln): 60...185 cd
Schlussleuchte (einzeln): 4...12 cd
Nebelschlussleuchte (einzeln): 150...300 cd
Fernlicht (gesamt, maximal): 225 000 cd

Lichtstrom

Der Lichtstrom ist die Emission einer Lichtquelle im Wellenlängenbereich des sichtbaren Lichts.
Er wird im Lumen (lm) angegeben.

Beleuchtungsstärke

Die Beleuchtungsstärke ist der auf eine bestimmte Fläche auftreffende Lichtstrom. Sie wächst proportional mit der Lichtstärke und nimmt mit dem Quadrat der Entfernung ab.

Die Beleuchtungsstärke wird in Lux (lx) angegeben:
$1\ \text{lx} = 1\ \text{lm/m}^2$

Reichweite

Die Reichweite ist die Entfernung, in der die Beleuchtungsstärke im Lichtbündel einen bestimmten Wert hat (z. B. 1 lx). Die geometrische Reichweite ist die Entfernung, in der sich der waagerechte Teil der Hell-Dunkel-Grenze bei abgeblendeten Scheinwerfern auf der Fahrbahn abbildet.

Hauptscheinwerfer (Europa)

Aufgabe

Die Hauptscheinwerfer eines Kraftfahrzeugs müssen einerseits maximale Sichtweiten bei minimaler Blendwirkung für den Gegenverkehr gewährleisten und andererseits mit ihrer Lichtverteilung auch im Nahbereich den Anforderungen des Straßenverkehrs genügen. Kurven müssen sicher durchfahren werden können, d. h. die Lichtverteilung muss seitlich bis über die Fahrbahnränder hinaus reichen. Eine gleichmäßige Fahrbahnleuchtdichte ist nicht ganz zu verwirklichen; größere Leuchtdichtekontraste werden aber weitgehend vermieden.

Fernlicht

Das Fernlicht wird üblicherweise durch eine Lichtquelle erzeugt, die im Brennpunkt des Reflektors angeordnet ist. Dadurch wird das Licht so reflektiert, dass es in Richtung der Reflektorachse austritt (Bild 7). Die maximal mit dem Fernlicht zu erreichenden Lichtstärken hängen im Wesentlichen von der leuchtenden Fläche des Reflektors ab.

Neben den rein parabelförmigen Fernlichtreflektoren werden vor allem bei Vier- und Sechs-Scheinwerfersystemen auch komplexe Reflektorgeometrien berechnet, die eine gleichzeitige Benutzung von Fern- und Abblendlicht erlauben.

Die reine Fernlichtverteilung ist bei diesen Systemen so ausgelegt, dass sie zusammen mit der reinen Abblendlichtverteilung zu einer harmonischen Fernlichtverteilung (Simultanschaltung) führt. Der sonst übliche störende Überlappungsbereich im vorderen Feld der Lichtverteilung entfällt in diesem Fall.

Abblendlicht

Bei den heutigen Verkehrsdichten kann das Fernlicht nur noch in Ausnahmefällen verwendet werden. Das Abblendlicht ist deshalb das eigentliche Fahrlicht. Es konnte in den letzten Jahren durch grundsätzliche Maßnahmen erheblich verbessert werden:

- Einführung des asymmetrischen Abblendlichtes mit größeren Sichtweiten am rechten Fahrbahnrand.
- Einführung neuer Scheinwerfersysteme mit komplexer Geometrie (PES[1)], Freiformflächen[2)], facettierte Reflektoren[3)]) mit bis zu 50 % verbessertem Wirkungsgrad.
- Eine Leuchtweitenregelung verstellt den Scheinwerfer, um bei hecklastigen Fahrzeugen die Blendung des Gegenverkehrs zu verhindern. Die Fahrzeuge müssen

[1)] Das mit PES (Poly-Ellipsoid-System) bezeichnete Scheinwerfersystem arbeitet mit einer Abbildungsoptik. Im Gegensatz zu herkömmlichen Scheinwerfern wird die vom Reflektor erzeugte Lichtverteilung zusammen mit einer Blende zur Bildung der Hell-Dunkel-Grenze von der Linse auf den Straßenraum abgebildet.

[2)] Reflektoren mit kleiner Brennweite, deren Form mit speziellen Programmen (CAL: Computer Aided Lighting) berechnet wird. Im Bauraum eines herkömmlichen parabolischen Reflektors können so drei getrennte Reflektoren für Abblendlicht, Fernlicht und Nebellicht untergebracht und gleichzeitig die Lichtausbeute erhöht werden.

[3)] Bei facettierten Reflektoren wird die Fläche in Segmente aufgeteilt, die einzeln optimiert werden. Dadurch ergeben sich Reflektorflächen mit höchster Homogenität und Seitenausleuchtung.

7 Fernlicht (Strahlengang)

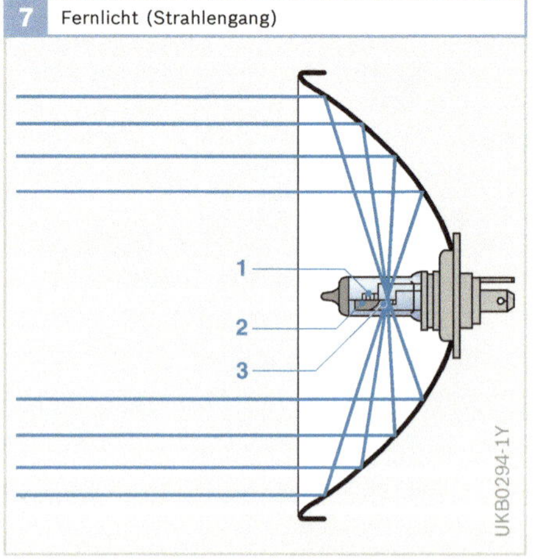

Bild 7
1 Wendel für Abblendlicht
2 Abdeckkappe
3 Wendel für Fernlicht im Brennpunkt

8 Abblendlicht (Strahlengang)

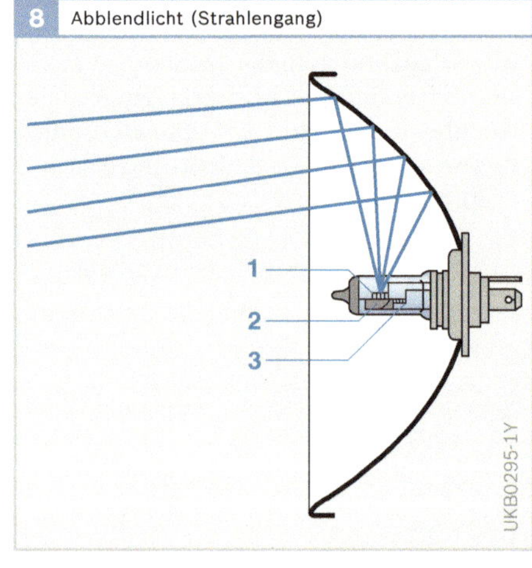

Bild 8
1 Wendel für Abblendlicht
2 Abdeckkappe
3 Wendel für Fernlicht

zusätzlich mit Scheinwerfer-Reinigungsanlagen ausgerüstet sein.
- Das Scheinwerfersystem „Litronic" mit Gasentladungslampen erhöht die erzeugte Lichtmenge auf mehr als das Doppelte im Vergleich zu Halogenlampen in herkömmlichen Systemen.

Wirkungsweise
Scheinwerfer für Abblendlicht benötigen eine Hell-Dunkel-Grenze in der Lichtverteilung. Diese wird bei Halogenscheinwerfern mit H4-Lampen und Litronicscheinwerfern mit D2R-Lampe durch die Abbildung der Kappe (H4) bzw. der Schatter (D2R) erzeugt. Bei Scheinwerfern mit Rundumnutzung (H1-, H7-, H11-Lampe) wird die Hell-Dunkel-Grenze durch die gezielte Abbildung der Glühwendel gebildet.

Scheinwerfersysteme
Beim Zwei-Scheinwerfer-System wird ein gemeinsamer Reflektor für Fernlicht und Abblendlicht, z. B. in Kombination mit der H4-Lampe mit zwei Lichtquellen (Bild 9 a), benutzt.

Beim Vier-Scheinwerfer-System dient ein Scheinwerferpaar entweder für Abblend- und Fernlicht oder nur Abblendlicht, das zweite Scheinwerferpaar für Fernlicht (Bild 9 b).

Beim Sechs-Scheinwerfer-System ist zusätzlich zum Vier-Scheinwerfersystem ein Nebelscheinwerfer in den Hauptscheinwerfer integriert (Bild 9 c).

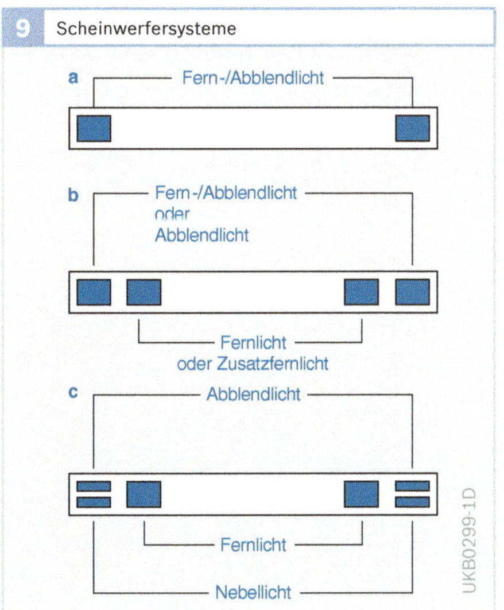

Bild 9
a Zwei-Scheinwerfer-System
b Vier-Scheinwerfer-System
c Sechs-Scheinwerfer-System

Hauptscheinwerfer (Nordamerika)

Fernlicht
Die Bauformen für Fernlicht entsprechen denen für Europa. Es werden facettierte Reflektoren mit z. B. HB5- oder H7-Lampen verwendet.

Abblendlicht
Seit 1. 5. 1997 sind in USA Scheinwerfer mit Hell-Dunkel-Grenze zugelassen, die visuell eingestellt werden müssen. Damit ist es möglich, Fahrzeuge in Europa und USA mit Scheinwerfern gleicher Bauart und zum Teil auch den gleichen Reflektoren auszustatten.

Vorschriften
Die Vorschriften für Anbau und Schaltung von Hauptscheinwerfern sind mit den europäischen Vorschriften vergleichbar (Federal Motor Vehicle Safety Standard [FMVSS] No. 108 und SAE Ground Vehicle Lighting Standards Manual).

Seit 1983 ist es durch Ergänzung des FMVSS No. 108 möglich, Scheinwerfereinsätze beliebiger Größe und Form mit auswechselbaren Lampen zu verwenden, so genannte RBH (Replaceable Bulb Headlamps).

Scheinwerfersysteme
Wie in Europa werden in Nordamerika ebenfalls Zwei-, Vier- und Sechs-Scheinwerfer-Systeme verwendet.

Litronic

Übersicht

Für das Scheinwerfersystem „Litronic" (Light-Electronics) werden Xenon-Gasentladungslampen eingesetzt, die trotz des geringen Frontflächenbedarfs eine hohe Lichtwirkung erzielen. Die Ausleuchtung der Fahrbahn ist bedeutend besser als mit Scheinwerfern mit Halogenglühlampen (Bild 10).

Das erzeugte Licht beinhaltet höhere Anteile der Farben Grün und Blau und ist somit der Spektralverteilung des Sonnenlichts ähnlicher. Nachtfahrten sind so für den Fahrer weniger anstrengend.

Aufbau

Die Komponenten des Litronic-Scheinwerfersystems sind:

- optische Einheit mit Xenon-Gasentladungslampe (S-Lampe, R-Lampe; s. Abschnitt "Gasentladungslampen")
- elektronisches Vorschaltgerät mit Zündgerät und Steuergerät.

10 Lichtverteilung auf der Straße (Vergleich)

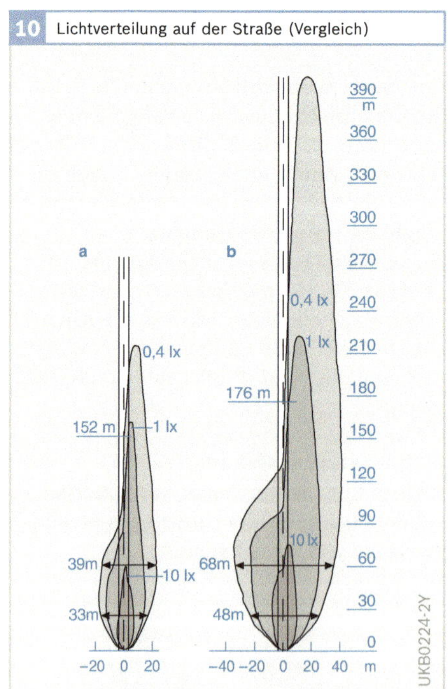

Bild 10
a H4-Lampe
b Litronic PES D2S-Lampe

Die Scheinwerfer mit Xenon-Gasentladungslampe werden für Abblendlicht in einem Vier-Scheinwerfersystem eingesetzt, das mit Fernlichtscheinwerfern herkömmlicher Bauart kombiniert wird.

Beim Bi-Litronic-System hingegen wird mit nur einer Gasentladungslampe aus einem Zwei-Scheinwerfersystem sowohl das Abblendlicht als auch das Fernlicht erzeugt.

Ein elektronisches Vorschaltgerät (EVG) als Bestandteil des Scheinwerfers betreibt und überwacht die Lampe:

- Zünden der Gasentladung (Spannung 10...20 kV),
- gesteuerte Stromeinspeisung in der Anlaufphase der kalten Lampe und
- leistungsgeregelte Versorgung im stationären Betrieb.

Die Steuergeräte für die einzelnen Lampentypen sind in der Regel für einen speziellen Serientyp entwickelt und nicht beliebig tauschbar.

Arbeitsweise

In der Gasentladungslampe wird beim Einschalten des Lichts der Lichtbogen gezündet. Dazu wird eine Hochspannung von 18...20 kV benötigt. Zur Erhaltung des Lichtbogens nach der Zündung sind 85 V erforderlich. Die Spannung wird

11 Elektronisches Vorschaltgerät

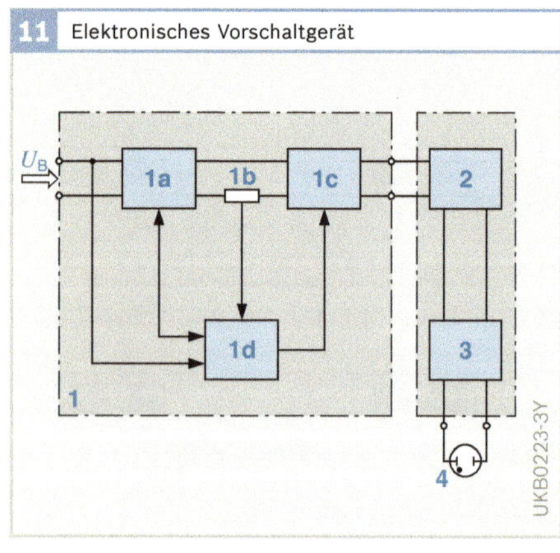

Bild 11
Elektronisches Vorschaltgerät für 400 Hz-Wechselstromversorgung und Impulszündung der Lampe

1 Steuergerät
1a DC/DC-Wandler
1b Shunt
1c DC/AC-Wandler
1d Mikroprozessor
2 Zündgerät
3 Lampenfassung
4 D2S-Lampe
U_B Batteriespannung

von einem elektronischen Vorschaltgerät (Zündgerät, Bild 11) erzeugt und geregelt. Nach erfolgter Zündung wird die Gasentladungslampe für ca. 3 s mit einem erhöhten Anlaufstrom (ca. 2,6 A) betrieben, damit sie mit minimaler Verzögerung ihre maximale Leuchtkraft erreicht. Die Lampenleistung beträgt in diesem Zeitraum bis zu 75 W. Im Dauerbetrieb liegt sie bei 35 W.

Die volle Lichtausbeute von ca. 90 lm/W ergibt sich, wenn das Plasma den Quarzglaskolben auf ca. 900 °C aufgeheizt hat. Hat die Gasentladungslampe ihre maximale Leuchtkraft erreicht, regelt das Vorschaltgerät die Stromabgabe an die Lampe für den Dauerbetrieb auf ca. 0,4 A herunter.

Schwankungen der Bordnetzspannung regelt das Vorschaltgerät weitgehend aus, sodass Lichtstromänderungen nicht vorkommen. Erlischt die Lampe, z. B. wegen eines extremen Spannungseinbruchs (unter 9 V) oder -anstiegs (über 16,5 V) im Bordnetz, wird sofort automatisch wieder gezündet. Das erneute Zünden ist aus Sicherheitsgründen auf fünf Versuche begrenzt. Danach wird die Stromversorgung durch das Vorschaltgerät unterbrochen.

Bi-Litronic „Reflexion“
Das Bi-Litronic-System "Reflexion" erlaubt es, mit nur einer Gasentladungslampe (D2R-Lampe) aus einem Zwei-Scheinwerfersystem sowohl das Abblend- als auch das Fernlicht zu erzeugen. Dazu bringt ein elektromechanischer Steller beim Betätigen des Fern-/Abblendlichtschalters die Gasentladungslampe im Reflektor in zwei verschiedene Positionen, die jeweils den Austritt des Lichtkegels für Fern- oder Abblendlicht bestimmen (Bild 12).

Die Vorteile der Bi-Litronic „Reflexion“ sind dabei vor allem:

- Xenonlicht für den Fernlichtbetrieb,
- visuelle Führung durch kontinuierliche Verschiebung der Lichtverteilung vom Nah- in den Fernbereich,

12 Bi-Litronic "Reflexion"

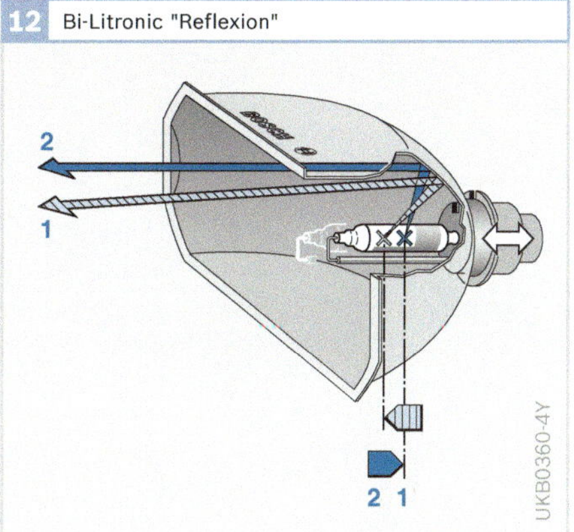

Bild 12
1 Abblendlicht
2 Fernlicht

13 Litronic 4-System im Reflexionsscheinwerfer mit integrierter dynamischer Leuchtweitenregelung (Beispiel)

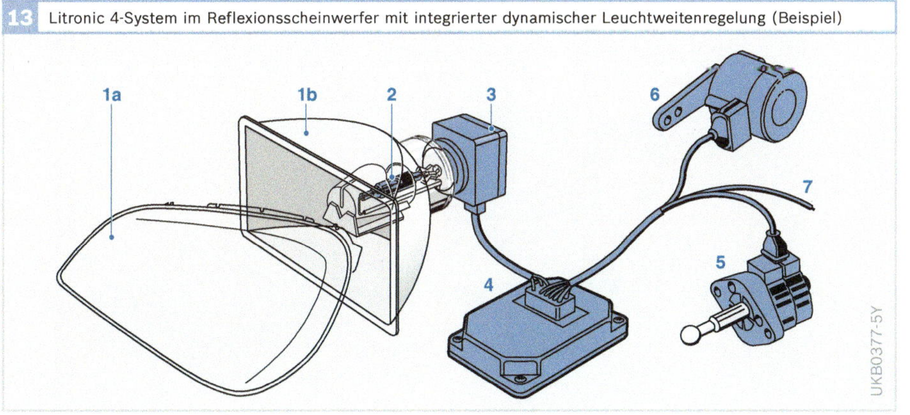

Bild 13
1a Abschlussscheibe mit oder ohne Streuoptik
1b Reflektor
2 Gasentladungslampe
3 Zündgerät
4 Steuergerät
5 Schrittmotor
6 Achssensor
7 zum Bordnetz

- deutliche Minderung des Bauraums im Vergleich zu Vier-Scheinwerfer-Systemen,
- kostengünstiger durch Nutzung von nur einer Lampe und einem Vorschaltgerät pro Scheinwerfer,
- größere Freiheiten beim Scheinwerferdesign aufgrund der individuellen Reflektorform.

Sonderbauformen der Bi-Litronic "Reflexion" sind Lösungen, die den gesamten Reflektor bewegen oder einzelne Elemente der Strahlenblende öffnen.

Bi-Litronic „Projektion“
Die Bi-Litronic „Projektion“ basiert auf einem PES-Litronic-Scheinwerfer. Dabei wird durch Verschieben eines Schatters (Blende) für die Hell-Dunkel-Grenze Xenonlicht für das Fernlicht bereitgestellt.

Die Bi-Litronic „Projektion“ erlaubt mit Linsendurchmessern von 60 und 70 mm die derzeit kompakteste Form von Scheinwerfern mit kombiniertem Fern-/Abblendlicht bei gleichzeitig hervorragender Lichtleistung.

Die Vorteile der Bi-Litronic "Projektion" sind vor allem:

- Xenonlicht für den Fernlichtbetrieb,
- kompakteste Lösung für Fern- und Abblendlicht,
- modulares System.

Leuchtweitenregelung

Aufgabe

Ohne Leuchtweitenregelung ändert sich die Leuchtweite der Scheinwerfer mit der Beladung und dem Fahrzustand des Fahrzeugs (Konstantfahrt, Stillstand, Beschleunigung, Bremsen). Die Leuchtweitenregelung passt den Neigungswinkel des Abblendlichts an den Neigungswinkel der Fahrzeugkarosserie an. Dies bewirkt bei allen Beladungszuständen eine gleichbleibend gute Sichtweite ohne Blendung des Gegenverkehrs.

14 Bi-Litronic "Projektion"

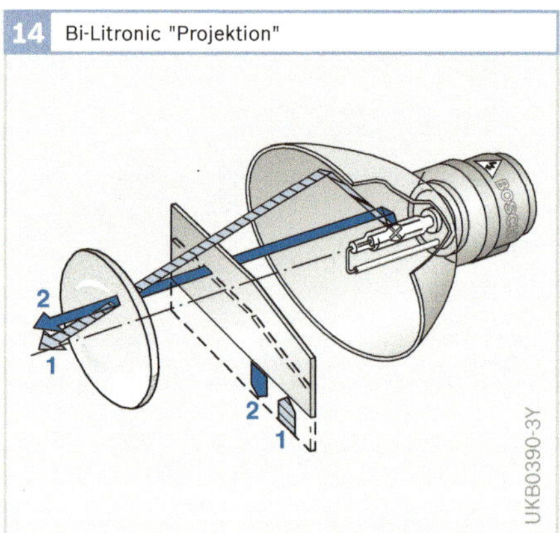

Bild 14
1 Abblendlicht
2 Fernlicht

15 Litronic 2-System im Projektionsscheinwerfer (Beispiel)

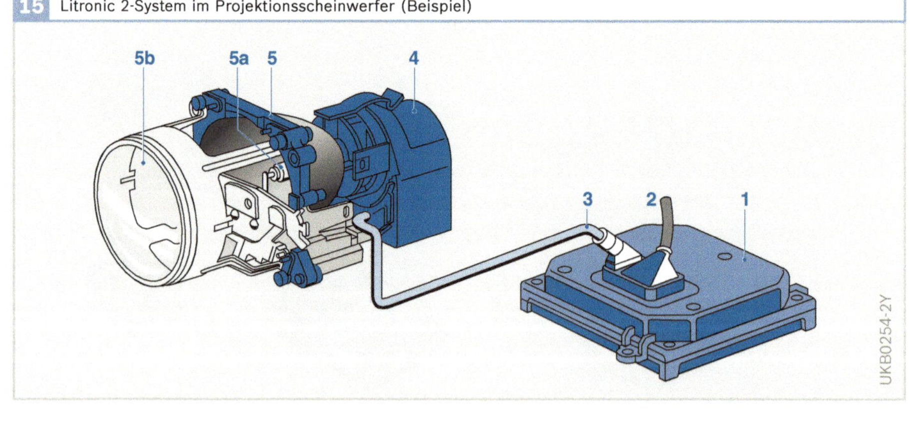

Bild 15
1 Steuergerät
2 zum Bordnetz
3 geschirmtes Kabel
4 Zündgerät
5 Projektions-Modul
5a D2S-Lampe
5b Linse

Bauarten

Bei allen Bauarten der Leuchtweitenregelung bewegen Stellglieder den Scheinwerferreflektor (Gehäusebauart) bzw. Scheinwerfereinsatz in vertikaler Richtung. Bei automatischen Anlagen übertragen die Sensoren an den Fahrzeugachsen ein der Einfederung proportionales Signal an die Stellglieder. Bei handbetätigten Anlagen bewirkt ein Schalter am Fahrersitz die Bewegung.

Automatische Leuchtweitenregelung

Bei der automatischen Leuchtweitenregelung wird zwischen statischen und dynamischen Systemen unterschieden. Statische Systeme gleichen die Zuladungen im Passagier- und Kofferraum aus, dynamische Systeme korrigieren zusätzlich die Scheinwerferstellung beim Anfahren, Beschleunigen und Bremsen.

Zu den Komponenten einer Anlage der automatischen Leuchtweitenregelung gehören (Bild 16):

- Sensoren an den Fahrzeugachsen (Pos. 3 und 6), die den Neigungswinkel der Karosserie erfassen.
- Ein elektronisches Steuergerät (5), das aus den Sensorsignalen den Fahrzeugnick-winkel berechnet und diesen mit dem vorgegebenen Wert vergleicht. Bei einer Abweichung gibt es entsprechende Ansteuersignale an die Stellmotoren.
- Stellmotoren (2), die die korrekte Einstellung der Scheinwerfer ausführen.

Statisches System

Neben den Achssensorsignalen empfängt das Steuergerät vom elektronischen Tachometer ein Geschwindigkeitssignal. Mithilfe dieses Signals stellt das System fest, ob das Fahrzeug steht, sich bewegt und ob es sich in Konstantfahrt befindet. Das statische automatische System arbeitet immer mit großer Dämpfung, d.h. es regelt nur lang anhaltende Karosserieneigungen aus.

Nach jedem Anfahren des Fahrzeugs korrigiert es die Scheinwerfereinstellung abhängig von der Fahrzeugbeladung. Diese Einstellung wird beim Erreichen der Konstantfahrt nochmals überprüft und gegebenenfalls korrigiert. Abweichungen zwischen Soll- und Istposition gleicht das System aus.

Für das statische System genügt in der Regel ein Sensor an der Hinterachse des Fahrzeugs. Als Stellglied wird pro Scheinwerfer ein Gleichstrommotor eingesetzt.

Dynamisches System

Das dynamische automatische System sichert die optimale Scheinwerferposition in jeder Fahrsituation, da sie in zwei Betriebsbereichen funktioniert. Durch die zusätzliche Differenzierung des Geschwindigkeitssignals werden im Gegensatz zur

16 Prinzip der automatischen Leuchtweitenregelung (dynamisches System)

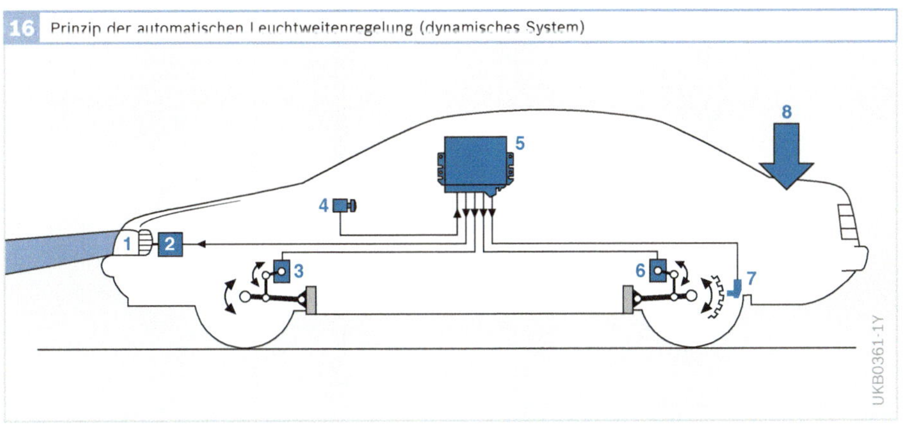

Bild 16
1 Scheinwerfer
2 Stellglied
3 Vorderachssensor
4 Lichtschalter
5 elektronisches Steuergerät
6 Hinterachssensor
7 Drehzahlsensor
8 Beladung

statischen Leuchtweitenregelung auch Beschleunigungs- und Bremsvorgänge erkannt.

Bei Konstantfahrt bleibt das dynamische wie das statische System im Bereich großer Dämpfung. Wird ein Beschleunigungs- oder Bremsvorgang erkannt, schaltet das System sofort in den dynamischen Bereich um. Verkürzte Signalauswertung und erhöhte Verstellgeschwindigkeit des Stellmotors ermöglichen innerhalb von Sekundenbruchteilen die Anpassung der Leuchtweite. Nach dem Beschleunigungs- oder Bremsende schaltet das System automatisch wieder in den langsamen Bereich zurück.

Aufgrund der höheren Dynamikanforderungen erfordert das dynamische System einen Sensor pro Fahrzeugachse sowie schnelle Schrittmotoren für die Verstellung der Scheinwerfer.

Adaptive Beleuchtungssysteme

Adaptive Frontlighting System (AFS)

Ab 2007 werden Funktionserweiterungen für Scheinwerfersysteme auf der Basis einer neuen EC-Regelung erlaubt sein. Das Fahrzeug darf dann zusätzlich auch Autobahnlicht, Schlechtwetterlicht und Stadtlicht enthalten. Die jeweils optimale Lichtverteilung wird von der Fahrzeugelektronik durch die Auswertung verschiedener Fahrzeugsensoren ausgewählt und automatisch geschaltet.

Erste Fahrzeuge mit AFS-Systemen sind bereits seit Mitte 2006 aufgrund einer EU-Ausnahmegenehmigung für den Straßenverkehr zugelassen.

Adaptives Rückleuchten-System (ARS)

Bisher waren die Rückleuchten für die Fahrzeugbegrenzung mit einer Ein-Pegel-Schaltung ausgerüstet. Je nach Ausführung und Design ergab sich eine feste Lichtstärke innerhalb der gesetzlichen Grenzwerte.

Heute wird eine Vielzahl von Sensoren genutzt, um die Umweltparameter und Lichtverhältnisse zu bestimmen (Helligkeit, Verschmutzung, Sichtweite, Nässe usw.). Um eine optimale Sichtbarkeit zu erreichen (ausreichende Lichtstärke ohne übermäßige Blendung), können zukünftig die Rückleuchten die Lichtstärke in Abhängigkeit von der Fahrzeugumgebung variieren (Bild 17).

So wird z. B. eine Bremsleuchte bei Sonnenschein mit hoher Lichtstärke betrieben werden und in der Nacht mit niedrigeren Werten, um die optimale Erkennbarkeit und Zuordnung zu der Aktion des Fahrzeugs zu gewährleisten.

17 Erlaubte Lichtstärke adaptiver Rückleuchten im Vergleich zu konventionellen Systemen

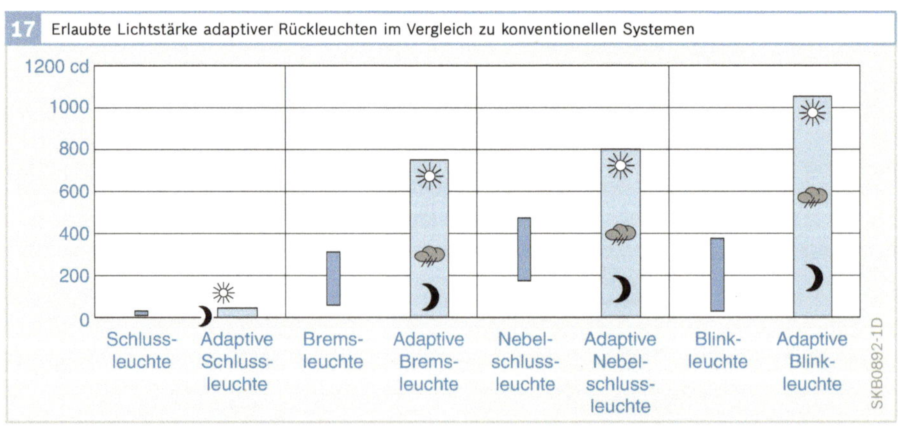

Kurvenlicht (Europa)

Die seit 2003 in Deutschland zugelassene Funktion Kurvenlicht verbessert die Sichtweite bei kurvigem Straßenverlauf und bei Abbiegesituationen. Dazu wird die horizontale Ausleuchtung des Bereichs vor dem Fahrzeug variiert. Dies geschieht beim statischen Kurvenlicht durch Zuschalten von Zusatzreflektoren und beim dynamischen Kurvenlicht durch Schwenken des Scheinwerferlichtmoduls (Bild 18).

Beim Stellvorgang schwenkt ein Schrittmotor das Lichtmodul oder die Reflektorelemente. Schwenkwinkel und Schwenkgeschwindigkeit werden in Abhängigkeit von der Fahrzeuggeschwindigkeit und dem Lenkwinkel vom Kurvenlicht-Steuergerät berechnet. Sensoren erfassen die Verstellwinkel der Scheinwerfer und stellen über Fail-Safe-Algorithmen sicher, dass eine Blendung des Gegenverkehrs bei Fehlfunktion des Systems ausbleibt .

18 Schwenkstrategie des Basis- und Abbiegemoduls eines statischen/dynamischen Kurvenlichts (linker Scheinwerfer)

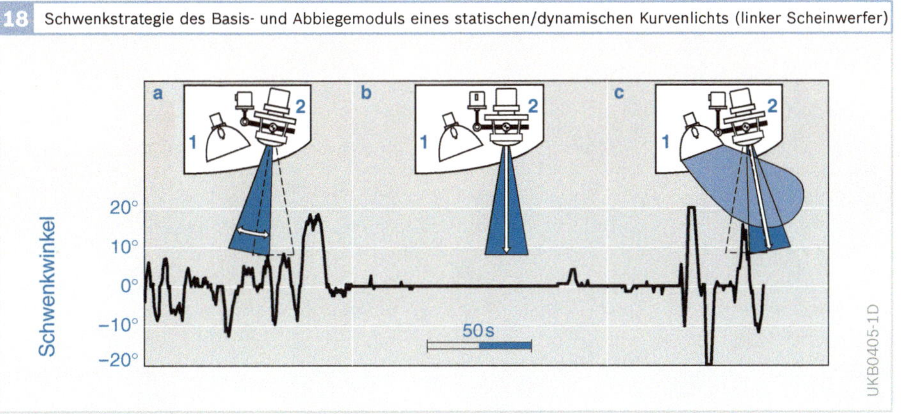

19 Verbesserung der adaptiven Lichtverteilung des Kurvenlichts

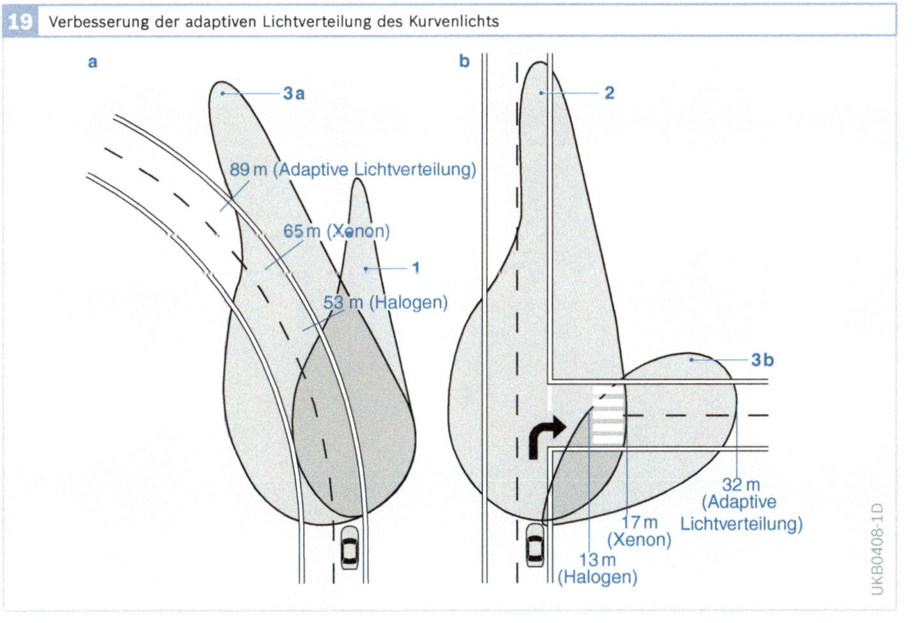

Bild 18
- a Position "Landstraße/Kurven"
- b Position "Autobahn"
- c Position "Stadt/Abbiegen"
- 1 Abbiegemodul
- 2 Basismodul

Bild 19
- a Dynamisches Kurvenlicht, Linkskurve
- b Statisches Kurvenlicht, Abbiegen nach rechts
- 1 Lichtverteilung Halogenscheinwerfer
- 2 Lichtverteilung Xenonscheinwerfer
- 3a Adaptive Lichtverteilung: dynamisches Kurvenlicht
- 3b Adaptive Lichtverteilung: statisches Kurvenlicht

1 Daten der Kfz-Lampen (ohne Lampen für Krafträder)

Verwendung	Kategorie	Spannung Nennwerte V	Leistung Nennwerte W	Lichtstrom Sollwerte Lumen	Sockeltyp IEC	Bild
Fernlicht, Abblendlicht	R2	6 12 24	45/40[1]) 45/40 55/50	600 min/ 400–550[1])	P 45 t-41	
Nebel-, Fern-, Abblendlicht in 4-SW	H1	6 12 24	55 55 70	1350[2]) 1550 1900	P14,5 e	
Nebellicht, Fernlicht	H3	6 12 24	55 55 70	1050[2]) 1450 1750	PK 22 s	
Fernlicht/ Abblendlicht	H4	12 24	60/55 75/70	1650/ 1000[1]), [2]) 1900/1200	P 43 t-38	
Fernlicht, Abblendlicht in 4-SW, Nebellicht	H7	12 24	55 70	1500[2]) 1750	PX 26 d	
Nebellicht, statisches Kurvenlicht	H8	12	35	800	PGJ 19-1	
Fernlicht	H9	12	65	2100	PGJ 19-5	
Nebellicht	H10	12	42	850	PY 20 d	
Abblendlicht, Nebellicht	H11	12 24	55 70	1350 1600	PGJ 19-2	
Abblendlicht in 4-SW	HB4	12	55	1100	P 22 d	
Fernlicht in 4-SW	HB3	12	60	1900	P 20 d	
Abblendlicht, Fernlicht	D1S	85 12[5])	35 ca. 40[5])	3200	PK 32 d-2	
Abblendlicht, Fernlicht	D2S	85 12[5])	35 ca 40[5])	3200	P 32 d-2	
Abblendlicht, Fernlicht	D2R	85 12[5])	35 ca 40[5])	2800	P 32 d-3	
Brems-, Blink-, Nebelschluss-, Rückfahrlicht	P 21 W PY 21 W[6])	6 12 24	21	460[3])	BA 15 s	

Tabelle 1

1 Daten der Kfz-Lampen (Fortsetzung)

Verwendung	Kategorie	Spannung Nennwerte V	Leistung Nennwerte W	Lichtstrom Sollwerte Lumen	Sockeltyp IEC	Bild
Bremslicht/ Schlusslicht	P 21/5 W	6 12 24	21/5[4]) 21/5 21/5	440/35[3]), [4]) 440/35[3]), [4]) 440/40[3])	BAY 15 d	
Begrenzungs- licht, Schlusslicht	R 5 W	6 12 24	5	50[3])	BA 15 s	
Schlusslicht	R 10 W	6 12 24	10	125[3])	BA 15 s	
Tagfahrlicht	P 13 W	12	13	250[3])	PG 18.5 d	
Bremslicht, Blinklicht	P 19 W PY 19 W	12 12	19 19	350[3]) 215[3])	PGU 20/1 PGU 20/2	
Nebelschluss-, Rückfahrlicht, Blinklicht vorne	P 24 W PY 24 W	12 12	24 24	500[3]) 300[3])	PGU 20/3 PGU 20/4	
Brems-, Blink-, Nebelschluss-, Rückfahrlicht	P 27 W	12	27	475[3])	W 2,5 x 16 d	
Bremslicht/ Schlusslicht	P 27/7 W	12	27/7	475/36[3])	W 2,5 x 16 q	
Kennzeichen- beleuchtung, Schlusslicht	C 5 W	6 12 24	5	45[3])	SV 8,5	
Rückfahrlicht	C 21 W	12	21	460[3])	SV 8,5	
Begrenzungs- licht	T 4 W	6 12 24	4	35[3])	BA 9 s	
Begrenzungs- licht, Kennzeichen- beleuchtung	W 5 W	6 12 24	5	50[3])	W 2,1 x 9,5 d	
Begrenzungs- licht, Kennzeichen- beleuchtung	W 3 W	6 12 24	3	22[3])	W 2,1 x 9,5 d	

[1]) Fernlicht/Abblendlicht. [2]) Sollwerte bei Prüfspannung 6,3; 13,2 bzw. 28,0 V.
[3]) Sollwerte bei Prüfspannung 6,75; 13,5 bzw. 28,0 V. [4]) Hauptwendel/Nebenwendel.
[5]) Mit Vorschaltgerät. [6]) Gelbe Variante.

Elektronisches Stabilitätsprogramm ESP

Das Elektronische Stabilitätsprogramm (ESP) ist ein Regelsystem zur Verbesserung des Fahrverhaltens, das einerseits in das Bremssystem und andererseits in den Antriebsstrang eingreift. Durch die integrierte Funktionalität des ABS[1] können die Räder beim Bremsen nicht blockieren, durch ASR[2] können die Räder beim Anfahren nicht durchdrehen. ESP als Gesamtsystem verhindert darüber hinaus, dass das Fahrzeug beim Lenken „schiebt" oder instabil wird und seitlich ausbricht, solange die physikalischen Grenzen nicht überschritten werden.

[1] Antiblockiersystem

[2] Antriebsschlupfregelung

Das gezielte Bremsen einzelner Räder, z. B. des kurveninneren Hinterrades bei Untersteuerung oder des kurvenäußeren Vorderrades bei Übersteuerung, trägt dazu bei, das Fahrzeug bei allen Fahrzuständen stabil in der Spur zu halten. Zudem kann ESP die Antriebsräder durch bestimmte Motoreingriffe auch beschleunigen, um so die Stabilität des Fahrzeugs zu gewährleisten.

Mit dieser *Individualregelung* ist ein Fahrzeug dirigierbar, indem einzelne Räder gebremst (selektives Bremsen) oder die Antriebsräder beschleunigt werden.

Bild 1 zeigt das Regelsystem des ESP in einer schematischen Darstellung mit

- den Sensoren zur Bestimmung der Reglereingangsgrößen,
- dem ESP-Steuergerät mit dem in verschiedenen Ebenen strukturierten Regler (Reglerhierarchie), bestehend aus überlagertem Fahrdynamikregler und unterlagerten Schlupfreglern,
- den Stellgliedern (Aktoren) zur Beeinflussung der Brems-, Antriebs- und Seitenkräfte.

Hierarchische Reglerstruktur des ESP

Überlagerter Fahrdynamikregler

Aufgabe

Die Aufgabe des Fahrdynamikreglers besteht darin,

1 Regelsystem der Fahrdynamikregelung im Fahrzeug

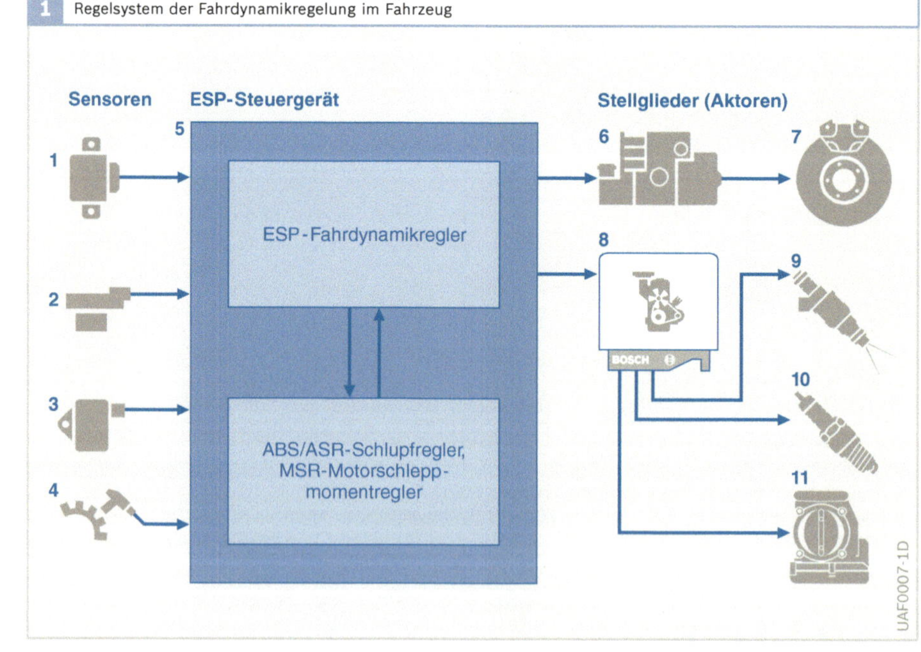

Bild 1
1 Drehratesensor mit Querbeschleunigungssensor
2 Lenkradwinkelsensor
3 Vordrucksensor
4 Drehzahlsensoren
5 ESP-Steuergerät
6 Hydroaggregat
7 Radbremsen
8 Steuergerät des Motormanagements
9 Kraftstoffeinspritzung

nur für Ottomotoren:
10 Zündwinkeleingriff
11 Drosselklappeneingriff (EGAS)

- das Istverhalten des Fahrzeugs aus dem Giergeschwindigkeitssignal und dem im „Beobachter" geschätzten Schwimmwinkel zu ermitteln und dann
- das Fahrverhalten im fahrdynamischen Grenzbereich dem Verhalten im Normalbereich möglichst nahe kommen zu lassen (Sollverhalten).

Zur Bestimmung des Sollverhaltens werden Signale von folgenden Komponenten, die den Fahrerwunsch erfassen, ausgewertet:
- Motormanagementsystem (z. B. das Betätigen des Gaspedals),
- Vordrucksensor (z. B. das Betätigen der Bremse) oder
- Lenkradwinkelsensor (das Einschlagen des Lenkrads).

Der Fahrerwunsch ist damit als Sollwert definiert. Zusätzlich gehen in die Berechnung des Sollverhaltens die Haftreibungszahlen und die Fahrzeuggeschwindigkeit ein, die aus den Signalen der Sensoren für
- Raddrehzahl,
- Querbeschleunigung,
- Bremsdrücke und
- Giergeschwindigkeit

im „Beobachter" geschätzt werden.

Das gewünschte Fahrverhalten wird durch Aufbringen eines Giermoments auf das Fahrzeug erreicht. Das gewünschte Giermoment wird durch Beeinflussung des Reifenschlupfes und damit der Längs- und Seitenkräfte erzeugt. Die Beeinflussung des Reifenschlupfes geschieht durch Änderungen der Sollschlupfvorgaben, die von den unterlagerten Brems- und Antriebsschlupfreglern eingestellt werden müssen.

Die Eingriffe werden dabei so vorgenommen, dass das vom Fahrzeughersteller vorgesehene Fahrverhalten sichergestellt und die Beherrschbarkeit gewährleistet wird.

Um diesen Sollwert des Giermoments zu erzeugen, werden im Fahrdynamikregler die erforderlichen Sollwerte der Schlupfänderungen an den geeigneten Rädern ermittelt.

Die unterlagerten Brems- und Antriebsschlupfregler steuern die Aktoren der Bremshydraulik und des Motormanagements mit den ermittelten Werten an.

Antiblockiersystem ABS

Das Antiblockiersystem (ABS) erkennt beim Bremsen frühzeitig die Blockierneigung eines oder mehrerer Räder und sorgt dann sofort dafür, dass der Bremsdruck konstant gehalten oder verringert wird. So blockieren die Räder nicht und das Fahrzeug folgt der Lenkung.

Raddrehzahlsensoren

Wichtige Eingangsgrößen für die Bremsenregelung mit dem ABS sind die Raddrehzahlen. Raddrehzahlsensoren erfassen die Umdrehungsgeschwindigkeiten der Räder und leiten die elektrischen Signale an das Steuergerät weiter.

Je nach Ausführung des Systems werden im Pkw drei oder vier Raddrehzahlsensoren eingesetzt (ABS-Systemvarianten). Mithilfe der Drehzahlsignale kann der Schlupf zwischen Rad und Fahrbahn berechnet und so die Blockierneigung einzelner Räder erkannt werden.

Steuergerät

Das Steuergerät verarbeitet die Informationen der Sensoren nach festgelegten mathematischen Rechenvorgängen (Steuer- und Regelalgorithmen). Als Ergebnis dieser Berechnungen entstehen die Ansteuersignale für das Hydroaggregat.

Hydroaggregat

Im Hydroaggregat sind Magnetventile integriert, die die hydraulischen Leitungen zwischen dem Hauptzylinder (Bild 2, Pos. 1) und den Radzylindern (4) durchschalten oder unterbrechen können. Außerdem kann eine Verbindung zwischen den Radzylindern und der Rückförderpumpe (6) hergestellt werden. Zur Anwendung kommen Magnetventile mit zwei hydraulischen Anschlüssen und zwei Ventilstellungen (2/2-Magnetventile). Das Einlassventil (7) zwischen dem Haupt- und dem Radzylinder sorgt für den Druckaufbau, das Auslassventil (8) zwischen Radzylinder und der Rückförderpumpe für den Druckabbau. Für jeden Radzylinder ist solch ein Magnetventilpaar vorhanden.

Im Normalzustand befinden sich die Magnetventile des Hydroaggregats in Stellung „Druckaufbau". Das Einlassventil ist in Durchlassstellung. Das Hydroaggregat bildet eine durchgängige Verbindung zwischen dem Hauptzylinder und den Radzylindern. Damit wird der im Hauptzylinder aufgebaute Bremsdruck beim Bremsvorgang an die Radzylinder der verschiedenen Räder direkt übertragen.

Mit zunehmendem Bremsschlupf infolge einer Bremsung auf rutschiger Fahrbahn oder Vollbremsung erhöht sich die Blockiergefahr der Räder. Die Magnetventile werden in Stellung „Druck halten" gebracht. Die Verbindung zwischen Haupt- und Radzylinder ist getrennt (Einlassventil sperrt), sodass eine weitere Druckerhöhung im Hauptzylinder keine Erhöhung des Bremsdrucks zur Folge hat.

Kommt es trotz dieser Maßnahme zu einer weiteren Erhöhung des Schlupfs, muss der Druck im betreffenden Radzylinder reduziert werden. Hierzu schalten die Magnetventile in die Stellung „Druckabbau". Das Einlassventil sperrt weiterhin, über das Auslassventil wird nun mit der im Hydroaggregat integrierten Rückförderpumpe Bremsflüssigkeit kontrolliert abgepumpt. Der Bremsdruck im Radzylinder sinkt und das Rad blockiert nicht.

ABS-Regelkreis

Übersicht

Der ABS-Regelkreis (Bild 3) besteht aus:

Regelstrecke

- Fahrzeug mit Radbremse,
- Rad und Reibpaarung aus Reifen und Fahrbahn.

Störgrößen im Regelkreis

- Änderungen des Kraftschlusses zwischen Reifen und Fahrbahn wegen

2 Prinzip des Hydroaggregats mit 2/2-Magnetventilen (Schema)

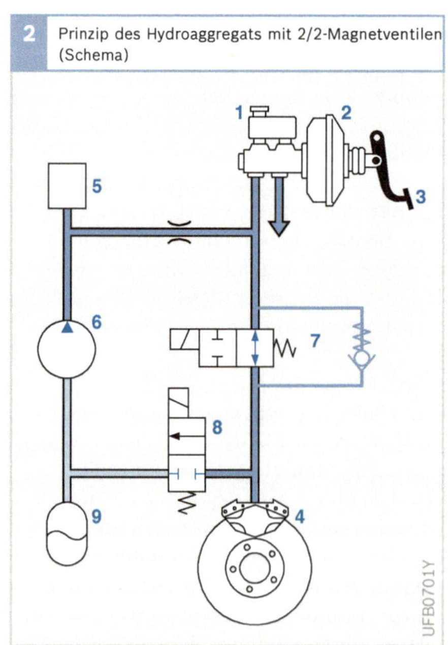

Bild 2
1 Hauptzylinder mit Ausgleichsbehälter
2 Bremskraftverstärker
3 Bremspedal
4 Radbremse mit Radzylinder
Hydroaggregat mit
5 Dämpferkammer
6 Rückförderpumpe
7 Einlassventil
8 Auslassventil
9 Speicher für Bremsflüssigkeit

Einlassventil: in Durchlassbetrieb
Auslassventil: in Sperrbetrieb

3 ABS-Regelkreis

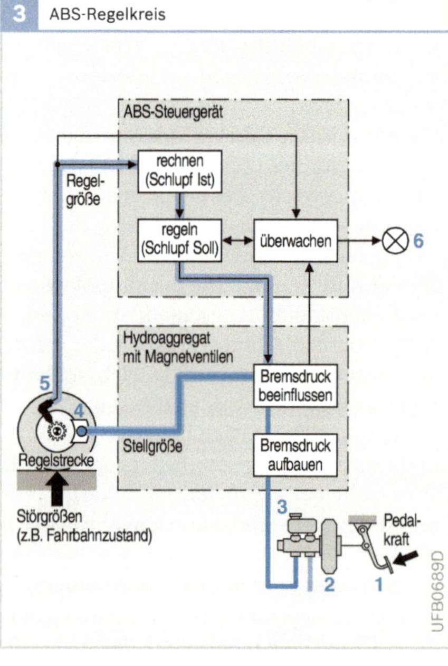

Bild 3
1 Bremspedal
2 Bremskraftverstärker
3 Hauptzylinder mit Ausgleichsbehälter
4 Radzylinder
5 Raddrehzahlsensor
6 Kontrollleuchte

unterschiedlicher Fahrbahnoberflächen und durch Veränderung der Radlasten, z. B. bei Kurvenfahrt,
- Fahrbahnunebenheiten, die Rad- und Achsschwingungen hervorrufen,
- Unrundheit der Reifen, geringer Reifendruck, abgefahrenes Profil, unterschiedliche Radumfänge, z. B. beim Notrad,
- Hysterese und Fading der Bremsen,
- unterschiedliche Drücke im Hauptzylinder für die beiden Bremskreise.

Regler
- Raddrehzahlsensor und
- ABS-Steuergerät.

Regelgrößen
- Raddrehzahl und daraus abgeleitet die Radumfangsverzögerung,
- Radumfangsbeschleunigung sowie der Bremsschlupf.

Führungsgröße
- Fahrerfußkraft auf das Bremspedal, verstärkt durch den Bremskraftverstärker, erzeugt den Bremsdruck im Bremssystem.

Stellgröße
- Bremsdruck im Radzylinder.

Regelstrecke

Die Datenverarbeitung im ABS-Steuergerät geht von folgender vereinfachter Regelstrecke aus:
- ein nicht angetriebenes Rad,
- ein Viertel der Fahrzeugmasse, die diesem Rad zugeordnet wird,
- Radbremse,
- eine idealisierte Haftreibungszahl-Schlupf-Kurve (stellvertretend für die Reibpaarung aus Reifen und Fahrbahn).

Diese Kurve unterteilt sich in einen stabilen Bereich mit linearem Anstieg und einen instabilen Bereich mit konstantem Verlauf (μ_{HFmax}).

Als weitere Vereinfachung liegt außerdem ein Anbremsvorgang bei Geradeausfahrt zugrunde, was einer Panikbremsung entspricht.

Bild 4 zeigt die Zusammenhänge zwischen Bremsmoment M_B (Moment, das die Bremse über den Reifen aufbringen kann) bzw. Fahrbahn-Reibmoment M_R (Moment, das über die Reibpaarung Fahrbahn/Reifen auf das Rad zurückwirkt) und der Zeit t sowie die Zusammenhänge zwischen der Rad-umfangsverzögerung ($-a$) und der Zeit t: Das Bremsmoment erhöht sich linear mit der Zeit. Das Fahrbahn-Reibmoment folgt dem Bremsmoment mit einem geringen Zeitverzug T nach, solange der Bremsvorgang im stabilen Bereich der Haftreibungszahl-Schlupf-Kurve verläuft. Nach etwa 130 ms ist das Maximum (μ_{HFmax}) und damit der instabile Bereich der Haftreibungszahl-Schlupf-Kurve erreicht. Während das Bremsmoment M_B unvermindert weiter ansteigt, kann gemäß der Haftreibungszahl-Schlupf-Kurve das Fahrbahn-Reibmoment M_R nicht weiter ansteigen, sondern bleibt konstant. In der Zeit zwischen 130 und 240 ms (hier

4 Anbremsvorgang, vereinfachte Darstellung

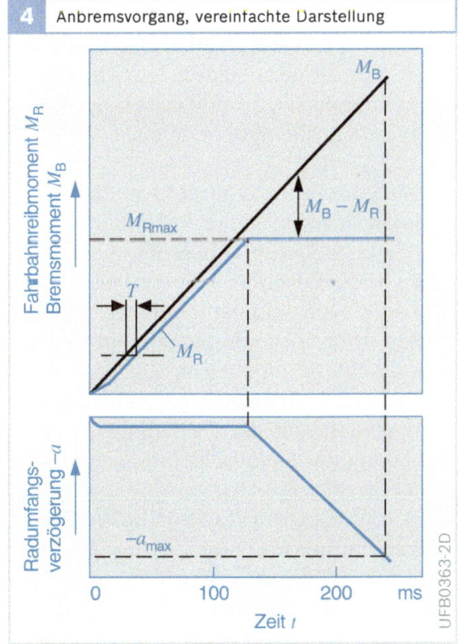

Bild 4
- ($-a$) Radumfangsverzögerung
- ($-a_{max}$) maximale Radumfangsverzögerung
- M_B Bremsmoment
- M_R Fahrbahnreibmoment
- M_{Rmax} maximales Fahrbahnreibmoment
- T Zeitverzug

blockiert das Rad) wächst die im stabilen Bereich kleine Momentendifferenz $M_B - M_R$ schnell auf große Werte an. Diese Momentendifferenz ist ein exaktes Maß für die Radumfangsverzögerung (*-a*) des gebremsten Rades (Bild 4, unten). Im stabilen Bereich ist die Radumfangsverzögerung auf einen kleinen Wert begrenzt, während sie im instabilen Bereich betragsmäßig schnell ansteigt. Daraus ergibt sich ein gegensätzliches Verhalten im stabilen und im instabilen Bereich der Haftreibungszahl-Schlupf-Kurve. ABS nutzt diese gegensätzliche Charakteristik aus.

Regelgrößen

Wesentlich für die Güte der ABS-Regelung ist die Wahl der geeigneten Regelgrößen. Grundlage dafür sind die Signale der Raddrehzahlsensoren, aus denen im Steuergerät Radumfangsverzögerung und -beschleunigung, Bremsschlupf, Referenzgeschwindigkeit und Fahrzeugverzögerung berechnet werden. Für sich allein sind weder Radumfangsverzögerung/-beschleunigung noch Bremsschlupf als Regelgrößen geeignet, da sich ein angetriebenes Rad beim Bremsen gänzlich anders verhält als ein nicht angetriebenes Rad. Durch eine geeignete logische Verknüpfung dieser Größen lassen sich bereits gute Ergebnisse erzielen.

Da sich der Bremsschlupf nicht direkt messen lässt, wird eine ihm ähnliche Größe im Steuergerät berechnet. Als Basis dazu dient die Referenzgeschwindigkeit, die der Geschwindigkeit unter bestmöglichen Abbremsbedingungen (optimaler Bremsschlupf) entspricht. Um diese zu ermitteln, melden die Raddrehzahlsensoren dem Steuergerät ständig Signale zur Berechnung der Radgeschwindigkeiten. Das Steuergerät greift sich eine „Diagonale“ (z. B. rechtes Vorderrad und linkes Hinterrad) heraus und bildet daraus die Referenzgeschwindigkeit. Bei Teilbremsungen bestimmt im Allgemeinen das schneller laufende der beiden Räder einer Diagonalen die Referenzgeschwindigkeit. Setzt bei einer Vollbremsung die ABS-Regelung ein, dann weichen die Radgeschwindigkeiten von der Fahrzeuggeschwindigkeit ab und können deshalb nicht mehr ohne Korrektur zur Berechnung der Referenzgeschwindigkeit dienen. Während der Regelphase bildet das Steuergerät die Referenzgeschwindigkeit ausgehend von der Geschwindigkeit bei Regelbeginn und lässt sie rampenförmig abnehmen. Die Steigung der Rampe wird durch die Auswertung logischer Signale und Verknüpfungen gewonnen.

Wird zusätzlich zu der Radumfangsbeschleunigung bzw. -verzögerung und dem Bremsschlupf noch die Fahrzeugverzögerung als Hilfsgröße herangezogen und wird die logische Schaltung im Steuergerät durch Rechenergebnisse beeinflusst, dann lässt sich eine ideale Bremsregelung erzielen. Dieses Konzept ist im Antiblockiersystem (ABS) von Bosch verwirklicht.

Antriebsschlupfregelung ASR

Während das Antiblockiersystem (ABS) das Blockieren der Räder im Bremsfall durch Absenken der Radbremsdrücke verhindert, verhindert ASR im Antriebsfall das Durchdrehen der Räder durch Reduktion des wirksamen Antriebsmoments an jedem einzelnen Antriebsrad.

Neben dieser sicherheitsrelevanten Aufgabe, beim Beschleunigen Stabilität und Lenkfähigkeit des Fahrzeugs zu gewährleisten, sorgt die ASR außerdem für eine Verbesserung des Traktionsverhaltens durch Einregeln des optimalen Schlupfes. Naturgemäß stellt die Traktionsanforderung des Fahrers hierfür eine obere Grenze dar.

Die ASR regelt den Schlupf der Antriebsräder schnellstmöglich auf den optimalen Wert. Hierzu wird zunächst ein Sollwert für den Schlupf bestimmt. Dieser ist von einer Vielzahl an Faktoren, die die aktuelle Fahrsituation repräsentieren, abhängig. Unter anderem sind dies:

- Grundkennlinie für den ASR-Sollschlupf (orientiert sich am Schlupfbedarf eines Reifens beim Beschleunigen),
- ausgenutzter Reibwert,
- äußerer Fahrwiderstand (Tiefschnee, Schlechtweg usw.),
- Giergeschwindigkeit, Querbeschleunigung und Lenkwinkel des Fahrzeugs.

ASR-Stelleingriffe

Die gemessenen Radgeschwindigkeiten und damit der jeweilige Antriebsschlupf können durch eine Änderung der Momentenbilanz M_{Ges} an jedem Antriebsrad beeinflusst werden. Die Momentenbilanz M_{Ges} an jedem angetriebenen Rad ergibt sich dabei aus Antriebsmoment $M_{Kar}/2$ an diesem Rad, dem jeweiligen Bremsmoment M_{Br} und dem Straßenmoment M_{Str} (Bild 5).

$M_{Ges} = M_{Kar}/2 + M_{Br} + M_{Str}$
(M_{Br} und M_{Str} sind hierin negativ zu zählen.)

Offensichtlich kann diese Bilanz durch das vom Motor gelieferte Antriebsmoment M_{Kar} sowie durch das Bremsmoment M_{Br} beeinflusst werden. Diese beiden Größen stellen somit die Stellgrößen der ASR dar, über die diese den Schlupf an jedem einzelnen Rad auf den Sollschlupf regelt.

Die Steuerung des Antriebsmoments M_{Kar} kann bei Fahrzeugen mit Ottomotor grundsätzlich über die folgenden Motoreingriffe geschehen:

- Drosselklappe (Drosselklappenverstellung),
- Zündanlage (Zündwinkelverstellung),
- Einspritzanlage (Ausblendung einzelner Einspritzimpulse).

Bei Fahrzeugen mit Dieselmotor wird das Antriebsmoment M_{Kar} von der Elektronischen Dieselregelung (EDC) beeinflusst (Reduzierung der Einspritzmenge).

Eine Steuerung des Bremsmoments M_{Br} über die Bremsanlage kann radweise erfolgen. Wegen der Notwendigkeit des aktiven Druckaufbaus setzt die ASR-Funktion aber eine Erweiterung der ursprünglichen ABS-Hydraulik voraus.

5 Antriebskonzept eines einachsgetriebenen Fahrzeugs mit ASR

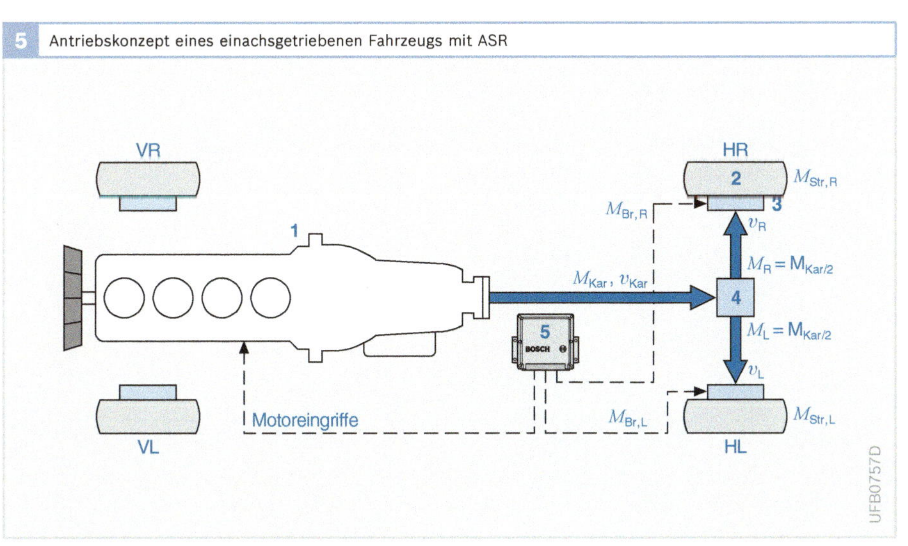

Bild 5
1 Motor mit Getriebe
2 Rad
3 Radbremse
4 Querdifferenzial
5 Steuergerät mit ASR-Funktionalität

Motor, Getriebe, Übersetzungsverhältnis des Differenzials sowie deren Verluste sind zu einer Einheit zusammengefasst.

M_{Kar} antreibendes Kardanmoment
v_{Kar} Kardangeschwindigkeit
M_{Br} Bremsmoment
M_{Str} auf die Straße übertragenes Moment
v Radgeschwindigkeit
R rechts
L links
V vorne
H hinten

ABS-Ausführungen

Evolution der ABS-Ausführungen

Durch technologische Weiterentwicklungen auf dem Gebiet der

- Magnetventile und der Fertigungsprozesse,
- Montagetechnik und Integration der Komponenten,
- Elektronik-Schaltungen (diskrete Schaltungen wurden ersetzt durch Hybrid- und integrierte Schaltungen mit Mikrocontrollern),
- Prüftechnik (separate Prüfmöglichkeit von Elektronik- und Hydraulikteil vor Zusammenbau zum Hydroaggregat),
- Sensor- und Relaistechnik

konnte das Gewicht und die Abmessungen von ABS seit der ersten Generation ABS2 im Jahr 1978 um mehr als die Hälfte reduziert werden. Diese Systeme können damit auch in kleinste zur Verfügung stehende Einbauräume im Fahrzeug untergebracht werden. Die Kosten für die ABS-Systeme konnten durch diese Weiterentwicklungen gesenkt werden, sodass mittlerweile für alle Fahrzeugtypen das ABS zur Standardausrüstung gehört.

1 Evolution der ABS-Konfigurationen

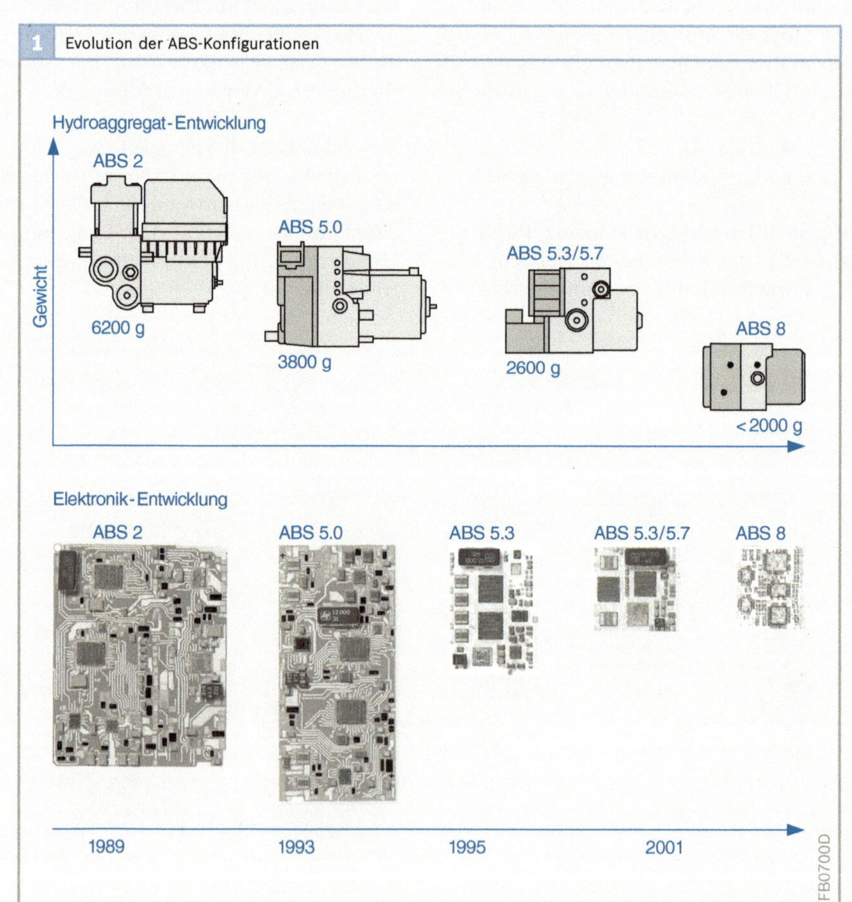

Bild 1
Die Weiterentwicklung des ABS mit Einsatz neuester Technik: Weniger Gewicht bei höherer Rechenleistung

Radar-Geschichte(n)

Technik von den Tieren abgeschaut

Radar (Radio Detecting and Ranging) ist ein funktechnisches Verfahren zur Ortung von Objekten, das traditionell hauptsächlich die Luftfahrt und Schifffahrt nutzt. Seit der Einführung der radargestützten Luftabwehr im Zweiten Weltkrieg wurde Radar auch ein Bestandteil der Waffentechnik. Neuere Anwendung gibt es bei der Raumfahrt, der Wettervorhersage und schließlich im Straßenverkehr für die Messung des Fahrzeugabstands mit ACC (Adaptive Cruise Control).

Vorbild für die Entwicklung des Radars war das Sonarsystem (Sound Navigation and Ranging) verschiedener Tiere zum Navigieren und Bestimmen von Entfernungen. Allerdings erzeugen z. B. echoortende Fledermäuse Ortungslaute in Form schriller Pfeiftöne, die im *Ultraschallbereich* von 30...120 kHz liegen. Das Echo von Hindernissen oder der Beute nehmen sie dann mit ihren Ohren auf. Die darin enthaltenen Informationen nutzen sie für ihr weiteres Verhalten.

UFS0038Y

Radar funktioniert ähnlich, arbeitet jedoch nicht mit Schall-, sondern mit *Funksignalen*. Die Abstandsmessung des Radar basiert auf einer Laufzeitmessung für die Zeitdauer zwischen dem Aussenden *elektromagnetischer Wellen* und dem Empfang des an einem Objekt reflektierten Signalechos.

Während z. B. Radarsysteme der Luft- und Schifffahrt im Frequenzbereich von 500 MHz bis 40 GHz arbeiten, ist das Frequenzband 76...77 GHz für ACC freigegeben.

Entwicklungsetappen zum Radar

Die Entwicklung elektromagnetischer Suchvorrichtungen mit großer Reichweite war eine große Herausforderung für die Konstrukteure. Die ursprünglich ausgesandte Energie wurde von einem Ziel nur zu einem kleinen Teil zurückgestrahlt. Deshalb muss sehr viel Energie ausgesandt werden, die auch noch in einem möglichst schmalen Strahlenbündel konzentriert ist. Dazu eignen sich nur sehr sensible Sender und Empfänger für Wellen, die kürzer als die Abmessungen des Zieles sind.

Die Entwicklung, die zur Radartechnik führte, ist durch folgende geschichtliche Etappen und Persönlichkeiten gekennzeichnet:

1837 **Morse:** Nachrichtenübermittlung über große Distanzen mithilfe elektrischer Ströme mit dem Telegrafen findet erstmals größere Verbreitung

1861/1876 **Reis** und **Bell:** Ablösung der Telegrafen durch das Telefon ermöglicht eine viel direktere und benutzerfreundlichere Art der Nachrichtenübertragung

1864 **Maxwell, Hertz** und **Marconi:** Existenz der „Radiowellen" theoretisch und experimentell sichergestellt. Funkwellen reflektieren an metallischen Gegenständen genau so wie die Lichtwellen an einem Spiegel

1922 **Marconi:** Der Pionier des Radios regt an, frühere Forschungsansätze zur Funkmesstechnik weiter zu verfolgen

1925 **Appleton** und **Barnett:** Das Prinzip der Funkmesstechnik dient zur Erfassung leitender Schichten der Atmosphäre
Breit und **Tuve:** Entwicklung der Impulsmodulation, die exakte Entfernungsmessungen gestattet

1935 **Watson-Watt:** Erfindung des Radars

1938 **Ponte:** Erfindung des Magnetrons (Laufzeitröhre zur Erzeugung hochfrequenter Schwingungen)

Insassenschutzsysteme

Insassenschutzsysteme sollen die bei einem Unfall auf die Passagiere wirkenden Beschleunigungen und Kräfte niedrig halten und die Unfallfolgen vermindern. Zu diesen passiven Fahrsicherheitssystemen zählen:

- Sicherheitsgurte mit Gurtstraffern,
- Airbags und
- Überrollschutzsysteme (bei Cabriolets).

Sicherheitsgurte plus Gurtstraffer stellen den größten Teil der Schutzwirkung dar, da sie 50...60 % der Crash-Energie aufnehmen. Mit Frontairbag beträgt die Energieabsorption ca. 70 % bei optimaler Abstimmung der Auslösezeitpunkte.

Um eine optimale Schutzwirkung zu erzielen, muss das Verhalten aller Komponenten des gesamten Insassenschutzsystems aufeinander abgestimmt sein.

Sicherheitsgurte und Gurtstraffer

Aufgabe

Sicherheitsgurte haben die Aufgabe, die Insassen eines Fahrzeugs im Sitz zurückzuhalten, wenn dieses auf ein Hindernis aufprallt. Gurtstraffer ziehen bei einem Frontalaufprall die Sicherheitsgurte enger an den Körper und halten den Oberkörper damit möglichst dicht an der Sitzlehne. So wird eine zu weite, durch die Massenträgheit verursachte freie Vorverlagerung der Insassen verhindert. Gurtstraffer verbessern damit die Rückhalteeigenschaften eines Dreipunkt-Automatikgurts und erhöhen den Schutz vor Verletzungen.

Arbeitsweise

Der Schultergurtstraffer beseitigt bei einem Aufprall die Gurtlose und den Filmspuleneffekt, indem er das Gurtband aufrollt und strafft. Bei der Aktivierung zündet das System elektrisch einen pyrotechnischen Treibsatz. Der ansteigende Druck wirkt auf einen Kolben, der über

1 Elektronisches Aufprallschutzsystem

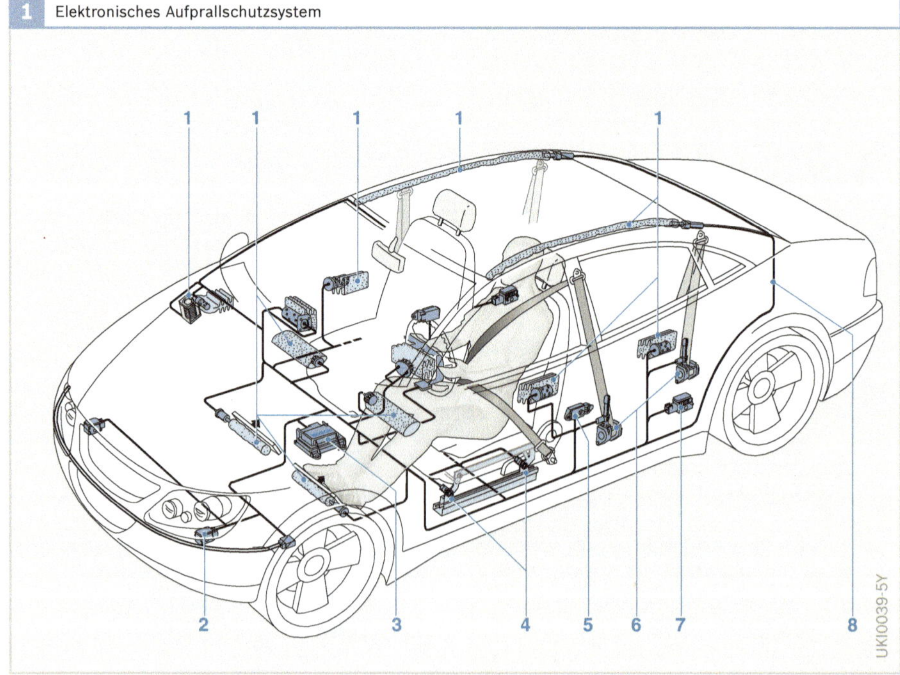

Bild 1
1 Airbag mit Gasgenerator
2 Upfront Sensor
3 zentrales Steuergerät mit integriertem Überrollsensor
4 iBolt™
5 peripherer Drucksensor PPS (Peripheral Pressure Sensor)
6 Gurtstraffer mit Treibsatz
7 peripherer Beschleunigungssensor PAS (Peripheral Acceleration Sensor)
8 Bus-Architektur (CAN)

ein Stahlseil die Gurtrolle so dreht, dass sich der Gurt straff an den Körper anlegt (Bild 2).

Varianten

Neben den Schultergurtstraffern gibt es Varianten, die das Gurtschloss nach hinten ziehen (Schlossstraffer) und dadurch gleichzeitig Schulter- und Beckengurt straffen. Schlossstraffer verbessern die Rückhaltewirkung und den Schutz davor, unter dem Gurt hindurchzurutschen („Submarining Effect") noch weiter.

Eine weitere Verbesserung bringen Gurtkraftbegrenzer. Bei dieser Variante ziehen die Straffer zuerst voll an (z. B. mit ca. 4 kN) und halten den Insassen zurück. Beim Überschreiten einer bestimmten Gurtbandkraft erhöht sich die Gurtlänge, wodurch sich der Vorverlagerungsweg verlängert. Die Bewegungsenergie wird in Verformungsenergie umgewandelt, dadurch wird das Auftreten von Beschleunigungsspitzen verhindert. Als Verformungselemente dient z. B. ein Torsionsstab in der Gurtaufrollerwelle. Es gibt aber auch eine elektronisch gesteuerte, einstufige Gurtkraftbegrenzung, die eine definierte Zeit nach Auslösung der zweiten Frontairbagstufe und nach Erreichen einer definierten Vorverlagerung die Gurtkraft durch Aktivierung eines Zündelements auf 1...2 kN reduziert.

2 Schultergurtstraffer

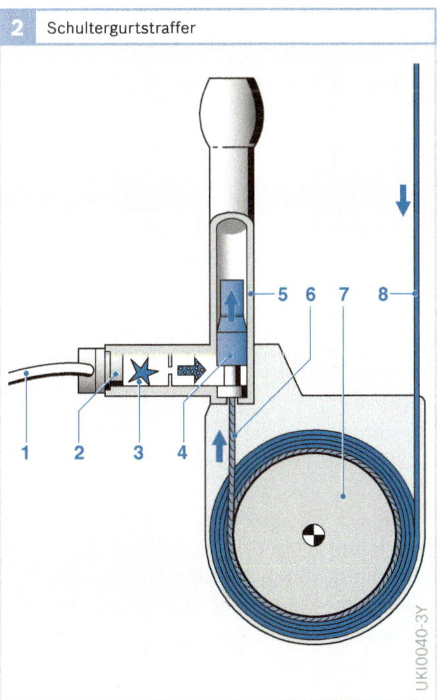

Bild 2
1 Zündleitung
2 Zündelement
3 Treibladung
4 Kolben
5 Zylinder
6 Drahtseil
7 Gurtrolle
8 Gurtband

Frontairbag

Aufgabe

Frontairbags haben die Aufgabe, mit je einem Airbag den Fahrer und den Beifahrer vor Kopf- und Brustverletzungen bei einem Fahrzeugaufprall auf Hindernisse zu schützen. Ein Gurtstraffer allein kann bei einem schweren Aufprall das Aufschlagen des Kopfes auf das Lenkrad nicht verhindern.

Arbeitsweise

Nach einem von Sensoren erkannten Fahrzeugaufprall blasen je ein pyrotechnischer Gasgenerator Fahrer- und Beifahrerairbag hochdynamisch auf. Um die maximale Schutzwirkung zu erhalten, muss ein Airbag ganz gefüllt sein, bevor der Insasse in ihn eintaucht. Beim Auftreffen des Insassen wird der Airbag teilweise wieder entleert und dabei die Energie, mit der die zu schützende Person auftrifft, mit verletzungsunkritischen Flächenpressungs- und Verzögerungswerten „sanft" absorbiert.

Die maximal zulässige Vorverlagerung des Fahrers, bis der Airbag auf der Fahrerseite gefüllt ist, beträgt ca. 12,5 cm. Das entspricht einer Zeit von ca. 40 ms nach Aufprallbeginn (bei einem Aufprall mit 50 km/h auf ein hartes Hindernis). 10 ms dauert es, bis die Elektronik den Aufprall sensiert und die elektronischen Zündung auslöst, 30 ms beträgt die Aufblasdauer für den Airbag. Der Airbag entleert sich nach weiteren 80...100 ms durch die Abströmöffnungen. Der gesamte Vorgang dauert somit nur etwas mehr als eine Zehntelsekunde.

Aufprallerkennung

Die beim Aufprall entstehende Verzögerung wird mit einem (oder zwei) in Richtung der Fahrzeuglängsachse messenden Bechleunigungssensor(en) erfasst und daraus die Geschwindigkeitsänderung berechnet. Zum besseren Erkennen von Schräg- und Offset-Crashs kann der Auslösealgorithmus auch das Signal des in Fahrzeug-Querrichtung messenden Beschleunigungssensors auswerten.

Zusätzlich zur Aufprallerkennung muss der Aufprall bewertet werden. Ein Hammerschlag in der Werkstatt, leichte Rempler, Aufsetzer, Fahren über Bordsteinkanten oder Schlaglöcher dürfen den Airbag nicht auslösen. Die Sensorsignale werden dazu in digitalen Auswertealgorithmen verarbeitet, deren Empfindlichkeitsparameter mithilfe von Crashdatensimulationen optimiert wurden. Je nach Fertigungskonzept des Fahrzeugherstellers können die fahrzeugspezifischen Auslöseparameter und der Fahrzeugausrüstungsgrad auch am Ende des Montagebandes in das Steuergerät programmiert werden („Bandende-Programmierung").

Zur Vermeidung airbagbedingter Verletzungen von Insassen, die sich „Out of Position" befinden (z. B. sich weit nach vorne lehnen) oder von Kleinkindern in Reboard-Kindersitzen (rückwärts gerichtet), muss die Auslösung des Frontairbags und dessen Befüllung situationsangepasst erfolgen. Hierzu gibt es folgende Maßnahmen:

Deaktivierungsschalter

Mit ihnen kann der Beifahrerairbag außer Funktion gesetzt werden. Die Funktionszustände des Airbags werden über Lampen angezeigt.

Intelligente Airbagsysteme

Das Verletzungsrisiko soll durch verbesserte und zusätzliche Sensierungsfunktionen und Steuermöglichkeiten des Airbag-Aufblasvorgangs bei gleichzeitiger Verbesserung der Schutzwirkung Schritt für Schritt verringert werden. Derartige Funktionsverbesserungen sind:

- Aufprallschwereerkennung durch weitere Optimierung des Auslösealgorithmus, bzw. durch Verwendung von ein oder zwei Upfront-Sensoren (Bild 4). Letztere sind in der Knautschzone (z. B. auf dem Kühlerquerträger) eingebaute Beschleunigungssensoren, die eine frühzeitige Erkennung und Unterscheidung der unterschiedlichen Aufprallarten, z. B. ODB (Offset Deformable Barrier Crash, Offset gegen weiche Barrieren), Pfahl- oder Unterfahraufpralle, ermöglichen. Sie erlauben auch eine Abschätzung der Aufprallenergie.
- Gurtbenutzungserkennung.
- Insassenpräsenz-, Positions- und Gewichtserkennung.
- Sitzpositions- und Lehnenneigungserkennung.
- Verwendung von Frontairbags mit zweistufigen Gasgeneratoren oder mit einstufigem Gasgenerator und pyrotechnisch aktivierbarem Gasauslassventil.
- Verwendung von Gurtstraffern mit vom Insassengewicht abhängiger Gurtkraftbegrenzung.
- Durch den Datenaustausch mit anderen Systemen, z. B. ESP (Elektronisches Stabilitätsprogramm) und Umfeldsensorik können Informationen aus der Phase kurz vor dem Aufprall dazu genutzt werden, die Auslösung der Rückhaltemittel weiter zu optimieren.

Seitenairbag

Aufgabe

Seitenairbags, die sich zum Kopfschutz entlang des Dachausschnitts (z. B. Inflatable Tubular Systems, Window Bags, Inflatable Curtains) bzw. aus der Tür oder der Sitzlehne (Thoraxbags, Oberkörperschutz) entfalten, sollen die Insassen weich abfangen und sie so vor Verletzungen beim Seitenaufprall schützen.

Arbeitsweise

Ein rechtzeitiges Entfalten der Seitenairbags gestaltet sich wegen der fehlenden Knautschzone und dem kleinen Abstand zwischen den Insassen und den seitlichen Fahrzeugstrukturteilen besonders schwierig. Die Zeit für die Aufprallerkennung und Aktivierung der Seitenairbags muss deshalb bei harten Seitenaufprallen bei ca. 5...10 ms liegen. Die Aufblasdauer der ca. 12 l großen Thoraxbags darf maximal 10 ms betragen.

Diese Forderungen können durch Auswertung peripherer (an geeigneten Stellen der Karosserie, z. B. B-Säule oder Tür), lateral (seitlich) messender Beschleunigungs- und Drucksensoren erfüllt werden.

Überrollschutzsysteme

Aufgabe

Bei offenen Kraftfahrzeugen wie z. B. Cabriolets fehlt bei einem Unfall mit Überschlag die schützende und abstützende Dachstruktur der geschlossenen Fahrzeuge. Ausfahrbare Überrollbügel oder Kassetten (hochfahrbare Kopfstützen) bieten Schutz der Insassen vor Verletzungen.

Arbeitsweise

Aktuelle Sensierungskonzepte lösen nicht mehr bei einer festen, sondern bei einer situationskonformen Schwelle und nur bei einem Fahrzeugüberrollen, d. h. einem Überschlag um die Längsachse, der weitaus am häufigsten vorkommt, aus. Die Sensierung geschieht beim Bosch-Konzept mit einem oberflächenmikromechanischen Drehratesensor und hochauflösenden Beschleunigungssensoren in Fahrzeugquer- und -hochrichtung (y- und z-Achse).
Der Drehratesensor ist der Hauptsensor, die y- und z-Beschleunigungssensoren dienen sowohl der Plausibilitätsüberprüfung als auch dem Erkennen der Überrollart (Böschungs-, Abhang-, Bordsteinanprall- oder Bodenverhakungs- bzw. „Soil Trip"-Überschlag). Diese Sensoren sind bei Bosch mit in das Airbag-Auslösegerät integriert.

Je nach Überrollsituation, Drehrate und Querbeschleunigung werden die Insassenschutzeinrichtungen an die Situation angepasst, d. h. unter automatischer Wahl und Anwendung des für den entsprechenden Überrollvorgang passenden Algorithmusmoduls nach 30...3 000 ms ausgelöst.

Kombinierte Steuergeräte für Gurtstraffer, Front- und Seitenairbags sowie Überrollschutzeinrichtungen

Die bestmögliche Insassenschutzwirkung bei einem Front-, Offset-, Schräg- oder Pfahlaufprall bewirkt ein abgestimmtes Zusammenspiel von pyrotechnischen, elektronisch gezündeten Frontairbags und Gurtstraffern. Um die Wirkung beider Schutzeinrichtungen zu maximieren, werden sie von einem gemeinsamen, in der Fahrgastzelle eingebauten Steuergerät zeitoptimiert aktiviert.

Im zentralen elektronischen Steuergerät, auch Auslösegerät genannt, sind derzeit folgende Funktionen integriert:

- Aufprallerkennung durch Beschleunigungssensor und Sicherheitsschalter oder durch zwei Beschleunigungssensoren ohne Sicherheitsschalter (redundante, vollelektronische Sensierung).
- Überrollerkennung durch Drehrate- und Beschleunigungssensoren, die im Nieder-g-Bereich (bis ca. 5 g) die y- und z-Beschleunigung erfassen.
- Zeitrichtige Ansteuerung von Frontairbags und Gurtstraffern bei unterschiedlichen Aufprallarten in Fahrzeuglängsrichtung (z. B. Front, Schräg, Offset, Pfahl, Heck).
- Ansteuerung von Überrollschutzeinrichtungen.
- Für die Seitenairbags arbeitet das Steuergerät mit einem zentralen Quer- und zwei bzw. vier peripheren Beschleunigungssensoren zusammen. Die peripheren Beschleunigungssensoren (PAS, Peripheral Acceleration Sensor) übertragen den Auslösebefehl an das zentrale Steuergerät über eine digitale Schnittstelle. Das zentrale Steuerge-

3 Zentrales kombinierte Steuergerät Alrbag 9 (Blockschaltbild)

Klemmenbezeichnungen:

Klemme 30	Direktes Batterie-Plus, nicht über das Zündschloss geführt
Klemme 15R	geschaltetes Batterie-Plus bei Zündschloss in Stellung „Radio", „Zündung ein" oder „Starter"
Klemme 31	Karosserie-Masse (an einer der Geräteanschraubstelle)

Abkürzungen:

CROD	Crash Output Digital
OC/AKSE	Occupant Classification / Automatische Kindersitzerkennung
SBE/AKSE	Sitzbelegungserkennung / Automatische Kindersitzerkennung
CAN low	Controller Area Network, Low-Pegel
CAN high	Controller Area Network, High-Pegel
CAHRD	Crash Aktive Head Rest Driver (Crash-aktive Kopfstütze Fahrer)
CAHRP	Crash Aktive Head Rest Passenger (Crash-aktive Kopfstütze Beifahrer)
UFSD	Upfront-Sensor Driver
PASFD	Peripheral Acceleration Sensor Front Driver
PASFP	Peripheral Acceleration Sensor Front Passenger
BLFD	Belt Lock (Switch) Front Driver
BLFP	Belt Lock (Switch) Front Passenger
BLRL	Belt Lock (Switch) Rear Left
BLRC	Belt Lock (Switch) Rear Center
BLRR	Belt Lock (Switch) Rear Right
BL3SRL	Belt Lock (Switch) 3rd Seat Row Left
BL3SRR	Belt Lock (Switch) 3rd Seat Row Right
PPSFD	Peripheral Pressure Sensor Front Driver
PPSFP	Peripheral Pressure Sensor Front Passenger
UFSP	Upfront Sensor Passenger
PPSRD	Peripheral Pressure Sensor Rear Driver
PPSRP	Peripheral Pressure Sensor Rear Passenger
ZP	Zündpillen 1...4 bzw 21...24
FLIC	Firing Loop Integrated Circuit
PIC	Periphery Integrated Circuit
SCON	Safety Controller
µC	Mikrocontroller

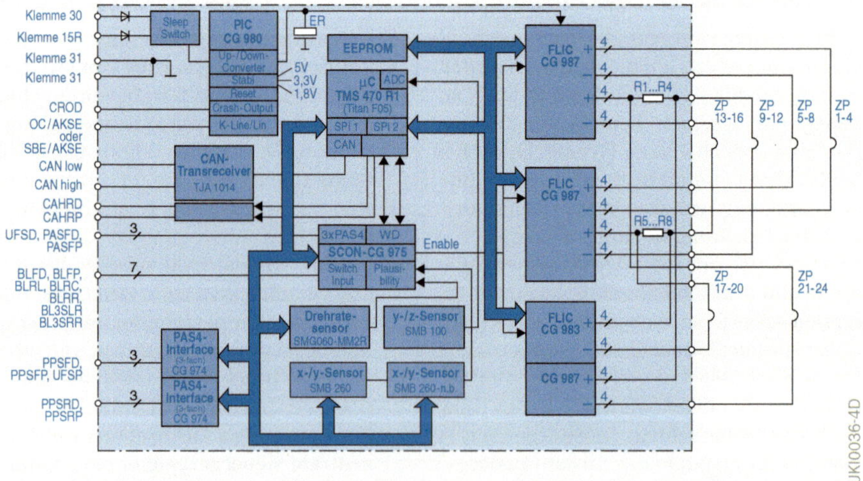

UKI0035OY

UKI0036-4D

rät löst die Seitenairbags aus, sofern der interne Quersensor durch eine Plausibilitätskontrolle einen Seitenaufprall bestätigt hat. Da die zentrale Plausibilität bei Aufprallen in die Tür oder bei Schwellerüberfahrten zu spät kommt, wird im Türhohlraum mit einem Drucksensor (PPS, Peripheral Pressure Sensor) die durch die Türdeformation hervorgerufenen adiabatischen Druckänderungen gemessen. Daraus resultiert eine schnelle Türaufprallerkennung. Die Ermittlung der „Plausibilität" erfolgt jetzt mit an tragenden, peripheren Strukturteilen montierten PAS. Sie ergibt sich jetzt eindeutig schneller als mit den zentralen Querbeschleunigungssensoren.

- Spannungswandler und Energiespeicher für den Fall, dass die Versorgung durch die Fahrzeugbatterie unterbrochen wird.
- Selektive Auslösung der Gurtstraffer, abhängig von den Gurtschlossabfragen: Die Zündung des Airbags erfolgt nur bei gestecktem Gurtschloss. Gegenwärtig kommen meist kontaktlose Gurtschlossschalter, d. h. Hall-IC-basierte Schalter zur Anwendung, die die Magnetfeldänderung infolge des Einsteckens der Gurtzunge ins Gurtschloss erkennen.
- Einstellung von mehreren Auslöseschwellen für zweistufige Gurtstraffer und zweistufige Frontairbags abhängig vom Gurtbenutzungs- und Sitzbelegungszustand.
- Einlesen der Signale der Innenraumsensorik und entsprechende Auslösung der Rückhaltemittel.
- Watchdog (WD): Airbag-Auslösegeräte müssen hohen Sicherheitsanforderungen hinsichtlich Fehlauslösung und korrekter Auslösung im Bedarfsfall (Crash) genügen. Deshalb wurden bei der im Jahr 2003 angelaufenen Airbag-9-Generation (AB 9) drei unabhängige Hardware-Watchdogs (WD) integriert:WD1 überwacht mit einem eigenen, unabhängigen Oszillator den 2-MHz-System-eClock.
  WD2 überwacht die Realtime-Prozesse (Zeitraster 500 µs) auf komplette, richtige Abfolge. Hierzu sendet der Sicherheitscontroller (SCON, Safety Controller, s. Bild 4) dem Mikrocomputer acht digitale Botschaften, die dieser dem SCON in Form von acht Antworten innerhalb eines Zeitfensters von (1 ± 0,3) ms richtig beantworten muss.
  WD3 überwacht die „Background"-Prozesse, z. B., ob die „Built in Selftest"-Routinen des ARM-Cores alle fehlerfrei laufen. Die Antwort vom Mikrocomputer an den SCON muss hier innerhalb einer Zeit von 100 ms erfolgen.
- Bei AB 9 sind Sensoren, Auswertebausteine und Endstufen über zwei SPI-Schnittstellen (Serial Peripheral Interface) verbunden. Die Sensoren haben digitale Ausgänge und ihre Signale können direkt über SPI übertragen werden. Damit bleiben Nebenschlüsse auf der Leiterplatte, anders als bei analoger Sinalübertragung, ohne Auswirkung und es ergibt sich ein hohes Maß an Funktionssicherheit. Eine Auslösung wird nur freigegeben, wenn auch ein unabhängiger Hardware-Plausibilitätspfad den Crash erkannt hat und die Endstufen für eine begrenzte Zeit freigibt (enable).
- Diagnose geräteinterner und -externer Funktionen bzw. Systemkomponenten.
- Abspeicherung von Fehlerarten und -dauern mit Crashrecorder; Auslesen über die Diagnose- bzw. CAN-Busschnittstelle.
- Warnlampenansteuerung.

Beschleunigungssensoren

Beschleunigungssensoren zur Aufprallerkennung können sich an folgenden Stellen im Fahrzeug befinden:

- Direkt im Steuergerät integriert (Gurtstraffer, Frontairbag),
- an ausgewählten Stellen der rechten und linken Seite des Fahrzeugs an tragenden Strukturteilen wie Sitzquerträger, Schweller, B- und C-Säule (Seitenairbag) oder
- im Verformungsbereich des Fahrzeugvorderteils (Upfront-Sensoren für „Intelligente Airbagsysteme").

Es handelt sich um oberflächenmikromechanische Sensoren, die aus feststehenden und beweglichen Fingerstrukturen und Federstegen bestehen. Da die Sensoren nur kleine Arbeitskapazitäten haben (ca. 1 pF), muss die Auswertelektronik zur Vermeidung von Streukapazitäts- und anderen Störeinflüssen im gleichen Gehäuse in unmittelbarer Nähe des Sensorelements untergebracht werden.

Gasgeneratoren

Die pyrotechnischen Treibladungen der Gasgeneratoren zur Erzeugung des Airbagfüllgases und zur Gurtstrafferbetätigung werden von einem elektrischen Zündelement aktiviert. Der jeweilige Gasgenerator füllt den Airbag mit Füllgas. Der in der Lenkradnabe eingebaute Fahrerairbag (Volumen ca. 60 l) bzw. der im Bereich des Handschuhfachs eingebaute Beifahrerairbag (ca. 120 l) ist ca. 30 ms nach der Zündung gefüllt.

Wechselstromzündung

Um unerwünschte Auslösungen durch einen Kontakt des Zündelements mit der Bordnetzspannung (z. B. fehlerhafte Isolation im Kabelbaum) zu vermeiden, wird das Zündelement durch Wechselstromimpulse mit ca. 80 kHz gezündet („AC-Firing"). Ein in den Zündkreis eingefügter kleiner Zündkondensator von 470 nF im Stecker des Zündelements trennt den Zünder galvanisch vom Gleichstrom. Diese Trennung von der Bordnetzspannung verhindert eine ungewollte Auslösung, selbst wenn nach einem Unfall ohne Airbagauslösung die Insassen mit der Rettungsschere aus der deformierten Fahrgastzelle befreit und dabei die im Lenksäulen-Kabelbaum vorhandenen Zündleitungen durchtrennt und nach Plus und Masse kurzgeschlossen werden.

Innenraumsensierung

Zur Insassen-Klassifizierung steht mit dem „iBolt" („intelligenter" Bolzen) ein Absolutgewicht messendes Verfahren zur Verfügung. Diese kraftmessenden iBolts (Bild 1) befestigen den Sitzrahmen (Sitzschwinge) am Gleitschlitten und ersetzen die sonst verwendeten vier Befestigungsschrauben. Sie messen die vom Gewicht abhängige Abstandsänderung zwischen ihrer Hülse (Topf) und der mit dem Gleitschlitten verbundenen Innenschraube mit einem Hall-Element.

Mikromechanik

Als „Mikromechanik" bezeichnet man die Herstellung von mechanischen Bauelementen aus Halbleitern (im Regelfall aus Silizium) unter Zuhilfenahme von Halbleitertechniken. Neben den halbleitenden Eigenschaften werden auch die mechanischen Eigenschaften des Siliziums ausgenutzt. Damit lassen sich Sensorfunktionen auf kleinstem Raum ausführen. Folgende Techniken kommen zur Anwendung:

Bulk-Mikromechanik

Das Material des Silizium-Wafers wird mit anisotropem (alkalischem) Ätzen und mit oder ohne elektrochemischem Ätzstopp in der gesamten Tiefe bearbeitet. Dabei wird das Material von der Rückseite her im Innern der Siliziumschicht (Bild 1, Pos. 2) dort abgetragen, wo keine Ätzmaske (1) aufliegt. Mit diesem Verfahren werden sehr kleine Membranen (a) mit typischen Dicken zwischen 5 und 50 μm, Öffnungen (b) sowie Balken und Stege (c) z. B. für Druck- oder Beschleunigungssensoren hergestellt.

Oberflächen-Mikromechanik

Trägermaterial ist ein Silizium-Wafer, auf dessen Oberfläche sehr kleine mechanische Strukturen gebildet werden (Bild 2). Zunächst wird eine „Opferschicht" aufgebracht und mit Halbleiterprozessen (z. B. Ätzen) strukturiert (A). Darüber wird eine ca. 10 μm dicke Polysiliziumschicht abgeschieden (B) und deren gewünschte Struktur mithilfe einer Lackmaske senkrecht geätzt (C). Im letzten Prozessschritt wird die Opferoxidschicht unterhalb der Polysiliziumschicht mit gasförmigem Fluorwasserstoff entfernt (D). Damit werden Strukturen wie z. B. bewegliche Elektroden (Bild 3) für Beschleunigungssensoren freigelegt.

Wafer-Bonden

Beim anodischen Bonden und Sealglasbonden werden zwei Wafer unter Einwirkung von Spannung und Wärme bzw. Wärme und Druck fest miteinander verbunden, um z. B. ein Referenzvakuum hermetisch einzuschließen oder empfindliche Strukturen durch Aufbringen von Kappen zu schützen.

1 Mit der Bulk-Mikromechanik herstellbare Strukturen

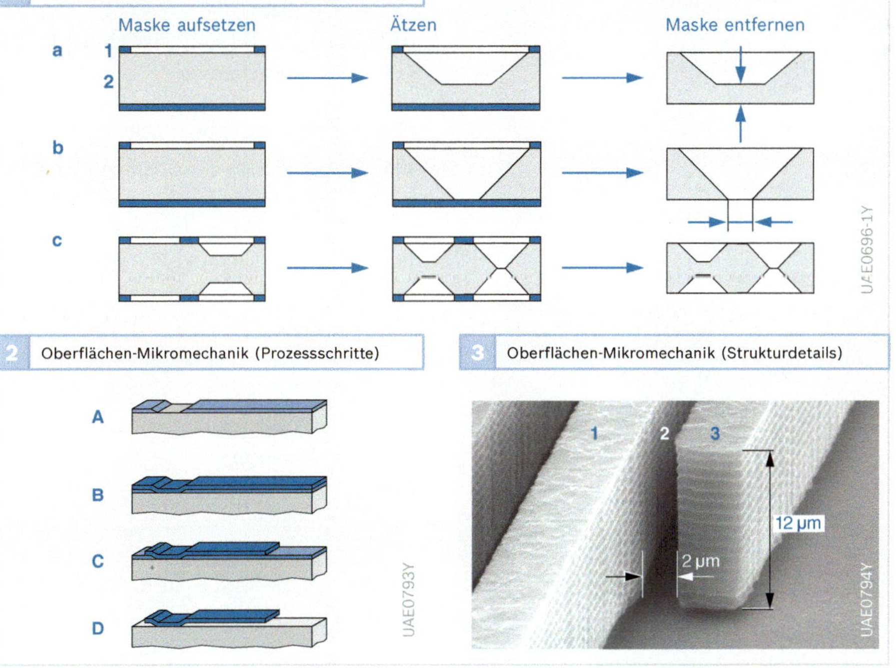

Bild 1
a Herstellen einer Membran
b Herstellen einer Öffnung
c Herstellen von Balken und Stegen

1 Ätzmaske
2 Silizium

2 Oberflächen-Mikromechanik (Prozessschritte)

3 Oberflächen-Mikromechanik (Strukturdetails)

Bild 2
A Abscheiden und Strukturieren der Opferschicht
B Abscheiden des Polysiliziums
C Strukturieren des Polysiliziums
D Entfernen der Opferschicht

Bild 3
1 Feste Elektrode
2 Spalt
3 federnde Elektrode

Abkürzungsverzeichnis zum Ottomotor

A

ABB Air System Brake Booster, Bremskraftverstärkersteuerung
ABC Air System Boost Control, Ladedrucksteuerung
ABS Antiblockiersystem
AC Accessory Control, Nebenaggregatesteuerung
ACA Accessory Control Air Condition, Klimasteuerung
ACC Adaptive Cruise Control, Adaptive Fahrgeschwindigkeitsregelung
ACE Accessory Control Electrical Machines, Steuerung elektrische Aggregate
ACF Accessory Control Fan Control, Lüftersteuerung
ACS Accessory Control Steering, Ansteuerung Lenkhilfepumpe
ACT Accessory Control Thermal Management, Thermomanagement
ADC Air System Determination of Charge, Luftfüllungsberechnung
ADC Analog Digital Converter, Analog-Digital-Wandler
AEC Air System Exhaust Gas Recirculation, Abgasrückführungssteuerung
AGR Abgasrückführung
AIC Air System Intake Manifold Control, Saugrohrsteuerung
AKB Aktivkohlebehälter
AKF Aktivkohlefalle (activated carbon canister)
AKF Aktivkohlefilter
A_K Lichte Kolbenfläche
α Drosselklappenwinkel
Al_2O_3 Aluminiumoxid
AMR Anisotrop Magneto Resistive
AÖ Auslassventil Öffnen
APE Äußere-Pumpen-Elektrode
AS Air System, Luftsystem
AS Auslassventil Schließen
ASAM Association of Standardization of Automation and Measuring, Verein zur Förderung der internationalen Standardisierung von Automatisierungs- und Messsystemen
ASIC Application Specific Integrated Circuit, anwendungsspezifische integrierte Schaltung
ASR Antriebsschlupfregelung
ASV Application Supervisor, Anwendungssupervisor
ASW Application Software, Anwendungssoftware
ATC Air System Throttle Control, Drosselklappensteuerung
ATL Abgasturbolader
AUTOSAR Automotive Open System Architecture, Entwicklungspartnerschaft zur Standardisierung der Software Architektur im Fahrzeug
AVC Air System Valve Control, Ventilsteuerung

B

BDE Benzin Direkteinspritzung
b_e spezifischer Kraftstoffverbrauch
BMD Bag Mini Diluter
BSW Basic Software, Basissoftware

C

C/H Verhältnis Kohlenstoff zu Wasserstoff im Molekül
C_2 Sekundärkapazität
C_6H_{14} Hexan
CAFE Corporate Average Fuel Economy
CAN Controller Area Network
CARB California Air Resources Board
CCP CAN Calibration Protocol, CAN-Kalibrierprotokoll

CDrv	Complex Driver, Treibersoftware mit exklusivem Hardware Zugriff
CE	Coordination Engine, Koordination Motorbetriebszustände und -arten
CEM	Coordination Engine Operation, Koordination Motorbetriebsarten
CES	Coordination Engine States, Koordination Motorbetriebszustände
CFD	Computational Fluid Dynamics
CFV	Critical Flow Venturi
CH_4	Methan
CIFI	Zylinderindividuelle Einspritzung, Cylinder Individual Fuel Injection
CLD	Chemilumineszenz-Detektor
CNG	Compressed Natural Gas, Erdgas
CO	Communication, Kommunikation
CO	Kohlenmonoxid
CO_2	Kohlendioxid
COP	Coil On Plug
COS	Communication Security Access, Kommunikation Wegfahrsperre
COU	Communication User Interface, Kommunikationsschnittstelle
COV	Communication Vehicle Interface, Datenbuskommunikation
cov	Variationskoeffizient
CPC	Condensation Particulate Counter
CPU	Central Processing Unit, Zentraleinheit
CTL	Coal to Liquid
CVS	Constant Volume Sampling
CVT	Continuously Variable Transmission

D

DB	Diffusionsbarriere
DC	direct current, Gleichstrom
DE	Device Encapsulation, Treibersoftware für Sensoren und Aktoren
DFV	Dampf-Flüssigkeits-Verhältnis
DI	Direct Injection, Direkteinspritzung
DMS	Differential Mobility Spectrometer
DoE	Design of Experiments, statistische Versuchsplanung
DR	Druckregler
3D	dreidimensional
DS	Diagnostic System, Diagnosesystem
DSM	Diagnostic System Manager, Diagnosesystemmanager
DV, E	Drosselvorrichtung, elektrisch

E

E0	Benzin ohne Ethanol-Beimischung
E10	Benzin mit bis zu 10 % Ethanol-Beimischung
E100	reines Ethanol mit ca. 93 % Ethanol und 7 % Wasser
E24	Benzin mit ca. 24 % Ethanol-Beimischung
E5	Benzin mit bis zu 5 % Ethanol-Beimischung
E85	Benzin mit bis zu 85 % Ethanol-Beimischung
EA	Elektrodenabstand
EAF	Exhaust System Air Fuel Control, λ-Regelung
ECE	Economic Commission for Europe
ECT	Exhaust System Control of Temperature, Abgastemperaturregelung
ECU	Electronic Control Unit, elektronisches Steuergerät

ECU	Electronic Control Unit, Motorsteuergerät
eCVT	electrical Continuously Variable Transmission
EDM	Exhaust System Description and Modeling, Beschreibung und Modellierung Abgassystem
EEPROM	Electrically Erasable Programmable Read Only Memory, löschbarer programmierbarer Nur-Lese-Speicher
E_F	Funkenenergie
EFU	Einschaltfunkenunterdrückung
EGAS	Elektronisches Gaspedal
1D	eindimensional
EKP	Elektrische Kraftstoffpumpe
ELPI	Electrical Low Pressure Impactor
EMV	Elektromagnetische Verträglichkeit
ENM	Exhaust System NO_x Main Catalyst, Regelung NO_x-Speicherkatalysator
EÖ	Einlassventil Öffnen
EOBD	European On Board Diagnosis – Europäische On-Board-Diagnose
EOL	End of Line, Bandende
EPA	US Environmental Protection Agency
EPC	Electronic Pump Controller, Pumpensteuergerät
EPROM	Erasable Programmable Read Only Memory, löschbarer und programmierbarer Festwertspeicher
ε	Verdichtungsverhältnis
ES	Exhaust System, Abgassystem
ES	Einlass Schließen
ESP	Elektronisches Stabilitäts-Programm
η_{th}	Thermischer Wirkungsgrad
ETBE	Ethyltertiärbutylether
ETF	Exhaust System Three Way Front Catalyst, Regelung Drei-Wege-Vorkatalysator
ETK	Emulator Tastkopf
ETM	Exhaust System Main Catalyst, Regelung Drei-Wege-Hauptkatalysator
EU	Europäische Union
(E)UDC	(extra) Urban Driving Cycle
EV	Einspritzventil
E*xy*	Ethanolhaltiger Ottokraftstoff mit xy % Ethanol
EZ	Elektronische Zündung

F

FEL	Fuel System Evaporative Leak Detection, Tankleckerkennung
FEM	Finite Elemente Methode
FF	Flexfuel
FFC	Fuel System Feed Forward Control, Kraftstoff-Vorsteuerung
FFV	Flexible Fuel Vehicles
FGR	Fahrgeschwindigkeitsregelung
FID	Flammenionisations-Detektor
FIT	Fuel System Injection Timing, Einspritzausgabe
FLO	Fast-Light-Off
FMA	Fuel System Mixture Adaptation, Gemischadaption
FPC	Fuel Purge Control, Tankentlüftung
FS	Fuel System, Kraftstoffsystem
FSS	Fuel Supply System, Kraftstoffversorgungssystem
FT	Resultierende Kraft
FTIR	Fourier-Transform-Infrarot
FTP	Federal Test Procedure
FTP	US Federal Test Procedure
F_z	Kolbenkraft des Zylinders

G

GC Gaschromatographie
g/kWh Gramm pro Kilowattstunde
°KW Grad Kurbelwelle

H

H_2O Wasser, Wasserdampf
HC Hydrocarbons, Kohlenwasserstoffe
HCCI Homogeneous Charge Compression Ignition
HD Hochdruck
HDEV Hochdruck Einspritzventil
HDP Hochdruckpumpe
HEV Hybrid Electric Vehicle
HFM Heißfilm-Luftmassenmesser
HIL Hardware in the Loop, Hardware-Simulator
HLM Hitzdraht-Luftmassenmesser
H_o spezifischer Brennwert
H_u spezifischer Heizwert
HV high voltage
HVO Hydro-treated-vegetable oil
HWE Hardware Encapsulation, Hardware Kapselung

I

i_1 Primärstrom
IC Integrated Circuit, integrierter Schaltkreis
i_F Funken(anfangs)strom
IGC Ignition Control, Zündungssteuerung
IKC Ignition Knock Control, Klopfregelung
i_N Nennstrom
IPE Innere Pumpen Elektrode
IR Infrarot
IS Ignition System, Zündsystem
ISO International Organisation for Standardization, Internationale Organisation für Normung
IUMPR In Use Monitor Performance Ratio, Diagnosequote im Fahrzeugbetrieb
IUPR In Use Performance Ratio
IZP Innenzahnradpumpe

J

JC08 Japan Cycle 2008

K

κ Polytropenexponent
Kfz Kraftfahrzeug
kW Kilowatt

L

λ Luftzahl oder Luftverhältnis
L_1 Primärinduktivität
L_2 Sekundärinduktivität
LDT Light Duty Truck, leichtes Nfz
LDV Light Duty Vehicle, Pkw
LEV Low Emission Vehicle
LIN Local Interconnect Network
l_l Schubstangenverhältnis (Verhältnis von Kurbelradius r zu Pleuellänge l)
LPG Liquified Petroleum Gas, Flüssiggas
LPV Low Price Vehicle
LSF λ-Sonde flach
LSH λ-Sonde mit Heizung
LSU Breitband-λ-Sonde
LV Low Voltage

M

(M)NEFZ (modifizierter) Neuer Europäischer Fahrzyklus
M100 Reines Methanol
M15 Benzin mit Methanolgehalt von max. 15 %
MCAL Microcontroller Abstraction Layer
M_d Das effektive Drehmoment an der Kurbelwelle

ME	Motronic mit integriertem EGAS
Mi	Innerer Drehmoment
Mk	Kupplungsmoment
m_K	Kraftstoffmasse
m_L	Luftmasse
MMT	Methylcyclopentadienyl-Mangan-Tricarbonyl
MO	Monitoring, Überwachung
MOC	Microcontroller Monitoring, Rechnerüberwachung
MOF	Function Monitoring, Funktionsüberwachung
MOM	Monitoring Module, Überwachungsmodul
MOSFET	Metal Oxide Semiconductor Field Effect Transistor, Metall-Oxid-Halbleiter, Feldeffekttransistor
MOX	Extended Monitoring, Erweiterte Funktionsüberwachung
MOZ	Motor-Oktanzahl
MPI	Multiple Point Injection
MRAM	Magnetic Random Access Memory, magnetischer Schreib-Lese-Speicher mit wahlfreiem Zugriff
MSV	Mengensteuerventil
MTBE	Methyltertiärbutylether

N

n	Motordrehzahl
N_2	Stickstoff
N_2O	Lachgas
ND	Niederdruck
NDIR	Nicht-dispersives Infrarot
NE	Nernst-Elektrode
NEFZ	Neuer europäischer Fahrzyklus
Nfz	Nutzfahrzeug
NGI	Natural Gas Injector
NHTSA	US National Transport and Highway Safety Administration
NMHC	Kohlenwasserstoffe außer Methan
NMOG	Nonmethane Organic Gas, Kohlenwasserstoffe außer Methan
NO	Stickstoffmonoxid
NO_2	Stickstoffdioxid
NOCE	NO_x-Gegenelektrode
NOE	NO_x-Pumpelektrode
NO_x	Sammelbegriff für Stickoxide
NSC	NO_x Storage Catalyst
NTC	Temperatursensor mit negativem Temperaturkoeffizient
NYCC	New York City Cycle
NZ	Nernstzelle

O

OBD	On-Board-Diagnose
OBV	Operating Data Battery Voltage, Batteriespannungserfassung
OD	Operating Data, Betriebsdaten
OEP	Operating Data Engine Position Management, Erfassung Drehzahl und Winkel
OMI	Misfire Detection, Aussetzererkennung
ORVR	On Board Refueling Vapor Recovery
OS	Operating System, Betriebssystem
OSC	Oxygen Storage Capacity
OT	oberer Totpunkt des Kolbens
OTM	Operating Data Temperature Measurement, Temperaturerfassung
OVS	Operating Data Vehicle Speed Control, Fahrgeschwindigkeitserfassung

P

p	Die effektiv vom Motor abgegebene Leistung
p-V-Diagram	Druck-Volumen-Diagramm, auch Arbeitsdiagramm
PC	Passenger Car, Pkw
PC	Personal Computer

PCM Phase Change Memory, Phasenwechselspeicher
PDP Positive Displacement Pump
PFI Port Fuel Injection
Pkw Personenkraftwagen
PM Partikelmasse
PMD Paramagnetischer Detektor
p_{me} Effektiver Mitteldruck
p_{mi} mittlerer indizierter Druck
PN Partikelanzahl (Particle Number)
PP Peripheralpumpe
ppm parts per million, Teile pro Million
PRV Pressure Relief Valve
PSI Peripheral Sensor Interface, Schnittstelle zu peripheren Sensoren
Pt Platin
PWM Puls-Weiten-Modulation
PZ Pumpzelle
P_Z Leistung am Zylinder

R

r Hebelarm (Kurbelradius)
R_1 Primärwiderstand
R_2 Sekundärwiderstand
RAM Random Access Memory, Schreib-Lese-Speicher mit wahlfreiem Zugriff
RDE Real Driving Emission
RE Referenz Electrode
RLFS Returnless Fuel System
ROM Read Only Memory, Nur-Lese-Speicher
ROZ Research-Oktanzahl
RTE Runtime Environment, Laufzeitumgebung
RZP Rollenzellenpumpe

S

s Hubfunktion
σ Standardabweichung
SC System Control, Systemsteuerung
SCR selektive katalytische Reduktion
SCU Sensor Control Unit
SD System Documentation, Systembeschreibung
SDE System Documentation Engine Vehicle ECU, Systemdokumentation Motor, Fahrzeug, Motorsteuerung
SDL System Documentation Libraries, Systemdokumentation Funktionsbibliotheken
SEFI Sequential Fuel Injection, Sequentielle Kraftstoffeinspritzung
SENT Single Edge Nibble Transmission, digitale Schnittstelle für die Kommunikation von Sensoren und Steuergeräten
SFTP US Supplemental Federal Test Procedures
SHED Sealed Housing for Evaporative Emissions Determination
SMD Surface Mounted Device, oberflächenmontiertes Bauelement
SMPS Scanning Mobility Particle Sizer
SO_2 Schwefeldioxid
SO_3 Schwefeltrioxid
SRE Saugrohreinspritzung
SULEV Super Ultra Low Emission Vehicle
SWC Software Component, Software Komponente
SYC System Control ECU, Systemsteuerung Motorsteuerung
SZ Spulenzündung

T

TCD	Torque Coordination, Momentenkoordination
TCV	Torque Conversion, Momentenumsetzung
TD	Torque Demand, Momentenanforderung
TDA	Torque Demand Auxiliary Functions, Momentenanforderung Zusatzfunktionen
TDC	Torque Demand Cruise Control, Fahrgeschwindigkeitsregler
TDD	Torque Demand Driver, Fahrerwunschmoment
TDI	Torque Demand Idle Speed Control, Leerlaufdrehzahlregelung
TDS	Torque Demand Signal Conditioning, Momentenanforderung Signalaufbereitung
TE	Tankentlüftung
TEV	Tankentlüftungsventil
t_F	Funkendauer
THG	Treibhausgase, u. a. CO_2, CH_4, N_2O
t_i	Einspritzzeit
TIM	Twist Intensive Mounting
TMO	Torque Modeling, Motordrehmoment-Modell
TPO	True Power On
TS	Torque Structure, Drehmomentstruktur
t_s	Schließzeit
TSP	Thermal Shock Protection
TSZ	Transistorzündung
TSZ, h	Transistorzündung mit Hallgeber
TSZ, i	Transistorzündung mit Induktionsgeber
TSZ, k	kontaktgesteuerte Transistorzündung

U

U/min	Umdrehungen pro Minute
U_F	Brennspannung
ULEV	Ultra Low Emission Vehicle
UN ECE	Vereinte Nationen Economic Commission for Europe
U_P	Pumpspannung
UT	Unterer Totpunkt
UV	Ultraviolett
U_Z	Zündspannung

V

V_c	Kompressionsvolumen
VFB	Virtual Function Bus, Virtuelles Funktionsbussystem
V_h	Hubvolumen
VLI	Vapour Lock Index
VST	Variable Schieberturbine
VT	Ventiltrieb
VTG	Variable Turbinengeometrie
VZ	Vollelektronische Zündung

W

W_F	Funkenenergie
WLTC	Worldwide Harmonized Light Vehicles Test Cycle
WLTP	Worldwide Harmonized Light Vehicles Test Procedure

X

XCP	Universal Measurement and Calibration Protocol – universelles Mess- und Kalibrierprotokoll

Z

ZEV	Zero Emission Vehicle
ZOT	Oberer Totpunkt, an dem die Zündung erfolgt
ZrO_2	Zirconiumoxid
ZZP	Zündzeitpunkt

Abkürzungsverzeichnis zum Dieselmotor

A

ACEA Association des Constructeurs Européens d'Automobiles (Verband der europäischen Automobilhersteller)
ADC Analog/Digital-Converter (Analog/Digital-Wandler)
AGR Abgasrückführung
AHR Abgashubrückmelder
ARD Aktive Ruckeldämpfung
ASIC Application Specific Integrated Circuit (anwendungsbezogene integrierte Schaltung)
ASR Antriebsschlupfregelung
ASTM American Society for Testing and Materials
ATL Abgasturbolader
AU Abgasuntersuchung

B

BDE Benzin-Direkteinspritzung
BIP-Signal Begin of Injection Period-Signal (Signal der Förderbeginnerkennung)
BMD Bag Mini Diluter (Verdünnungsanlage)

C

CAFÉ Corporate Average Fuel Efficiency
CAN Controller Area Network
CARB California Air Resources Board
CCRS current Controlled Rate Shaping (stromgeregelte Einspritzverlaufsformung)
CDPF Catalyzed Diesel Particulate Filter (katalytisch beschichteter Partikelfilter)
CFPP Cold Filter Plugging Point (Filterverstopfungspunkt bei Kälte)
CFR Cooperative Fuel Research
CFV Critical Flow Venturi
CLD Chemielumineszenzdetektor
COP Conformity of Production
CPU Central Processing Unit
CR Common Rail
CRT Continuously Regenerating Trap (kontinuierlich regenerierendes Partikelfiltersystem)
CSF Catalyzed Soot Filter (katalytisch beschichteter Partikelfilter)
CVS Constant Volume Sampling
CZ Cetanzahl

D

DCU DENOXTRONIC Control Unit
DFPM Diagnose-Fehlerpfad-Management
DHK Düsenhalterkombination
DI Direct Injection (Direkteinspritzung)
DME Dimethylether
DOC Diesel Oxidation Catalyst (Diesel-Oxidationskatalysator)
DPF Dieselpartikelfilter
DSCHED Diagnose-Funktions-Scheduler
DSM Diagnose-System-Management
DVAL Diagnose-Validator

E

ECE Economic Comission for Europe (Europäische Wirtschaftskommission der Vereinten Nationen)
EDC Elektronic Diesel Control (Elektronische Dieselregelung)
EDR Enddrehzahlregelung
EEPROM Electrically Erasable Programmable Read Only Memory
EEV Enhanced Environmentally-Friendly Vehicle

EGS Elektronische Getriebesteuerung
EIR Emission Information Report
EKP Elektrokraftstoffpumpe
ELPI Electrical Low Pressure Impactor
ELR Elektronische Leerlaufregelung
ELR European Load Response
EMI Einspritzmengenindikator
EMV Elektromagnetische Verträglichkeit
EOBD European OBD
EOL-Programmierung End-Of-Line-Programmierung
EPA Environmental Protection Agency (US-Umwelt-Bundesbehörde)
EPROM Erasable Programmable Read Only Memory
ESC European Steady-State Cycle
ESP Elektronisches STabilitäts-Programm
ETC European Transient Cycle
euATL Elektrisch unterstützter Abgasturbolader
EWIR Emissions Warranty Information Report

F

FAME Fatty Acid Methyl Ester (Fettsäuremethylester)
FID Flammenionisationsdetektor
FIR Field Information Report
FR First Registration (Erstzulassung)
FTIR Fourier-Transfom-Infrarot (-Spektroskopie)
FTP Federal Test Procedure

G

GC Gaschromatographie
GDV Gleichdruckventil
GRV Gleichraumventil
GLP Glow Plug (Glühstiftkerze)

H

H-Pumpe Hubschieber-Reiheneinspritzpumpe
HBA Hydraulisch betätigte Angleichung
HCCI Homogeneous Compressed Combustion Ignition
HD Hochdruck
HDK Halb-Differenzial-Kurzschlussringsensor
HDV Heavy-Duty Vehicle
HFM Heißfilm-Luftmassenmesser
HFRR-Methode High Frequency Reciprocating Rig
HGB Höchstgeschwindigkeitsbegrenzung
H-Kat Hydrolye-Katalysator
HLDT Heavy-Light-Duty Truck
HRR-Methode High Frequency Reciprocating Rig (Verschleißprüfung)
HSV Hydraulische Startmengenverriegelung
HWL Harnstoff-Wasser-Lösung

I

IC Integrated Circuit (Integrierte Schaltung)
IDI Indirect Injection (Indirekte Einspritzung, Kammermotor)
IMA Injektormengenabgleich
ISO International Organziation for Standardization
IWZ-Signal Inkremental-Winkel-Zeit-Signal

J

JAMA Japan Automobile Manufacturers Association

K

KMA Kontinuierliche Mengenanalyse
KSB Kaltstartbeschleuniger

KW Kurbelwellenwinkel
KWP Keyword Protocol

L

LDA Ladedruckabhängiger Vollfastanschlag
LDR Ladedruckregelung
LDT Light-Duty Truck
LDV Light-Duty Vehicle
LED Light-Emitting Diode (Leuchtdiode)
LEV Low-Emission Vehicle
LFG Leerlauffeder gehäusefest
LLDT Light Light-Duty Truck
LLR Leerlaufregelung
LRR Laufruheregelung
LSF (Zweipunkt-)Finger-Lambda-Sonde
LSU (Breitband-)Lambda-Sonde-Universal

M

MAB Mengenabstellung
MAR Mengenausgleichsregelung
MBEG Mengenbegrenzung
MC Microcomputer
MDPV Medium Duty Passenger Vehicle
MDV Medium-Duty Vehicle
MI Main Injection
MIL Malfunction Indicator Lamp (Diagnoselampe)
MKL Mechanischer Kreisellader (mechanischer Strömungslader)
MMA Mengenmittelwertadaption
MNEFZ Modifizierter Neuer Europäischer Fahrzyklus
MSG Motorsteuergerät
MV Magnetventil
MVL Mechanischer Verdrängerlader

N

NBF Nadelbewegungsfühler
NBS Nadelbewegungssensor
ND Niederdruck
NDIR-Analysator Nicht-dispersiver Infrarot-Analysator
NEFZ Neuer Europäischer Fahrzyklus
Nkw Nutzkraftwagen
NLK Nachlaufkolben (-Spritzversteller)
NMHC Nicht-methanhaltige Kohlenwasserstoffe
NMOG Nicht-methanhaltige organische Gase
NSC NO_X Storage Catalyst (NO_X-Speicherkatalysator)
NTC Negative Temperature Coefficient
NW Nockenwellenwinkel

O

OBD On-Board-Diagnose
OHW Off-Highway
OT Oberer Totpunkt (des Kolbens)
Oxi-Kat Oxidationskatalysator

P

PASS Photo-acoustic Soot Sensor
PDE Pumpe-Düse-Einheit (Unit Injector System)
PDP Positive Displacement Pump
PF Partikelfilter
pHCCI partly Homogeneous Compressed Combustion Ignition
PI Pilot Injection (auch Voreinspritzung, VE)
Pkw Personenkraftwagen
PLA Pneumatische Leerlaufanhebung
PLD Pumpe-Leitung-Düse (Unit Pump System)
PM Partikelmasse
PMB Paramagnetischer Detektor
PNAB Pneumatische Abstellvorrichtung
PO Post Injection (auch Nacheinspritzung, NE)
PSG Pumpensteuergerät

PTC	Positive Temperature Coefficient
PWG	Pedalwertgeber
PWM	Pulsweitenmodulation
PZEV	Partial Zero-Emission Vehicle

R

RAM	Random Access Memory (Schreib-Lesespeicher)
RDV	Rückstromdrosselventil
RIV	Regler-Impuls-Verfahren
RME	Rapsölmethylester
ROM	Read Only Memory (Nur-Lese-Speicher)
RSD	Rückströmdrosselventil
RWG	Regelweggeber
RZP	Rollenzellenpumpe

S

SAE	Society of Automotive Engineers (Organisation der Automobilindustrie in den USA)
SCR	Selective Catalytic Reduction (selective katalytische Reduktion)
SD	Steuergeräte-Diagnose
SFTP	Supplement Federal Test Procedure
SG	Steuergerät
SME	Sojamethylester
SMPS	Scanning Mobility Particle Sizer
SRC	Smooth Running Control (Mengenausgleichsregelung bei Nkw)
SULEV	Super Ultra-Low-Emission Vehicle
SV	Spritzverzug
SZ	Schwärzungszahl

T

TA	Type Approval (Typzertifizierung)
THC	Gesamt-Kohlenwasserstoffkonzentration
TLEV	Transitional Low-Emission Vehicle
TME	Tallow Methyl Ester (Rindertalgester)

U

UDC	Urban Driving Cycle
UFOME	Used Frying Oil Methyl Ester (Altspeisefettester)
UIS	Unit Injector System
ULEV	Ultra-Low-Emission Vehicle
UPS	Unit Pump System
UT	Unterer Totpunkt (des Kolbens)

V

VE	Voreinspritzung
VST-Lader	Turbolader mit variabler Schieberturbine
VTG-Lader	Turbolader mit variabler Turbinengeometrie

W

WSD	Wear Scar Diameter („Verschleißkalotten"-Durchmesser bei der HFRR-Methode)
WWH-OBD	World Wide Harmonized On Board Diagnostics

Z

ZEV	Zero-Emission Vehicle
O-EVAP	zero evaporation

Stichwortverzeichnis

E

F

L

M

N

X

Z